개정판

매트랩을 이용한
디지털 영상처리의 기초

KB151864

Alasdair McAndrew

CENGAGE
Learning®

**An Introduction To
Digital Image Processing
With Matlab**

1ˢᵗ Edition

Alasdair McAndrew

© 2016 Cengage Learning Korea Ltd.

Original edition © 2004 Course Technology, a part of Cengage Learning.
An Introduction To Digital Image Processing With Matlab 1st Edition by Alasdair McAndrew
ISBN: 9780534400118

ISBN-13: 978-89-6421-250-9

Cengage Learning Korea Ltd.
14F, YTN Newsquare, 76 Sangamsan-ro,
Mapo-gu, Seoul, 121-904, Korea
Tel: (82) 2 330 7000
Fax: (82) 2 330 7001

Cengage Learning is a leading provider of customized learning solutions
with office locations around the globe, including Singapore, the United Kingdom, Australia, Mexico, Brazil, and Japan. Locate your local office at: **www.cengage.com/global**

Cengage Learning products are represented in Canada by Nelson Education, Ltd. For

product information, visit **www.cengageasia.com**

Printed in Korea
1 2 3 4   19 18 17 16

개정판

매트랩을 이용한

디지털 영상처리의 기초

김태효 | 권영만 | 전명근 옮김

INTRODUCTION TO DIGITAL IMAGE PROCESSING WITH MATLAB®

Alasdair McAndrew

 CENGAGE
Learning™

 한티미디어

Andover • Melbourne • Mexico City • Stamford, CT • Toronto • Hong Kong • New Delhi • Seoul • Singapore • Tokyo

■ 역자 소개 　**김태효** 경남대학교 교수

　　　　　　　권영만 을지대학교 교수

　　　　　　　전명근 충북대학교 교수

매트랩을 이용한
디지털 영상처리의 기초

발행일 2016년 02월 15일 초판 1쇄
저　자 Alasdair McAndrew
역　자 김태효 · 권영만 · 전명근
발행인 김준호
발행처 한티미디어
마케팅 박재인 최상욱 김원국 ㅣ **관　리** 김지영
편　집 이소영 박새롬 안현희

등　록 제15-571호
주　소 서울시 마포구 연남동 570-20
전　화 02)332-7993~4 ㅣ **팩　스** 02)332-7995
디자인 우일미디어
인　쇄 우일프린테크
가　격 29,000원
홈페이지 www.hanteemedia.co.kr
이메일 hantee@empal.com

ISBN 978-89-6421-250-9　93560

역자서문

이 책은 영상처리의 입문서이다. 즉 영상처리 분야에서 기본적인 지식을 습득하고, 이를 활용하여 영상처리 시스템을 연구하고 개발하고자 하는 과정에서 아주 기본적으로 필요한 지식을 습득할 수 있도록 구성된 입문서이다. 입문서이면서도 다음과 같은 여러 가지 특징들을 가지고 있어서 역자는 이 책을 번역하게 되었다. 역자를 움직여서 번역하게 만든 원서의 특징들은 다음과 같다.

- 첫 번째는 원서의 목차가 매우 만족스럽다. 여러 권의 책을 집필해 본 경험이 있는 역자는 전반적으로 제일 고민을 많이 하는 부분이 책의 구성이다. 책의 목차는 교수의 강의를 효과적으로 할 수 있고, 그 결과 학생들도 지식을 단계적으로 습득할 수 있도록 잘 구성되었다는 것이다. 즉 용어 정의, 화소 처리, 영역 처리, 변환 처리 및 응용 영역으로 아주 잘 구성되었으며, 응용 영역에 해당하는 모든 장에서도 이와 같은 순서로 정리하여 효과적으로 설명하고 있다는 것이다.

- 두 번째는 각 장의 구성 내용이 체계적이다. 각 장의 구성 내용은 용어 정의, 실습을 통한 이론 습득, MATLAB의 영상 처리 Toolbox 함수 실습으로 구성되어 있다. 수학에 대한 간단한 지식만을 가지고도 MATLAB의 영상 처리 Toolbox 함수가 어떻게 구현되었는지를 이론과 실습을 통해 쉽게 이해할 수 있도록 되어 있다.

- 세 번째는 각 장의 이론을 실무적으로 활용할 수 있다. 역자도 가끔 MATLAB이 아닌 다른 언어로, 즉 자바나 C++ 언어로 영상처리 응용프로그램을 작성할 때가 있다. 이 경우에 필요한 이론을 구현할 때에 참조할 수 있다는 것이다. 이런 이유로 영상 처리 응용프로그램을 개발할 때에 역자나 학생들도 자주 참조하는 책이다.

• 네 번째는 MATLAB으로 구현되었기 때문에 응용프로그램의 프로토타입을 빨리 개발할 수 있다. 이는 MATLAB의 영상처리 Toolbox 함수를 이용하는 모든 책이 공통적으로 가지고 있는 장점이다. 즉 MATLAB은 전반적인 영상처리 응용프로그램을 구현할 때에 매우 뛰어난 Toolbox 함수를 제공하고 있다는 것이다.

끝으로 이 책 번역을 마치기까지 개인적인 일들로 인해 오랜 시일이 걸렸는데도 오로지 격려해 주신 김준호 사장님과 이 책의 스타일을 잘 살려 특유의 구성으로 깔끔하게 재편해 주신 조영주 편집자님께 감사를 표한다.

아무쪼록 이 책이 학교, 연구소와 회사 등에서 영상 처리를 하고자 하는 입문자나 실무자들에게 많은 도움이 되었으면 한다.

을지대학교 성남 캠퍼스
의료 IT 마케팅 학과

권 영 만

인간은 탁월한 시각적 동물이며, 우리의 컴퓨팅 환경은 이를 반영하고 있다. 우리는 모든 형식과 유래를 가지는 영상들로 채워지는 World Wide Web을 이용하고 있고, 또 컴퓨터들은 오퍼레이팅 시스템으로부터 영상들을 채워 넣으며, 여러 곳으로부터 다운로드하거나, 디지털카메라로 촬영한 영상을 저장하기도 한다. 그리고 디지털 영상을 이용하는 광범위한 응용들, 즉 원격제어, 위성 영상, 천문학, 의료 영상, 전자현미경, 외관 검사 등이 이에 속한다.

이 책은 핵심적인 내용을 다루는 **디지털 영상처리**의 입문서이다. 이 책에서는 간단한 수학을 공부한 사람이면 입문이 가능한 토픽만을 선택하였지만, 이들 토픽들은 영상처리 분야에 대하여 매우 폭 넓게 다루어져 있다. 영상처리에 관한 서적은 수 없이 많이 나와 있지만, 이 책은 그들과 다른 차이가 있다. 아래에 이 차이점을 설명한다.

가급적 수학을 줄였다. 약간의 수학은 영상처리 알고리즘들의 설명과 논의에 필요하다. 그러나 이 책은 학부생의 컴퓨터과학의 기초에 상응하는 수준을 유지하도록 하였다. 요구되는 수학의 수준은 대학 1학년에서 배우는 미적분학과 선형대수학을 다루는 정도이다.

이산적인 접근을 시도하였다. 디지털 영상은 이산적인 속성을 가지므로 우리는 주로 이산수학을 이용하여 접근을 시도하였다. 비록 미적분학이 몇 가지 영상처리 토픽의 전개에 요구될지라도 우리는 이것의 이산적인 구현을 위해 미적분학(연속적인 변수)에 기초한 이론에 연결되도록 하였다.

이론과 실제 사이에 밀접한 연결을 시도하였다. 우리는 해당 내용을 설명하기 위해 주로 이산적인 접근을 하였기 때문에 관련 이론을 실제로 적용하기가 매우 용이하다. 이것은 우리가 특정한 영상처리 알고리즘을 구현하기 위해 MATLAB 함수들을 적용하는 경우에 특히 효과적이다.

소프트웨어에 기초하였다. 프로그래밍언어, 일반적으로 C 혹은 JAVA에 기초한 영상처리 책들이 많이 나와 있다. 문제는 이러한 소프트웨어를 사용하는 것인데, 사용되어야할 전문적인 영상처리 라이브러리는 주로 C언어로 구성되어 있고, 이를 위한 표준이 없다. JAVA 영상처리 라이브러리의 문제점은 입문자에게는 적합하지 않다는 것이다.

이 책은 전적으로 MATLAB과 그 영상처리의 Tool-box에 그 기반을 두고 있다. 이것은 사용하기 쉽고, 설명하기 쉽고, 확장하기 쉬운 영상처리에 대한 완전한 환경을 제공한다.

풍부한 예제들을 다루었다. 이 책에 나오는 모든 예의 영상들은 MATLAB에 의해 실행된다. 그러므로 이 책을 통하여 영상처리를 한다면 이 책에 주어진 것과 같은 영상을 만들 수 있다.

연습문제를 많이 수록하였다. 학생들이 관련 내용을 통합하고 확장할 수 있는 연습문제들의 선택으로 각 장들을 마무리한다. 연습문제의 상당 부분은 내용의 효과적인 이해를 위해 손으로 풀게 하였고, 나머지는 해당 장의 알고리즘들과 방법들을 설명하기 위해 MATLAB으로 처리하게 하였다.

이 책에서 무엇을 다루는가?

처음 3개의 장에서는 이 책의 나머지 장에서 풍부하게 다루게 되는 여러 가지 특성, 디지털 영상들의 이용 방법 및 영상을 얻고, 저장하고, 디스플레이하는 방법을 설명한다. 제 1장은 영상처리 분야의 간단한 개요를 제공하고, 실제적인 경향과 영역에 대한 몇 가지의 개념을 다루었다. 또한 일반적인 전문용어를 정의하였다. 제 2장에서는 매트릭스로서 영상을 다루는 MATLAB의 취급 방법과 모든 처리결과를 얻는 배경이 되는 매트릭스의 조작방법을 소개한다. 제 3장에서는 영상 디스플레이의 모양을 알아보고 분해능과 양자화를 설명하며, 이들이 영상의 표현에 어떻게 영향을 미치는지 논의한다.

제 4장에서는 모든 영상처리 알고리즘에서 가장 간단하고, 아직까지 가장 강력하고 널리 사용되는 몇 가지를 살펴본다. 이들은 점 처리이며, 화소(디지털 영상내의 한 점)의 값이 하나의 함수에 따라 그 화소의 값이 변화된다.

제 5장에서는 공간 필터링을 다룬다. 공간 필터링은 영상처리의 연산에 광범위하게 사용되는데, 불필요하게 섬세한 부분을 제거하거나 에지를 샤프하게 하거나 잡음을 제거하는데 적용될 수 있다.

제 6장에서는 영상에 나타나는 물체의 사이즈와 자세에 대한 기하적 입장에서 살펴본다. 영상의 사이즈를 조정하는 것은 웹페이지나 프린트 문서에 삽입하는데 필요한 경우가 있고, 사이즈를 축소하거나 확대하는 경우도 있다.

제 7장에서는 푸리에 변환을 설명한다. 이것은 영상처리에 대하여 유일하고 가장 중요한 변환을 가능하게 한다. 푸리에 변환의 처리방법과 이것이 제공하는 정보에 대한 느낌을 얻기 위하여 그 수학적 원리를 이해하는데 약간의 시간이 필요하다. 이 장은 이 책에서 다루는 수학의 대부분을 포함하고, 약간의 복소수의 지식을 요구한다. 철학적인 면을 유지하기 위해 우리는 이산 수학만 사용한다. 그래서 우리는 푸리에 변환을 이용하여 매우 효과적으로 영상을 처리하는 방법과 푸리에 변환만을 이용하여 여러 가지 연산을 실행하는 방법을 보인다.

제 8장에서는 여러 가지 형태로 오염된 영상의 복원을 논의한다. 이들 중에서도 영상의 잡음과 오차들이 문제가 된다. 이러한 오차들은 영상신호들을 전자 장치를 통해 전송할 때 나타나는 결과이고, 비록 수신측에서 선명한 영상을 얻을 수 있도록 장거리 전송에 오차를 교정할지라도 여전히 잡음이 섞인 영상을 수신하게 된다. 또한 블러링을 제거하는 방법도 다룬다.

제 9장에서는 영상에서 문턱치 처리와 에지들의 탐색 문제를 다룬다. 에지들은 물체의 인식에 필수적인 과정이며, 에지의 해석에 의해 물체의 사이즈, 형상 및 유형을 분류할 수 있다. 에지들은 인간의 시각적 판단에 대한 기준이 되므로 에지의 샤프닝은 가끔 영상 강조의 중요한 부분이다.

제 10장에서는 형태적 혹은 수학적 형태학의 이론에 기반을 두는 영상처리 분야이다. 역사적으로, 형태학은 과립형태의 측정기술 혹은 광석의 샘플들에서 낱알의 측정을 위한 필요성으로 발전되었다. 지금은 물체들의 형상과 사이즈를 조사하기 위한 강력한 방법이다. 형태학은 일반적으로 2진 영상들로 정의되고, 그레이스케일 영상에 확장하여 적용할 수 있다. 후반에서 우리는 에지검출과 몇 가지의 잡음 제거의 실행에 대하여 설명한다.

제 11장에서는 디지털 영상의 위상기하 정보를 다룬다. 이것은 이웃하는 화소들의 위치에 관련되는데, 이웃하는 화소들의 위치를 조사하여 영상 물체들의 구조를 이해하는 것이다.

제 12장에서도 형상에 대하여 계속 논의하지만, 공간적인 관점에 치우치며, 한 물체의 에지들을 관측하고 이 관측이 해당 물체의 사이즈와 형상을 묘사(설명)하는 방법을 다루게 된다.

제 13장에서는 칼라 정보에 관하여 다루게 되는데, 칼라는 인간의 판단에 중요한 과정이다. 여기서 물리적인 면과 디지털적 견지에서 칼라의 정의를 살펴보고 지금까지 진척된 기술을 이용하여 칼라 영상이 어떻게 처리되는 가를 시험한다.

제 14장에서는 영상압축의 몇 가지 기본과정을 논의한다. 영상의 파일들은 큰 용량을 가지는데, 정보의 압축은 특히 많이 존재하는 정보를 줄이는 과정이다. 정보의 압축에는 2가지로 구분하며, 그 하나는 정보를 손상시키지 않는 무손실 압축과 약간의 정보를 손상시켜서 높은 압축률을 얻는 손실 압축이 있다.

제 15장에서는 웨이블릿을 다루며, 이는 영상처리에서 매우 유망한 토픽에 속한다. 어떤 면에서는 이들이 푸리에 변환으로 대치되기도 한다. 여기서는 입문 정도로서 웨이블릿과 파형을 어떻게 구별하고, 웨이블릿을 어떻게 정의하고, 영상에서 어떻게 적용되며 얻을 수 있는 효과들이 무엇인지를 보게 될 것이다. 특히, 영상 압축을 살펴보고 웨이블릿들이 영상 화질의 손실을 느끼지 못하는 범위에서 높은 압축률을 얻을 수 있는 방법을 보게 될 것이다.

제 16장에서는 영상에서 다른 곳보다 약간 돋보이게 되도록 처리하는 몇 가지의 특수한 효과를 나타내는 방법을 보게 될 것이다. 이들은 종종 영상편집 프로그램으로 제공되는데, 디지털카메라를 가지고 있으면 이 효과를 가능하게 하는 소프트웨어를 접할 기회가 있을 것이다. 이러한 처리의 시도를 통하여 이들 알고리즘들의 성질을 이해할 수 있을 것이다.

부록 A에서는 MATLAB의 간단한 입문과 MATLAB의 프로그래밍 방법을 제공하고 부록 B에서는 고속 푸리에 변환을 간단히 소개 한다.

이 책을 이용하는 방법

이 책은 영상처리를 공부하는 사람에게 2가지로 구분하여 이용할 수 있다. 그 하나는 입문과정이고, 다른 하나는 약간 심화과정이다. 입문과정은 아래에 나타내었다.

입문과정
- 제 1장
- 제 2장, 2.5절 제외
- 제 3장, 3.6절 제외
- 제 4장
- 제 5장
- 제 6장

- 제 7장
- 제 8장
- 제 9장, 9.4절, 9.5절 및 9.6절 제외
- 제 10장, 10.8절 및 10.9절 제외
- 제 13장
- 제 14장에서, 14.2절 및 14.3절만

심화과정(위 내용에서 제외된 부분 포함.)
<제외된 부분>
- 2.5절
- 3.6절
- 9.4절, 9.5절 및 9.9절
- 10.8절 및 10.9절
- 제 11장
- 제 12장
- 14.4절
- 제 15장

이 책에서 사용된 영상 파일들

```
bacteria.tif
circles.tif, circlesm.tif
flowers.tif
ic.tif
lily.tif
rice.tif
text.tif
tire.tif
caribou.tif
arch.tif
blocks.tif
buffalo.tif
cat.tif
```

```
emu.tif
engineer.tif
iguana.tif
newborn.tif
nicework.tif
pelicans.tif
twins.tif
wombats.tif
board.tif
cameramen.tif
circbw.tif
coins.tif
nodules1.tif
paper.tif
pout.tif
spine.tif
```

차 례

1장 영상처리의 개요

2장 영상과 MATLAB

15장 웨이블릿 변환

16장 특수(pixelated)효과

부록A MATLAB 이용의 기초

부록B   고속 푸리에 변환

01 영상처리의 개요

1.1 >> 영상과 그림

머리말에서 이야기를 하였듯이, 인간은 뛰어난 시각적 동물이다. 인간은 주위에서 일어나는 일에 대하여 주로 시각을 통해 느끼고 응답을 한다. 인간은 사물을 보는 것으로 이를 인지하고 분류할 뿐만 아니라 이들의 차이를 구별하고, 또한 얼핏 보기만 해도 전체적이고 개략적인 느낌을 얻을 수 있다.

인간은 매우 정밀한 시각적 노련함을 발전시켜 왔다. 인간은 한순간에 얼굴을 인식하고, 컬러의 차이를 구별하고, 매우 빠르게 많은 양의 시각정보를 처리할 수 있다.

그러나 실세계는 일정하게 움직이는 시스템이다. 일정한 시간 동안 사물을 바라보고 있으면 그것은 얼마간 변하게 되는 것을 알 수 있다. 건물이나 산과 같은 크고 견고한 물체라 할지라도 그 형상이 시간대(낮과 밤)에 따라, 태양광의 양(맑거나 흐림)에 따라, 혹은 거기에 드리워지는 여러 가지의 그림자에 따라 변화한다.

우리는 시각적 장면의 단일영상, 즉 스냅장면에 관심을 가진다. 비록 영상처리에서 변화하는 장면을 다룬다고 할지라도 이 교재에서는 이에 대한 상세한 설명은 논의하지 않는다.

우리가 지향하는 목적을 위해 영상은 사물을 표현하는 한 장의 **그림**이다. 이것은 사람, 동물, 풍경, 전자장치의 마이크로 사진 또는 의료영상의 결과 등이다. 그림이라고 즉시 판별되지 않을지라도 임의의 얼룩과 같은 것은 그림이 아니다.

1.2 >> 영상처리란 무엇인가?

영상처리는 다음과 같은 것을 위해 영상의 성질을 변화시키는 것이다.

1. 인간이 해석하기 위해 그림 정보를 개선하거나
2. 자동화 기계의 인식을 위해 보다 적절하게 표현한다.

우리는 **디지털영상처리**에 관련하여 공부하게 되는데, 이는 컴퓨터를 이용하여 **디지털 영상**의 성질을 변화시키는 것을 포함하고 있다. 위의 2가지 종류의 영상처리는 2개 부분으로 분리하였지만 동등하게 중요한 특징을 나타내고 있다는 것을 이해할 필요가 있다. 조건 1을 만족하는 과정, 즉 인간의 시각 관점에서 더 좋은 영상을 만드는 과정은 조건 2를 만족하기 위해서는 매우 좋지 않은 과정일 수 있다. 인간은 영상이 샤프하고 섬세한 것을 더 좋아하지만, 기계는 보다 단순하고 산만하지 않은 영상을 더 좋아한다.

(a)   (b)

그림 1.1 • 영상의 샤프닝처리. (a) 원 영상. (b) 샤프닝처리 결과.

조건 1의 예들은 아래와 같다.

- 영상의 에지를 보다 샤프하게 나타내기 위해 에지를 강조한다. 이 예를 그림 1.1에 보였다. 2번째 영상이 더 깔끔하게 보이는데, 이것이 더 만족스러운 영상이다. 에지의 샤프닝 처리는 프린트를 하는 데 필수적인 요소이다. 영상이 인쇄 종이에 잘 프린트되도록 하기 위해서는 일반적으로 샤프닝과 같은 처리를 한다.
- 영상에서 잡음을 제거한다. 잡음은 영상에서 불규칙한 오차를 유발하게 된다. 이 예를 그림 1.2에 나타내었다. 잡음은 데이터 전송에 매우 공통적인 문제를 야기시키는

(a)   (b)

그림 1.2 • 영상의 잡음 제거. (a) 원 영상. (b) 잡음 제거 결과.

(a)   (b)

그림 1.3 • 영상의 블러링 제거. (a) 원 영상. (b) 블러링 제거 결과.

데, 데이터가 모든 종류의 전자 부품들을 통해 전송되고, 이 과정에서 전송 데이터에 영향을 주어 원하지 않는 결과가 발생하게 된다. 8장에서 논의하겠지만, 잡음은 여러 가지 다른 형태를 가지고 있고, 이들 각각의 잡음을 제거하기 위해 각기 다른 방법을 적용해야 한다.

- 영상에서 움직임의 블러링을 제거한다. 이 예를 그림 1.3에 보였다. 그림 1.3(b)는 블러링을 제거한 영상이고, 그림 1.3(b) 영상에서 그림 1.3(a)의 원 영상에서 섬세하게 볼 수 없었던 차량의 번호판이나 차량의 뒤편에 있는 스파이크성의 울타리는 쉽게 볼 수 있다. 움직임 블러링은 카메라의 셔터스피드가 물체의 스피드보다 느린 경우에 발생된다. 빠르게 움직이는 물체의 사진에서, 예를 들면 운동 경기자나 자동차 등은 블러링 문제를 발생시킨다.

조건 2의 예들은 아래와 같다.

- 영상의 에지를 구한다. 이것은 영상에서 물체를 계측할 때에 필요하다. 그림 1.4(a)와 b)는 그 예를 보여준다. 일단 에지가 검출되면 물체들의 두께 및 그들 내부의 면적을 계측할 수 있다. 에지강조의 과정에서 첫 단계로서 에지검출 알고리즘을 사용하기도 한다. 에지들을 명확히 하기 위해서는 검출된 에지를 사용해서 원 영상에 약간 추가할 필요가 있을 수도 있다.

- 영상의 섬세함을 제거한다. 계측이나 카운팅(물체의 수)을 목적으로 한 경우에는 영상의 섬세한 부분에는 관심이 없을 수 있다. 예를 들면 기계가 제조 라인에서 어떤 항목을 검사할 때 단지 그 모양, 사이즈 혹은 컬러 등만 관심의 대상이 될 수 있다.

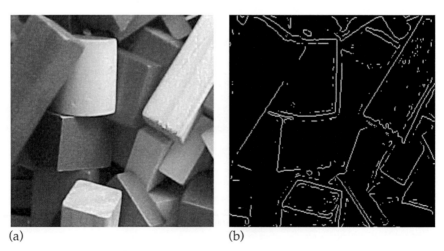

(a)   (b)

그림 1.4 • 영상의 에지 검출. (a) 원 영상. (b) 에지 영상.

(a)　　　　　　　　　　　　(b)

그림 1.5 ● 블러링 영상. (a) 원 영상. (b) 섬세함을 제거한 블러링 영상.

이런 경우에 영상을 단순화하기를 원할 수 있다. 그림 1.5에 그 예를 보여준다. 그림 1.5(a)는 아프리카 소(buffalo)의 영상이다. 그림 1.5(b) 영상은 필요 없는 섬세한 부분(배경의 통나무 등)이 제거되고 블러링된 것을 보여준다. 그림 1.5(b) 영상에서 모든 섬세함이 제거되었고, 남은 것은 영상의 대략적인 구조임을 주의하자. 따라서 불필요한 섬세함에 영향을 받지 않으면서 동물의 크기 및 모양을 계측할 수 있다.

1.3 >> 영상 획득과 샘플링

1.3.1 영상 샘플링

샘플링은 연속적인 함수를 디지털화하는 과정을 말한다. 예를 들면, 다음과 같은 함수를 사용하고, 같은 간격으로 떨어진 10개의 x값에서 이를 샘플링한다고 가정하자.

$$y = \sin(x) + \frac{1}{3}\sin(3x)$$

이 샘플링 점에서 결과를 그림 1.6에 보였다. 이것은 **undersampling**의 예이며, 이 경우에는 원 함수를 복원하는 데 점들의 수가 충분하지 않다. 만일 그림 1.7과 같이 100개의 점에서 함수를 샘플링하였다고 가정하자. 그러면 이 함수는 분명하게 복원될 수 있다. 이런 모든 성질은 샘플링에 의해서 결정된다. 샘플링 점들이 복원할 수 있을

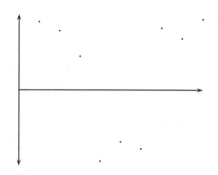

그림 1.6 ● 샘플링 함수 – undresampling.

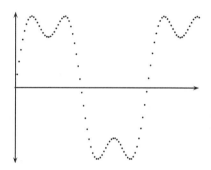

그림 1.7 ● 충분한 점들로 샘플링된 함수

만큼 충분하다는 것을 보증하기 위해서는 샘플링 주기가 최고로 섬세한 성분의 반 이하로 되어야 한다는 것이다. 이것은 **나이퀘스트 판별법(Nyquist criterion)**으로 알려져 있고, 이는 주파수를 사용해서 보다 정밀하게 공식화가 될 수 있으며, 이에 대한 내용은 7장에서 논의한다. 나이퀘스트 판별법은 **샘플링 이론(sampling theorem)**으로 설명되는데, 샘플링 주파수가 적어도 해당 함수의 최대 주파수 성분의 2배 이상이 되어야만 샘플로부터 연속함수를 복원할 수 있다는 것이다. 이 이론에 대한 형식적인 설명은 Castleman[4]에 있다.

영상을 2개의 독립 변수의 연속함수로서 생각하고 디지털영상을 생성하기 위해 샘플링할 때에는 나이퀘스트 판별법을 고려하여 영상을 샘플링하여야 한다.

영상 샘플링의 한 예를 그림 1.8에 보여준다. 여기에 원 영상과 이를 undersampling된 영상을 보여주고 비교하였다. Undersampling된 영상에서 들쭉날쭉한 에지는 **엘리어싱(aliasing)**의 예이다. 물론 샘플링 비율은 영상의 최종 분해능에 영향을 주며, 이는 3장에서 논의한다. 샘플링된(디지털) 영상을 얻기 위해서는 장면의 연속적 표

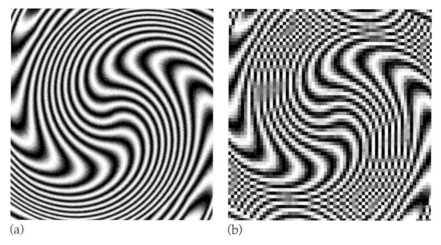

(a)   (b)

그림 1.8 ● 샘플링효과. (a) 엘리어싱이 없는 영상. (b) 엘리어싱이 나타난 부족 샘플링.

현부터 시작할 수 있다. 장면은 가시광선 혹은 다른 에너지원에 의해 장면으로부터 반사되는 에너지를 저장하면 얻을 수 있다.

1.3.2 영상 획득

광은 영상을 획득할 때에 매우 중요한 에너지원이며, 이는 인간이 직접 관측할 수 있는 에너지원이기 때문이다. 사람들은 모두 사진과 친숙하며, 이는 시각적인 장면을 그림으로 기록한 것이다.

많은 디지털영상은 에너지원으로서 가시광선을 사용하여 획득된다. 이것은 안정적이고, 값이 싸고, 쉽게 검출되며 적절한 하드웨어로서 처리될 수 있는 장점을 가지고 있다. 디지털영상을 생성하는 2가지 일반적인 방법은 디지털카메라 또는 평판형 스캐너를 사용하는 것이다.

CCD 카메라   CCD는 "charge-coupled device"의 약어이다. 이것은 "photosites"라고 하는 광 감지 셀들의 배열이며, 각 셀은 들어오는 광의 강도에 비례하는 전압을 생성한다. 컬러는 빨강, 초록 및 파랑색 필터를 이용하여 얻어진다. CCD는 매우 좋은 결과를 생성하기 때문에 대부분의 디지털카메라에서 사용되고, 높은 분해능을 실현할 수 있으며, 잡음에 강인한 특성을 가지고 있다. CCD 기술의 자세한 내용은 castleman[4]을 참조하라.

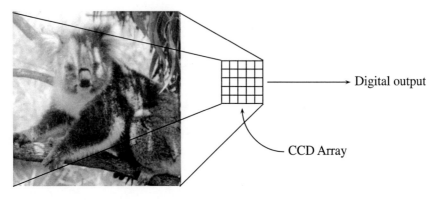

Digital output

CCD Array

Original scene

그림 1.9 ● CCD 배열로 획득한 영상.

상보형 기술은 CMOS(complementary metal oxide semiconductor) 칩을 사용한다. 이것은 생산 단가가 저렴하며, CCD 칩보다 더 적은 전력을 소비하는 장점을 가지고 있다. 그러나 잡음에 약한 것이 단점이다. 그러므로 웹캠과 같은 저가형 카메라 등에 주로 사용되고 있다.

컴퓨터에 부착된 카메라에 대하여 셀의 사진 정보는 적당한 저장미디어로 출력된다. 이는 일반적으로 **프레임-그래빙(frame-grabbing) 카드**를 사용하는 하드웨어로 처리되는데, 이는 소프트웨어보다 훨씬 빠르고 효과적으로 처리된다. 이를 사용하면 짧은 시간(1개의 영상 당 1/10,000초까지 가능)에 많은 영상들을 획득할 수 있다. 그 후에 이 영상들은 영구적인 저장소에 복사되어 먼 훗날에도 사용할 수 있다.

이 방식을 그림 1.9에 도식적으로 나타내었다.

출력은 값들의 배열이며, 각 값들은 원래의 장면에서 샘플된 점을 표현한다. 이 배열의 **원소**를 **화소(picture element, pixel)**라고 한다. 디지털카메라는 플로피디스크, CD, 특화된 카드 및 메모리 스틱과 같은 다양한 범위의 소자를 사용하여 정보를 저장한다. 따라서 정보는 이 소자들을 사용해서 컴퓨터 하드디스크로 전송될 수 있다.

평판형 스캐너　　이것은 CCD 카메라와 유사한 원리로 동작한다. 전체 영상을 큰 배열에 한꺼번에 획득하는 방법 대신에, 하나의 행으로 구성된 감광 소자들을 행(가로) 단위로 이동하면서 라인 단위로 영상 정보를 획득한다. 이것을 도식적으로 그림 1.10에 보였다.

이것은 카메라로 영상을 획득하는 것보다 처리시간이 느리므로 적절한 소프트웨어로 획득하고 저장하기에 매우 적합하다.

그림 1.10 • CCD 스캐너로 영상 획득.

기타 에너지원   비록 가시광선이 일반적이고 사용하기에 편하지만, 디지털영상을 만드는 데 다른 에너지원을 이용할 수도 있다. 가시광선은 **전자기파 스펙트럼**의 일부이고, 전자기파의 방사 에너지는 변하는 파장을 가지고 있는 파형(waves) 형태이다. 이 스펙트럼의 범위는 아주 짧은 파장을 가지는 우주선에서부터 아주 긴 파장을 가지는 전력의 파장에 이르기까지 그 범위가 넓다. 그림 1.11은 이를 보여준다.

전자현미경에서, 우리는 X선 혹은 전자빔을 이용한다. 그림 1.11에서 알 수 있듯이 X선은 가시광선보다 파장이 더 짧기 때문에 가시광선으로 할 수 있는 것보다 더 작은 물체들을 분석하는 데 이용할 수 있다. 이에 대한 좋은 입문으로 Clark[5]를 참조하라. 물론 X선은 뼈와 같은 눈에 보이지 않는 숨겨진 물체의 구조를 파악하는 데에도 유용하다.

영상을 얻는 추가적인 방법은 **X선 토모그라피(tomography)**를 이용하는 것이다. 여기서 물체는 X선의 내부에 있다. 그림 1.12에 보여준 것과 같이 빔이 물체를 향해 쪼이고, 그 물체의 반대편에서 빔을 검출한다. 빔이 물체의 주위를 이동함에 따라 그 물체의 영상이 만들어지는데 이 영상을 **토모그램(tomogram)**이라고 한다. CAT(computer axial tomography) 스캔에서, 환자는 X선 빔이 쪼여지는 튜브 내에 눕는다. 이때 수많은 토모그라피의 슬라이스들이 형성되고, 이들을 조합하여 3차원 영상을 만든다. 이 시스템에 대한 좋은 정보는 Siedband[34]에서 얻을 수 있다.

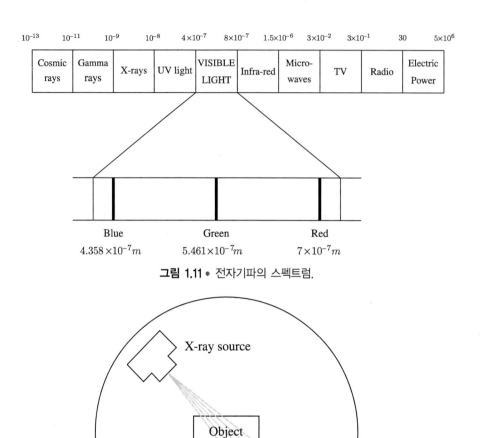

그림 1.11 ● 전자기파의 스펙트럼.

그림 1.12 ● X선 토모그라피.

1.4 >> 영상과 디지털영상

우리가 영상, 말하자면 사진을 가지고 있다고 가정하자. 모든 것을 쉽게 설명하기 위해 컬러가 아닌 흑백(즉, 단지 그레이 값) 사진으로 가정하자. 그러면 이 영상을 2차원 함수

그림 1.13 ● 함수로서의 영상 표시.

로서 생각할 수 있고, 각 함수 값은 그림 1.13에 보여준 것과 같이 어떤 주어진 점에서 영상의 밝기를 나타낸다고 생각할 수 있다. 이런 영상에서 밝기 값은 0.0(흑색)에서 1.0(흰색)까지의 어떤 실수 값이 될 수 있다고 가정할 수 있다. x와 y의 범위는 분명히 그 영상에 의존하지만, 이들은 모두 최소값과 최대값 사이의 어떤 실수 값도 될 수 있다.

물론 이 함수는 그림 1.14와 같이 그려질 수 있다. 그러나 이 그림은 영상을 해석할 때에만 제한적으로 사용된다. 그러나 영상을 함수로서 생각하는 개념은 영상처리 기술을 개발하고 구현할 때에 아주 중요하다.

디지털영상은 사진과는 다르며, 디지털영상에서 x, y 및 $f(x,y)$의 값들은 모두 이산적인 값이다. 가끔 $f(x,y)$ 값들은 정수 값만을 사용하며, 그림 1.13에서 나타낸 영상에서 x와 y는 각각 1에서 256의 범위의 정수 값을, 밝기 값들은 0(흑색)에서 255(흰색)까지의 범위의 정수를 사용하고 있다. 위에서 설명한 바와 같이 디지털영상은 연속적 영상에서 샘플링한 점들로 구성된 아주 큰 배열로 생각할 수 있고, 각 점들은 양자화된 특정 밝기 값을 가지고 있다; 이렇게 샘플링된 점을 화소라고 하고, 디지털영상을 구성하는 요소이다. 주어진 하나의 화소를 둘러싸고 있는 화소들을 그 이웃화소 (neighborhood)라고 한다. 이웃 화소들은 매트릭스와 같은 모양으로 지정될 수 있

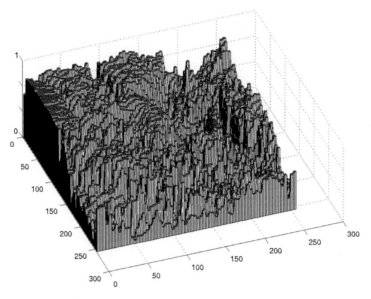

그림 1.14 ● 2차원 함수로서 그려진 그림 1.13의 영상.

다. 예를 들면, 3×3 이웃화소, 혹은 5×7 이웃화소와 같이 표현될 수 있다. 어떤 특별한 경우를 제외하고는 이웃 화소들은 홀수 개의 행과 열로 구성된다. 이 경우에는 현재의 화소가 이웃 화소들의 중심에 있도록 보장한다. 이웃 화소의 한 예를 그림 1.15에 보였다. 만일 이웃 화소들이 짝수 개의 행 혹은 열(혹은 둘 모두)의 형태이면 이웃 화소들 내에 있는 화소들 중에 어느 화소가 현재 화소인지를 규정할 필요가 있다.

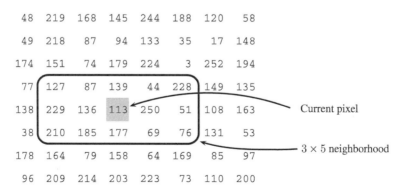

그림 1.15 ● 현재 화소의 이웃화소.

1.5 >> 몇 가지의 응용

영상처리는 광범위한 응용에 적용되고 있다. 과학 및 기술 분야의 대부분에서 영상처리 방법을 이용할 수 있다. 여기서 영상처리의 응용을 적용할 수 있는 범위를 간략한 목록으로 나열한다.

1. 의료 분야
   - X선, MRI 혹은 CAT 스캔으로부터 획득한 영상으로 검사 및 해석
   - 세포영상 및 염색체 핵의 영상 분석

2. 농업 분야
   - 예를 들면, 토지의 위성/항공 촬영으로 얼마나 많은 토지를 다른 용도로 이용할 것인가 혹은 농작물의 재배를 위해 다른 영역을 얼마나 수용할 것인가 하는 등
   - 과일 및 채소의 검사–시들어진 상품과 신선한 상품 구별

3. 산업 분야
   - 제조 라인에서의 항목들을 자동 검사
   - 종이의 샘플 검사

4. 법률 시행 분야
   - 지문 해석
   - 속도위반용 카메라 영상의 샤프닝 혹은 블러링 제거

디지털영상 처리 응용에 대한 아주 좋은 소개는 Baxes[1]에 있다.

1.6 >> 영상처리의 분류

서로 다른 영상처리 알고리즘들을 넓은 범위로 분류하는 것이 편리하다. 각기 다른 작업과 문제를 해결하기 위해서는 서로 다른 알고리즘들을 사용하고, 가끔 수동으로 작업의 본성을 구별하는 것이 더 좋은 경우가 있다.

영상의 강조   영상처리의 결과가 특정한 응용에 대하여 더 적합한 상태로 만드는 것을 영상강조라고 한다. 예를 들면 아래와 같다.
- 초점이 맞지 않은 영상을 샤프닝 혹은 블러링 제거
- 에지를 뚜렷하게 함
- 영상의 대비를 개선하거나 영상을 밝게 함
- 잡음 제거

영상의 복원　알고 있는 원인에 의해 손상된 영상을 복원할 수 있다. 예를 들면 아래와 같다.

- 선형적 움직임에 대한 블러링 제거
- 광학적 일그러짐 제거
- 주기적 간섭 제거

영상의 분할　분할(segmentation)은 영상을 구성 부분으로 나누거나 영상에서 어떤 모양을 분리하는 것이다. 예를 들면 아래와 같다.

- 영상에서 라인, 원 혹은 특정한 모양을 찾음
- 항공사진에서 차, 나무, 건물 혹은 도로를 찾음

이러한 분류는 서로 독립적인 것이 아니다. 어떤 주어진 알고리즘이 영상강조 혹은 영상복원에 모두 사용될 수 있다. 그래서 우리가 영상을 가지고 하려고 하는 것이 무엇인지를, 즉 더 잘 볼 수 있도록(강조) 하는 것인지 혹은 손상부위를 제거(복원) 하는 것인지를 결정할 수 있어야 한다.

1.7 >> 영상처리 작업

우리는 특정한 실제적인 작업을 상세히 예로 들어, 1.6절에서 언급한 분류들이 작업을 수행할 때에 여러 단계에서 어떻게 실행되는지를 알아본다. 예로 사용할 실제적인 작업은 봉투에 적힌 우편번호를 자동으로 획득하는 것이다. 이를 수행하는 방법은 다음과 같다.

1. **영상 획득.** 처음에 종이봉투로부터 디지털영상을 만들어야 한다. 이것은 CCD 카메라 혹은 스캐너를 사용해서 획득할 수 있다.
2. **전처리.** 이것은 핵심적인 영상처리 작업 전에 처리되는 단계이다. 이 단계는 뒤에 처리할 작업을 더 효과적으로 하기 위해서 몇 가지 기본적인 작업을 한다. 이 예의 경우에는 영상의 대비를 강조하거나, 잡음을 제거하거나 혹은 우편번호를 포함하고 있을 만한 영역을 지정하는 것과 같은 처리를 하는 작업이다.
3. **영역 분할.** 이곳이 실제로 우편번호가 있는 장소이다. 다시 말하면 영상에서 우편번호만을 포함하고 있는 영상의 일부분을 추출한다.
4. **표현 및 묘사.** 이 용어는 물체들(문자들)을 구별할 수 있도록 해주는 특정한 특징들을 추출하는 것을 지칭한다. 즉 곡선들, 구멍들, 모서리들을 찾아서 우편번호를 구성하고 있는 숫자들을 다르게 구별할 수 있도록 해준다.

5. **인식 및 해석.** 이것은 앞 단계에서 묘사된 물체들에 라벨을 부여하고, 그 라벨들의 의미를 부여하는 단계이다. 우리는 특정한 숫자를 확인하고, 해당 주소의 끝에 있는 숫자 열들을 우편번호로 해석한다.

1.8 >> 디지털영상의 타입

우리는 아래와 같이 4가지의 기본 영상 타입을 고려한다.

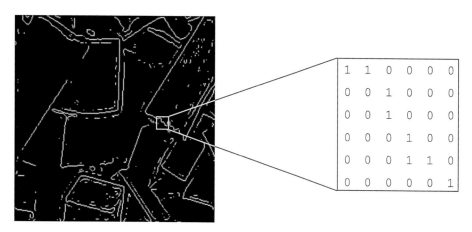

그림 1.16 ● 2진 영상

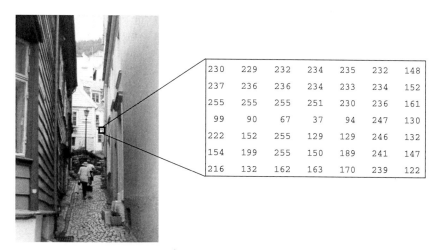

그림 1.17 ● 그레이스케일 영상

2. **2진(binary) 영상.** 각 화소는 단지 흑색이거나 백색이다. 각 화소에 대하여 단지 2가지의 가능한 값들만이 존재하므로 화소당 1비트만이 필요하다. 그러므로 이러한 영상은 저장하기에 매우 효과적이다. 2진 표현으로 적합한 영상들은 교과서(인쇄물이거나 수기), 지문 혹은 구조적 도면 등이다.

이 예는 그림 1.4(b)에 나타낸 영상과 같고, 이 영상에서 단지 2가지의 컬러만이 있고, 에지는 흰색으로 배경은 흑색이다. 그림 1.16에 이를 보였다.

2. **그레이스케일(grayscale) 영상.** 각 화소는 정상적으로 0(흑색)에서 255(흰색)까지 그레이의 음영이다. 이 범위는 각 화소가 8비트 혹은 1바이트로 표현될 수 있다는 것을 의미한다. 이것은 영상 파일을 취급할 때에 아주 자연스런 범위이다. 다른 그레이스케일의 범위를 사용할 수도 있으며, 그 경우에 일반적으로 2의 제곱수 범위를 사용한다. 실제로 의료용(X선)과 프린트용 영상에서 다른 범위를 사용하는 경우가 있으나, 256개의 그레이 값들이 대부분의 자연 물체들을 표현하는 데에 충분하다. 거리 장면의 그레이스케일 영상을 그림 1.17에 보였다.

3. **천연 컬러(true color) 혹은 RGB 영상.** 영상에서 각 화소는 특정 컬러를 가지고 있고, 각 컬러는 R, G 및 B 성분의 양으로 규정된다. 만일 각 성분들이 0~255의 범위를

Red					
49	55	56	57	52	53
58	60	60	58	55	57
58	58	54	53	55	56
83	78	72	69	68	69
88	91	91	84	83	82
69	76	83	78	76	75
61	69	73	78	76	76

Green					
64	76	82	79	78	78
93	93	91	91	86	86
88	82	88	90	88	89
125	119	113	108	111	110
137	136	132	128	126	120
105	108	114	114	118	113
96	103	112	108	111	107

Blue					
66	80	77	80	87	77
81	93	96	99	86	85
83	83	91	94	92	88
135	128	126	112	107	106
141	129	129	117	115	101
95	99	109	108	112	109
84	93	107	101	105	102

그림 1.18 ● 천연 컬러영상.

가지게 되면, 이 형태의 영상은 전체적으로 $256^3 = 16,777,216$가지의 다른 컬러 값을 가질 수 있다. 이것은 대부분의 영상에 대해서 충분한 컬러이다. 각 화소에 대하여 요구되는 총 비트 수가 24비트이기 때문에 이를 **24비트 컬러영상**이라고도 한다.

이 영상을 3개의 매트릭스(각각은 빨간색, 녹색 그리고 파란색을 나타내는 매트릭스)를 스택으로 쌓아놓은 것으로 생각할 수 있다. 이는 모든 화소에 대해서 3개의 값이 있다는 것을 의미한다.

이 예를 그림 1.18에 보였다.

4. 인덱스(indexed) 영상 대부분의 컬러영상들은 사용할 수 있는 1,600만 이상의 컬러들 중에서 단지 일부분만을 사용한다. 저장이나 파일 처리를 쉽게 하기 위해서 이 영상은 **컬러 맵(map)** 혹은 **컬러 팔레트(palette)**를 가지고 있는데, 이것은 그 영상에서 사용된 모든 컬러를 간단한 리스트로 만든 것이다. 따라서 각 화소는 실제 컬러(RGB)를 나타내는 값을 가지고 있지 않고, 대신에 컬러 맵에 있는 컬러의 **인덱스** 값을 가지고 있다.

만일 컬러영상이 256 혹은 그 이하의 컬러를 사용하면, 인덱스 값은 각 화소를 저장하는 데 단지 1바이트만이 필요로 하기 때문에 매우 편리하다. 이런 이유로 몇 가지의 영상 파일들(예를 들면 GIF)은 256 혹은 그 이하 컬러만을 허용한다.

그림 1.19에 인덱스 영상의 예를 나타내었다. 이 영상에서 각 화소의 값은 그레이 값이 아니라 컬러 맵의 인덱스 값이다. 위의 예에서 컬러 맵이 없으면 그 영상은 매우 어두워지고 컬러는 없다. 예를 들면 이 영상에서 라벨 6인 화소는 0.2627 0.2688 0.2549인 컬러에 대응하고, 이는 어두운 그레이에 가까운 컬러이다.

그림 1.19 ● 인덱스 컬러영상.

1.9 >> 영상 파일의 크기

영상 파일은 크기가 상당히 크다. 우리는 다양한 영상 타입에 대하여 다양한 크기에 사용되는 정보의 양을 알아보기로 한다. 예를 들면 512 × 512화소의 2진 영상을 고려해 보자. (토론을 위해서 어떤 압축도 없고, 헤드 정보를 무시한다고 가정하면) 이 영상에서 사용되는 비트들의 수는 아래와 같다.

$$512 \times 512 \times 1 = 262,144$$
$$= 32768 \text{ bytes}$$
$$= 32.768 \text{ Kb}$$
$$\approx 0.033 \text{ Mb}.$$

(여기서 Kilo byte는 1,000바이트 단위를, Mega byte는 1백만 바이트 단위를 사용해서 표기하였다.)

같은 크기의 그레이스케일 영상은 아래와 같다.

$$512 \times 512 \times 1 = 262,144 \text{ bytes}$$
$$= 262.14 \text{ Kb}$$
$$\approx 0.262 \text{ Mb}.$$

만일 컬러영상을 생각해 보면 각 화소는 3바이트의 컬러정보가 필요하다. 따라서 512 × 512 영상은 아래와 같은 양을 필요로 한다.

$$512 \times 512 \times 3 = 786,432 \text{ bytes}$$
$$= 786.43 \text{ Kb}$$
$$\approx 0.786 \text{ Mb}.$$

물론 많은 영상들이 지금까지 설명한 것보다도 더 큰 크기일 수 있다. 위성사진의 영상은 가로 및 세로방향으로 수천 개의 화소로 이루어지는 경우가 있다.

1.10 >> 영상의 인지(Perception)

대부분의 영상처리는 인간이 더 잘 알아볼 수 있는 영상을 만드는 데에 관심이 있다. 그러므로 인간 시각시스템의 한계를 아는 것이 중요하다. 영상의 인식은 아래와 같이 2단계로 이루어진다.

1. 영상을 눈으로 획득하고,
2. 뇌에 있는 **시각신경**으로 영상을 인식하고 판단한다.

이 단계들은 매우 다양하고 서로 연결되어 있기 때문에 인간은 주변 세계를 인지하는 데에 많은 영향을 받는다.

여기서 명심해야 할 것은 아래와 같이 다양하다.

1. 관측된 명암은 그 배경색에 따라 변한다. 회색의 한 블록은 검은색 배경에 있을 경우보다 흰색 배경에 있을 경우에 더욱 어둡게 보인다. 즉 사람들은 실제의 그레이스 케일 밝기 값을 인식하지 못하고, 오히려 주변과의 차이 값을 인식한다. 같은 그레이 값을 가진 정방형 블록이 서로 다른 배경에 놓여있는 예를 그림 1.20에 보였다. 이 블록이 밝은 그레이 배경에 있을 때 더 어둡게 보인다는 것을 알 수 있다. 그러나 가운데에 있는 2개의 블록들은 모두 정확히 같은 밝기 값을 가지고 있다.

2. 연속적으로 변하는 그레이 값에도 실제로 존재하지 않는 밝기 값을 막대(bar) 모양으로 관측할 수 있다(역자주: 디지털 신호이기 때문에). 예를 들면 그림 1.21을 보라. 이 영상에서 왼편에서 오른편으로 가면서 밝기 값이 연속적으로 어두워지고 있다. 그러나 이 영상에서 얼마간의 수직 에지가 우리의 눈에 반드시 나타나는 것을 볼 수 있다.

그림 1.20 ● 다른 배경에 있는 그레이스케일 정방형 블록.

그림 1.21 ● 연속적으로 변화하는 명암 영상.

3. 인간의 시각시스템은 밝기가 서로 다른 경계영역 주위를 더 강조되거나 혹은 덜 강조되도록 보는 경향이 있다. 예를 들어, 어두운 그레이 배경에 밝은 그레이 전경이 중앙에 있다고 가정하자. 눈을 어두운 배경에서 밝은 영역으로 움직이면서 보면 배경의 경계영역은 배경의 다른 부분보다 더 밝게 보인다. 반대 방향으로 진행하면서 보게 되면 배경의 경계 영역은 배경의 다른 부분보다 더 어둡게 보인다.

연습문제

1. TV 뉴스를 보라. 그리고 어떤 영상처리의 예들을 관찰할 수 있었는지 알아보라.

2. 여러분의 TV 수상기가 허용한다면, 모노크롬(흑백) 디스플레이로 변경할 수 있을 만큼 컬러 성분을 제거해 보라. 이런 행동은 관측에 어떤 영향을 미치는가? 컬러가 없으면 인식하기 힘든 것이 무엇인가?

3. 옛 사진들을 훑어보아라. 어떻게 하면 이들을 잘 보이게 하거나 복원할 수 있는가?

4. 다음에 있는 각 항목에서, 영상처리를 이용할 수 있는 5가지의 방법들을 리스트해 보라.

- 의료분야
- 항공우주분야
- 스포츠분야
- 음악분야
- 농업분야
- 여행분야

5. 영상처리기술은 현대의 영화제작 과정의 필수적인 부분이 되었다. 이후에 영화를 보게 되면, 그 영화에서 어떤 영상처리 기술을 사용했는지를 생각해 보라.

6. 만일 스캐너를 이용할 수 있으면 사진을 스캔하여 읽고, 또한 모든 가능한 스캐너의 설정을 사용해서 스캔하는 실험을 해보라.

   a. 사진의 모든 부분을 섬세하게 볼 수 있으면서 만들 수 있는 가장 작은 파일의 크기는 얼마인가?

   b. 사진의 주된 부분을 인식하면서 만들 수 있는 가장 작은 파일의 크기는 얼마인가?

   c. 컬러의 설정이 출력에 어떤 영향을 미치는가?

7. 만일 디지털카메라를 이용할 수 있다면, 카메라를 가능한 모든 방법으로 설정하여 고정된 장면을 촬영해 보라.

   a. 독자가 만들 수 있는 가장 작은 파일의 크기는 얼마인가?

   b. 출력에 영향을 주는 광은 어떤 방법으로 설정하는가?

8. 여러분이 흑백사진을 스캔하고 그 결과를 프린트한다고 가정하라. 그 후에 프린트한 결과를 다시 스캔하고 이를 프린트한다고 가정하자. 그리고 이 과정을 여러 번 반복한다. 이 과정에서 영상의 열화(degradation)가 발생하는가? 스캐너와 프린터 중 어느 것에 의해서 열화가 덜 발생하는가?

9. 초음파 영상을 보라. 이것은 이 장에서 논의한 영상 획득방법과 어떻게 다른가? 무엇을 사용해서 획득하는가? 가능하다면 초음파영상과 X선 영상을 비교해 보라. 이들은 어떻게 다른가? 또 유사한 점은 무엇인가?

10. 독자의 컴퓨터에서 영상보기 프로그램(MATLAB은 제외)을 가지고 있다면, 이 프로그램이 제공하는 영상처리 기능을 리스트하라. 이 프로그램으로 할 수 없는 영상처리 기능은 어떤 것이 있나?

02 영상과 MATLAB

MATLAB은 매트릭스와 매트릭스 연산을 강력하게 지원하는 데이터 해석용 소프트웨어 패키지이다. 간략한 소개를 보려면 부록 1을 보라. 디지털영상은 매트릭스로 생각할수 있으며, 각 매트릭스의 원소가 영상의 화소 값에 대응된다. 이 장에서는 우리가 영상과 그 특성을 조사하기 위해서 MATLAB의 매트릭스 처리능력을 어떻게 이용하는지를 알아본다. 지금부터 "영상"이라는 용어를 사용하면 이는 "디지털영상"을 의미한다.

2.1 >> 그레이스케일 영상

여러분이 각자의 컴퓨터 앞에 앉아서, MATLAB을 실행하였다고 가정하자. 그러면 MATLAB은 **명령 창(command window)**를 열고 그 창 내부에 아래와 같은 프롬프트 (prompt)를 보여준다. 이는 사용자의 명령어를 받을 준비가 되었다는 것을 의미한다.

```
>>
```

아래와 같이 명령을 입력한다.

```
>> w=imread('wombats.tif');
```

23

앞의 명령은 그레이스케일 영상 wombats.tif에 있는 모든 화소들의 그레이 값을 읽고 이들을 모두 매트릭스 w에 넣는다. 이 매트릭스 w는 현재 MATLAB 변수이고, 이로써 여러 가지 매트릭스 연산을 수행할 수 있다. 일반적으로 imread 함수는 한 영상 파일로부터 화소 값들을 읽고, 모든 화소 값들의 매트릭스를 리턴한다.

이 명령에 대해서 주의해야 할 점 3가지가 있다.

1. semicolon(;)으로 끝나는 것은 스크린에 명령의 결과를 디스플레이를 하지 않는 효과를 가진다. 이 특정 명령의 결과는 그 크기가 256×256 혹은 65,536 원소들을 가지는 매트릭스이다. 따라서 독자는 모든 화소들의 값을 실제로 디스플레이하기를 원하지 않을 것이다.

2. 파일명 wombats.tif는 단일 인용 부호와 함께 사용되었다. 이것이 없으면, MATLAB은 wombat.tif가 파일의 이름이 아니라 변수의 이름이라고 가정한다.

3. 이 명령은 영상파일 wombats.tif가 디폴트(default) 폴더 내에 있다는 것을 가정한다(현재 디렉토리에서 찾을 수 있는). 그렇지 않으면, 사용자가 파일 경로 위치를 설정해야 한다. 예를 들어, wombats.tif가 이전에 다운로드되었고 c:\TEMP 디렉토리 위치에 있다면 w=imread('C:\TEMP\wombats.tif')를 입력해야만 볼 수 있다.

그러면 아래의 명령을 사용하면 이 매트릭스를 그레이스케일 영상으로 디스플레이할 수 있다.

```
>> figure, imshow(w), pixval on
```

이는 실제로 3개의 명령을 한 줄에 나타낸 것이다. MATLAB은 같은 라인에 많은 명령들을 사용할 수 있으며, 서로 다른 명령들을 분리하기 위해 콤마(,)를 사용한다. 여기서 사용한 3개의 명령은 아래와 같다:

figure, 이 명령은 스크린에 그림 창을 만든다. 그림 창은 그래픽 객체가 존재하는 윈도우이다. 객체들은 영상이나 여러 가지 형태의 그래프를 포함할 수 있다.

imshow(w), 이 명령은 매트릭스 w를 영상으로 디스플레이한다.

pixval on, 이 명령은 그림에 해당 화소 값들을 불러온다. 이것은 영상에서 해당 화소들의 그레이 값들을 디스플레이하라는 것이다. 이는

$$c \times r = p$$

형식으로 그림 아래 쪽에 나타난다(역자주: 최신 버전에서는 impixelinfo 명령으로

그림 2.1 ● pixval on에 의한 wombat 영상.

바뀌었음). 여기서 c는 해당 화소의 열 방향 값, r은 행 방향의 값, p는 그레이 값이다. wombats.tif는 8-bit 그레이스케일 영상이므로 화소들은 0~255 범위의 정수로 나타난다.

앞의 명령어 실행 결과를 그림 2.1에 보였다.

만일 열려진 그림 창이 없다면 imshow 명령 혹은 그래픽 객체를 생성하는 다른 명령은 객체를 디스플레이하기 위해 새로운 그림 창을 오픈한다. 그러나 새로운 그림 창을 만들기 원할 때마다 figure 명령을 사용하는 것은 좋은 습관이다.

독자가 아래의 명령을 사용하면 그레이 값들을 매트릭스에 저장하지 않고 영상을 직접 디스플레이할 수 있다:

```
imshow('wombats.tif')
```

그러나 MATLAB에서 매트릭스는 매우 효율적으로 처리될 수 있기 때문에 매트릭스를 사용하는 것이 더 효과적이다.

2.2 >> RGB 영상

제13장에서 다룰 예정이지만 컬러를 어떤 표준화된 방법으로 정의할 필요가 있는데, 일반적으로 3차원 좌표시스템의 부분집합으로 정의된다. 이 부분집합을 **컬러 모델**이라고 한다. 사실 컬러를 묘사하는 많은 다른 방법이 있지만, 영상을 디스플레이하고 저장하기 위한 표준모델은 RGB 모델이다. 이를 위해 그림 2.2에 보여준 것과 같이 길이가 1인 정육면체를 사용해서 모든 컬러를 표현한다고 생각할 수 있다. 그림 2.2의 점선으로 표시된 대각선의 흑–백라인에 있는 컬러는 RGB의 모든 값들이 동일한 공간의 점들이며, 이들은 그레이의 다른 밝기를 나타낸다. 또한 컬러 정육면체 축의 값이 0~255 범위 내의 정수로 이산화되었다라고 생각할 수도 있다.

RGB는 컴퓨터 모니터와 TV 수상기에 컬러를 디스플레이하기 위한 표준이다. 그러나 컬러를 묘사하는 아주 좋은 방법은 아니다. 예를 들면 RGB를 이용하여 연한 갈색을 어떻게 정의할 것인가? 13장에서 설명하는 바와 같이 RGB 컬러 모델로는 불가능한 컬러들이 있으며, 이들은 RGB 성분의 하나 또는 2개의 값을 음의 값으로 요구하는 컬러이다. MATLAB은 24-bit RGB 영상을 그레이스케일과 같은 방법으로 처리한다.

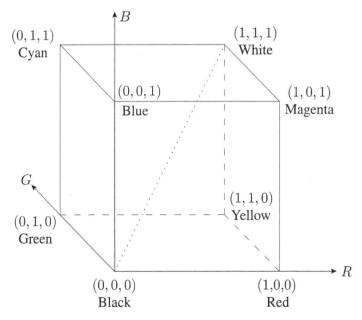

그림 2.2 • RGB 컬러 모델의 정육면체 모양.

컬러 값을 매트릭스에 저장하고 그 결과를 보기 위한 명령은 아래와 같다.

```
>> a=imread('autumn.tif');
>> figure,imshow(a),pixval on
```

여기서 화소의 값들은 3개 값들로 구성되었고, 이들은 각각 해당 화소의 컬러에 대한 red, green, 및 blue 성분을 나타낸다는 것을 주의하라.

RGB 영상과 그레이스케일 영상의 중요한 차이는 다음 명령으로 볼 수 있다.

```
>> size(a)
```

위의 명령은 3개의 값 즉, 영상 a의 행의 수, 열의 수 및 "페이지"를 return한다. 이 a는 **다차원 배열(multidimensional array)**이라고 하는 3차원 매트릭스이다. MATLAB은 어떤 차원의 배열도 처리할 수 있으며, a가 그 하나의 예이다. a를 크기가 같은 매트릭스 3개를 쌓아놓은 것으로 생각할 수 있다.

해당 위치에 어떤 RGB 값들을 얻기 위하여 이전과 같이 유사한 인덱싱 방법을 사용한다. 예를 들면 아래의 명령은 행 100, 열 200에 있는 화소의 2번째 컬러 값, 즉 녹색(green)을 반환한다.

```
>> a(100,200,2)
```

만일 그 위치에서 모든 컬러 값들을 원하면 아래의 명령을 사용하면 된다.

```
>> a(100,200,1:3)
```

그러나 MATLAB은 특정 차원의 모든 값들을 리스트하기 위해 colon(:)과 같은 편리한 단축 기호를 사용하며 그 예는 아래와 같다.

```
>> a(100,200,:)
```

RGB 값들을 얻기 위한 유용한 함수는 `impixel`이다.

```
>> impixel(a,200,100)
```

위의 명령은 열 200, 행 100의 위치에 있는 화소의 RGB 값들을 반환한다. 인덱싱의 순서는 `pixval on` 명령에서 제공되는 것과 같음을 주의하라. 이는 매트릭스 인덱싱에서 사용하는 행/열의 순서와 반대이다. 또한 이 명령은 아래와 같이 그레이스케일 영상에도 사용할 수 있다.

```
>> impixel(g,100,200)
```

위의 명령은 3개의 값들을 반환하지만, g가 단일 2차원 매트릭스이기 때문에 3개의 값은 모두 같다.

2.3 >> 인덱스 컬러영상

아래의 명령은 emu 컬러영상을 잘 보여준다. 그러나 화소 값들은 RGB 영상처럼 3개의 정수로 표현하지 않고, 0~1 범위 사이의 3개의 분수형태로 표현한다. 여기서 어떤 일이 발생했는가?

```
>> figure,imshow('emu.tif'),pixval on
```

만일, 아래와 같이 영상을 em 매트릭스에 저장하고 그 결과를 디스플레이한다면,

```
>> em=imread('emu.tif');
>> figure,imshow(em),pixval on
```

우리는 하나의 정수 그레이 값을 가진 어둡고, 구별하기 힘든 영상을 얻는데, 이는 em 영상이 그레이스케일 영상으로 해석되었기 때문이다.

사실, emu.tif 영상은 인덱싱 영상의 한 가지 예로서 2개의 매트릭스로 구성되어 있다. 즉 컬러 맵과 컬러 맵에 대한 인덱스이다. 영상을 하나의 매트릭스로 할당하면 단지 **컬러 맵**에 대한 **인덱스정보**만을 읽게 된다. 즉 컬러 맵도 읽을 필요가 있다.

```
>> [em,emap]=imread('emu.tif');
>> figure,imshow(em,emap),pixval on
```

위의 명령은 인덱스 컬러영상을 정확하게 디스플레이한다. MATLAB은 인덱스 영상의
RGB 화소 값들을 emap 매트릭스에 저장하며, 0~1 범위 사이에 있는 double 타입
의 값으로 저장한다.

2.3.1 영상에 관한 정보

imfinfo 함수를 사용하면 영상에 관한 수많은 정보를 얻을 수 있다. 예를 들면 위에서
사용한 인덱스 영상 emu.tif 파일의 정보를 보면 아래와 같다.

```
>> imfinfo('emu.tif')
ans =

                    Filename: 'emu.tif'
                 FileModDate: '26-Nov-2002 14:23:01'
                    FileSize: 119804
                      Format: 'tif'
               FormatVersion: []
                       Width: 331
                      Height: 384
                    BitDepth: 8
                   ColorType: 'indexed'
             FormatSignature: [73 73 42 0]
                   ByteOrder: 'little-endian'
              NewSubfileType: 0
               BitsPerSample: 8
                 Compression: 'PackBits'
    PhotometricInterpretation: 'RGB Palette'
                 StripOffsets: [16x1 double]
             SamplesPerPixel: 1
                 RowsPerStrip: 24
              StripByteCounts: [16x1 double]
                  XResolution: 72
                  YResolution: 72
               ResolutionUnit: 'Inch'
                     Colormap: [256x3 double]
          PlanarConfiguration: 'Chunky'
                    TileWidth: []
                   TileLength: []
      TileOffsets: []
   TileByteCounts: []
```

계속

```
      Orientation: 1
        FillOrder: 1
 GrayResponseUnit: 0.0100
   MaxSampleValue: 255
   MinSampleValue: 0
     Thresholding: 1
```

이 많은 정보가 우리에게 유용하지 않지만, 화소 단위로 영상의 크기, 바이트 단위로 파일의 크기, 화소당 bit 수(BitDepth 항목) 및 컬러 형태(위의 경우는 인덱스 영상이다) 등을 알 수 있다.

비교를 위해, 아래와 같이 천연 컬러 파일의 정보도 출력해 보자(출력 화면 중 처음의 몇 개 라인만 나타내었다).

```
>> imfinfo('flowers.tif')

ans =

              Filename: [1x57 char]
           FileModDate: '26-Oct-1996 02:11:09'
              FileSize: 543962
                Format: 'tif'
         FormatVersion: []
                 Width: 500
                Height: 362
              BitDepth: 24
             ColorType: 'truecolor'
```

그런 후에 아래와 같이 2진 영상에 대해서도 이 함수를 실행해 본다.

```
>> imfinfo('text.tif')

ans =

              Filename: [1x54 char]
           FileModDate: '26-Oct-1996 02:12:23'
              FileSize: 3474
                Format: 'tif'
         FormatVersion: []
                 Width: 256
                Height: 256
              BitDepth: 1
             ColorType: 'grayscale'
```

지금 무슨 일이 일어났는가? 2진 영상을 가지고 실험을 했으나 컬러 형태(color type)는 "그레이스케일"로 알려 준다. 사실 MATLAB은 그레이스케일 영상과 2진 영상을 구별하지 않는다. 2진 영상은 그레이스케일 영상에서 단지 2개의 밝기 값만을 가지고 있는 특별한 경우로 볼 수 있다. 그러나 text.tif 영상은 화소당 bit 수가 1이기 때문에 2진 영상인 것을 쉽게 알 수 있다.

2.4 >> 데이터 타입과 변환

MATLAB 매트릭스의 원소들은 여러 가지 다른 수치적 데이터 타입을 가지고 있다. 가장 일반적인 데이터 타입들을 표 2.1에 나타내었다. 다른 데이터 타입들도 있지만, 영상처리 작업에는 목록에 나타낸 것만으로도 충분할 것이다. 또한 이들 데이터 타입은 하나의 데이터 타입에서 다른 데이터 타입으로 변환할 때 사용할 수 있는 함수이기도 하다. 데이터 타입의 변환 예를 들면 아래와 같다.

```
>>  a=23;
>> b=uint8(a);
>> b

b =

    23

>> whos a b
  Name       Size              Bytes  Class

  a          1x1                   8  double array
  b          1x1                   1  uint8 array
```

비록 변수 a와 b가 같은 수치 값을 가지고 있을지라도 그들은 서로 다른 데이터 타입이다. 여기서 주의해야 할 사항은 int8, int16, uint8 및 uint16인 수치 데이터 타입에 대해서는 산술연산이 허용되지 않는다는 것이다.

그레이스케일 영상은 값이 uint8 데이터 타입인 화소들로 구성된다. 이 타입의 영상은 각 화소가 단지 1 byte만을 사용하기 때문에 저장 공간을 사용하는 관점에서 매우 효율적이다. 그러나 이 데이터 타입에 산술연산을 사용할 수 없다. 산술연산을 수행하기 전에 uint8 영상은 double 데이터 타입으로 변환되어야 한다.

표 2.1 Matlab의 데이터 타입

Data Type	Description	Range
int8	8-bit integer	−128–127
uint8	8-bit unsigned integer	0–255
int16	16-bit integer	−32768–32767
uint16	16-bit unsigned integer	0–65535
double	Double precision real number	Machine specific

표 2.2 Matlab의 영상 변환 함수

Function	Use	Format
ind2gray	Indexed to grayscale	y=ind2gray(x,map);
gray2ind	Grayscale to indexed	[y,map]=gray2ind(x);
rgb2gray	RGB to grayscale	y=rgb2gray(x);
gray2rgb	Grayscale to RGB	y=gray2rgb(x);
rgb2ind	RGB to indexed	[y,map]=rgb2ind;
ind2rgb	Indexed to RGB	y=ind2rgb(x,map);

우리는 하나의 영상 타입을 다른 타입의 영상으로 변환할 수 있다. 표 2.2에 다른 영상 타입들 간에 변환하는 모든 매트랩 함수들을 나타내었다. gray2rgb 함수는 컬러 영상을 만들지는 않지만, 영상의 모든 화소들은 컬러 영상과 같이 RGB 성분을 가지고 있고, 각각은 같은 밝기 값을 가진다. 이것은 단순히 그레이 영상의 각 화소 값들을 복제하여 처리한다. RGB 영상에서 RGB 값들을 모두 같게 하면 그레이 영상을 얻을 수 있기 때문이다. (역자주: 최신버전에서 gray2rgb 함수가 제공되지 않음.)

2.5 >> 영상파일과 포맷

1.8절에서 알 수 있듯이 영상은 4가지 다른 타입으로 분류될 수 있다. 2진 영상, 그레이스케일 영상, 컬러 영상 및 인덱스 영상이 그것이다. 이 절에서 몇 가지 다른 영상파일 포맷을 생각하고 그들의 장·단점을 생각해 보기로 한다. 다행히도 GIF, TIFF, PNG 및 모든 다른 포맷들의 차이를 실제로 몰라도 MATLAB을 이용하여 영상처리를 할 수 있다. 그러나 서로 다른 그래픽 포맷에 대해서 약간의 지식이 있으면 언제 어느 파일 타입을 사용할지를 결정하고자 할 때 합리적인 결정을 할 수 있다.

영상 데이터를 저장하기 위한 여러 가지 포맷들이 존재한다. 몇 가지는 특정한 목적을 위해 고안되었다(예를 들어, 네트워크를 통해 영상 데이터를 전송). 또 다른 것은 특정한 운영체제 또는 환경을 위해 고안되었다.

영상 파일은 화소의 그레이 값 혹은 컬러 값뿐만 아니라 어떤 **헤더 정보**를 가지고 있다. 이 정보에는 적어도 화소단위로 영상의 크기(높이와 폭)를 가지고 있다. 또한 컬러 맵, 사용된 압축 방법 및 영상의 설명을 가지고 있을 수도 있다. MATLAB은 많은 표준 포맷을 인식하고, 그 포맷으로부터 영상 데이터를 읽을 수 있고 그 포맷으로 저장할 수도 있다. 지금까지 모든 예들에서 .tif 확장자인 영상을 사용하였다. 이는 TIFF (tagged image file format) 영상 포맷을 지칭한다. 이 포맷은 아주 일반적인 포맷인데, 이는 2진, 그레이스케일, RGB 및 인덱스 컬러영상을 표현할 수 있을 뿐만 아니라 압축의 정도를 달리할 수 있기 때문이다. 그러므로 TIFF는 다른 운영체제와 환경 간에 영상을 전송하기 위한 훌륭한 포맷이다. 또한 TIFF는 하나의 파일에 여러 개의 영상을 저장할 수도 있다. MATLAB에서 특정 영상을 읽기 위해서는 imread 함수에서 선택적인 수치 인수를 사용한다.

현재 MATLAB에서 imread 및 imwrite 함수는 다음과 같은 영상 포맷을 지원한다.

JPEG 이 영상은 Joint Photographics Experts Group의 압축 방식을 사용하여 만들어진다. 14장에서 이에 대해서 더 자세히 설명한다.

TIFF Tagged Image File Format은 여러 가지 다른 압축 방식, 파일당 여러 개의 영상, 2진, 그레이스케일, 천연 컬러 및 인덱스 영상을 지원하는 매우 일반적인 포맷이다.

GIF Graphics Interchange Format은 데이터 전송을 위해 설계된 훌륭한 포맷이다. 이것은 여전히 널리 사용되고 지원이 좋은 편이지만, 이 형식으로 처리할 수 있는 영상 형태에는 약간의 제약이 있다.

BMP Microsoft사의 Bitmap 형식은 매우 널리 사용되고 Microsoft 운영체제에서 사용된다.

PNG Portable Network Graphics는 몇 가지 GIF의 단점을 보완하여 GIF 대신 사용하도록 설계되었다.

HDF Hierarchical Data Format은 원리적으로 과학적 영상을 처리하도록 설계되었으며, 확장이 가능하고 융통성이 높은 포맷이다.

PCX 이 포맷은 원래 MS-DOS 기반 PC Paintbrush 소프트웨어용으로 설계되었고, 몇 가지 Microsoft사의 제품에서도 사용된다.

XWD X Window Dump는 X 윈도우 시스템에서 스크린덤프로 생성되는 영상을 저장하기 위해서 사용된다. X 윈도우는 Unix 운영체제에서 사용되는 표준 윈도우 시스템이다.

ICO 이 포맷은 Microsoft사의 윈도우 운영체제에서 아이콘(icon)을 디스플레이하기 위해서 사용된다. 이것도 파일당 여러 개의 영상을 허용한다.

CUR 이 포맷은 Microsoft사의 윈도우 운영 체제에서 마우스 커서를 디스플레이하기 위해서 사용된다.

우리는 아래에서 이들의 몇 가지 포맷을 간단히 논의한다.

16진수 덤프(hexadecimal dump) 함수   2진 파일을 조사하기 위해서 파일 내용을 16진수 값으로 나열(list)할 수 있는 간단한 함수가 필요하다. 만일 2진 파일의 내용을 직접 나열하고자 하면, 예를 들면 `type` 함수를 사용하면(이 함수는 스크린에 파일 내용을 프린트한다), 화면에 알 수 없는 메시지들을 볼 수 있다. 이런 현상은 파일의 내용들을 ASCII 문자로 해석되었기 때문인데, 이는 대부분의 파일 내용들이 프린트할 수 없는 문자이거나 값이 숫자나 문자와 같이 의미가 있는 문자가 아니다는 것을 의미한다.

16진수로 덤프하는 간단한 함수를 그림 2.3에 보였다. 처음 앞부분의 3개의 라인들은 요청한 양만큼의 정보를 파일로부터 읽고 그 내용을 16진수 값으로서 포맷한다. 다음 4개의 라인들은 그 값들을 디스플레이하기 위해 매트릭스에 저장한다.

2.5.1 벡터 영상과 라스터 영상

우리는 영상정보를 2가지 다른 방법으로 저장할 수 있다: 그것은 라인 단위의 집합 혹

```
function dumphex(filename, n)
%
% DUMPHEX(FILENAME,N) prints the first 16*n bytes of the file FILENAME
% in hex and ASCII.  For example:
%
%    dumphex('picture.bmp',4)
%
fid = fopen(filename, 'r');
if fid==-1
  error('File does not exist or is not in your Matlab path');
end;
a=fread(fid,16*n,'uchar');
idx=find(a>=32 & a<=126);
ah=dec2hex(a);
b=repmat([' '],16*n,3);
b2=repmat('.',16,n);
b2(idx)=char(a(idx));
b(:,1:2)=ah;
[reshape(b',48,n)' repmat(' ',n,2) reshape(b2,16,n)']
```

그림 2.3 ● 16진수로 덤프하는 함수.

은 벡터로서 저장하거나 점들의 집합으로 저장하는 것이다. 전자를 **벡터** 영상이라 하고 후자를 **라스터(raster)** 영상이라고 한다. 벡터 영상의 큰 장점은 어떤 예리한 정보의 손실도 없이 원하는 크기만큼 크게 할 수 있다는 것이다. 단점은 자연스러운 장면을 적은 수의 라인으로 표현할 때에 매우 좋지 않다는 점이다. 표준 벡터포맷은 Adobe PostScript이며, 이는 페이지 레이아웃에 대한 국제표준이다. PostScript는 대부분이 라인과 수학적으로 서술되는 곡선으로 구성된 영상, 즉 구조적이거나 산업적인 계획, 활자 정보 및 수학적 그림을 위해 선택할 수 있는 포맷이다. 이것에 대한 참조 매뉴얼 [16]을 보면 PostScript에 대한 모든 필요한 정보를 얻을 수 있다.

큰 용량의 영상파일 포맷은 영상을 raster 정보로, 즉 각 화소의 그레이 혹은 컬러 강도(intensity)의 리스트로 저장한다. 디지털카메라 혹은 스캐너와 같은 디지털 기기로 획득되는 영상은 라스터 포맷으로 저장된다.

2.5.2 간단한 라스터 포맷

하나의 영상 파일에는 전체 화소의 정보뿐만 아니라 몇 가지 **헤더 정보**를 가지고 있어야 한다. 이곳에 영상의 크기 정보는 반드시 포함되어야 하지만, 어떤 문서 정보, 컬러 맵 및 사용한 압축 방식 등도 포함될 수 있다. 라스터 영상 파일의 처리 과정을 보여주기 위해 ASCII PGM 포맷을 간단히 설명한다. 이 포맷은 다른 포맷들 사이에 변환을 하기 위해서 사용되도록 포괄적인 포맷으로 설계되었다. 그러므로 말하자면 40개의 다른 포맷들 사이에 변환 루틴을 만들기 위해서는 $40 \times 39 = 1560$개 다른 변환 루틴이 필요하지만, 모든 포맷들과 PGM 사이에는 $40 \times 2 = 80$개의 변환 루틴만이 필요하다.

그림 2.4에 PGM 파일의 시작 부분을 나타낸다. 그 파일은 P2로 시작한다. 이것은 그 파일이 ASCII PGM 파일이다는 것을 나타낸다. 그다음 라인은 그 파일에 대한 정보를 준다. #(hash) 문자로 시작하는 라인은 주석으로 처리된다. 그다음 라인은 열과 행의 수를 나타내고 그다음 라인은 그레이 값의 수를 나타낸다. 마지막으로 모든 화소들의 정보를 가지고 있는데, 영상의 좌측 상단에서 시작하여 가로방향 및 아랫방향 순서로 되어 있다. 스페이스와 줄바꿈(carriage return) 문자들은 구분 문자이기 때문에

```
P2
# CREATOR: The GIMP's PNM Filter Version 1.0
256 256
255
 41  53  53  53  53  49  49  53  53  56  56  49  41  46  53  53  53
 53  41  46  56  56  56  53  53  46  53  41  41  53  56  49  39  46
```

그림 2.4 • PGM 파일의 시작 부분.

화소 정보들은 하나의 긴 행으로 혹은 하나의 긴 열로 되어 있다고 생각할 수 있다.

이 포맷은 파일로 읽기와 쓰기가 매우 쉬운 장점을 가지고 있다. 그러나 파일이 매우 크다는 단점을 가지고 있다. raw PGM 파일 포맷을 사용하면 공간을 약간 절약할 수 있다. 유일한 차이점은 헤더의 수가 P3이고 한 화소 값이 한 바이트에 저장되는 것이다. 2진 영상과 컬러 영상에 대응하는 포맷(각각 PBM과 PPM)들이 존재한다. 컬러 영상은 3개의 매트릭스에, 각각 R, G, B에 대해 하나로 매트릭스로 저장된다(ASCII 혹은 raw 형식으로). 이 포맷은 컬러 맵을 지원하지 않는다.

이들 포맷을 사용하는 2진, 그레이스케일 또는 컬러 영상을 공통으로 PNM 영상이라고 한다. MATLAB은 PNM 영상을 직접 지원하지 않는다. 그러나 이 포맷의 파일을 읽기 및 쓰기 위한 함수는 Mathworks Central File Exchange에서 찾을 수 있다.[1]

2.5.3 Microsoft BMP

Microsoft 윈도우 BMP 영상 포맷은 2진 영상 포맷의 상당히 간단한 예이다. 앞에서 논의한 PGM 포맷과 같이, 헤더와 그 뒤에 영상정보가 나오는 형식으로 구성된다. 헤더는 2개의 부분으로 나누어지는데, 첫 14바이트(0~13)들은 파일 헤더이고, 다음 40 바이트(14~53)들은 정보 헤더이다. 이 헤더는 아래와 같이 배치되어 있다.

Bytes	Information	Description
0–1	Signature	BM in ASCII = 42 4D in hexadecimal.
2–5	FileSize	The size of the file in bytes.
6–9	Reserved	All zeros.
10–13	DataOffset	File offset to the raster data.
14–17	Size	Size of the information header = 40 bytes.
18–21	Width	Width of the image in pixels.
22–25	Height	Height of the image in pixels.
26–27	Planes	Number of image planes (= 1).
28–29	BitCount	Number of bits per pixel:
		1: Binary images; two colors,
		4: $2^4 = 16$ colors (indexed),
		8: $2^8 = 256$ colors (indexed),
		16: 16-bit RGB; $2^{16} = 65,536$ colors,
		24: 24-bit RGB; $2^{24} = 17,222,216$ colors.

계속

---

[1] http://www.mathworks.com/matlabcentral/fileexchange, in the External Interface → Image and Movie Formats subdirectory.

Bytes	Information	Description

30–33	Compression	Type of compression used:
		    0: No compression (most common),
		    1: 8-bit RLE encoding (rarely used),
		    2: 4-bit RLE encoding (rarely used).

34–37	ImageSize	Size of the image. If compression is 0, then this value may be 0.
38–41	HorizontalRes	The horizontal resolution in pixels per meter.
42–45	VerticalRes	The vertical resolution in pixels per meter.
46–49	ColorsUsed	The number of colors used in the image. If this value is zero, then the number of colors is the maximum obtainable with the bits per pixel, that is, $2^{BitCount}$.
50–53	ImportantColors	The number of important colors in the image. If all the colors are important, then this value is set to zero.

헤더 뒤에 컬러 테이블이 나오는데 이것은 BitCount가 8과 같거나 그 이하인 경우에만 사용되고 있다. 여기서 사용된 총 바이트 수는 $4 \times$ColorsUsed이다. 이 포맷은 바이트 순서를 위해서 인텔의 "least-endian" 규약을 따른다. 이 규약은 4바이트의 각 워드에서 least 값을 가지는 바이트가 처음에 온다. 그 예를 보기 위해 간단한 예를 아래와 같이 생각해 보자.

```
>> dumphex('blocksets.bmp',4)

ans =

42 4D 6E 18 00 00 00 00 00 00 36 00 00 00 28 00   BMn.......6...(.
00 00 42 00 00 00 1F 00 00 00 01 00 18 00 00 00   ..B.............
00 00 38 18 00 00 C4 0E 00 00 C4 0E 00 00 00 00   ..8.............
00 00 00 00 00 00 00 00 00 00 00 00 00 00 00 00   ................
```

영상의 폭은 18~21 바이트로 주어지고 이들은 2번째 행에 있으며 아래와 같다.

    00 00 42 00

실제의 폭을 얻기 위해서 아래와 같이 이들을 뒤에서 앞으로 재배치한다.

    00 00 00 42

그러면 이들을 10진수로 변환할 수 있고 아래와 같다.

$$(4 \times 16^1) + (2 \times 16^0) = 66$$

이것이 화소 단위로 영상의 폭이다. 이와 같은 방법으로 영상의 높이(22~25바이트)를 아래와 같이 처리할 수 있다. 영상 높이의 정보는 아래와 같다.

```
00 00 1F 00
```

이를 재배치하고 16진수로 변환하면 아래의 같은 결과를 얻는다.

$$(1 \times 16^1) + (F \times 16^0) = 16 + 15 = 31.$$

2.5.4 GIF 및 PNG

Compuserve의 GIF(*jif*로 발음)는 1980년대 후반에 영상을 네트워크를 통해 배포하기 위한 수단으로 처음으로 제안된 영상 포맷이다. PGM과 같이 라스터 포맷이지만, 다음과 같은 속성들을 가지고 있다.

1. 컬러는 컬러 맵을 사용하여 저장한다. GIF 규격은 영상 하나당 최대 256 컬러를 허용한다.
2. GIF는 2진 영상과 RGB 값으로 생성될 수 있는 그레이스케일 영상을 제외하고는 그레이스케일을 허용하지 않는다.
3. 화소 데이터는 LZW(Lempel-Ziv-Welch) 압축을 사용하여 압축된다. 이것은 데이터의 "코드북(codebook)"을 만들면서 처리한다. 새로운 패턴이 처음 발견되면 이것을 코드북에 기입한다. 결과적으로 부호기는 그 패턴에 대한 코드를 출력한다. LZW 압축은 어떤 데이터에도 사용할 수 있다. 그러나 이것은 Unisys 회사에 권리가 있는 특허 알고리즘이고, LZW 특허를 사용하기 원하는 모든 상업적인 회사들은 특허권사용료를 지불해야 사용할 수 있다.
4. GIF 포맷은 하나의 파일에 여러 개의 영상을 허용한다. 이 특성을 사용하면 애니메이션용 GIF를 만들 수 있다.

GIF 파일은 헤더 정보를 가지고 있고, 이곳에 영상의 크기(화소 단위로), 컬러 맵, 컬러의 **해상도**(화소당 비트수), 컬러 맵이 순서화가 되어 있는지 아닌지를 나타내는 플래그 및 컬러 맵의 크기 정보가 있다.

GIF 포맷은 일반적으로 사용되고 있다. World Wide Web과 Java 프로그래밍 언어에 의해 지원되는 표준 포맷 중의 하나이다. GIF 포맷의 완전한 설명은 다른 참고 서적들[2],[20]을 참조하라.

PNG(*ping*으로 발음) 포맷은 GIF의 몇 가지 단점을 보완하고 GIF를 대체하여 사용하기 위해 나중에 고안된 포맷이다. 특히 PNG은 어떤 특허가 있는 알고리즘을 사용하지 않고, GIF보다 많은 영상 형태를 지원한다. PNG은 그레이스케일, 천연 컬러 및 인덱스 영상을 모두 지원한다. 더욱이 압축 유틸리티인 zib는 항상 매우 좋은 압축 결과를 준다. LZW 압축의 경우에는 항상 그렇지 않는데, 이는 원 데이터보다 더 큰 압축 결과를 주는 경우도 있다. 또한 PNG은 **알파(alpha) 채널**이라는 것을 지원하는데, 이는 영상과 가변의 투명성을 연관시키는 방법이다. 아울러 **감마(gamma) 교정**을 지원하는데, 이는 주어진 영상이 시스템에 무관하게 똑같이 보이도록 하기 위해서 다른 컴퓨터 디스플레이 시스템에는 다른 수에 관련시키는 값이다.

PNG은 [28]에 자세히 설명되어 있다. PNG은 확실히 GIF보다 우수하다. 사실, PNG은 JPG와 BMP와 함께 널리 사용되고, 이들은 인터넷을 통해 사용되는 가장 인기 있는 파일 포맷이다.

2.5.5 JPEG

GIF와 PNG에 사용되는 압축 방법은 무손실 압축이다. 즉 원래의 정보를 완전하게 복원할 수 있다는 의미이다. JPEG 알고리즘은 손실 압축을 사용하며, 이 방법에서는 원래의 데이터를 완전하게 복원할 수가 없다. 이 방법은 더 높은 압축률을 가지며, 따라서 JPEG 영상은 일반적으로 GIF나 PNG 영상정보보다 훨씬 작다. JPEG 영상의 압축은 그 영상을 8 × 8 블록으로 나누며, 각 블록을 DCT(discrete cosine transform)로 변환하고 작은 값들은 제거한다. JPEG 영상은 자연의 장면을 표현하는 데 널리 사용되고 있다.

법적으로 중요하거나 과학적 데이터에 대하여 JPEG은 모든 정보를 유지하지 않기 때문에 적절하지 않다. 그러나 JPEG 변환 방법은 일반적으로 JPEG 영상을 압축루틴을 사용해서 복구하면 원래의 영상과 거의 같아 보이는 것을 보증한다. 일반적으로 원 영상과 복구된 영상과의 차이가 인간의 눈으로 구별할 수 없을 정도로 작기 때문에 JPEG 영상은 디스플레이용으로 매우 뛰어나다.

14.4절에서 JPEG 알고리즘에 대해서 자세히 조사할 것이다. 더욱더 자세한 내용은 [7],[27]에서 찾을 수 있다.

JPEG 영상은 압축데이터와 아주 작은 헤더를 가지고 있으며, 헤더는 영상 크기와 파일 ID에 관한 정보를 가지고 있다. 다음과 같이 dumhex 함수를 사용하면 헤더 정보를 볼 수 있다.

```
>> dumphex('ngc6543a.jpg',4)

ans =

FF D8 FF E0 00 10 4A 46 49 46 00 01 01 00 00 01    ......JFIF......
00 01 00 00 FF FE 00 47 43 52 45 41 54 4F 52 3A    .......GCREATOR:
20 58 56 20 56 65 72 73 69 6F 6E 20 33 2E 30 30    XV Version 3.00
62 20 20 52 65 76 3A 20 36 2F 31 35 2F 39 34 20    b  Rev: 6/15/94
```

JPEG으로 압축된 데이터를 가지고 있는 영상 파일을 보통 JPEG 영상이라고 한다. 그러나 위의 말은 아주 정확한 것은 아니다. 이런 영상은 JFIF 영상이라고 해야 하며, 여기서 JFIF는 JPEG File Interchange Format을 뜻한다. JFIF의 정의에 의하면 파일은 영상의 **섬네일(thumbnail)** 버전을 가질 수 있다. 이것은 헤더 정보에도 반영되어 있다.

Bytes	Information	Description
0–1	Start of image marker	Always FF D8.
2–3	Application marker	Always FF E0.
4–5	Length of segment	
6–10	JFIF\ 0	ASCII JFIF.
11–12	JFIF version	In our example above 01 01 or version 1.1.
13	Units	Values are: 0 arbitrary units; 1 pixel/inch; 2 pixels/centimeter.
14–15	Horizontal pixel density	
16–17	Vertical pixel density	
18	Thumbnail width	If this is 0, there is no thumbnail.
19	Thumbnail height	If this is 0, there is no thumbnail.

섬네일 정보(24비트 RGB 값들로 저장)와 압축된 영상 데이터를 푸는 데 필요한 추가적인 정보도 있어야 한다. 자세한 내용은 [2], [20]의 전문서적을 참조하라.

2.5.6 TIFF

Tagged Image File Format, 혹은 TIFF는 가장 범위가 넓은 영상포맷 중의 하나이다. 이 포맷은 하나의 파일에 여러 개의 영상을 저장할 수 있다. 이 포맷에서 다른 압축 루틴들(압축하지 않기, LZW, Huffman, 줄길이 부호화)과 다른 바이트의 순서들(BMP에서 사용하는 little-endian 순서 혹은 해당 바이트가 워드 내에서 그들의 순서를 유지하는 big-endian 순서)을 사용할 수 있다. 또한 이 포맷으로 2진, 그레이스케일, 천연 컬러 혹은 인덱스 영상을 표현할 수 있으며, 불투명성 및 투명성도 사용할 수 있다.

위에서 언급한 여러 가지 이유로 모든 가능한 TIFF 영상들을 읽을 수 있는 영상 읽기 소프트웨어를 작성하기 위해서는 노련한 프로그래밍 기술이 필요하다. 그러나 TIFF는 데이터 교환을 위한 우수한 포맷이다.

사실 TIFF 헤더는 매우 간단하다. 이는 아래와 같이 단지 8바이트로 구성되어 있다.

Bytes	Information	Description
0–1	Byte order	Either 4D 4D: ASCII MM for big endian, or 49 49: ASCII II for little endian.
2–3	TIFF version	Always 00 2A or 2A 00 (depending on the byte order) = 42.
4–7	Image offset	Pointer to the position in the file of the data for the first image.

아래와 같이 우리는 헤더를 볼 수 있다.

```
>> dumphex('newborn.tif',4)

ans =

49 49 2A 00 E0 01 01 00 32 7C 5B 2D 23 19 0E 15    II*.....2|[-#...
10 0E 0D 0F 10 0F 0E 10 11 11 0E 12 13 12 10 17    ................
10 1D 70 8E 99 A0 AE B5 BB BA C2 C6 C6 CB D3 D0    ..p.............
D2 D1 CA DB DE DE E1 E5 E6 DF E4 E9 FE EB 0B ED    ................
```

이 특정한 영상은 little-endian 바이트 순서를 사용하고 있다. 이 파일에 있는 첫 번째 영상(실제는 이것이 유일한 영상이다)은 아래 바이트로 지정된 위치에서 시작한다.

```
E0 01 01 00
```

이것은 little-endian 파일이기 때문에 우리는 그 바이트들을 역순으로 배치해야 하며 그 결과는 00 01 01 E0이 된다. 이것은 십진수로 66016이다.

이전에 인용한 참조 문서뿐만 아니라, Baxes[1]도 TIFF 포맷에 대한 좋은 입문을 제공한다.

2.5.7 DICOM

DICOM(Digital Imaging and Communications in Medicine) 3.0 표준은 GIF와 같이 다중 영상 파일을 지원하는 영상 포맷이다. 그러나 이 파일들을 3차원 물체의 슬

라이스나 프레임으로 생각할 수 있다. 그러므로 위에서 설명한 영상 포맷과는 다르게 DICOM 파일은 3차원 영상을 묘사할 수 있다. DICOM은 의학용 디지털영상 양식을 위한 표준이 되었다. 특히 최근에 진단용에서만큼 병리학에도 많이 사용되고 있다.

DICOM 파일은 헤더를 가지고 있는데, 여기에는 영상 정보(크기, 슬라이스 개수), 또한 영상을 획득한 방식(CAT, MRI, 양전자 방출 단층사진, 등), 환자 정보 및 사용한 압축 방식에 대한 정보들을 가지고 있다. DICOM 파일에서 영상 데이터는 손실이나 무손실로 압축될 수 있다. 전자는 JPEG 포맷에서 같은 방식으로 DCT를 사용하고, 후자는 DCT의 무손실 버전을 혹은 **줄길이 부호화(run-length encoding)**를 사용한다. 줄길이 부호화 방법은 반복되는 문자열을 그 문자와 그 문자가 연속으로 발생되는 빈도수로 저장하는 간단한 방법이다.

DICOM 규격은 거대하고 복잡하다. 규격의 권고안(draft)은 World Wide Web 에서 찾거나, 혹은 이 정보는 이 포맷을 만든 조직 중의 하나인 National Electrical Manufactures Association에서 얻을 수 있다.

2.5.8 MATLAB에서의 파일

`imwrite` 함수를 사용하면 영상 매트릭스를 영상파일로 저장할 수 있다. 이것의 일반 적인 형식은 아래와 같다.

```
imwrite(X, map, 'filename', 'fmt')
```

위의 함수는 컬러 맵 `map`을 가지고 있고(만일 있으면) 매트릭스 `X`에 저장된 영상을 포 맷 `fmt`에 지정된 형태로 파일명 `filename`에 저장한다. 만일 컬러 맵 인수가 없으면, 영상데이터를 그레이스케일 혹은 RGB로 가정한다. 예를 들면, 아래와 같이 하나의 영 상을 읽었다고 가정하자.

```
a = imread('autumn.tif');
```

이 RGB 매트릭스를 PNG 파일 형태로 저장하기 위해서는 명령을 아래와 같이 사용하 면 된다.

```
imwrite(a, 'autumn.png', 'png');
```

습문제

1. 다음과 같이 명령을 입력하라.

```
>> help imdemos
```

위의 명령은 Image Processing Toolbox와 함께 제공되는 것들에 대한 많은 정보들을 보여 주는데 모든 샘플 TIFF 영상들의 목록도 함께 보여준다. 샘플 영상들에 대한 목록을 만들고, 각 샘플 영상에 대하여 아래의 지시대로 수행하라.
   a. 영상 형태를 결정하라. (2진, 그레이스케일, 천연 컬러 혹은 인덱스 영상)
   b. 영상의 크기를 결정하라(화소 단위로).

2. 그레이스케일 영상을, 말하자면 `cameraman.tif` 혹은 `wombats.tif` 영상을 읽는다. `imwrite` 함수를 사용해서 읽은 영상을 JPEG, PNG 및 BMP 파일 포맷으로 저장하라. 이 파일들의 크기는 얼마인가?

3. 아래와 같은 영상 타입에 대해서도 문제 2와 같이 수행하라.
   a. 2진 영상
   b. 인덱스컬러 영상
   c. 천연컬러 영상

4. 다음은 BMP 파일의 내용을 16진수로 덤프한 것이다.

```
42 4D 7E 05 02 00 00 00 00 00 00 36 04 00 00 28 00
00 00 23 01 00 00 C2 01 00 00 01 00 08 00 00 00
00 00 48 01 02 00 00 00 00 00 00 00 00 00 00 01
00 00 00 00 00 00 00 00 00 00 01 01 01 00 02 02
```

이 영상의 높이와 폭(화소 단위로)을 결정하고, 이것이 그레이스케일 영상인지 혹은 컬러 영상인지 말해 보라.

5. 아래 내용에 대해서도 문제 4와 같이 수행하라.

```
42 4D 36 00 09 00 00 00 00 00 36 00 00 00 28 00
00 00 00 02 00 00 80 01 00 00 01 00 18 00 00 00
00 00 00 00 09 00 00 00 00 00 00 00 00 00 00 00
00 00 00 00 00 00 00 00 7D 02 01 7F 05 04 84 07
```

03 영상 디스플레이

3.1 >> 서론

2장에서 영상 디스플레이를 간략하게 언급하였다. 이 장에서는 이를 보다 상세하게 설명한다. imshow 함수의 사용법을 더 자세히 살펴보고, 공간 해상도와 양자화가 영상 디스플레이와 외관에 어떤 영향을 주는가를 알아본다. 특히 영상의 화질이 영상의 여러 가지 속성들에 의해 어떻게 영향을 받는지를 알아본다. 물론 영상의 화질은 매우 주관적인 문제이다. 어떤 두 사람도 서로 다른 영상들의 화질에 관하여 정밀하게 동의하지 않는다. 그러나 일반적으로 인간의 시각은 샤프하고 섬세한 영상이 화질이 좋다고 평가한다. 이것은 영상의 두 가지 성질 즉, 공간 해상도와 양자화에 의존한다.

3.2 >> 영상 디스플레이의 기초

하나의 영상은 화소들의 그레이 값들을 가진 매트릭스로서 표현될 수 있다. 그러면 다음 단계는 컴퓨터 화면에 그 매트릭스를 디스플레이하는 것이다. 디스플레이에 영향을 주는 요소들은 매우 많으며, 이들은 아래의 내용과 같다.

1. 주위의 조명광
2. 모니터의 타입과 환경 설정
3. 그래픽카드
4. 모니터의 해상도

같은 영상을 흐릿한 CRT 모니터에서 보는 것과 밝은 LCD 모니터로 볼 때 매우 다르게 보일 수 있다. 해상도도 영상의 디스플레이에 영향을 줄 수 있다. 모니터가 고해상도일수록 영상이 스크린 상에서 더 작은 물리적인 영역을 점유하지만, 이로 인해 영상의 컬러 깊이에 손실이 발생할 수 있다. 즉 모니터가 낮은 해상도에서만 24비트 컬러를 디스플레이할 수도 있다. 만일 모니터가 밝은 곳(햇볕을 받는 곳)에 있는 경우에 영상디스플레이가 손상을 받을 수 있다. 더욱이 각 인간의 시각시스템은 영상의 외관에 영향을 받는다. 즉 같은 영상에 대해서도 두 사람은 각각 서로 다른 특징을 볼 수 있다. 우리의 목적을 위해서, 즉 영상 디스플레이를 설명하기 위해서 컴퓨터 환경 설정은 최적으로 되어 있고, 모니터는 영상에서 필요한 그레이 값 혹은 컬러를 정확하게 재현할 수 있다고 가정한다.

영상을 디스플레이하기 위한 매우 기본적 MATLAB 함수는 image이다. 이 함수는 단순히 매트릭스를 영상으로 디스플레이한다. 그러나 이 명령만으로 매우 좋은 결과를 얻지 못할 수 있다. 예를 들면 아래와 같이 처리하면 cameraman 영상을 디스플레이할 것이지만 컬러 혼합이 이상하고 약간 늘어지는 현상이 있을 수 있다.

```
>> c=imread('cameraman.tif');
>> image(c)
```

이런 생소한 컬러는 image 명령이 현재의 컬러 맵을 그 매트릭스 요소들에 할당하기 때문에 발생한다. default 컬러 맵은 jet라고 하고, 이는 64개의 밝은 컬러로 구성되어 있으며 그레이스케일 영상을 디스플레이하기에 적합하지 않다.

제대로 영상을 디스플레이하기 위해서는 image 명령 라인에 아래와 같은 여러 개의 여분 명령어들을 부가할 필요가 있다.

1. truesize, 이것은 스크린 각 화소에 대하여 하나의 매트릭스 요소(이 경우 영상의 화소)를 디스플레이한다. 더 구체적으로 말하면, truesize([256 256]), 여기서 벡터 성분들은 디스플레이에 사용할 스크린 화소들을 수직과 수평으로 지정한 것이다. 만일 벡터를 지정하지 않으면 디폴트 값으로 영상 크기를 사용한다.
2. axis off, 이것은 축(axis)의 라벨링을 off한다.
3. colormap(gray(247)), 이것은 영상의 컬러 맵을 그레이의 음영으로 사용하도록 조정한다. cameraman 영상에서 사용된 그레이 레벨(level)의 수를 구하기 위해서는 다음과 같이 하면 된다.

```
>> size(unique(c))

ans =

   247      1
```

cameraman 영상은 247개의 다른 그레이 레벨을 사용하기 때문에 컬러 맵에서 그 개
수만큼의 그레이 값만 필요로 한다.
그러므로 이 영상을 보기 위한 완전한 명령은 아래와 같다.

```
>> image(c),truesize,axis off, colormap(gray(247))
```

더 적은 혹은 더 많은 컬러를 사용하기 위해 컬러 맵을 조정할 수 있지만, 이것은
결과에 극적인 효과를 줄 수 있다. 아래의 명령은 영상을 어둡게 한다.

```
>> image(c),truesize,axis off, colormap(gray(512))
```

이런 현상은 영상을 디스플레이하기 위해서 컬러 맵의 단지 처음 247개 요소들만 사용
하며 이는 컬러 맵의 첫 반만을 사용하는 것이기 때문이다. 그래서 전반적으로 어두운
그레이가 된다. 반대로 아래와 같이 처리하면 영상을 매우 밝게 한다.

```
>> image(c),truesize,axis off, colormap(gray(128))
```

이것은 128보다 더 높은 그레이 레벨을 가지고 있는 모든 화소는 단순히 그 컬러 맵에
서 가장 높은 그레이 값(흰색)으로 지정되기 때문이다.
만일 아래와 같이 imread 명령으로 컬러 맵도 읽어서 사용하면, image 명령은
인덱스 컬러영상을 잘 처리할 수 있다.

```
>> [x,map]=imread('cat.tif');
>> image(x),truesize,axis off,colormap(map)
```

천연 컬러영상에 대하여 영상 데이터는 3차원 배열로서 읽혀진다(imread에 의해).
이런 경우에 image 명령은 현재의 컬러 맵을 무시하고 그 배열의 값들에 기반한 컬러

를 디스플레이에 할당한다. 그래서 아래의 명령들은 twins 영상을 정확히 보여준다.

```
>> t=imread('twins.tif');
>> image(t),truesize,axis off
```

일반적으로 image 함수는 어떤 영상 혹은 매트릭스를 디스플레이하는 데 사용할 수 있다. 그러나 더 편리하고 사용자를 위해 컬러 맵에 대한 대부분 작업을 해주는 명령이 있으며, 이를 다음 절에서 설명한다.

3.3 >> imshow 함수

그레이스케일 영상   x가 uint8 타입의 매트릭스이면 imshow(x) 명령은 매트릭스를 영상으로서 디스플레이한다.

imshow(x)

uint8의 데이터 타입은 그 값들을 0과 255 사이의 정수로 제한되기 때문에 이것은 영상에 대해 합리적이다. 그러나 모든 영상의 매트릭스들이 이 데이터 타입으로 잘 맞춰지지 않았고, 많은 MATLAB 영상처리 명령들이 출력으로 double 타입의 매트릭스를 만든다. 우리는 double 타입의 매트릭스를 사용할 때 아래와 같이 두 가지 중의 하나를 선택하여 디스플레이할 수 있다.

1. uint8 타입으로 변환하여 디스플레이한다.
2. 매트릭스를 직접 디스플레이한다.

2번째 방법은 double 타입의 매트릭스 원소 값들이 0과 1 사이에 있으면 imshow 명령은 이 매트릭스를 그레이스케일 영상으로 디스플레이하기 때문에 가능하다. 아래와 같이 영상을 읽어서 double 타입으로 변환한 후에 이를 디스플레이한다고 가정하자.

```
>> c=imread('caribou.tif');
>> cd=double(c);
>> imshow(c),figure,imshow(cd)
```

이 결과를 그림 3.1에 보였다.

그러나, 그림 3.1(b)에서 알 수 있듯이 이 영상은 원 영상과 전혀 같게 보이지 않는다. 이것은 double 타입 매트릭스에 대하여 imshow 함수는 0과 1 사이의 값을 기대

(a)　　　　　　　　　　　　　　　　(b)

그림 3.1 • 데이터 타입 변환. (a) 원 영상. (b) `double` 타입으로의 변환 후.

하고, 0은 흑색으로 1은 흰색으로 디스플레이하기 때문이다. $0 < v < 1$의 값 v를 [$255v$]로 스케일링을 한 그레이 값으로 디스플레이 한다. 반대로 말하면, 1보다 큰 값은 1(흰색)로, 0보다 작은 값은 0(흑색)으로 디스플레이된다. caribou.tif 영상에서 모든 화소들이 1보다 크기 때문에(최소값이 21인 사실에 의해), 모든 화소들은 흰색으로 디스플레이된다. 매트릭스 cd를 디스플레이하기 위해 값을 0~1 범위로 스케일할 필요가 있다. 이것은 아래와 같이 모든 값들을 255로 나누면 쉽게 된다.

```
>> imshow(cd/255)
```

이 결과는 그림 3.1(a)에 나타낸 caribou 영상과 같다. 만일, 이 매트릭스의 스케일을 변경하면 디스플레이도 변경될 수 있다. 아래 명령들의 결과는 그림 3.2에 보였다.

```
>> imshow(cd/512)
>> imshow(cd/128)
```

영상을 512로 나누면 모든 매트릭스의 값들이 0과 0.5 사이의 값이 되어 어두워 보인다. 따라서 가장 밝은 화소가 중간의 그레이 값이 된다. 128로 나누게 되면 그 범위가 0~2로 된다는 것을 의미하고, 범위 1~2에 있는 모든 화소들은 하얗게 디스플레이된다.

Capt. Budd Christman/NOAA Corps.

(a)   (b)

그림 3.2 • 스칼라 양으로 영상을 나누기 처리. (a) 512로 나눈 매트릭스 cd. (b) 128로 나눈 매트릭스 cd.

그러므로 영상은 과다 노출되거나 물에 씻긴 것과 같은 모양으로 보인다.

출력이 double 타입인 명령의 결과에 대한 디스플레이는 스케일링 계수의 선택에 따라 크게 영향을 받을 수 있다.

우리는 im2double 함수를 사용하면 보다 적절하게 원 영상을 double로 변환할 수 있다. 이 함수는 출력 값들을 0과 1 사이가 되도록 정확하게 스케일링한다. 아래의 명령들은 영상을 정확하게 디스플레이한다.

```
>> cd=im2double(c);
>> imshow(cd)
```

두 함수 double과 im2double의 차이점을 구별하는 것이 중요하다. 함수 double 은 데이터 타입을 변경시키지만, 수치 값들을 변경시키지 않는다. im2double은 수치 데이터의 타입과 수치 값들을 모두 변경시킨다. 물론 원 영상이 double 타입이면 예외이고, 이 경우에 im2double는 아무것도 변경시키지 않는다. 비록 double 명령이 영상을 디스플레이할 때 직접 많이 이용되지 않지만, 영상의 수치 연산에는 매우 유용하다. 위에서 설명한 스케일링은 이에 대한 좋은 예이다.

double과 im2double 함수에 대응되는 것은 각각 uint8과 im2uint8 함수이다. 모든 원소들이 0과 1 사이가 되도록 적절하게 스케일링된 double 타입의 cd 영상이 있으면, 아래와 같이 두 가지 방법으로 uint8 타입의 영상으로 변환할 수 있다.

```
>> c2=uint8(255*cd);
>> c3=im2uint8(cd);
```

im2uint8을 사용하는 것이 더 좋다. 이는 다른 타입의 데이터가 입력되어도 항상 정확한 결과를 반환하기 때문이다.

2진 영상   2진 영상은 단지 두 가지의 값, 0과 1을 가지고 있다는 점을 기억하라. MATLAB은 이러한 2진 데이터 타입을 가지고 있지 않다. 그러 이것은 논리적인 flag를 가지고 있으며, 여기서 uint8의 값 0과 1이 논리적인 데이터로 해석된다. ==, < , >, 혹은 예/아니오의 응답을 주는 관계 연산들을 사용하면 논리적인 flag가 설정된다. 예를 들면 caribou 영상을 c 매트릭스로 읽은 후 아래와 같이 새로운 매트릭스를 만든다고 가정하자. (이런 형태의 연산들은 9장에서 더 많이 볼 수 있다.)

```
>> c1=c>120;
```

만일 whos 명령으로 모든 변수들을 확인하면, 그 출력은 아래의 라인을 포함하고 있을 것이다.

```
c1      256x256     65536 uint8 array (logical)
```

또한 변수 c1과 관련된 정보는 **작업창(workspace window)**에서도 볼 수 있다. 작업 창은 변수를 디버깅하고 검사할 때에 사용자에게 매우 편리하다. (만일 MATLAB에서 작업창이 보이지 않으면 툴바에 있는 **Desktop**을 클릭하면 작업 창을 찾을 수 있다.)
아래의 명령은 매트릭스를 2진 영상으로 디스플레이하는 것을 의미한다. 이 결과는 그림 3.3(a)와 같다.

```
>> imshow(c1)
```

영상 c1에서 논리적인 flag을 제거한다고 가정하자. 이는 아래와 같이 단순한 명령으로 할 수 있다.

```
>> c1 = +c1;
```

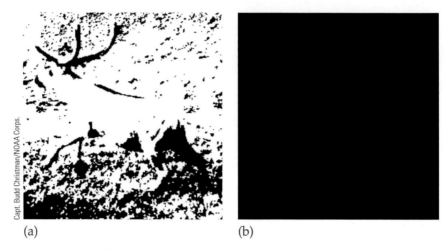

(a)   (b)

그림 3.3 • 2진 영상 만들기. (a) 2진화된 caribou 영상. (b) uint8 타입으로 변환한 후.

그런 후에 whos 명령의 출력은 아래의 라인을 포함하고 있다.

```
cl    256x256    65536 uint8 array
```

만일 이 매트릭스를 imshow 명령으로 디스플레이를 시도하면 그림 3.3 (b)와 같은 결과를 얻는다. 즉 영상이 사라지게 되었다. 그러나 이 결과는 예견할 수 있었다. unit8 타입의 매트릭스에서 흰색은 255이고, 0은 흑색이며, 1의 값은 매우 어두운 그레이가 되어 흑색과 구별이 불가능하기 때문이다.

볼 수 있는 영상으로 돌아가기 위해서는 아래와 같이 논리적 **flag**으로 있다.

돌아가서 그 결과를 보거나,

```
>> imshow(logical(cl))
```

단순히 double 형식으로 전환하라.

```
>> imshow(double(cl))
```

위의 2가지 명령은 그림 3.3(a)에 보여준 영상을 디스플레이한다.

3.4 >> 비트 평면(Bit Plane)

그레이스케일 영상을 **비트 평면**으로 분리하면 2진 영상들의 수열로 변환할 수 있다. 8비트 영상의 각 화소의 그레이 값을 8비트 2진수로 생각하면 0번째 비트 평면은 각 그레이 값의 마지막 비트로 구성된다. 이 비트는 그 값의 크기로서 최소 효과를 가지므로 **LSB(least significant bit)**라 하고, 이 비트들로 구성되는 평면을 **LSB 평면**이라 한다. 이와 유사하게 8번째 비트 평면은 각 화소 값들의 첫 번째 비트로 구성된다. 이 비트는 그 값의 크기로서 가장 큰 효과를 가지기 때문에 **MSB(most significant bit)**라 하고, 이 비트 평면을 **MSB 평면**이라 한다.

만일 그레이 영상을 가지고 있으면 먼저 이를 double 타입으로 변환한 후에 시작한다. 이는 이 값들에 대해서 산술연산을 할 수 있다는 것을 의미한다.

```
>> c=imread('cameraman.tif');
>> cd=double(c);
```

그러면, 매트릭스 cd를 2의 급수로 연속적으로 나누고, 나머지는 버리며, LSB 값이 0인지 1인지를 판단하는 간단한 연산으로 비트 평면을 만들 수 있다. LSB 값이 0인지 1인지를 판단하기 위해서는 mod 함수를 사용하면 된다.

```
>> c0=mod(cd,2);
>> c1=mod(floor(cd/2),2);
>> c2=mod(floor(cd/4),2);
>> c3=mod(floor(cd/8),2);
>> c4=mod(floor(cd/16),2);
>> c5=mod(floor(cd/32),2);
>> c6=mod(floor(cd/64),2);
>> c7=mod(floor(cd/128),2);
```

이 명령들의 결과를 그림 3.4에 보였다. 여기서 LSB 평면 c0는 사실상 불규칙적인 배열이고 비트 평면의 인덱스 값이 증가할수록 영상이 더 선명하게 보이는 것을 주목하라. MSB 평면 c7은 영상을 127 밝기 값에서 문턱치(threshold) 처리를 한 것과 실제적으로 같다.

```
>> ct=c>127;
>> all(c7(:)==ct(:))
ans =
     1
```

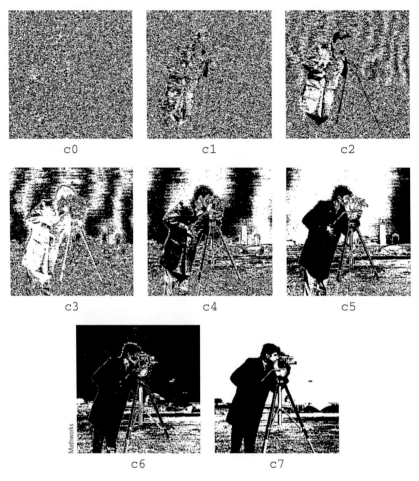

그림 3.4 • 8비트 그레이케일 영상의 비트 평면들.

9장에서 문턱치 처리를 논의한다.

만일 아래와 같이 처리하면 원 영상을 복원하고 디스플레이 할 수 있다.

```
>> cc=2*(2*(2*(2*(2*(2*(2*c7+c6)+c5)+c4)+c3)+c2)+c1)+c0;
>> imshow(uint8(cc))
```

3.5 >> 공간 해상도

공간 해상도는 영상에 대한 화소들의 밀도이다. 공간 해상도가 높을수록 더 많은 화소들이 영상의 디스플레이에 사용된다. MATLAB에서 `imresize` 함수를 사용하면 공간 해상도를 실험할 수 있다. 256×256 8비트 그레이스케일 영상이 매트릭스 x에 저장되어 있다고 가정하자. 아래의 명령은 영상의 크기를 절반으로 줄인다.

```
imresize(x,1/2);
```

위의 연산은 각각 행과 열 방향으로 1화소씩 생략하여 행과 열의 인덱스 값이 짝수인 매트릭스 원소만을 남겨두면 된다.

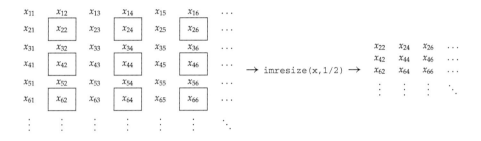

만일 위의 결과에 매개변수 값을 1/2 대신에 2를 사용한 `imresize` 함수를 적용하면 모든 화소들이 반복되어 원 영상과 같은 크기의 영상이 만들어진다. 그러나 영상의 해상도는 각 방향으로 절반이 된다.

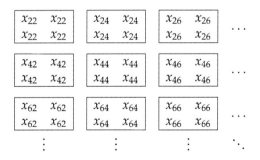

새로 생성한 영상의 실제적인(effective) 해상도는 단지 128×128이다. 이런 작업을 아래와 같이 하나의 라인으로 처리할 수 있다.

```
x2=imresize(imresize(x,1/2),2);
```

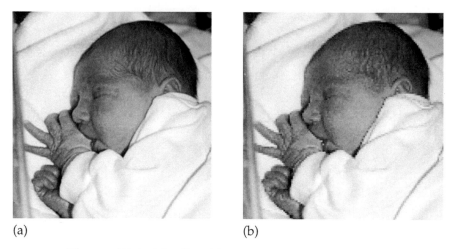

(a)　　　　　　　　　　　　　　　　(b)

그림 3.5 • 영상의 해상도 축소. (a) 원 영상. (b) 128 × 128 해상도 영상.

imresize 함수의 매개변수 값들을 변경하면, 영상의 실제적인 해상도를 더 적게 바꿀 수 있다:

Command	Effective resolution
imresize(imresize(x,1/4),4);	64 × 64
imresize(imresize(x,1/8),8);	32 × 32
imresize(imresize(x,1/16),16);	16 × 16
imresize(imresize(x,1/32),32);	8 × 8

이 명령들의 효과를 보기 위해서 newborn.tif 영상에 이를 적용해 보자.

```
x=imread('newborn.tif');
```

해상도가 감소함에 따라 블록화 혹은 **화소화(pixelization)** 효과가 더 크게 나타난다. 그림 3.5(b)와 같이 단지 128 × 128 해상도에서, 어린아이의 손가락 에지와 같은 섬세한 부분은 분명하게 보이지 않는다. 그림 3.6(a)에서와 같이 64 × 64 해상도에서, 모든 에지 부분들은 아주 뭉툭하다. 그림 3.6(b)에서와 같이 32 × 32 해상도에서, 영상의 모든 부분을 인식하기가 어렵다. 그림 3.7(a)와 (b)는 각각 16 × 16과 8 × 8 해상도인데, 영상들이 그레이의 블록들로 줄어들어서 인식이 불가능하다.

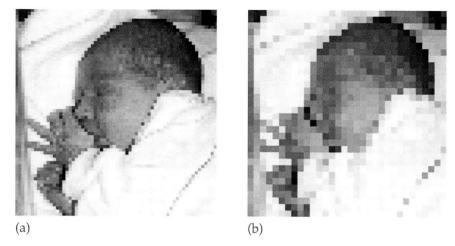

그림 3.6 ● 영상의 해상도 축소. (a) 64 × 64 해상도 영상. (b) 32 × 32 해상도 영상.

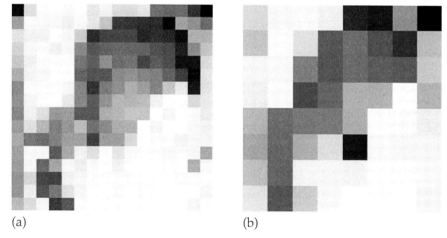

그림 3.7 ● 영상의 해상도 축소. (a) 16 × 16 해상도 영상. (b) 8 × 8 해상도 영상.

3.6 >> 양자화와 디더링(Dithering)

양자화란 영상을 표현하는 데에 사용한 그레이스케일의 개수를 말한다. 이미 알고 있는 바와 같이 대부분의 영상은 256개의 그레이스케일을 가지고 있고, 이것은 인간의 시각을 만족시키는 데 충분한 양이다. 그러나 영상을 더 적은 개수의 그레이스케일로 표현하는 것이 더 실제적일 수 있는 환경이 있다. 이러한 처리를 위한 한 가지 단순한

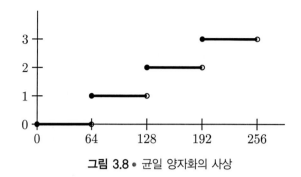

그림 3.8 • 균일 양자화의 사상

방법은 **균일 양자화**이다. 영상을 오로지 n개의 그레이스케일로 나타내기 위해서 그레이스케일 범위를 n개의 같은(혹은 근사적으로 같은) 범위로 나누고 각 해당 범위에 0에서 $n - 1$까지의 값을 사상시킨다. 예를 들어 $n = 4$이면, 그레이스케일 값을 아래와 같은 출력 값들로 사상시킬 수 있다.

Original values	Output value
0–63	0
64–127	1
128–191	2
192–255	3

디스플레이를 하기 위해서는 위의 0, 1, 2, 3의 값들은 스케일링이 필요하다. 이 사상 과정을 그래프 형태로 나타내면 그림 3.8과 같다.

위와 같은 사상을 수행하기 위해서는 MATLAB에서 아래와 같은 연산들을 수행하면 된다. (x를 uint8 타입의 매트릭스로 가정하였다.)

```
f=floor(double(x)/64);
q=uint8(f*64);
```

그레이스케일의 범위가 0~255이므로 첫 번째 명령은 단순히 그림 3.8에 보여준 함수를 적용하는 것이다. 두 번째 명령은 그 값들을 디스플레이하기 위해 더욱 적당한 값들로 스케일링한다. 이 명령들을 한 라인으로 실행할 수 있으며, 출력 그레이스케일의 수를 변화시키기 위해서는 아래와 같이 다른 값을 사용하면 된다.

Command	Number of grayscales
`uint8(floor(double(x)/2)*2)`	128
`uint8(floor(double(x)/4)*4)`	64
`uint8(floor(double(x)/8)*8)`	32
`uint8(floor(double(x)/16)*16)`	16
`uint8(floor(double(x)/32)*32)`	8
`uint8(floor(double(x)/64)*64)`	4
`uint8(floor(double(x)/128)*128)`	2

그러나 영상에 있는 그레이스케일을 축소시키는 보다 훌륭한 방법이 있는데, 이는 `grayslice` 함수를 사용하는 것이다. 영상 매트릭스 x와 정수 n이 주어지면, `grayslice(x, n)` 명령은 해당 값들을 $0, 1, ..., n - 1$로 축소되는 매트릭스를 만든다. 예를 들면 아래의 명령은 해당 영상을 $0, 1, 2, 3$의 값을 가진 uint8 타입의 버전으로 만든다.

```
>> grayslice(x,4)
```

우리는 이것을 영상으로 직접 볼 수가 없는데, 이는 영상의 4개의 값들이 구별할 수 없을 정도로 0에 너무 근접하여 완전히 흑색으로 보이기 때문이다. 영상으로 보기 위해서는 이 매트릭스를 컬러 맵에 대한 인덱스로 간주할 필요가 있고(역자주: 인덱스 영상으로 간주), gray(4) 컬러 맵을 사용하면 된다. `gray(4)` 명령은 0(흑색)과 1.0(흰색) 사이의 그레이스케일 공간을 4개의 등간격의 컬러 맵을 만든다. 그러므로 디스플레이를 위해 위의 명령을 아래와 같이 사용하면 된다.

Command	Number of grayscales
`imshow(grayslice(x,128),gray(128))`	128
`imshow(grayslice(x,64),gray(64))`	64
`imshow(grayslice(x,32),gray(32))`	32
`imshow(grayslice(x,16),gray(16))`	16
`imshow(grayslice(x,8),gray(8))`	8
`imshow(grayslice(x,4),gray(4))`	4
`imshow(grayslice(x,2),gray(2))`	2

`newborn.tif` 영상에 위의 명령들을 적용하면, 그림 3.9~3.12와 같은 결과를 볼 수 있다.

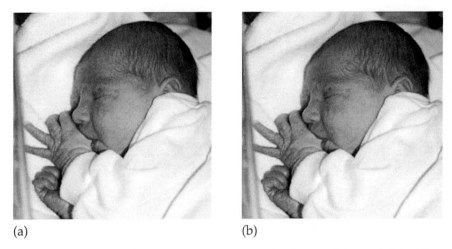

(a)   (b)

그림 3.9 ● 양자화(1). (a) 128 그레이로 양자화한 영상. (b) 64 그레이로 양자화한 영상.

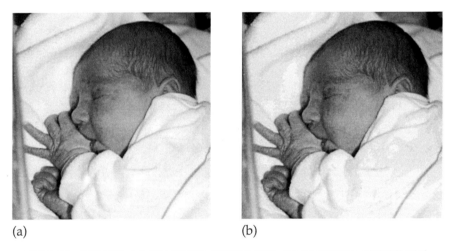

(a)   (b)

그림 3.10 ● 양자화(2). (a) 32 그레이로 양자화한 영상. (b) 16 그레이로 양자화한 영상.

양자화를 균일하게 하면 그 결과로 원 영상에는 없는 거짓 윤곽(선)이 생길 수가 있으며, 그레이스케일의 수가 적을수록 더욱 더 두드려지게 나타난다. 예를 들면 그림 3.10(b)에서 소맷자락과 아기의 얼굴부분이 벌써 부드럽지 않다는 것을 알 수 있다. 그레이 값이 서로 달라서 불연속적인 것을 관측할 수 있다. 이런 효과는 그림 3.11(a)와 (b)에서 더욱 두드러짐을 알 수 있다. 그레이스케일의 수를 적게 사용할수록 연속적인 그레이스케일 사이에 불연속이 더 크게 생겨서 거짓 윤곽(선)이 늘어나게 된다.

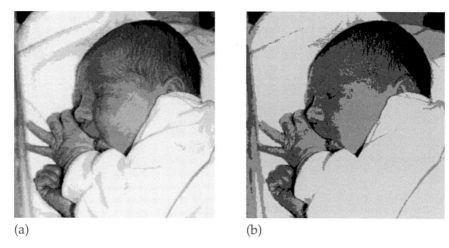

(a)   (b)

그림 3.11 • 양자화(3). (a) 8 그레이로 양자화한 영상. (b) 4 그레이로 양자화한 영상.

그림 3.12 • 2 그레이로 양자화한 영상.

디더링(dithering)   일반적으로 디더링은 영상에서 컬러의 수를 축소시키는 과정에 해당한다. 여기서 우리는 잠시 동안 그레이스케일의 디더링에만 관심이 있다. 영상을 제한된 컬러 수를 가진 장비에 디스플레이를 하거나 프린트를 해야 하는 경우와 같이 가끔 디더링의 처리가 필요하다. 특히 신문은 단지 흑백, 두 가지의 그레이스케일만을 사용한다. 영상을 단지 두 가지 톤(tone)으로 표현하는 것은 **halftoning**이라고 한다.

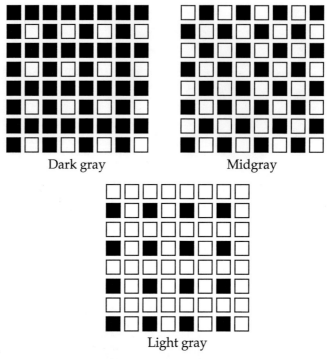

Dark gray　　　　　Midgray

Light gray

그림 3.13 • 디더링 출력을 위한 패턴.

　　거짓 윤곽(선)을 해결하는 한 가지 방법은 양자화하기 전에 영상에 랜덤(random)한 값들을 추가하면 된다. 등가적으로, 두 가지의 그레이스케일로 양자화하기 위해 영상을 랜덤 매트릭스 r과 비교해도 된다. 이 변칙적인 방법은 결과 영상에 그레이스케일 값이 고르게 분포되도록 하는 적절한 매트릭스를 고안하면 된다. 예를 들면, 중간 그레이(127 근방) 레벨을 포함하는 영역은 바둑판 모양의 패턴으로 처리한다. 어두운 영역은 흰색보다 검정색을 더 많이 포함하고 있는 패턴으로, 그리고 밝은 영역은 흑색보다 흰색을 많이 포함하고 있는 패턴으로 처리한다. 이를 그림 3.13에 나타낸다. 표준 매트릭스 중의 하나는 아래와 같다.

$$D = \begin{bmatrix} 0 & 128 \\ 192 & 64 \end{bmatrix}$$

이 매트릭스를 영상 매트릭스와 같은 크기가 될 때까지 반복하고, 같은 크기가 되었을 때에 2개의 매트릭스를 비교한다. $d(i,j)$를 D 매트릭스를 반복하여 얻은 매트릭스라고 가정하자. 그러면 출력 화소 $p(i,j)$는 다음과 같이 정의된다.

$$p(i,j) = \begin{cases} 1 & \text{if } x(i,j) > d(i,j) \\ 0 & \text{if } x(i,j) \le d(i,j) \end{cases}$$

양자화를 위한 이러한 접근 방법을 **디더링**이라 하고, 매트릭스 D는 **디더 매트릭스**의 한 가지 예이다. 또 다른 디더 매트릭스는 아래와 같이 표현할 수 있다.

$$D_2 = \begin{bmatrix} 0 & 128 & 32 & 160 \\ 192 & 64 & 224 & 96 \\ 48 & 176 & 16 & 144 \\ 240 & 112 & 208 & 80 \end{bmatrix}$$

newborn.tif 영상을 가지고 있는 매트릭스 x에 대해서 위에서 설명한 디더 매트릭스를 적용하는 절차는 아래와 같다.

```
>> D=[0 128;192 64]
>> r=repmat(D,128,128);
>> x2=x>r;imshow(x2)
>> D2=[0 128 32 160;192 64 224 96;48 176 16 144;240 112 208 80];
>> r2=repmat(D2,64,64);
>> x4=x>r2;imshow(x4)
```

위 명령의 결과를 그림 3.14에 나타내었다. 디더링된 영상은 그림 3.12에 보인 균일 양자화 영상에 비해 개선된 것을 알 수 있다. 일반화된 디더 매트릭스는 Hawley[12]를 참조하라.

디더링은 그레이 값을 2개 이상으로 출력하도록 쉽게 확장할 수 있다. 예를 들면 4개의 출력 레벨 0, 1, 2, 3으로 양자화를 원한다고 가정하자. $255/3 = 85$이기 때문에, 먼 저 그레이 값 $x(i,j)$를 85로 나누어서 양자화를 한다.

$$q(i,j) = [x(i,j)/85]$$

$q(i,j)$ 값들은 $x(i,j) = 255$일 때를 제외하고는 0, 1, 2의 값만을 가진다. 그리고 디더 매트릭스를 반복하여 생성된 매트릭스 $d(i,j)$의 값들이 0에서 85까지의 범위에 존재하도록 척도변환(스케일)이 되었다고 가정하자. 그러면 최종 값 $p(i,j)$는 아래와 같은 식에 의해 정의된다.

$$p(i,j) = q(i,j) + \begin{cases} 1 & \text{if } x(i,j) - 85q(i,j) > d(i,j) \\ 0 & \text{if } x(i,j) - 85q(i,j) \le d(i,j) \end{cases}$$

지금까지 설명한 내용은 위에서 설명한 디더 매트릭스 D를 약간 수정하면, 아래와 같이 몇 가지의 명령으로 쉽게 구현될 수 있다:

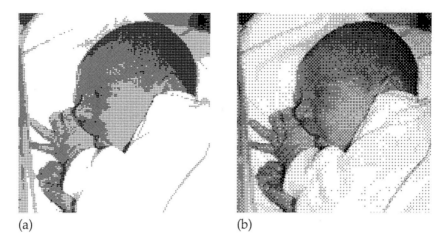

(a)   (b)

그림 3.14 ● 디더링의 예. (a) *D*를 적용한 결과. (b) *D2*를 적용한 결과.

```
>> D=[0 56;84 28]
>> r=repmat(D,128,128);
>> x=double(x);
>> q=floor(x/85);
>> x4=q+(x-85*q>r);
>> imshow(uint8(85*x4))
```

위의 결과를 그림 3.15(a)에 나타내었다. 위의 숫자 85 대신에 255/7 = 37을 사용하면 8개의 그레이 레벨로 디더링할 수 있다(출력 값이 주어진 범위 내에 있도록 결과 값을 올림으로 처리하였다). 앞쪽에 있는 디더 매트릭스는 아래와 같이 사용하면 되고, 결과는 그림 3.15(b)에 나타내었다.

$$D = \begin{bmatrix} 0 & 24 \\ 36 & 12 \end{bmatrix}$$

이 결과 영상들이 그림 3.11(a)와 (b)에서 적용한 균일 양자화 영상보다 얼마나 더 개선되었는가를 주의 깊게 보라. 특히 8레벨의 결과는 양자화를 하였음에도 불구하고 원 영상과 구별이 안될 정도로 양호함을 알 수 있다.

오차의 확산(diffusion)　디더링에 의한 양자화의 다른 접급 방법은 **오차 확산법**이다. 영상은 두 가지의 레벨로 양자화가 되지만, 각 화소에 대하여 원래의 그레이 값과 양자화된 값 사이의 오차를 고려하는 방법이다. 우리는 그레이 값들을 0과 255레벨로 양자

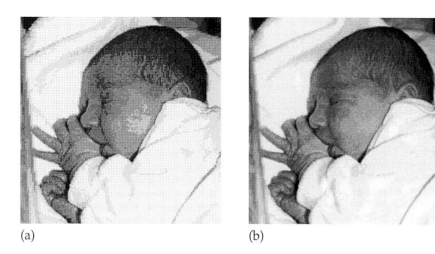

(a)   (b)

그림 3.15 • 두 가지 이상의 그레이스케일로 디더링. (a) 4개의 그레이스케일로 디더링. (b) 8개의 그레이스케일로 디더링.

화를 하기 때문에 이들 값들에 근접한 화소 값들은 오차가 작다. 그러나 그 범위의 중간(128)에 근접한 화소값들은 오차가 크다. 이 방법의 아이디어는 이러한 오차를 이웃 화소들에게 확산시키는 것이다. Floyd와 Steinberg가 고안한 보편적인 방법은 영상의 왼쪽 위 화소에서 시작하여 가로방향으로 화소 단위로 움직이면서 1행씩 처리하는 것이다. 영상의 각 화소 $p(i,j)$에 대하여 아래와 같은 단계들을 수행한다.

1. 양자화를 수행한다.
2. 양자화 오차를 계산한다. 이것은 아래와 같이 정의된다.

$$E = \begin{cases} p(i,j) & \text{if } p(i,j) < 128 \\ p(i,j) - 255 & \text{if } p(i,j) >= 128 \end{cases}$$

3. 이 오차 E를 아래의 표와 같이 오른쪽 및 아래쪽에 있는 화소로 확산시킨다.

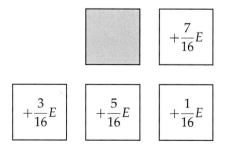

```
function y = fl_stein(x)
%
% FL_STEIN applies Floyd-Steinberg error diffusion to an image x, which is
% assumed to be of type uint8.
%
height=size(x,1);
width=size(x,2);
y=uint8(zeros(height,width));
z=zeros(height+2,width+2);
z(2:height+1,2:width+1)=x;
for i=2:height+1,
  for j=2:width+1,
    if z(i,j) < 128
      y(i-1,j-1) = 0;
      e = z(i,j);
    else
      y(i-1,j-1) = 255;
      e = z(i,j)-255;
    end
    z(i,j+1)=z(i,j+1)+7*e/16;
    z(i+1,j-1)=z(i+1,j-1)+3*e/16;
    z(i+1,j)=z(i+1,j)+5*e/16;
    z(i+1,j+1)=z(i+1,j+1)+e/16;
  end
end
```

그림 3.16 ● 그레이 영상에 Floyd-Steinberg 오차 확산법을 위한 MATLAB 함수.

이 알고리즘에 대해서 주의해야 할 점들이 여러 가지가 있으며, 이들은 아래와 같다.

- 화소에 양자화를 하기 전에 그 화소의 오차를 먼저 확산한다. 그러므로 오차 확산은 이런 화소들의 양자화에 영향을 준다.
- 일단 하나의 화소에 대해 양자화가 수행되면, 그 값은 결코 오차에 의해 영향을 받지 않는다. 왜냐하면 작업은 왼쪽 위에서부터 시작했고 오차 확산은 오른쪽과 아래쪽에 있는 화소들에만 영향을 주기 때문이다.
- 이 알고리즘을 구현하기 위해서는 우리가 사용하는 배열의 인덱스가 외부로 나가지 않도록 해당 영상 크기보다 더 큰 0의 배열 영상에 끼워 넣는다.

dither 함수는 그레이스케일 영상에 적용할 때 실제로 Floyd-Steinberg 오차 확산법을 구현하였다. 그러나 오차 확산법을 간단하게 MATLAB 함수로 스스로 구현해 보는 것도 교육에 많은 도움이 된다. 하나의 가능한 구현을 그림 3.16에 보였다.

위의 함수를 newborn.tif 영상에 적용한 결과를 그림 3.17에 보였다. 이 결과는 매우 만족스러운 영상이지만, 영상의 모든 화소가 흑색 혹은 백색인 2진 영상이라는 것은 믿기 어렵다.

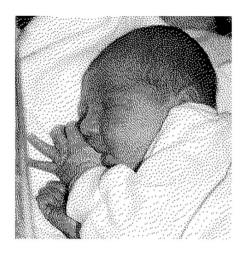

그림 3.17 • Floyd-Steinberg 오차 확산법을 적용한 newborn 영상.

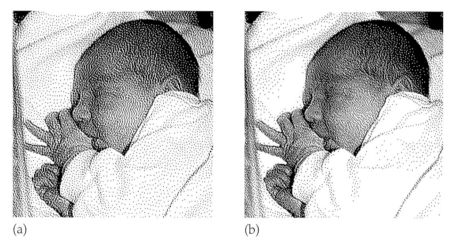

(a)   (b)

그림 3.18 • 다른 오차 확산법의 적용. (a) Jarvis-Judice-Ninke 오차 확산법의 결과.
(b) Stucki 오차 확산법의 결과.

다른 오차 확산 방법도 가능하다. 두 가지 방법, Jarvis-Judice-Ninke와 Stucki
방법은 다음과 같은 오차 확산 기법을 사용한다.

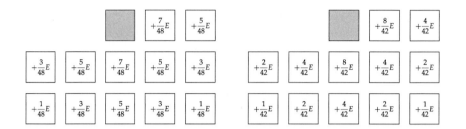

위의 두 가지 방법은 그림 3.16에서 나타낸 Floyd-Steinberg 함수를 수정하면 적용할 수 있다. 이 두 가지 오차 확산 알고리즘을 적용한 결과를 그림 3.18에 나타내었다.

연습문제

1. 그레이스케일 영상 `cameraman.tif`를 읽고 그것을 디스플레이해 보라. 또한 이 것의 데이터 타입은 무엇인가?

2. 다음의 명령들을 입력하라.

```
>> em,map]=imread('emu.tif');
>> e=ind2gray(em,map);
```

위의 명령들은 `double` 타입의 그레이스케일 영상을 만들 것이다. 이 영상을 보라.

3. 아래의 명려을 실행하고 그 결과를 보라.

```
>> e2=im2uint8(e);
```

`im2uint8`의 함수는 무엇을 하는가? 아래 a와 b에 대하여 어떤 효과를 가지는가?
a. 해당 영상의 표시
b. 해당 영상 매트릭스의 원소

4. `im2uint8` 함수를 cameraman 영상에 적용하면 어떻게 되는가?

5. 아래의 영상들에 대해서 공간 해상도를 줄이는 실험을 수행하라. 각각의 경우에 영상을 인식할 수 없는 정도에 이르는 지점을 표시하라.
a. `cameraman.tif`
b. The grayscale emu image

c. `blocks.tif`

d. `buffalo.tif`

6. 문제 5에 있는 영상들의 양자화 레벨을 축소하는 실험을 수행하라. 영상이 심하게 열화가 되는 지점을 표시하라. 이 지점이 모든 영상에 대해서 같은가 혹은 어떤 영상들이 다른 영상보다 더 낮은 레벨까지 잘 견디는가? 몇 개의 다른 영상을 사용해서 여러분이 가정한 것과 어떻게 다른지 확인해 보라.

7. 확대경으로 신문에 있는 그레이스케일 사진을 보라. 여러분이 보고 있는 컬러를 설명해 보라.

8. 2×2 디더(dither) 매트릭스 D는 일정한 그레이 영역에 적당한 결과를 주는 것을 사용하라. 그런 후에 G가 아래와 같은 값을 가진 12×2의 매트릭스일 때, $D > G$의 결과를 구하라.

a. 50

b. 100

c. 150

d. 200

9. 다른 입력 그레이레벨에 대한 적당한 패턴들을 얻기 위해서 D의 필요한 성질은 무엇인가?

10. 양자화 레벨이 디더링의 결과에 어떻게 영향을 미치는가? 몇 개의 그레이스케일만을 가지고 있는 그레이스케일 영상을 디스플레이하고 그 결과에 디더링을 적용하기 위해서 `gray2ind` 함수를 사용하라.

11. 문제 5에 있는 영상들에 대해서 각각 Floyd-Steinberg, Jarvis-Judice-Ninke 및 Stucki 오차 확산 방법을 적용해 보라. 어느 영상이 가장 좋게 보이는가? 어떤 오차 확산 방법이 가장 좋은 결과를 만들어 내는 것 같은가? 독자는 영상의 어떤 특징이 오차 확산 방법에 가장 적합한지를 구별해 낼 수 있는가?

04 화소 단위 처리

4.1 >> 서론

모든 영상처리 연산은 화소(pixel)의 그레이 값들을 변경한다. 그러나 영상처리 연산들은 변경에 필요한 정보에 따라 3가지로 분류할 수 있으며, 매우 복잡한 처리과정에서부터 단순한 과정 순서로 나열하면 다음과 같다.

1. **변환**   변환은 화소 값들을 어떤 다른 등가적인 형태로 표현한다. 나중에 알 수 있듯이 변환을 사용하면 경우에 따라 매우 효율적이고 강력한 알고리즘을 사용할 수 있다. 변환을 사용할 때에는 전체 영상을 하나의 블록으로 생각할 수 있다. 이 과정은 그림 4.1에 나타낸 도식과 같이 설명될 수 있다.
2. **영역 단위 처리**   주어진 화소의 그레이 값을 변경하기 위해서, 주어진 화소의 근방 이웃화소를 사용하여 해당 화소의 그레이 값을 결정한다.
3. **화소 단위 처리**   주어진 화소의 그레이 값은 근방 이웃화소를 사용하지 않고 변경한다.

비록 화소 단위 처리 연산은 가장 단순한 것이지만, 가장 강력하고 널리 사용되는 영상처리 연산들이다. 이 방법은 영상처리 본래의 목적을 시도하기 전에 영상 수정이 필요한 전처리 과정에서 특히 유용하다.

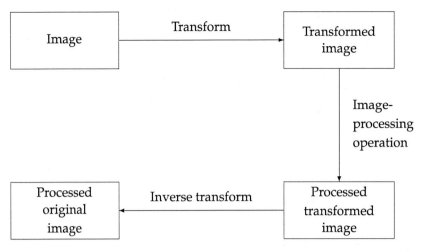

그림 4.1 • 변환처리 과정.

4.2 >> 산술연산들

이 연산들은 영상의 각 그레이 값에 새로운 값을 대응시키는 단순한 함수이다.

$$y = f(x)$$

따라서 $f(x)$는 정의역 $0\sim255$의 범위에 있는 정수를 치역이 $0\sim255$로 사상하는 함수이다. 이 함수들 중에 가장 간단한 함수들은 각 화소 값에 상수를 더하거나 빼기하는 것이다.

$$y = x \pm C$$

혹은 각 화소에 상수를 곱하는 것이다.

$$y = Cx$$

어떤 경우에는 그 결과가 $0\sim255$ 범위의 정수 값이 되도록 조정할 필요가 있다. 이런 경우에는 먼저 결과를 반올림하여 정수로 변경하고, 그 값을 아래와 같은 "클립핑(clipping)" 연산을 수행하면 된다.

$$y \leftarrow \begin{cases} 255 & \text{if } y > 255, \\ 0 & \text{if } y < 0. \end{cases}$$

이러한 연산들이 영상 화소의 값들을 어떻게 변경하는지를 이해하기 위해서는 $y =$

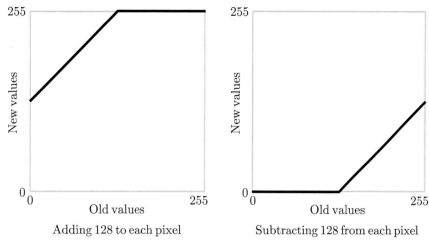

Adding 128 to each pixel   Subtracting 128 from each pixel

그림 4.2 • 상수 값 더하기 및 빼기.

$f(x)$ 그래프를 그려보면 쉽게 알 수 있다. 그림 4.2는 영상의 각 화소 값에 128을 더하거나 뺀 결과를 보여준다. 128을 더한 경우에 원 영상의 화소 값이 127 이상인 값은 255에 사상되는 것을 주의해 보라. 또 128을 뺀 경우에는 원 영상의 화소 값이 128 이하인 값은 0으로 사상됨을 알 수 있다. 이 그래프들을 보면 일반적으로 상수 값을 더하는 경우는 영상을 밝게 하고, 빼는 경우는 영상을 어둡게 하는 것을 관측할 수 있다.

그림 1.4에서 보았던 블록영상 `blocks.tif`를 사용해서 이를 시험해 보자. 먼저 아래와 같이 영상을 읽어서 시작한다.

```
>> b=imread('blocks.tif');
>> whos b
  Name       Size    Bytes  Class
   b        256x256   65536  uint8 array
```

위에서 2번째 명령은 변수 b의 수치 데이터 타입을 알아보기 위한 것이며, 그 결과는 `uint8`이다. MATLAB에서 더하기 연산은 `imadd` 함수로 잘 설계되고 구현되어 있으며 변수 b에 상수 값을 더하기 하기 위해서는 아래와 같이 사용한다.

```
>> b1=imadd(b,128);
```

빼기 연산도 유사하다. 단순히 `imsubtract` 함수를 다음과 같이 사용하면 된다.

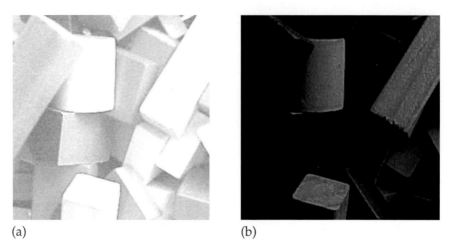

(a)   (b)

그림 4.3 ● 상수 값의 더하기 및 빼기 연산 결과. (a) b1 : +128. (b) b2 : −128.

```
>> b2=imsubtract(b,128);
```

그러면 아래와 같은 명령을 사용해서 결과를 볼 수 있다.

```
>> imshow(b1),figure,imshow(b2)
```

이 결과를 그림 4.3에 나타내었다.

또한 곱셈을 사용하여 영상을 밝게 또는 어둡게 변경할 수 있다. 그림 4.4에 이 효과를 나타내는 몇 개의 함수의 예를 보여준다. 이 효과들을 구현하기 위해서는 단순히

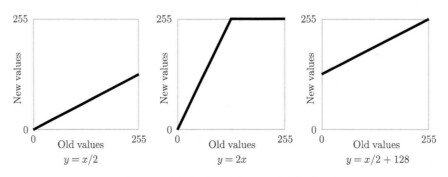

그림 4.4 ● 영상의 산술 연산들: 곱하기와 나누기

immultiply 혹은 imdivide 함수를 사용하면 된다.

그림 4.4의 기능을 구현한 특정 명령어들을 표 4.1에 나타내었다. imshow 명령을 사용하면 모든 영상을 볼 수 있으며, 그 결과를 그림 4.5에 나타내었다.

그림 4.3(b)의 b2와 그림 4.5의 b3을 비교해 보라. b3 경우는 원 영상보다 어둡지만, 여전히 선명하다. 반면에, b2 경우는 영상 b2에서 알 수 있듯이 빼기 과정에서 정보 손실이 많이 생겼다. 이는 영상 b2에서 그레이 값이 128 이하인 모든 화소는 0의 값이 되기 때문이다.

비슷한 정보 손실이 b1과 b4에서도 발생된다. 특히 아래쪽 가운데에 있는 밝은 블록의 에지들을 보면 알 수 있다. 영상 b1과 b4에서 오른편의 에지가 모두 사라진다. 그러나 영상 b5에서는 그 에지를 아주 잘 볼 수 있다.

보수(complements)　그레이 영상의 **보수**는 그 사진의 음화(필름)와 같다. 영상 매트릭스 m이 double 타입이고, 이것의 그레이 값들이 0.0에서 1.0까지의 범위에 있다면 아래의 명령으로 그것의 음의 값들을 얻을 수 있다.

```
>> 1-m
```

표 4.1　MATLAB 명령에 의한 화소의 곱하기 및 나누기 구현

$y = x/2$	b3=immultiply(b,0.5); or b3=imdivide(b,2)
$y = 2x$	b4=immultiply(b,2);
$y = x/2 + 128$	b5=imadd(immultiply(b,0.5),128);
	or b5=imadd(imdivide(b,2),128);

b3 : $y = x/2$　　　　b4 : $y = 2x$　　　　b5 : $y = x/2 + 128$

그림 4.5 • 영상의 산술 연산들: 곱하기와 나누기

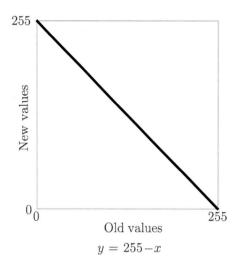

$$y = 255 - x$$

그림 4.6 ● 영상 보수.

만일 영상이 2진 영상이면 다음과 같이 사용한다.

```
>> ~m
```

만일 영상이 uint8 타입이면 최적 방법은 imcomplement 함수를 사용하는 것이다. 그림 4.6은 보수 함수 $y = 255 - x$와 아래 명령을 실행한 결과를 보인 것이다.

```
>> bc=imcomplement(b);
>> imshow(bc)
```

영상의 일부분 값만 보수를 취함으로써 특별한 효과를 낼 수 있다. 예를 들면 그레이 값 128 이하인 화소들만 보수를 취하고 나머지 화소들은 그대로 남겨둘 수 있다. 혹은 128 이상인 화소들만 보수를 취하고 나머지 화소들은 그대로 남겨둘 수도 있다. 그림 4.7은 이 함수들을 보여준다. 이 함수들의 효과를 **solarization**이라 하고, 16장에서 더 자세히 설명한다.

4.3 >> 히스토그램

주어진 그레이스케일 영상에 대하여 그 **히스토그램**은 그레이 값과 각 그레이 값이 영상에서 존재하는 개수를 나타내는 값으로 구성된 그래프이다. 다음에 있는 예와 같이

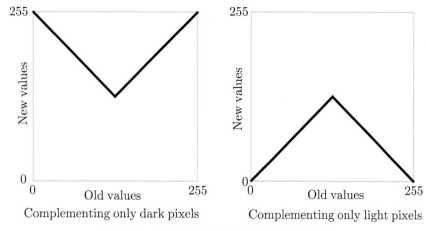

그림 4.7 • 어두운 화소들과 밝은 화소들만의 보수.

히스토그램을 사용하면 영상의 외관에 대해 상당한 양의 정보를 추론할 수 있다.

- 화소들의 그레이 값들이(즉, 히스토그램) 낮은 영역에 많이 분포하면 어두운 영상이다.
- 화소들의 그레이 값들이 높은 영역에 많이 분포하면 밝은 영상이다.
- 화소들의 그레이 값들이 넓은 범위에 걸쳐 분포하면 콘트라스트(대비)가 좋은 영상이다.

MATLAB에서 imhist 함수를 사용해서 다음과 같이 영상의 히스토그램을 볼 수 있다.

```
>> p=imread('pout.tif');
>> imshow(p),figure,imhist(p),axis tight
```

(axis tight 명령을 사용하면 모든 히스토그램 바가 그림 크기에 맞추어 스케일링된다.) 위 명령의 결과를 그림 4.8에 보였다. 그레이 값들이 히스토그램의 중심에 모여분포하기 때문에 영상의 대비가 좋지 않다는 것을 예측할 수 있으며, 이는 사실이다.

대비가 좋지 않은 영상에 대하여 그 히스토그램을 넓은 범위로 스트레칭하여서 대비를 강조할 수 있다. 대비를 강조하는 방법은 두 가지가 있다.

4.3.1 히스토그램 스트레칭(대비 확장)

그림 4.9와 같은 히스토그램을 가지고 있는 영상이 있다고 가정하자. 히스토그램은 영

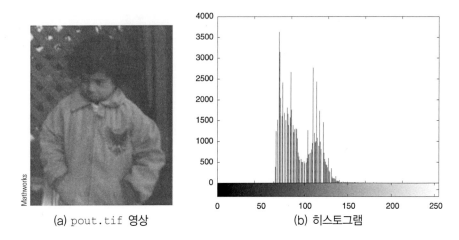

(a) pout.tif 영상 　　　　　(b) 히스토그램

그림 4.8 ● pout.tif 영상과 그 히스토그램.

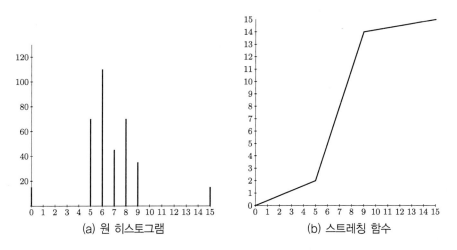

(a) 원 히스토그램 　　　　　(b) 스트레칭 함수

그림 4.9 ● 대비가 좋지 않은 히스토그램과 스트레칭 함수.

상에서 각 그레이 값에 대해서 그 그레이 값을 가지고 있는 화소의 개수 테이블로 표현
할 수 있다.

Gray level i	0	1	2	3	4	5	6	7	8	9	10	11	12	13	14	15
n_i	15	0	0	0	0	70	110	45	70	35	0	0	0	0	0	15

(테이블에서 n_i의 누적 합은 360이다.) 그림 4.9에 있는 오른쪽의 부분적 선형함수를

적용하여 중심 범위에 있는 그레이 값을 스트레칭할 수 있다. 이 함수는 아래의 방정식에 의해서 그레이 값 5~9를 2~14의 범위로 스트레칭을 하는 효과를 가지고 있다.

$$j = \frac{14-2}{9-5}(i-5)+2,$$

여기서 i는 원래의 그레이 값이고, j는 변환된 후의 그레이 값이다. 주어진 범위를 벗어나는 그레이 값들은 변환하지 않았다. 그러면 스트레칭된 값과 대응하는 히스토그램은 아래와 같다. 히스토그램을 보면 영상이 더 큰 대비를 가지고 있음을 알 수 있다.

i	5	6	7	8	9
j	2	5	8	11	14

(주어진 범위를 벗어나는 그레이 값들은 위의 그래프 양쪽에 있는 선형함수를 적용하여 변환할 수도 있다.)

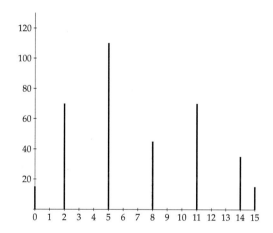

imadjust 사용법　Matlab에서 히스토그램 스트레칭을 실행하기 위하여 `imadjust` 함수를 사용한다. 가장 간단하고 구체적인 사용법으로서 아래의 명령은 그림 4.10에 보여준 함수에 따라 영상을 스트레칭한다.

```
imadjust(im,[a,b],[c,d])
```

`imadjust` 명령은 `double`, `uint8` 또는 `uint16` 타입의 영상을 모두 처리할 수 있도록 설계되어 있기 때문에, 즉 필요한 경우에 이 함수는 영상 `im`을 `double` 타입으로 자동으로 변환하기 때문에 a, b, c 및 d의 값이 0과 1 사이의 수이어야 한다.

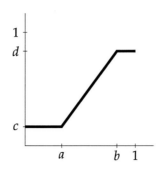

그림 4.10 • `imadjust`의 스트레칭 함수.

　`imadjust`는 그림 4.9와 같은 방법으로 처리하지 않는다. a 이하의 화소 값들은 모두 c로 변환되고, b 이상의 화소 값들은 모두 d로 변환된다. 만일 [a,b] 또는 [c,d]를 [0,1]로 사용하는 경우에 대괄호 []를 대신 사용할 수 있다. 따라서 예를 들면 아래의 명령은 아무것도 변환하지 않는다.

```
>> imadjust(im,[],[])
```

아래의 명령은 영상의 그레이 값을 사진의 음화와 유사한 그레이 값으로 변환한다. (c 와 d에 각각 1, 0으로 처리하였다.)

```
>> imadjust(im,[],[1,0])
```

　`imadjust` 함수는 또 다른 선택 파라미터를 가지고 있다. 즉 감마(γ) 값이며 이는 좌표 (a, c)와 (b, d) 사이의 모양을 결정한다. 만일 감마 값이 1이면 그림 4.10에 보여준 것과 같이 선형 사상이 사용되며 이 값이 **default** 값이다. 그러나 1 미만의 값이면 그림 4.11의 왼쪽과 같이 위쪽으로 볼록한 형태의 특성이고, 1보다 큰 값이면 그림 4.11의 오른쪽과 같이 아래쪽으로 볼록인 형태의 특성을 나타낸다.

　이에 대한 함수는 두 점 사이의 선형 식을 약간 변형한 형태이고, 아래와 같이 표현된다.

$$y = \left(\frac{x-a}{b-a}\right)^{\gamma}(d-c)+c$$

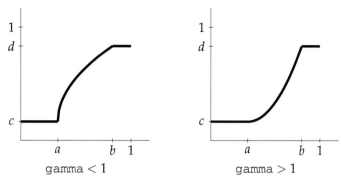

그림 4.11 • 감마 값이 1이 아닌 `imadjust` 함수.

(a) 원 영상   (b) 감마보정 결과 영상

그림 4.12 • 감마 보정 전후 tire 영상.

감마 값만 변화시켜도 영상의 외관을 많이 변화시킬 수 있다. 예를 들면 아래의 명령들은 그림 4.12와 같은 원영상과 결과 영상을 얻는다.

```
>> t=imread('tire.tif');
>> th=imadjust(t,[],[],0.5);
>> imshow(t),figure,imshow(th)
```

`plot` 함수를 사용하면 `imadjust` 스트레칭 함수를 그릴 수 있다. 예를 들면 아래의 명령은 그림 4.13에 보여준 것과 같은 그림을 그린다.

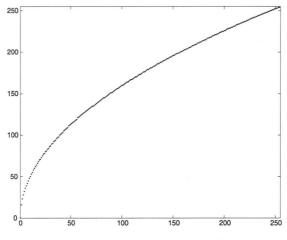

그림 4.13 ● 그림 4.12에 사용된 함수.

```
>> plot(t,th,'.'),axis tight
```

여기서 t와 th는 각각 원래의 값과 imadjust 함수를 수행한 후의 값을 가지고 있는 매트릭스이다. 위의 plot 함수는 그래프를 단순히 점의 형태로 그린다.

부분적 선형 스트레칭 함수　그림 4.14와 같은 부분적 선형 스트레칭을 하는 함수를 쉽게 구현할 수 있다. 그러기 위해서 영상에서 a_i와 a_{i+1} 사이의 화소 값을 찾는 find 함수를 사용한다. 좌표 (a_i, a_{i+1})과 (b_i, b_{i+1}) 사이의 직선의 방정식은 다음과 같이 표현할 수 있다.

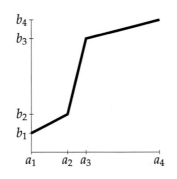

그림 4.14 ● 부분적 선형 스트레칭 함수.

$$y = \frac{b_{i+1} - b_i}{a_{i+1} - a_i}(x - a_i) + b_i,$$

구현할 함수의 핵심부분은 아래의 라인들이다.

```
pix=find(im >= a(i) & im < a(i+1));
out(pix)=(im(pix)-a(i))*(b(i+1)-b(i))/(a(i+1)-a(i))+b(i);
```

여기서 im은 입력 영상이고, out는 출력 영상이다. uint8과 double 타입의 입력 영상을 읽는 간단한 함수를 그림 4.15에 나타내었다. 이 함수를 사용한 예는 아래와 같으며, 결과 영상을 그림 4.16에 나타내었다.

```
function out = histpwl(im,a,b)
%
% HISTPWL(IM,A,B) applies a piecewise linear transformation to the pixel values
% of image IM, where A and B are vectors containing the x and y coordinates
% of the ends of the line segments.  IM can be of type UINT8 or DOUBLE,
% and the values in A and B must be between 0 and 1.
%
% For example:
%
%   histpwl(x,[0,1],[1,0])
%
% simply inverts the pixel values.
%
classChanged = 0;
if ~isa(im, 'double'),
    classChanged = 1;
    im = im2double(im);
end

if length(a) ~= length (b)
  error('Vectors A and B must be of equal size');
end

N=length(a);
out=zeros(size(im));

for i=1:N-1
  pix=find(im>=a(i) & im<a(i+1));
  out(pix)=(im(pix)-a(i))*(b(i+1)-b(i))/(a(i+1)-a(i))+b(i);
end

pix=find(im==a(N));
out(pix)=b(N);

if classChanged==1
  out = uint8(255*out);
end
```

그림 4.15 • 부분적 선형 스트레칭을 구현한 MATLAB 함수.

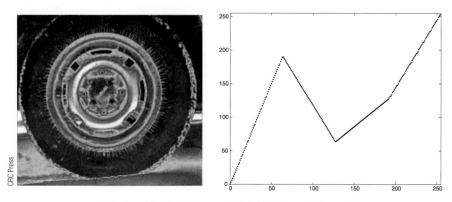

그림 4.16 ● 부분적 선형 스트레칭을 적용한 후의 tire 영상.

```
>> th=histpwl(t,[0 .25 .5 .75 1],[0 .75 .25 .5 1]);
>> imshow(th)
>> figure,plot(t,th,'.'),axis tight
```

4.3.2 히스토그램 평활화(equalization)

앞에서 설명한 히스토그램 스트레칭의 문제점은 사용자의 입력이 필요하다는 것이다. 가끔 히스토그램 **평활화**가 더욱 바람직한 접근 방법을 제공하는데, 이는 완전히 자동적으로 수행되는 방법이다. 이 아이디어는 히스토그램을 균일하게 변경하는 것이다. 즉 히스토그램의 모든 바(bar)를 동일한 높이로 만드는 것이다. 다시 말해서 영상의 모든 그레이 값의 빈도수를 같게 만든다. 실제로 이것은 불가능하지만, 히스토그램 평활화의 결과는 매우 좋다.

영상이 각각 $0, 1, 2, 3. \ldots, L\text{-}1$인 L개의 다른 그레이 값을 가지고 있고, 그레이 값 i의 빈도수는 n_i라고 가정하자. 또한 영상의 전체 화소 수가 $n(n_0 + n_1 + n_2 + \ldots + n_{L-1} = n)$이라고 가정하자. 그레이 값을 변경하여 더 좋은 대비 영상을 얻기 위해서 그레이 값 i를 아래와 같이 변환하고, 이 값을 가장 근접한 정수로 반올림한다.

$$\left(\frac{n_0 + n_1 + \cdots + n_i}{n} \right) (L - 1).$$

예제 그림 4.17과 같은 히스토그램을 가지는 4비트 그레이 영상이 있다고 하자. 관련 그레이 값들의 빈도수 n_i는 아래와 같다($n = 360$).

Gray level i	0	1	2	3	4	5	6	7	8	9	10	11	12	13	14	15
n_i	15	0	0	0	0	0	0	0	0	70	110	45	80	40	0	0

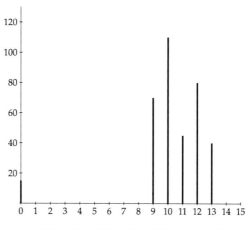

그림 4.17 • 대비가 좋지 않은 히스토그램.

몇 개의 어두운 점을 가진 이 영상을 균일하게 밝도록 하기를 원한다. 히스토그램 평활화를 하기 위해서 n_i의 누적 값을 구하고, 각 항에 $15/360 = 1/24$을 곱한다. 그리고 반올림을 한다.

Gray level i	n_i	Σn_i	$(1/24)\Sigma n_i$	Rounded value
0	15	15	0.63	1
1	0	15	0.63	1
2	0	15	0.63	1
3	0	15	0.63	1
4	0	15	0.63	1
5	0	15	0.63	1
6	0	15	0.63	1
7	0	15	0.63	1
8	0	15	0.63	1
9	70	85	3.65	4
10	110	195	8.13	8
11	45	240	10	10
12	80	320	13.33	13
13	40	360	15	15
14	0	360	15	15
15	0	360	15	15

그런 후에 위 표에서 첫째 열과 마지막 열의 값을 읽으면 다음과 같이 변환된 그레이 값을 얻을 수 있다.

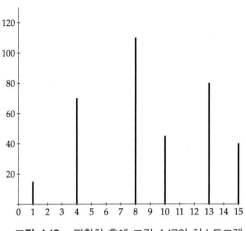

그림 4.18 ● 평활화 후에 그림 4.17의 히스토그램.

Original gray level i	0	1	2	3	4	5	6	7	8	9	10	11	12	13	14	15
Final gray level j	1	1	1	1	1	1	1	1	1	4	8	10	13	15	15	15

그리고 변환된 그레이 값의 히스토그램을 그림 4.18에 나타내었다. 이것은 원래 히스토그램보다 훨씬 넓은 범위에 걸쳐 분포하고 있음을 알 수 있고, 그 결과 영상은 더 큰 대비(contrast)를 나타낸다.

MATLAB에서 히스토그램 평활화를 적용하기 위하여 `histeq` 함수를 사용한다. 예를 들어 다음의 명령들은 `pout` 영상에 히스토그램 평활화를 적용하고, 그 결과의 히스토그램을 만든다.

```
>> p=imread('pout.tif');
>> ph=histeq(p);
>> imshow(ph),figure,imhist(ph),axis tight
```

위 명령의 결과를 그림 4.19에 나타내었다. 히스토그램이 더 넓게 퍼져 있음을 주목하라. 이로 인해 영상에서 대비가 크게 증가된다.

매우 어두운 영상의 예를 하나 더 들자. 어두운 영상은 아래와 같이 영상을 읽고 `imdivide` 함수를 사용해서 나누기를 하면 얻을 수 있다.

```
>> en=imread('engineer.tif');
>> e=imdivide(en,4);
```

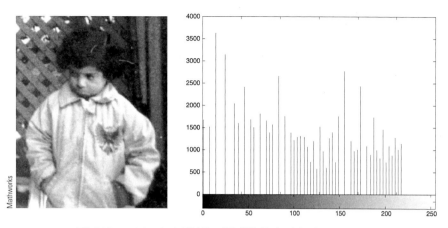

그림 4.19 • 그림 4.8의 영상을 평활화한 후의 영상 및 히스토그램.

매트릭스 e는 낮은 그레이 값만 가지고 있기 때문에 디스플레이할 때 어둡게 나타난
다. 독자는 아래와 같이 평범한 명령으로 영상과 이의 히스토그램을 디스플레이할 수
있다.

```
>> imshow(e),figure,imhist(e),axis tight
```

그 결과를 그림 4.20에 나타내었다. 그림 4.20에서 매우 어두운 영상의 히스토그램은
입력 화소들이 모두 낮은 범위에 모여 있는 것을 알 수 있다.

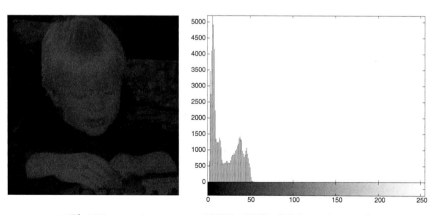

그림 4.20 • `engineer.tif` 영상의 어두운 버전과 그 히스토그램.

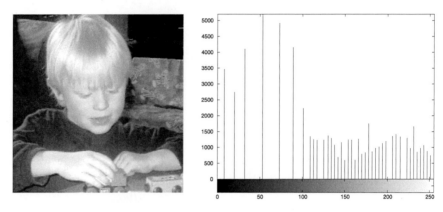

그림 4.21 • 그림 4.20을 평활화한 영상과 그 히스토그램.

그런 다음 아래와 같이 위의 영상에 히스토그램 평활화를 적용하고 그 결과를 디스플레이를 할 수 있다.

```
>> eh=histeq(e);
>> imshow(eh),figure,imhist(eh),axis tight
```

그 결과를 그림 4.21에 나타내었다.

평활화의 동작 원리   그림 4.17에 있는 히스토그램을 생각해 보자. 히스토그램 스트레칭을 적용하기 위해서 그레이 값 9와 13 사이에 있는 값들을 스트레칭해야 한다. 따라서 그림 4.9에 나타낸 것과 비슷한 부분적 선형함수를 적용해야 한다.

그림 4.22에 나타낸 누적 히스토그램을 생각해 보자. 점선은 단지 히스토그램 바(bar)의 값을 서로 연결한 것이다. 그러나 이를 적절한 히스토그램 스트레칭 함수로 생각할 수 있다. 이를 위해서 y값이 0과 360 대신에 0과 15 사이에 있도록 스케일링을 할 필요가 있다. 이 방법이 바로 4.3.2절에서 설명한 바로 그 방법이다.

독자가 알 수 있듯이 평활화를 한 후에도 위의 예들 중에 어떤 히스토그램도 균일하지 않다. 이는 영상이 원래 이산적인 성질을 가지고 있기 때문이다. 만일 독자가 영상을 연속함수 $f(x, y)$로, 히스토그램을 다른 윤곽(선) 사이의 면적으로 간주하면(예를 들면, Castleman[4]를 보라), 히스토그램을 확률밀도 함수로 간주할 수 있다. 그러나 대응하는 누적밀도 함수는 항상 균일한 히스토그램을 가지게 된다. 예를 들면 Hogg and Craig[14]를 보라.

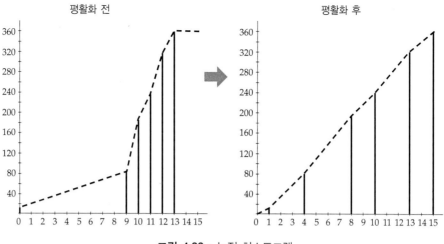

평활화 전   평활화 후

그림 4.22 • 누적 히스토그램.

4.4 >> 룩업(Lookup) 테이블

룩업(Lookup) 테이블을 사용하면 화소 단위 처리 연산을 보다 효과적으로 수행할 수 있다. 룩업 테이블은 단순히 **LUT**라고도 한다. `uint8` 타입의 영상에 대한 임의의 연산을 위해서, 룩업 테이블은 단순히 크기가 256인 하나의 배열이며, 배열의 인덱스 값은 0~255인 정수라고 가정할 수 있다. 그러면 임의의 연산은 각 화소 값 p를 테이블 내의 대응 값 t_p로 치환하면 구현될 수 있다.

예를 들면, 화소의 그레이 값을 2로 나누는 연산은 다음 표와 같은 LUT로 구현될 수 있다.

Index:	0	1	2	3	4	5	. . .	250	251	252	253	254	255
LUT:	0	0	1	1	2	2	. . .	125	125	126	126	127	127

이것은 그레이 값이 4인 화소는 2로 치환된다. 값이 253인 화소는 126으로 치환된다.

만일 T가 MATLAB에서 룩업 테이블이고(역자주: 매트릭스 인덱스는 1부터 시작함), `im`이 영상이면, 아래와 같이 간단한 명령으로 룩업 테이블을 적용할 수 있다.

      `T(im)`

예를 들면 위의 lookup 테이블을 blocks.tif 영상에 적용한다고 가정하면, 다음과 같이 테이블을 만들 수 있다.

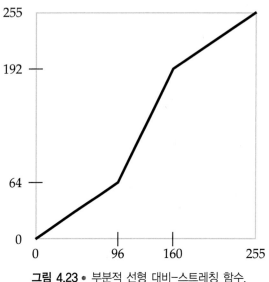

그림 4.23 ● 부분적 선형 대비–스트레칭 함수.

```
>> T=uint8(floor(0:255)/2);
```

위 테이블을 blocks.tif 영상 b에 적용하는 것은 아래와 같다.

```
>> b2=T(b);
```

영상 b2는 uint8 타입이기 때문에 imshow 함수로 직접 볼 수 있다.

또 다른 예를 들면 그림 4.23과 같은 대비 스트레칭 함수를 LUT로 구현하기 원한다고 가정해 보자. 4.3.1절에서 사용한 방정식으로부터 3개의 직선의 방정식은 각각 아래와 같다.

$$y = \frac{64}{96}x,$$
$$y = \frac{192 - 64}{160 - 96}(x - 96) + 64,$$
$$y = \frac{255 - 192}{255 - 160}(x - 160) + 192,$$

그리고 위의 방정식을 더 간단하게 표현하면 다음과 같다.

$$y = 0.6667x,$$
$$y = 2x - 128,$$
$$y = 0.6632x + 85.8947.$$

그러면 아래와 같은 명령들을 사용해서 LUT를 구성할 수 있다.

```
>> t1=0.6667*[0:96];
>> t2=2*[97:160]-128;
>> t3=0.6632*[161:255]+85.8947;
>> T=uint8(floor([t1 t2 t3]));
```

각 경우에 정의 영역에 해당하는 방정식만을 적용하는 것을 제외하면, t1, t2, 및 t3
에 대한 명령은 직선의 방정식을 MATLAB에서 직접 구현한 것이다.

 연습문제

영상의 산술연산

1. 다음에 있는 연산에 대하여 "for loop"를 사용하여 LUT를 수행할 수 있는 M-파
   일을 작성하라.

   Index: 0 1 2 3 4 5 . . . 250 251 252 253 254 255

   a. 2를 곱하기
   b. 영상 보수

2. blocks 영상 b에 대해서 다음의 명령들을 수행하라.

```
>> b2=imdivide(b,64);
>> bb2=immultiply(b2,64);
>> imshow(bb2)
```

그 결과에 대해 간략히 설명하라. 왜 이 결과는 원 영상과 같지 않은가?

3. 문제 2에서의 값 64를 32와 16으로 치환하여 수행하라. 문제 2에 있는 결과와는 어떻게 다른가?

히스토그램

4. 하나의 영상 $f[row][col]$의 그레이 값들에 대해서 히스토그램 $h[f]$를 계산하는 간략한 코드를 작성하라.

5. 아래에 있는 표는 0~7 범위의 그레이 레벨 값만을 가지고 있는 영상에서 각 화소 값에서 화소의 빈도수를 나타낸 것이다.

0	1	2	3	4	5	6	7
3244	3899	4559	2573	1428	530	101	50

"bar" 함수를 사용해서 이 그레이 레벨들에 대응하는 히스토그램을 그리고, 그 후에 "for loop"를 사용하는 M-파일로 히스토그램 평활화를 수행하고 그 결과에 대한 히스토그램도 그려라.

6. 아래에 있는 표는 0~15 범위의 그레이 레벨 값만을 가지고 있는 영상에서 각 화소에서 화소의 빈도수를 나타낸 것이다. 각각의 경우에 이 그레이 레벨들에 대응하는 히스토그램을 그리고, 그 후에 히스토그램 평활화를 수행하고 그 결과에 대한 히스토그램을 그려라.

a.

0	1	2	3	4	5	6	7	8	9	10	11	12	13	14	15
20	40	60	75	80	75	65	55	50	45	40	35	30	25	20	30

b.

0	1	2	3	4	5	6	7	8	9	10	11	12	13	14	15
0	0	40	80	45	110	70	0	0	0	0	0	0	0	0	15

7. 다음의 작은 영상은 0~19 범위의 그레이 값들을 가지고 있다. 그레이 레벨 히스토그램과 이 히스토그램을 평활화하는 사상(mapping)을 계산하라. 히스토그램 평활화를 수행한 새로운 영상에 대해서 아래와 같은 형태의 8 × 8 그레이 값들의 격자를 만들어라.

```
12    6    5   13   14   14   16   15
11   10    8    5    8   11   14   14
 9    8    3    4    7   12   18   19
10    7    4    2   10   12   13   17
16    9   13   13   16   19   19   17
12   10   14   15   18   18   16   14
11    8   10   12   14   13   14   15
 8    6    3    7    9   11   12   12
```

8. 히스토그램 평활화 연산은 등멱원(idempotent)인가? 즉, 평활화 연산을 2번 수행한 결과는 단 한 번 평활화 연산을 수행한 결과와 같은가?

9. `emu.tif` 영상의 인덱스에 대해서 히스토그램 평활화를 수행하라.

10. 아래와 같이 처리하여 어두운 영상을 만들어라.

```
>> c=imread('cameraman.tif');
>> [x,map]=gray2ind(c);
```

매트릭스 x를 영상으로 보면, 이는 cameraman 영상의 어두운 버전(version)처럼 보인다. 매트릭스 x에 히스토그램 평활화를 적용하고 그 결과를 원 영상과 비교해 보라.

11. 4.3.2절에서 p와 ph 영상을 사용하여 다음의 명령을 입력하라.

```
>> figure,plot(p,ph,'.'),grid on
```

여기서 무엇을 볼 수 있는가?

12. 몇 가지의 다른 그레이스케일 영상들을 가지고 문제 11과 같이 실험하라.

13. 4.4절에서 주어진 예를 참고하여, 4.3.1절에 설명한 부분적 선형 스트레칭 함수를 LUT를 사용하여 더 간단한 함수로 작성하라. 아래의 수식은 4.3.1절에 있는 부분적 선형 스트레칭 함수이다.

05 영역 단위 처리

5.1 >> 서론

4장에서 각 화소에 대해서 특정한 함수를 적용하여 영상을 수정하였다. 영역 단위 처리
는 화소 단위 처리의 확장으로 생각할 수 있으며, 영역 단위 처리 방식에서는 주어진
화소의 이웃화소들에 대해서도 함수를 적용한다.

아이디어는 마스크를 주어진 영상 위로 이동하면서 처리하는 것이다. 마스크는 직
사각형(일반적으로 양변의 길이가 모두 홀수) 또는 다른 형태일 수 있다. 이런 방법으로
새로운 영상의 화소 값은 그림 5.1과 같이 마스크 내의 그레이 값들로부터 계산된다. 마
스크와 함수를 결합한 것을 **필터(filter)**라고 한다. 새로운 그레이 값을 계산하는 함수가
마스크 내에 있는 모든 그레이 값들의 선형함수이면 그 필터를 **선형필터**라고 한다.

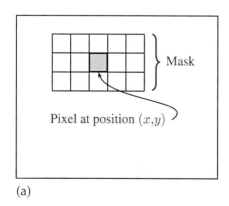
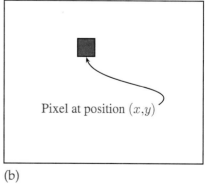

그림 5.1 • 영상에서의 공간 마스크. (a) 원 영상. (b) 필터링 후의 영상.

95

선형필터 구현은 마스크 내에 있는 모든 원소와 마스크에 대응하는 이웃 영역에 있는 모든 화소들의 값들을 각각 곱하고 이들을 모두 더하면 된다. 그림 5.1에서와 같이 3×5마스크를 가지고 있다고 가정하자. 마스크 값들은 아래와 같이 주어졌다고 가정하자.

$m(-1,-2)$	$m(-1,-1)$	$m(-1,0)$	$m(-1,1)$	$m(-1,2)$
$m(0,-2)$	$m(0,-1)$	$m(0,0)$	$m(0,1)$	$m(0,2)$
$m(1,-2)$	$m(1,-1)$	$m(1,0)$	$m(1,1)$	$m(1,2)$

대응하는 화소 값들은 다음과 같다고 가정한다.

$p(i-1,j-2)$	$p(i-1,j-1)$	$p(i-1,j)$	$p(i-1,j+1)$	$p(i-1,j+2)$
$p(i,j-2)$	$p(i,j-1)$	$p(i,j)$	$p(i,j+1)$	$p(i,j+2)$
$p(i+1,j-2)$	$p(i+1,j-1)$	$p(i+1,j)$	$p(i+1,j+1)$	$p(i+1,j+2)$

그러면 마스크 값들과 화소 값들을 곱하고 더하면 그 결과는 아래의 수식과 같다.

$$\sum_{s=-1}^{1} \sum_{t=-2}^{2} m(s,t)p(i+s,j+t).$$

이런 공간 필터링을 수행하는 과정에 대한 다이어그램을 그림 5.2에 나타내었다.

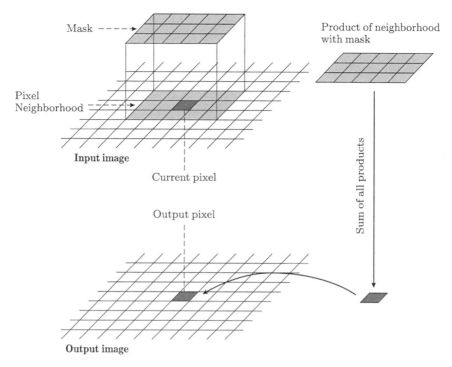

그림 5.2 • 공간 필터링 처리 과정.

따라서 공간 필터링은 3가지 처리 단계로 구성되어 있다.

1. 마스크를 현재 화소 위에 위치시킨다.
2. 필터의 값과 이웃 화소들의 값을 대응하는 원소끼리 서로 곱한다.
3. 곱의 항들을 모두 더한다.

이 과정을 영상의 모든 화소에 대하여 반복 처리한다.

이러한 공간 필터링은 공간 **회선**(spatial **convolution**)과 관련이 있다. 회선처리 방식은 곱하고 더하기하기 전에 필터를 180° 회전한다는 것을 제외하면 필터링과 동일하다. 이전과 같이 $m(i,j)$와 $p(i,j)$ 표기법을 사용하면 하나의 화소 값에 대한 3×5 마스크의 회선 출력은 아래 식과 같다.

$$\sum_{s=-1}^{1} \sum_{t=-2}^{2} m(-s, -t)p(i+s, j+t).$$

여기서 m의 첨자가 $-$부호임을 주의한다. 위 수식의 결과는 아래의 식과 동일한 결과를 준다.

$$\sum_{s=-1}^{1}\sum_{t=-2}^{2} m(s,t)p(i-s, j-t).$$

위의 수식은 영상의 화소를 180° 회전시킨 것이다. 물론 이 방식으로 해도 결과가 달라지지 않는다. 회선의 중요성은 푸리에 변환과 회선정리(convolution theorem)를 공부할 때에 분명해진다. 또한 실제의 경우, 대부분의 필터 마스크는 회전에 대해서 대칭이기 때문에, 공간 필터링과 공간 회선은 같은 출력을 얻는다.

예제   중요한 선형 필터 중의 하나는 평균필터이며, 이는 3×3 마스크를 사용하고, 마스크 내의 총 9개의 값들의 평균을 구하는 것이다. 이 평균값은 새로운 영상에서 현재 화소의 그레이 값이 된다. 이 과정은 다음과 같이 설명될 수 있다.

$$\longrightarrow \frac{1}{9}(a+b+c+d+e+f+g+h+i),$$

여기서 e는 원 영상에서 현재 화소의 그레이 값이고, 그 평균값은 새로운 영상에서 현재 화소의 그레이 값이 된다.

영상에 이를 적용하기 위해 아래와 같은 5×5 크기의 영상을 생각하자.

```
>> x=uint8(10*magic(5))

x =

    170    240     10     80    150
    230     50     70    140    160
     40     60    130    200    220
    100    120    190    210     30
    110    180    250     20     90
```

위의 배열에서 3×3 마스크를 완전히 중첩할 수 있는 화소들은 총 9개이다. 따라서 필터링의 출력은 단지 9개의 값들로 구성되며 아래에서 설명한다. 25개의 출력 값을 얻는 방법은 이후에 보게 될 것이다.

아래와 같이 영상 x에 대해서 좌측 상단의 3 × 3 이웃화소들을 생각하자.

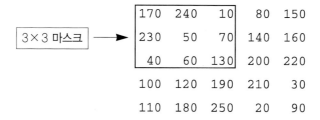

그런 후에 이 모든 값들의 평균을 구한다:

```
>> mean2(x(1:3,1:3))

ans =

   111.1111
```

이 평균값은 111.111로서 반올림하면 111 정수가 된다. 다음으로 아래와 같이 우측으로 1개 화소만큼 이동시킨다.

```
        170  240   10   80  150
3×3 마스크 →
        230   50   70  140  160

        40    60  130  200  220

        100  120  190  210   30

        110  180  250   20   90
```

그런 후에 이 모든 값들의 평균을 구한다.

```
>> mean2(x(1:3,2:4))

ans =

  108.8889
```

이 평균값은 108.8889로서 버림을 하면 108, 올림을 하면 109가 된다. 이런 방식으로 계속하면 아래와 같은 출력을 얻을 수 있다.

```
111.1111   108.8889   128.8889
110.0000   130.0000   150.0000
131.1111   151.1111   148.8889
```

이것이 영상 x를 3 × 3 평균필터(average filter)로 필터링한 결과이다.

5.2 >> 표기법

선형필터를 간단하게 마스크 내에 있는 모든 화소들의 그레이 값, 즉 계수로 간단히 표현하는 것이 편리하다. 그러면 이것을 매트릭스로 표현할 수 있다. 예를 들면 위에서 언급한 평균필터의 출력은 아래 식과 같다.

$$\frac{1}{9}a + \frac{1}{9}b + \frac{1}{9}c + \frac{1}{9}d + \frac{1}{9}e + \frac{1}{9}f + \frac{1}{9}g + \frac{1}{9}h + \frac{1}{9}i,$$

따라서 이 필터는 아래와 같이 매트릭스로 표시될 수 있다.

$$\begin{bmatrix} \frac{1}{9} & \frac{1}{9} & \frac{1}{9} \\ \frac{1}{9} & \frac{1}{9} & \frac{1}{9} \\ \frac{1}{9} & \frac{1}{9} & \frac{1}{9} \end{bmatrix} = \frac{1}{9} \begin{bmatrix} 1 & 1 & 1 \\ 1 & 1 & 1 \\ 1 & 1 & 1 \end{bmatrix}.$$

예제   필터가 아래와 같이 주어졌을 때,

$$\begin{bmatrix} 1 & -2 & 1 \\ -2 & 4 & -2 \\ 1 & -2 & 1 \end{bmatrix}$$

주어진 영상의 화소 e에 대한 그레이 레벨 값은 아래와 같이 계산된다.

a	b	c
d	e	f
g	h	i

$$\longrightarrow a - 2b + c - 2d + 4e - 2d + g - 2h + i.$$

5.2.1 영상의 에지처리

필터를 사용할 때에 분명한 문제점이 있다. 마스크의 일부분이 영상의 바깥 부분에 있을 경우, 영상의 에지 부분에서 어떻게 처리해야 되는가? 그림 5.3에 설명된 이런 경우에 필터 함수에서 사용할 영상의 화소 값이 없다. 이 문제점을 처리하는 데는 몇 가지 다른 접근 방법이 있다.

에지의 무시. 마스크가 영상에 완전히 포개지는 화소들에 대해서만 마스크를 적용한다. 이것의 의미는 에지를 제외한 모든 화소에 대해서만 마스크를 적용하기 때문에 출력 영상은 원 영상보다 작아진다. 이 방법을 사용하면 마스크의 크기가 매우 큰 경우에 상당한 양의 정보를 잃게 될 수 있다. 위에서 설명한 예제는 이 방법으로 처리하였다.

영(0)으로 채움. 영상의 외부에 있는 영역에서 필요한 모든 값들이 0이라고 가정한다. 이 가정에 의해 영상의 모든 화소에 대해서 처리할 수 있기 때문에 원 영상의 크기와 같은 출력 영상을 얻을 수 있다. 그러나 이 방법은 영상의 주위부분에 원하지 않는 결과가 나타나는 효과가 발생할 수 있다.

미러링(mirroring). 이런 문제점을 처리하기 위한 또 다른 실제적인 방법은 미러링 과정을 사용한다. 즉 영상의 외부에 있는 영역에서 필요한 모든 값들은 해당 에지에 대해서 미러링하여 얻는다. 이 방법으로 처리하면, 영상의 모든 화소에서 처리할 수 있어서 원 영상의 크기와 같은 출력 영상을 얻을 수 있고, 또한 이전에 언급한 **영(0)으로 채움** 방법에서 주위부분에 원하지 않는 결과가 나타나는 효과도 방지할 수 있다.

그림 5.3 • 영상의 에지에서의 마스크 처리

5.3 >> MATLAB에서 필터링

filter2 함수를 사용하면 선형필터링 작업을 할 수 있다. 이 함수의 사용법은 다음과 같다.

```
filter2 (filter, image, shape)
```

위 함수의 결과는 double 데이터 타입의 행렬이다. shape 매개변수는 옵션(option) 사항이며, 이는 에지를 처리하는 방법을 지정한다.

- filter2 (filter, image, 'same')가 **default**이다. 출력 영상은 원 영상의 크기와 동일한 크기의 매트릭스이다. 에지처리는 위에서 설명한 0으로 채움을 사용한다.

```
>> a=ones(3,3)/9

a =

    0.1111    0.1111    0.1111
    0.1111    0.1111    0.1111
    0.1111    0.1111    0.1111

>> filter2(a,x,'same')

ans =

    76.6667    85.5556    65.5556    67.7778    58.8889
    87.7778   111.1111   108.8889   128.8889   105.5556
    66.6667   110.0000   130.0000   150.0000   106.6667
    67.7778   131.1111   151.1111   148.8889    85.5556
    56.6667   105.5556   107.7778    87.7778    38.8889
```

- filter2 (filter, image, 'valid')는 마스크를 영상 내부에 완전히 중첩되게 하는 화소에서만 처리한다. 따라서 출력은 항상 원 영상보다 작은 크기이다.

```
>> filter2(a,x,'valid')

ans =

   111.1111   108.8889   128.8889
   110.0000   130.0000   150.0000
   131.1111   151.1111   148.8889
```

위에서 설명한 'same'으로 처리한 결과는 원 영상의 외부에 미리 0으로 채운 후에 'valid'로 처리하면 얻을 수 있다. 그 과정은 다음과 같다.

```
>> x2=zeros(7,7);
>> x2(2:6,2:6)=x

x2 =

     0     0     0     0     0     0     0
     0   170   240    10    80   150     0
     0   230    50    70   140   160     0
     0    40    60   130   200   220     0
     0   100   120   190   210    30     0
     0   110   180   250    20    90     0
     0     0     0     0     0     0     0

>> filter2(a,x2,'valid')
```

- `filter2 (filter, image, 'full')`의 출력은 원 영상보다 더 큰 크기이다. 이는 영상의 화소 값이 없는 경우에는 0으로 채우고, 마스크와 영상 행렬이 서로 겹치는 부분이 있으면 영상과 영상 주위의 모든 곳에서 필터를 적용하여 출력 매트릭스를 만든다.

```
>> filter2(a,x,'full')

ans =

   18.8889    45.5556    46.6667    36.6667    26.6667    25.5556    16.6667
   44.4444    76.6667    85.5556    65.5556    67.7778    58.8889    34.4444
   48.8889    87.7778   111.1111   108.8889   128.8889   105.5556    58.8889
   41.1111    66.6667   110.0000   130.0000   150.0000   106.6667    45.5556
   27.7778    67.7778   131.1111   151.1111   148.8889    85.5556    37.7778
   23.3333    56.6667   105.5556   107.7778    87.7778    38.8889    13.3333
   12.2222    32.2222    60.0000    50.0000    40.0000    12.2222    10.0000
```

옵션 사항인 shape 파라미터는 생략할 수 있으며, 생략된 경우에 디폴트 값은 'same'이다.

filter2 함수가 미러링 옵션을 제공하지 않지만, filter2(filter,image, 'valid')를 실행하기 전에 아래와 같은 명령들을 사용하면 미러링 기법을 구현할 수 있음을 기억하라.

```
m_x=[x(wr:-1:1,:); x; x(end:-1:end-(wr-1),:)];
m_x=[m_x(:, wc:-1:1),m_x, m_x(:, end:-1:end-(wc-1))];
```

위 방법에서 매트릭스 x를 m_x로 확장하며, wr/wc는 마스크 크기의 행/열 길이의 절반인 값을 가진다(소수점 이하는 버림). 예를 들면 마스크 a가 3 × 3 매트릭스이면 wr과 wc의 값은 1이다. 미러링 방법으로 필러링한 결과는 아래와 같다:

```
>> filter2(a,m_x,'valid')
ans =
   185.5556   132.2222   102.2222    94.4444   135.5556
   136.6667   111.1111   108.8889   128.8889   164.4444
   107.7778   110.0000   130.0000   150.0000   152.2222
    95.5556   131.1111   151.1111   148.8889   123.3333
   124.4444   165.5556   157.7778   127.7778    74.4444
```

유일한 최적의 접근법은 없다. 취급하고 있는 문제, 사용되는 필터 그리고 필요한 결과에 따라 적절한 방법이 사용되어야 한다.

사용할 필터는 직접 혹은 fspecial 함수를 사용하여 만들 수 있다. fspecial 함수는 다양한 종류의 필터를 쉽게 만들 수 있도록 많은 옵션들을 가지고 있다. 만일 average 옵션 파라미터를 사용하면, 지정된 크기의 평균 필터가 만들어진다. 따라서 아래의 명령은 5 × 7 크기의 평균필터를 만든다.

```
>> fspecial('average',[5,7])
```

더욱 단순하게, 아래의 명령은 11 × 11 크기의 평균필터를 만든다.

```
>> fspecial('average',11)
```

만일 마지막 매개 변수에 숫자나 벡터를 지정하지 않으면 디폴트로 3 × 3 크기의 평균필터를 만든다.

예를 들어 아래와 같이 영상에 3 × 3 평균필터를 적용한다고 가정하자.

```
>> c=imread('cameraman.tif');
>> f1=fspecial('average');
>> cf1=filter2(f1,c);
```

그러면 그 결과는 double 데이터 타입의 매트릭스이다. 이 매트릭스를 디스플레이하기 위해서는 아래에 있는 방법들 중의 하나를 사용할 수 있다.

- double 타입 매트릭스를 uint8 타입의 매트릭스로 변환한 후에 imshow를 사용한다.
- 매트릭스 값을 255로 나누어서 0.1~1.0 범위의 값을 가진 매트릭스로 만든 후에 imshow를 사용한다.
- 디스플레이를 하기 위해서 결과 매트릭스를 mat2gray 함수를 사용해서 스케일링한다. 이 함수의 사용법은 나중에 자세히 설명한다.

두 번째 방법을 사용하는 아래의 명령은 그림 5.4(a)와 (b)에 있는 것과 같은 결과 영상을 보여준다.

```
>> figure,imshow(c),figure,imshow(cf1/255)
```

평균필터는 영상을 흐리게 만든다. 특히 에지들은 원 영상보다 더 분명하지 않다. 평균 필터의 크기를 크게 할수록 영상은 더욱더 흐려질 수 있다. 이는 그림 5.4(c)의 9 × 9 평균필터를 사용한 결과와 5.4(d)의 25 × 25 평균필터를 사용한 결과를 비교해 보면 알 수 있다.

에지에서 0으로 채움 처리 방법을 사용하였기 때문에 영상의 가장자리에 어두운 부분이 나타난다는 것을 주의하라. 이는 특히 크기가 큰 필터를 사용할 때 현저하게 나타난다. 만일 필터링을 해서 이런 인위적인 가공물을 원하지 않는다면(예를 들어 영상의 평균 밝기 값을 변화시킨다면), 'valid' 옵션을 사용하는 것이 더 좋을 수도 있다.

이런 필터링을 한 후의 결과 영상은 원 영상보다 더 나쁘게 보일 수 있다. 그러나, 블러링 필터를 사용해서 영상에서 상세한 부분을 제거하는 것도 좋은 연산이 될 수 있다. 말하자면 자동화 기계에서 인식을 위한 경우나, 혹은 만일 영상의 전반적인 특징에만, 예를 들면 물체의 개수나 밝고 어두운 부분의 면적에만 관심이 있는 경우이다.

미러링을 사용한 출력 영상을 그림 5.4(e)에 나타내었다. 이를 보면 흥미롭게도 영상의 가장자리에 나타나는 인위적인 가공물이 제거되었다는 것을 알 수 있다.

(a)

(b)

Mathworks

(c)

(d)

(e)

그림 5.4 • 평균필터링 (a) 원 영상. (b) 평균필터링. (c) 9 × 9 필터링. (d) 25 × 25 필터링. (e) 미러링으로 25 × 25 필터링.

5.3.1 분리가능 필터

어떤 필터는 2개의 간단한 필터를 연속으로 적용해서 구현할 수 있다. 예를 들면, 아래와 같이 3×3 평균 필터는 먼저 3×1 평균필터를 적용한 후에 그 결과에 1×3 평균 필터를 적용하여 구현할 수 있다.

$$\frac{1}{9}\begin{bmatrix} 1 & 1 & 1 \\ 1 & 1 & 1 \\ 1 & 1 & 1 \end{bmatrix} = \frac{1}{3}\begin{bmatrix} 1 \\ 1 \\ 1 \end{bmatrix} \frac{1}{3}\begin{bmatrix} 1 & 1 & 1 \end{bmatrix}.$$

따라서 3×3 평균필터는 2개의 더 작은 필터로 분리가 가능하다. 분리 가능성은 처리 시간을 줄일 수 있다. $n \times n$ 필터가 크기가 $n \times 1$과 $1 \times n$인 2개의 필터로 분리 가능하다고 가정하자. 하나의 $n \times n$ 필터를 사용하면 영상의 각 화소에 대해서 n^2번의 곱셈과 $n^2 - 1$번의 덧셈이 필요하다. 그러나 $n \times 1$ 필터를 사용하면 단지 n번의 곱셈과 $n - 1$번의 덧셈이 필요하다. 따라서 이를 2회 처리해야 하므로 곱셈과 덧셈의 총 수는 각각 $2n$과 $2n - 2$번이 된다. 만일 n의 값이 크면, 처리시간은 더욱 현저하게 줄어든다.

　　모든 평균필터는 분리 가능하다. 다음과 같은 라플라시안(laplacian) 필터도 분리 가능한 필터중의 하나이다.

$$\begin{bmatrix} 1 & -2 & 1 \\ -2 & 4 & -2 \\ 1 & -2 & 1 \end{bmatrix} = \begin{bmatrix} 1 \\ -2 \\ 1 \end{bmatrix} \begin{bmatrix} 1 & -2 & 1 \end{bmatrix}.$$

분리 가능한 필터의 다른 예는 뒤에서 설명할 것이다.

5.4 >> 주파수: 저역통과 및 고역통과 필터

필터가 영상에 미치는 영향을 논의하고 주어진 영상처리 작업에 대해 가장 적합한 필터를 선택할 때에, 사용할 몇 가지 표준용어가 있으면 편리할 것이다. 영상에서 이런 것을 가능하게 해주는 중요한 견해 중의 하나는 **주파수** 개념이다. 개략적으로 말하면, 영상의 주파수는 거리에 따라 그레이 값이 변화하는 양을 측정한 것이다. 이 개념은 7장에서 더욱더 자세히 설명된다. **고주파 성분**은 짧은 거리 내에서 그레이 값의 변화가 매우 큰 특징을 가지고 있다. 에지와 잡음이 고주파 성분의 예이다. 이와 반대로 **저주파 성분**은 영상에서 그레이 값이 거의 변화하지 않는 특성을 가진 부분이다. 영상에서 배경 부분이나 피부의 질감 등이 저주파 성분에 속한다.

- **고역통과 필터.** 만일 고주파 성분들을 통과시키고, 저주파 성분들을 줄이거나 제거하면 고역통과 필터이다.

- **저역통과 필터.** 만일 저주파 성분들을 통과시키고, 고주파 성분들을 줄이거나 제거하면 저역통과 필터이다.

예를 들면, 3×3 평균필터는 영상의 에지를 흐리게 하므로 저역통과 필터이다. 아래에 있는 필터는 고역통과 필터이다.

$$\begin{bmatrix} 1 & -2 & 1 \\ -2 & 4 & -2 \\ 1 & -2 & 1 \end{bmatrix}$$

고역통과 필터 내부에 있는 계수들의 총합(즉, 행렬 내부에 있는 모든 원소들의 합)은 0이다는 것을 기억하라. 이것은 영상에서 그레이 값들이 유사한 저주파 부분에서 이 필터를 사용하면 새로운 영상에서 대응되는 그레이 값들이 0에 가깝게 된다는 것을 의미한다. 이를 확인하기 위해서 유사한 화소 값을 가지고 있는 4×4 블록을 생각하고, 위의 고역통과 필터를 적용해 보자.

150	152	148	149
147	152	151	150
152	148	149	151
151	149	150	148

$\rightarrow$

11	6
-13	-5

결과의 값들이 0에 가까운데, 이것은 저주파 성분에 고역통과 필터를 적용했을 때 기대할 수 있는 결과이다. 음의 값을 처리하는 방법에 대해서는 아래에서 설명한다.

고역통과 필터는 에지 검출과 에지 강조(9장에서 더 논의한다)를 할 때에 아주 탁월하다. 아래 명령들은 cameraman 영상을 사용해서 에지 검출에 대한 미리보기를 제공한 것이다.

```
>> f=fspecial('laplacian')

f =

    0.1667    0.6667    0.1667
    0.6667   -3.3333    0.6667
    0.1667    0.6667    0.1667
```

```
>> cf=filter2(f,c);
>> imshow(cf/100)
>> f1=fspecial('log')

f1 =

    0.0448    0.0468    0.0564    0.0468    0.0448
    0.0468    0.3167    0.7146    0.3167    0.0468
    0.0564    0.7146   -4.9048    0.7146    0.0564
    0.0468    0.3167    0.7146    0.3167    0.0468
    0.0448    0.0468    0.0564    0.0468    0.0448

>> cf1=filter2(f1,c);
>> figure,imshow(cf1/100)
```

결과 영상들을 그림 5.5에 보였다. (a)는 라플라시안 필터에 의한 결과 영상이고 (b)는 log(Laplacian of Gaussian) 필터에 의한 결과 영상이다. 가우시안 필터는 5.5절에서 설명한다.

두 경우에, 필터의 모든 원소들의 합은 0이다.

0~255 범위 밖의 값 처리

영상으로 디스플레이를 하기 위해서는 화소들의 그레이 값들이 0~255 사이에 있어야 한다는 것을 안다. 그러나 선형필터를 적용하면 그 결과의 값은 이 범위를 벗어날 수

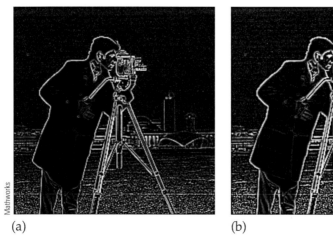

(a)   (b)

그림 5.5 ● 고역통과 필터링. (a) Laplacian 필터링. (b) Laplacian of Gaussian 필터링.

있다. 그러므로 디스플레이를 할 수 있는 범위 밖의 값을 처리하는 방법을 고려할 필요가 있다.

(1) 음수를 양수로 만들기

음수를 양수로 만드는 것은 음수 문제를 해결할 수 있지만, 255보다 큰 값은 해결할 수 없다. 따라서 이 방법은 아주 특수한 경우에만, 예를 들면 음수가 몇 개만 있고 이 값들이 0에 가까운 경우에만 사용한다.

(2) 값의 제한(clip values)

디스플레이를 할 수 있는 y 값을 구하기 위해서 필터로 처리하여 생성된 그레이값 x에 대해서 아래의 식과 같이 문턱치 처리 형태의 연산을 수행한다:

$$y = \begin{cases} 0 & \text{if } x < 0 \\ x & \text{if } 0 \le x \le 255. \\ 255 & \text{if } x > 255 \end{cases}$$

이 방법은 모든 화소 값들이 원하는 범위 내에 있도록 하지만, 많은 화소들이 0~255의 범위를 벗어나는 경우, 특히 그레이 값들이 넓은 범위에 골고루 퍼져있는 경우에는 적합하지 않다. 이런 경우에 위의 연산을 수행하면 필터링 결과의 값들이 파괴될 수 있다.

(3) 스케일링 변환

필터링에 의해 생성된 가장 작은 그레이 값을 g_L이라 하고, 가장 큰 값을 g_H라고 가정하자. 그러면 아래 그림과 같이 선형변환으로 $g_L \sim g_H$ 범위 내의 모든 값들을 범위 0~255로 변환할 수 있다.

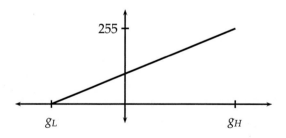

직선의 기울기가 $255/(g_H - g_L)$이므로 직선의 방정식 y는 다음 식과 같이 표현될 수 있다.

$$y = 255 \frac{x - g_L}{g_H - g_L}.$$

필터링으로 생성된 모든 그레이 값 x에 대해서 이 선형변환을 적용하면 디스플레이 할 수 있는 결과(필요한 경우 rounding 처리 후)를 얻을 수 있다.

예로서, 이 장에서 설명한 고역통과 필터를 cameraman 영상에 적용하는 과정은 아래와 같다.

```
>> f2=[1 -2 1;-2 4 -2;1 -2 1];
>> cf2=filter2(f2,c);
```

그러면, 매트릭스 cf2의 최대값과 최소값은 각각 593과 −541이다. mat2gray 함수는 매트릭스 원소들을 디스플레이 가능한 값으로 자동으로 스케일링한다. 어떤 임의의 매트릭스 M에 대해서, mat2gray 함수는 매트릭스 M 원소의 작은 값을 0.0으로, 가장 큰 값을 1.0으로 선형변환을 수행한다. 이는 mat2gray 함수의 출력은 항상 double 타입이다는 것을 의미한다. 따라서 이 함수의 입력도 double 타입이어야 한다. 따라서 아래와 같이 하면 필터의 출력을 영상으로 디스플레이할 수 있다.

```
>> figure,imshow(mat2gray(cf2));
```

지금 설명한 내용을, 말하자면 위에서 설명한 선형변환을 아래와 같이 직접 구현할 수도 있다.

```
>> maxcf2=max(cf2(:));
>> mincf2=min(cf2(:));
>> cf2g=(cf2-mincf2)/(maxcf2-mincf2);
```

결과는 double 타입의 매트릭스이고, 그 원소들의 범위는 0.0~1.0이다. imshow 명령으로 결과 매트릭스를 볼 수 있다. 영상에 255를 먼저 곱한 후에 uint8 타입의 영상으로도 만들 수 있다. 디스플레이한 결과 영상은 그림 5.6(a)와 같다.

일반적으로 아래와 같이 디스플레이를 하기 전에 필터링 결과를 상수 값으로 나누면 더 좋은 결과를 얻을 수 있다.

```
>> figure,imshow(cf2/60)
```

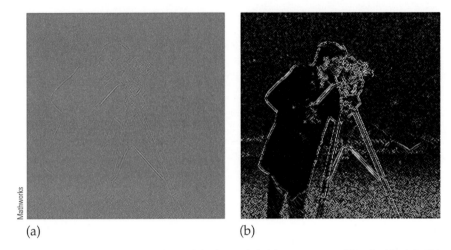

(a)   (b)

그림 5.6 • 고역통과 필터의 이용과 결과 디스플레이. (a) `mat2gray` 함수의 이용. (b) 상수 값으로 나눈 결과.

위 명령의 결과를 그림 5.6(b)에 나타내었다.

고역통과 필터는 에지 검출에 자주 이용되는데, 그림 5.6을 보면 이를 분명히 알 수 있다.

5.5 >> 가우시안(Gaussian) 필터

지금까지 평균필터 및 고역통과 필터와 같은 선형필터의 예를 보아 왔다. `fspecial` 함수는 `filter2` 함수와 함께 사용할 수 있는 매우 다양한 종류의 필터를 생성할 수 있다. 이 절에서 매우 중요한 필터를 소개한다.

가우시안 필터는 저역통과 필터이고, 이는 가우시안 확률분포 함수를 기반으로 구성된다.

$$f(x) = e^{-\frac{x^2}{2\sigma^2}},$$

여기서 σ는 표준편차이다. σ의 값이 크면 평탄한 곡선이 되고, 값이 작으면 뾰족한 곡선이 된다. 이러한 1차원 가우시안 예를 그림 5.7에 나타내었다. 가우시안 필터는 아래와 같은 여러 이유 때문에 중요하다.

1. 가우시안 필터는 수학적으로 매우 잘 정의되었다. 특히 가우시안 필터의 푸리에 변환은 또 다른 가우시안이다(7장 참조).

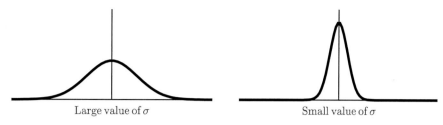

Large value of σ Small value of σ

그림 5.7 • 1차원 가우시안 특성.

2. 가우시안 필터는 회전에 대해서 대칭이다. 따라서 어떤 에지검출 알고리즘을 위해서 매우 좋은 출발점이 될 수 있다(9장 참조).

3. 가우시안 필터는 분리 가능한데, 따라서 먼저 x 방향으로 1차원 가우시안 필터링을 처리를 한 후에 y 방향으로 처리할 수 있다. 이렇게 구현할 수 있으면 빠른 처리가 가능하다.

4. 2개의 가우시안 필터를 회선(convolution) 처리하면 그 결과도 역시 다른 가우시안이다.

2차원 가우시안 함수는 아래와 같은 식으로 표현된다.

$$f(x,y) = e^{-\frac{x^2+y^2}{2\sigma^2}}$$

fspecial('gaussian') 명령을 사용하면 가우시안 함수의 이산 버전을 생성할 수 있다. 이 함수의 그림을 surf 함수를 사용하여 그릴 수 있는데, 양호한 결과를 얻기 위해서 서로 다른 표준편차를 가진 큰 필터(크기 50 × 50)를 사용할 것이다.

```
>> a=50;s=3;
>> g=fspecial('gaussian',[a a],s);
>> surf(1:a,1:a,g)
>> s=9;
>> g2=fspecial('gaussian',[a a],s);
>> figure,surf(1:a,1:a,g2)
```

위 명령의 실행결과인 곡면(surface)을 그림 5.8에 나타내었다.

가우시안 필터는 이웃 화소들의 평균처리 방법과 매우 유사한 블러링 효과를 가진다. 다음과 같이 cameraman 영상에 몇 개의 다른 가우시안 필터를 적용하는 실험을 해 보자.

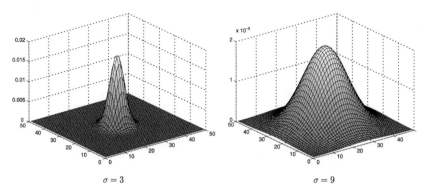

$\sigma = 3$ $\sigma = 9$

그림 5.8 • 2차원 가우시안.

```
>> g1=fspecial('gaussian',[5,5]);
>> g2=fspecial('gaussian',[5,5],2);
>> g3=fspecial('gaussian',[11,11],1);
>> g4=fspecial('gaussian',[11,11],5);
```

세 번째 매개변수는 표준편차이며, 이 값이 주어지지 않으면 디폴트 값은 0.5이다. 두 번째 매개변수는(이것도 옵션 매개변수이다) 필터 크기인데, 디폴트 값은 3 × 3이다. 만일 필터 크기가 정방형이면(위의 모든 예에서와 같이), 하나의 숫자만으로도 지정할 수 있다.

위의 필터들을 cameraman 영상 매트릭스 c에 적용하고, 그 결과를 볼 수 있다.

```
>> imshow(filter2(g1,c)/256)
>> figure,imshow(filter2(g2,c)/256)
>> figure,imshow(filter2(g3,c)/256)
>> figure,imshow(filter2(g4,c)/256)
```

위 명령들의 결과를 그림 5.9에 나타내었다. 따라서 블러링 효과를 크게 하려면 표준편차의 값을 크게 해야 한다. 만일 표준편차를 무한히 크게 하면, 극한값(limiting value)으로 평균필터를 얻게 된다. 예를 들면, 다음과 같은 명령은 3 × 3 평균필터와 같은 효과를 가질 수 있다.

$5 \times 5, \sigma = 0.5$
$5 \times 5, \sigma = 2$

Mathworks

$11 \times 11, \sigma = 1$
$11 \times 11, \sigma = 5$

그림 5.9 • cameraman 영상의 다른 가우시안 필터의 효과.

```
>> fspecial('gaussian',3,100)

ans =

    0.1111    0.1111    0.1111
    0.1111    0.1111    0.1111
    0.1111    0.1111    0.1111
```

가우시안 블러링과 평균필터의 결과가 유사할지라도 가우시안 필터가 블러링을 적당하게 할 수 있는 뛰어난 수학적 성질들을 가지고 있다.

기타 다른 필터들은 후에 다루게 된다. 다른 필터에 대해서는 `fspecial` 문서를 참고하기 바란다.

5.6 >> 에지 샤프닝(Sharpening)

공간 필터링을 사용하면 영상의 에지를 더욱 날카롭고 선명하게 만들 수 있다. 이런 영상은 일반적으로 인간의 시각을 통해 볼 때 더욱더 만족스러운 영상이다. 이 연산은 **에지 강조(enhancement), 에지 선명(crispening)** 혹은 **언샤프 마스킹(unsharp masking)**과 같이 여러 가지 용어로 호칭된다. 언샤프 마스킹은 인쇄 산업에서 주로 사용하는 용어이다.

5.6.1 언샤프 마스킹

언샤프 마스킹의 아이디어는 원 영상에서 원 영상의 언샤프 영상 버전을 스케일링하여 빼는 것이다. 실제로 원 영상에서 그 영상의 블러링된 영상을 스케일링하여 빼면 이런 효과를 얻을 수 있다. 언샤프 마스킹의 처리 과정을 그림 5.10에 보였다.

영상 x가 `uint8` 타입이라고 가정하자. 아래와 같이 일련의 명령들은 영상 x에 언샤프 마스킹을 적용한 것과 같다.

```
>> f=fspecial('average');
>> xf=filter2(f,x);
>> xu=double(x)-xf/1.5
>> imshow(xu/70)
```

위에서 마지막 명령은 `imshow` 명령으로 매트릭스를 영상으로 적절하게 디스플레이할 수 있도록 스케일링 작업을 한 것이다. 이 값은 입력 영상에 따라 조정될 필요가 있

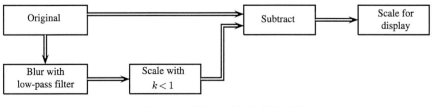

그림 5.10 • 언샤프 마스킹 처리 과정.

(a)   (b)

그림 5.11 • 언샤프 마스킹의 예. (a) 원 영상. (b) 언샤프 마스킹처리 후 영상.

다. 영상 x가 그림 5.11(a)에 나타낸 것이라고 가정하고, 언샤프 마스킹의 결과를 그림 5.11(b)에 나타내었다. 그 결과는 원 영상보다 더 좋은 영상처럼 보인다. 에지부분이 더욱더 선명하고 더 분명하게 정의되었다.

이 방법으로 에지가 샤프닝하게 되는 원리를 알기 위해서, 그림 5.12에서 보여준 것처럼 에지를 가로지르는 그레이 값의 함수를 생각해 볼 수 있다.

원 영상에서 스케일링된 블러링 영상을 빼면 그 결과는 에지 부분이 그림 5.12(c)와 같이 강조된다.

실제로, 필터의 선형성 정리를 사용하면 필터링과 빼기 연산을 하나의 연산으로 처리할 수 있다. 다음의 3 × 3 필터는 항등(identity) 필터이다.

$$\begin{bmatrix} 0 & 0 & 0 \\ 0 & 1 & 0 \\ 0 & 0 & 0 \end{bmatrix}$$

그러므로 언샤프 마스킹은 아래와 같은 형태의 필터로 구현될 수 있다.

$$f = \begin{bmatrix} 0 & 0 & 0 \\ 0 & 1 & 0 \\ 0 & 0 & 0 \end{bmatrix} - \frac{1}{k} \begin{bmatrix} \frac{1}{9} & \frac{1}{9} & \frac{1}{9} \\ \frac{1}{9} & \frac{1}{9} & \frac{1}{9} \\ \frac{1}{9} & \frac{1}{9} & \frac{1}{9} \end{bmatrix},$$

여기서 k는 최적의 결과를 얻기 위해 선택해야 할 상수이다. 또 다른 방법으로, 언샤프 마스킹 필터는 아래와 같은 형태의 식으로도 정의될 수 있다.

$$f = k \begin{bmatrix} 0 & 0 & 0 \\ 0 & 1 & 0 \\ 0 & 0 & 0 \end{bmatrix} - \begin{bmatrix} \frac{1}{9} & \frac{1}{9} & \frac{1}{9} \\ \frac{1}{9} & \frac{1}{9} & \frac{1}{9} \\ \frac{1}{9} & \frac{1}{9} & \frac{1}{9} \end{bmatrix}, \tag{5.1}$$

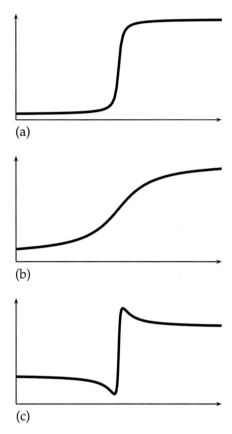

그림 5.12 ● 언샤프 마스킹. (a) 에지에 있는 화소 값들. (b) 블러링된 에지. (c) (a) − k(b).

따라서, 위의 수식은 효과적으로 원 영상의 스케일된 버전에서 블러링 영상을 빼고 있다. 또한 스케일링 인자는 항등 필터와 블러링 필터 사이에 나누어질(분배되어질) 수 있다.

fspecial 함수의 unsharp 옵션을 사용하면 지금까지 설명한 하나의 연산으로 구현된 언샤프 필터를 만들 수 있다. 생성된 필터는 다음과 같은 형태를 가지고 있다.

$$\frac{1}{\alpha + 1} \begin{bmatrix} -\alpha & \alpha - 1 & -\alpha \\ \alpha - 1 & \alpha + 5 & \alpha - 1 \\ -\alpha & \alpha - 1 & -\alpha \end{bmatrix},$$

여기서, α는 옵션 매개변수이고 디폴트 값은 0.2이다. 만일 $\alpha = 0.5$이면, 필터는 다음과 같다.

(a)   (b)

그림 5.13 • 언샤프 마스킹에 의한 에지강조. (a) 원 영상. (b) 처리 결과.

$$\frac{1}{3}\begin{bmatrix} -1 & -1 & -1 \\ -1 & 11 & -1 \\ -1 & -1 & -1 \end{bmatrix} = 4\begin{bmatrix} 0 & 0 & 0 \\ 0 & 1 & 0 \\ 0 & 0 & 0 \end{bmatrix} - 3\begin{bmatrix} \frac{1}{9} & \frac{1}{9} & \frac{1}{9} \\ \frac{1}{9} & \frac{1}{9} & \frac{1}{9} \\ \frac{1}{9} & \frac{1}{9} & \frac{1}{9} \end{bmatrix}.$$

그림 5.13은 아래의 명령들을 사용해서 생성되었다.

```
>> p=imread('pelicans.tif');
>> u=fspecial('unsharp',0.5);
>> pu=filter2(u,p);
>> imshow(p),figure,imshow(pu/255)
```

그림 5.13(b)는 (a)의 원 영상보다 더 예리하고 깔끔하게 보인다. 특히 배경의 바위와 나무들 그리고 물결 등이 예리하게 보인다.

비록 위에서 평균필터를 사용했지만, 언샤프 마스킹 처리에 어떠한 저역통과 필터를 사용하여도 무방하다.

5.6.2 하이-부스트(high-boost) 필터링

하이-부스트 필터는 언샤프 마스킹 필터와 관련이 있으며, 이는 아래와 같다.

$$\text{high boost} = A(\text{original}) - (\text{low pass}),$$

여기서 A는 증폭(이득) 인자이다. 만일 $A = 1$이면, 하이-부스트 필터는 일반적인 고역통과 필터와 같다. 만일 3×3 평균필터를 저역통과 필터로 사용하면, 하이-부스트 필터는 다음과 같은 형태가 된다.

$$\frac{1}{9} \begin{bmatrix} -1 & -1 & -1 \\ -1 & z & -1 \\ -1 & -1 & -1 \end{bmatrix},$$

여기서 $z > 8$이다. 만일 $z = 11$이면 증폭인자를 z 대신에 A로 표기한 것을 제외하면 앞에서 설명한 언샤프 마스킹과 매우 유사하다. 따라서 다음의 명령으로 처리하면 그림 5.11과 유사한 영상을 생성할 수 있다.

```
>> f=[-1 -1 -1;-1 11 -1;-1 -1 -1]/9;
>> xf=filter2(f,x);
>> imshow(xf/80)
```

위 처리에서 80은 원 영상과 비슷한 밝기를 가지도록 시행착오를 거쳐 조정한 값이다.

위의 하이-부스트 공식을 다음과 같이 변형할 수 있다.

$$\begin{aligned} \text{high boost} &= A(\text{original}) - (\text{low pass}) \\ &= A(\text{original}) - ((\text{original}) - (\text{high pass})) \\ &= (A - 1)(\text{original}) + (\text{high pass}). \end{aligned}$$

만일 위의 방정식에 인자 w를 곱하고 필터 계수들의 합이 1이 되도록 하면, 하이-부스트 필터링에 대한 최적의 결과를 얻을 수 있다. 이는 아래와 같은 조건을 필요로 한다.

$$wA - w = 1$$

즉

$$w = \frac{1}{A - 1}$$

따라서 일반적인 하이-부스트 공식은 아래와 같다.

$$\frac{A}{A - 1}(\text{original}) - \frac{1}{A - 1}(\text{low pass})$$

위 공식의 다른 버전은 아래와 같다.

$$\frac{A}{2A - 1}(\text{original}) - \frac{1 - A}{2A - 1}(\text{low pass}),$$

여기서 최적의 결과를 위해서 A의 범위를 아래와 같도록 설정되어야 한다.

$$\frac{3}{5} \le A \le \frac{5}{6}.$$

만일 $A = \frac{3}{5}$이면, 위 식은 아래와 같다.

$$\frac{\frac{3}{5}}{2\left(\frac{3}{5}\right) - 1}(\text{original}) - \frac{1 - \left(\frac{3}{5}\right)}{2\left(\frac{3}{5}\right) - 1}(\text{low pass}) = 3(\text{original}) - 2(\text{low pass}).$$

만일 $A = \frac{5}{6}$이면, 아래의 식을 얻는다.

$$\frac{5}{4}(\text{original}) - \frac{1}{4}(\text{low pass}).$$

항등 필터와 평균필터를 사용하면 아래와 같이 하이-부스트 필터를 만들 수 있다.

```
>> id=[0 0 0;0 1 0;0 0 0];
>> f=fspecial('average');
>> hb1=3*id-2*f

hb1 =

   -0.2222   -0.2222   -0.2222
   -0.2222    2.7778   -0.2222
   -0.2222   -0.2222   -0.2222

>> hb2=1.25*id-0.25*f

hb2 =

   -0.0278   -0.0278   -0.0278
   -0.0278    1.2222   -0.0278
   -0.0278   -0.0278   -0.0278
```

hb1과 hb2 필터를 filter2 함수를 사용해서 각각 영상에 적용하면 그 결과는 에지를 강조하게 된다. 이 결과들을 그림 5.14에 나타내었다. 그림 5.14(a)는 아래에 명령에 의해서 얻었고, 그림 5.14(b)도 이와 유사하게 사용하면 얻을 수 있다.

```
>> x1=filter2(hb1,x);
>> imshow(x1/255)
```

(a)   (b)

그림 5.14 ● 하이-부스트 필터링 결과. (a) hb1 적용. (b) hb2 적용.

2개의 필터 중에서 hb1은 최적의 특성을 보이고 있다. hb2는 원 영상보다 많이 예리한 영상을 만들지 못하고 있다.

5.7 >> 비선형 필터

앞 절에서 다룬 선형필터들은 서술하기 쉽고, MATLAB으로 빠르고 효과적으로 적용할 수 있다.

비선형 필터는 마스크 내의 그레이 값에 비선형 함수를 적용하면 얻을 수 있다. 가장 단순한 예는 **최대값(maximum) 필터**이며, 마스크 내의 가장 큰 값을 출력한다. 그리고 대응하는 **최소값(minimum) 필터**는 마스크 내의 가장 작은 값을 출력한다.

최대값 및 최소값 필터는 **rank-order 필터**의 예이다. 이러한 필터에서는 마스크 내의 값을 정렬하고 특정한 값을 출력한다. 따라서 만일 값들이 가장 작은 값에서 큰 값으로 순차적으로 정렬되어 있으면, 최소값 필터는 첫 번째 값을 출력하는 rank-order 필터이고, 최대값 필터는 마지막 값을 출력하는 rank-order 필터이다.

MATLAB에서 일반적인 비선형 필터를 구현하기 위하여 사용하는 함수는 nlfilter 이며, 미리 정의된 함수에 따라 영상에 필터를 적용한다. 만일 함수를 미리 정의하지 않았다면 이를 정의하는 m-파일을 만들어야 한다.

여기에 몇 가지 예가 있다. 먼저 3 × 3 이웃화소에 대해서 최대값 필터를 구현한 것은 다음과 같다.

```
>> cmax=nlfilter(c,[3,3],'max(x(:))');
```

(a)　　　　　　　　　　　　　　(b)

그림 5.15 • 비선형 필터 사용. (a) 최대값 필터 사용. (b) 최소값 필터 사용.

n1filter 함수는 3개의 매개변수들을 필요로 한다. 이들은 영상 매트릭스, 필터의 크기, 그리고 적용할 함수이다. 함수는 스칼라 값을 반환하는 매트릭스 함수이어야 한다. 이 연산의 결과를 그림 5.15(a)에 나타내었다.

대응하는 최소값 필터의 구현은 다음과 같다.

```
>> cmin=nlfilter(c,[3,3],'min(x(:))');
```

위 연산의 결과는 그림 5.15(b)와 같다.

각 경우에 영상의 예리한 특성이 줄어들고, 최대값 필터는 영상을 밝게 하고 최소값 필터는 영상을 약간 어둡게 한다는 것을 주의하라. n1filter 함수는 매우 느리다. 일반적으로 해당 명령에 의해 정의되는 몇 가지를 제외하고는 비선형 필터를 잘 사용하지 않는다. 이후의 장에서 이 필터들에 대하여 더 상세히 설명할 것이다.

n1filter를 사용한 비선형 필터링은 매우 느려질 수 있다. 보다 빠른 대안은 colfilt 함수를 사용하는 것인데, 이 함수는 먼저 영상을 열(column)로 재배열한다. 예를 들면 cameraman 영상에 최대값 필터를 적용하기 위하여 아래의 명령을 사용하면 된다.

```
>> cmax=colfilt(c,[3,3],'sliding',@max);
```

매개 변수 sliding은 이웃화소들을 중복하여(물론 이것은 필터링을 하는 경우이다) 사용한다는 것을 지시한다. 이 특정한 연산은 n1filter를 사용할 때와 비교하면 거의 순간적으로 처리된다.

최대값과 최소값 필터를 rank-order 필터로서 구현하기 위하여 MATLAB 함수인 ordfilt2를 사용할 수 있다. 이 함수의 매개 변수는 3개이다. 이들은 영상, 정렬된 결과에서 출력으로 선택한 인덱스 값, 그리고 마스크의 정의이다. 따라서 3 × 3 마스크로 최대값 필터를 적용하기 위해서 아래의 명령을 사용하면 된다.

```
>> cmax=ordfilt2(c,9,ones(3,3));
```

그리고 최소값 필터는 아래의 명령을 사용하면 된다.

```
>> cmin=ordfilt2(c,1,ones(3,3));
```

매우 중요한 rank-order 필터는 **중간값(median) 필터**이고, 이는 정렬된 배열에서 중간값을 취하는 것이다. 중간값 필터는 아래의 명령을 사용하면 된다.

```
>> cmed=ordfilt2(c,5,ones(3,3));
```

그러나 중간값 필터는 해당 명령인 medfilt2가 있고, 제8장에서 이를 상세하게 설명한다.

또 다른 비선형 필터는 **기하평균 필터(geometric mean filter)**와 **알파-절삭(alpha-trimmed) 평균 필터**이다. 기하평균 필터는 아래와 같이 정의된다.

$$\left(\prod_{(i,j)\in M} x(i,j)\right)^{(1/|M|)},$$

여기서 M은 필터 마스크이고, $|M|$은 그의 크기이다. 알파-절삭 평균필터는 먼저 마스크 내의 값들을 정렬하고 정렬된 리스트의 양쪽 끝에 있는 값을 잘라버린 후, 남아있는 원소들의 평균을 구한다. 예를 들어 만일 3 × 3 마스크를 사용하면, 아래와 같이 원소들을 정렬한다.

$$x_1 \le x_2 \le x_3 \le \cdots \le x_9$$

그리고 양쪽 끝에 있는 2개의 원소를 잘라버린다. 필터의 결과는 다음과 같다.

$$\frac{(x_3 + x_4 + x_5 + x_6 + x_7)}{5}.$$

위에 설명한 2개의 필터는 모두 다 영상 복원을 위해 사용된다. 8장을 보라.

비선형 필터들에 대한 더 많은 예제들은 16장에 있다.

5.8 >> ROI(Region of Interesting) 처리

가끔 영상 전체를 필터링하지 않고 단지 영상 내에 있는 일부분에만 적용하기를 원하는 경우가 있다. 예를 들어 비선형 필터는 계산시간이 너무 많이 소모되어서 전체 영상에 적용할 수 없거나 혹은 단지 일부 영역에만 관심이 있는 경우이다. 영상 내에 관심이 있는 일부 영역을 **ROI(region of interest)**라고 하며, 이 영역 처리를 **ROI 처리**라 한다.

5.8.1 MATLAB에서 ROI

ROI 처리를 하기 전에 먼저 이를 정의해야 한다. ROI를 정의하는 방법은 2가지가 있다. 다각형 영역의 좌표들을 목록으로 지정하거나 마우스를 사용해서 대화식으로 작성하면 된다. 예를 들어 나뭇가지 사이로 이구아나(iguana)가 보이는 영상을 가지고,

```
>> ig=imread('iguana.tif');
```

동물의 머리 부분을 분리하는 시도를 해보자. 만일 독자가 `pixval on` 명령으로 영상을 보고 있다면 그림 5.16에 보여준 것과 같이 머리 부분의 직사각형 좌표를 결정할 수 있으며, 이는 (58, 406), (58, 600), (231, 406) 및 (231, 600)이다. 그러면 `roipoly` 함수를 사용하여 ROI를 정의할 수 있다:

```
>> roi=roipoly(ig,[406 600 600 406],[58 58 231 231]);
```

ROI는 2개의 좌표 군(set)으로 정의하는데, 첫째는 열(column)이고 다음은 행(row)이다. 값들은 ROI를 점에서 점으로 움직이면서 순서대로 읽은 값들이다. 또한 ROI 마스크를 2진 영상으로 볼 수 있다. 이는 그림 5.17의 우측에 나타내었다. 일반적으로 ROI 마스크는 원 영상과 같은 크기의 2진 영상이며, ROI 영역이면 1이고, 아니면 0인 2진 영상이다. 또한 독자는 `roipoly` 함수를 아래와 같이 대화식으로 사용할 수 있다:

Column 406   Column 600

Row 58

Row 231

그림 5.16 ● ROI를 가진 iguana 영상.

```
>> roi=roipoly(ig);
```

위의 명령은 iguana 영상을 전면에 보이게 한다(만일 그 영상이 보이지 않았다면). ROI 점들은 마우스로 선택될 수 있다. 새로운 점을 선택하기 위해서는 마우스의 왼쪽 버튼을 클릭하고, 가장 최근에 선택한 점을 삭제하기 위해서는 backspace 또는 delete 키를 사용하며, 선택을 종료하기 위해서는 마우스의 오른쪽 버튼을 클릭하면 된다.

그림 5.17 ● 그림 5.16에 정의된 ROI에 대응하는 마스크.

5.8.2 ROI 필터링

ROI에 대한 가장 단순한 연산들 중 하나는 공간 필터링이다. 이는 `roifilt2` 함수로 구현되어 있다. 위에 있는 ROI 마스크와 iguana 영상을 사용해서 다음과 같이 실험할 수 있다. 처리 결과 영상들은 그림 5.18에 나타내었다.

iga: Average filtering

igu: Unsharp masking

igl: Laplacian of Gaussian

그림 5.18 • `roifilt2` 함수의 사용 예들.

```
>> a=fspecial('average',[15,15]);
>> iga=roifilt2(a,ig,roi);
>> imshow(iga)
>> u=fspecial('unsharp');
>> igu=roifilt2(u,ig,roi);
>> figure,imshow(igu)
>> l=fspecial('log');
>> igl=roifilt2(l,ig,roi);
>> figure,imshow(igl)
```

연습문제

1. 다음의 배열은 하나의 작은 그레이스케일 영상을 표현한 것이다. 이 영상이 (a~h)
에 나타낸 마스크들을 사용해서 회선처리를 할 때 생성되는 영상을 계산하라. 그
영상의 에지에서는 제한된 마스크를 사용하라. (바꾸어 말하면, 영상의 외부는 0으
로 채움을 사용한다.)

```
20  20  20  10  10  10  10  10  10
20  20  20  20  20  20  20  20  10
20  20  20  10  10  10  10  20  10
20  20  10  10  10  10  10  20  10
20  10  10  10  10  10  10  20  10
10  10  10  10  20  10  10  20  10
10  10  10  10  10  10  10  10  10
20  10  20  20  10  10  10  20  20
20  10  10  20  10  10  20  10  20
```

	-1	-1	0		0	-1	-1		-1	-1	-1
a	-1	0	1	b	1	0	-1	c	2	2	2
	0	1	1		1	1	0		-1	-1	-1

	-1	2	-1		-1	-1	-1		1	1	1
d	-1	2	-1	e	-1	8	-1	f	1	1	1
	-1	2	-1		-1	-1	-1		1	1	1

	-1	0	1		0	-1	0
g	-1	0	1	h	-1	4	-1
	-1	0	1		0	-1	0

2. MATLAB을 사용해서 문제 1에 대해서 독자의 답을 확인하라.

3. 문제 1에서 사용된 각 마스크들이 무엇을 위한 것인지 설명하라. 만일 독자가 확실하게 이를 설명할 수 없으면 아래의 문제 5번을 한 후에 답하라.

4. 영상의 내용을 변화시키지 않는 항등(identity) 필터에 대한 3 × 3 마스크를 설계하라.

5. 다음의 명령어들로 원숭이의 그레이스케일 영상(mandrill 영상)을 준비하라:

```
>> load('mandrill.mat');
>> m=im2uint8(ind2gray(X,map));
```

이 영상에 문제 1에 나열한 모든 필터를 적용하라. 독자는 각 필터가 무엇을 하는지를 알 수 있는가?

6. 문제 5에 있는 영상에 평균필터를 점진적으로 크게 하면서 적용해 보라. 콧수염을 볼 수 없을 정도가 되었을 때 가장 작은 크기의 필터는?

7. 다음에 있는 매개변수를 가진 가우시안 필터로 문제 6을 반복해서 풀기 위해서 "for loop"를 사용하는 M-파일을 작성하여 사용하라.

Size	Standard deviation		
[3,3]	0.5	1	2
[7,7]	1	3	6
[11,11]	1	4	8
[21,21]	1	5	10

어떤 값에서 콧수염이 보이지 않는가?

8. 평균 필터링과 가우시안 필터를 사용한 경우에 각각의 결과 간의 차이를 볼 수 있는가?

9. fspecial 함수의 도움말 페이지를 읽고, cameraman 영상과 mandrill 영상에 대해서 몇 가지 다른 필터를 적용해 보라.

10. cameraman과 mandrill 영상에 대해서 서로 다른 라플라시안 필터들을 적용해 보라. 어떤 필터가 가장 좋은 에지 영상을 생성하는가?

11. 3 × 3 중간값 필터는 분리가 가능한가? 즉 먼저 3 × 1 필터를 적용하고 그 후에 다시 1 × 3 필터를 적용해서 구현할 수 있는가?

12. 최대값과 최소값 필터에 대해서도 문제 11에 적용해 보라.

13. 아래의 매트릭스에서 가운데 부분에 있는 9개의 값들에 대하여 3×3 평균필터를 적용하라.

$$\begin{bmatrix} a & b & c & d & e \\ f & g & h & i & j \\ k & l & m & n & o \\ p & q & r & s & t \\ u & v & w & x & y \end{bmatrix}$$

그리고 그 결과에 또 다른 3×3 평균필터를 적용하라.

그 답을 이용하여 2개의 평균필터 효과를 가지는 5×5 필터를 서술하라. 이 필터는 분리가 가능한가?

14. MATLAB은 또한 imfilter 함수를 가지고 있는데, 만일 x가 영상 매트릭스(어떤 데이터 타입)이고, f가 필터이면, imfilter 함수는 다음과 같은 구문을 사용한다.

```
imfilter(x,f);
```

이 함수는 filter2 함수가 사용하는 매개변수의 순서와 다르고(도움말 파일을 읽으세요), 출력은 항상 원 영상과 같은 데이터 타입이다.

a. 문제 1에서 나열한 필터들과 imfilter 함수를 사용해서 mandrill 영상을 필터링하라.

b. 다른 크기의 평균필터들과 imfilter 함수를 사용해서 mandrill 영상을 필터링하라.

c. Mandrill 영상에 다른 라플라시안 필터를 적용하기 위해서 "for loop"와 imfilter를 사용하는 M-파일을 작성하여 사용하라. 그 결과를 filter2를 사용해서 얻은 결과와 비교하라. 어느 결과가 더 좋은가?

15. 5.7절에서 얻어진 cmax 영상과 cmin 영상 간의 차이를 디스플레이하라. 이를 수행하기 위해서는 아래와 같은 명령을 사용하면 된다.

```
>> imshow(imsubtract(cmax,cmin))
```

여기서 무엇을 볼 수 있는가? 이 명령의 출력에 대하여 설명할 수 있는가?

16. tic과 toc 타이머 함수를 사용하여 nlfilter와 colfilter 함수의 사용 시간을 비교하라.

17. colfilter를 사용하여 기하평균 필터와 알파-절삭 평균필터를 구현하라.

18. 블러링 효과를 역으로 사용하는데 언샤프 마스킹을 사용할 수 있는가? 3 × 3 평균 필터링 처리 후에 언샤프 마스킹 필터를 적용하고 그 결과를 설명하라.

06 기하학적 변환

영상의 모양, 크기 혹은 방향을 변경하기를 원하는 상황이 허다하다. 영상을 특정한 공간에 맞도록 조정하거나 인쇄를 하기 위해 크게 하기 원할 수 있다. 또한 예를 들면 영상을 웹페이지에 사용하기 위해 크기를 축소하기를 원할 수도 있다. 그리고 카메라의 각도가 틀어졌거나 단순히 효과를 위해서 영상을 회전시키기 원할 수도 있다. 회전과 스케일링(scaling)은 **어파인 변환(affine transformation)**의 일종인데, 이 **기하학적 변환**에서는 직선들은 직선들로 변환되는데, 특히 평행 직선들은 변환 후에도 평행 직선들로 유지된다. 어파인 변환이 아닌(non-affine) 기하학적 변환에는 워핑(warping)이 있는데, 이 장에서는 이를 제외한다.

6.1 >> 데이터의 보간(Interpolation)

우선 간단한 문제를 가지고 시작하기로 한다. 독자는 4개의 값을 가지고 있는데 이를 8개로 확장하기를 원한다고 가정하자. 독자는 이것을 어떻게 할 수 있는가? 시작하기 위해서 등간격으로 배치된 4개의 점을 x_1, x_2, x_3와 x_4라고 하고, 이들 각 점에서 각각 $f(x_1)$, $f(x_2)$, $f(x_3)$와 $f(x_4)$ 값을 가지고 있다고 가정한다. 직선 x_1, ..., x_4를 따라 8개의 점 x'_1, x'_2, ..., x'_8을 등간격으로 배치하기를 원한다. 이를 그림 6.1에 나타내었다.

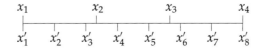

그림 6.1 • 4개의 점을 8개의 점으로 변환.

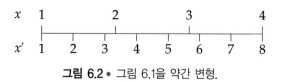

그림 6.2 • 그림 6.1을 약간 변형.

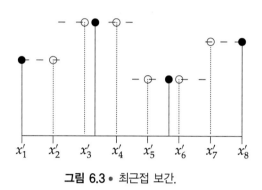

그림 6.3 • 최근접 보간.

여기서 x_i 각 점들 간의 거리는 1이라고 가정하자; 따라서 직선의 총 길이는 3이다. x'_1에서 x'_8까지 7번의 증분이 있기 때문에 각 점들 간의 거리는 $3/7 \approx 0.4286$이다. x 와 x' 간의 관계를 얻기 위해서, 그림 6.2에 나타내었다. 여기서, 독자는 아래와 같은 선형 함수를 얻을 수 있다.

$$x' = \frac{1}{3}(7x - 4),$$
$$x = \frac{1}{7}(3x' + 4).$$

그림 6.1에서 알 수 있듯이, x'_i 점들은 x_j 점들과 첫째 항과 마지막 항을 제외하고는 정확히 일치하는 점이 없다. 그래서 알고 있는 이웃의 값 $f(x_i)$를 근거로 함수 값 $f(x'_j)$를 추정하고자 한다. 이와 같이 주위의 값을 근거로 함수 값을 추정하는 것을 **보간 (interpolation)**이라고 한다. 보간하는 한 가지 방법을 그림 6.3에 나타내었다. 여기서 $f(x'_i) = f(x_j)$로 할당하였으며, x_j는 x'_i에 가장 가까운 원래의 점이다. 이 방법을 **최근접 (nearest-neighbor) 보간**이라고 한다

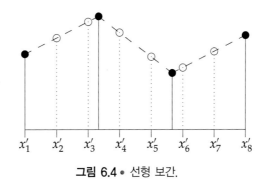

그림 6.4 • 선형 보간.

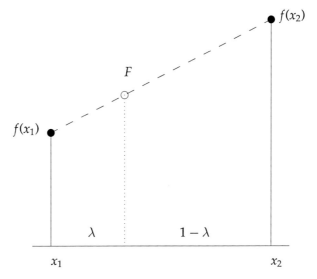

그림 6.5 • 선형적으로 보간된 값을 계산.

흑색 원(filled circle)은 원래 함수의 값 $f(x_j)$를 나타낸다. 흰색 원(open circle)은 보간된 값 $f(x'_i)$이다.

또 다른 한 가지 보간법은 원래의 함수 값들을 직선으로 연결하고, 그 직선 위의 값을 보간된 값으로 취하는 것이다. 이렇게 보간하는 방법을 그림 6.4에 나타내었고, 이 보간법을 **선형(linear) 보간**이라고 한다.

선형 보간을 위해 필요한 값을 계산하기 위하여 그림 6.5에 보인 다이어그램을 생각해 보자. 이 그림에서 $x_2 = x_1 + 1$이고, F는 독자가 구하고자 하는 값이다. 기울기를 고려하면 아래의 식을 구할 수 있다.

$$\frac{F - f(x_1)}{\lambda} = \frac{f(x_2) - f(x_1)}{1}.$$

F에 대하여 이 방정식을 풀면 아래의 식과 같다.

$$F = \lambda f(x_2) + (1 - \lambda)f(x_1). \tag{6.1}$$

이 방법을 이용한 예를 들면, $f(x_1) = 2$, $f(x_2) = 3$, $f(x_3) = 15$ 그리고 $f(x_4) = 2.5$라고 가정하자. 점 x_4'을 고려하면 이 점은 x_2와 x_3 사이에 있고 대응하는 λ값은 2/7이다. 따라서 함수 값은 아래와 같이 계산할 수 있다.

$$\begin{aligned} f(x_4') &= \frac{2}{7}f(x_3) + \frac{5}{7}f(x_2) \\ &= \frac{2}{7}(1.5) + \frac{5}{7}(3) \\ &\approx 2.5714. \end{aligned}$$

x_7'에 대해서는 x_3과 x_4 사이에 있고 λ는 4/7이다. 따라서 함수 값은 아래와 같이 계산할 수 있다.

$$\begin{aligned} f(x_7') &= \frac{4}{7}f(x_4) + \frac{3}{7}f(x_3) \\ &= \frac{4}{7}(2.5) + \frac{3}{7}(1.5) \\ &\approx 2.0714. \end{aligned}$$

6.2 >> 영상 보간

앞 절에서 설명한 방법은 영상에도 적용할 수 있다. 그림 6.6에 4 × 4 영상을 보간하여 8 × 8 영상을 생성하는 방법을 나타내었다. 여기서, 크고 흰 원(open circle)은 원 영상의 점들이고 적고 검은 원(filled circle)들은 보간으로 구할 새로운 영상의 점들이다.

보간 점들에서 함수 값을 구하기 위하여 그림 6.7에 나타낸 다이어그램을 생각해 보자.

위에서 설명한 두 가지 방법 중 하나를 사용해서, 즉 최근접 영상 점의 값과 같게 하거나 혹은 선형 보간법을 사용해서 $f(x', y')$의 값을 구할 수 있다. 먼저 위쪽의 행을 따라 선형 보간법을 적용하여 $f(x, y')$ 값을 구하고 다음에 아래쪽 행을 따라 $f(x + 1, y')$ 값을 구한다. 마지막으로 이 새로운 값들 사이의 y'열을 따라 선형 보간법을 적용하여 $f(x', y')$ 값을 구한다. 식 (6.1)에 주어진 공식을 사용하면 아래의 값을 얻는다.

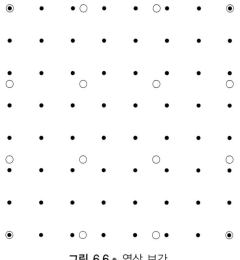

그림 6.6 • 영상 보간.

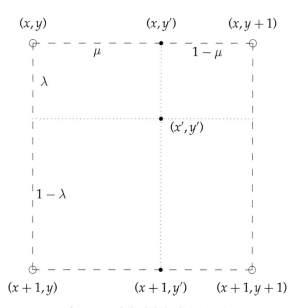

그림 6.7 • 4개의 영상점 사이의 보간.

$$f(x, y') = \mu f(x, y+1) + (1-\mu)f(x, y)$$

그리고

$$f(x+1, y') = \mu f(x+1, y+1) + (1-\mu)f(x+1, y).$$

y'열을 따라 보간법을 적용하면 아래의 값을 얻는다.

$$f(x', y') = \lambda f(x+1, y') + (1-\lambda)f(x, y'),$$

방금 전에 얻은 값을 위 식에 대입하면 아래와 같은 값을 얻는다.

$$\begin{aligned}
f(x', y') &= \lambda(\mu f(x+1, y+1) + (1-\mu)f(x+1, y)) \\
&\quad + (1-\lambda)(\mu f(x, y+1) + (1-\mu)f(x, y)) \\
&= \lambda\mu f(x+1, y+1) + \lambda(1-\mu)f(x+1, y) + (1-\lambda)\mu f(x, y+1) \\
&\quad + (1-\lambda)(1-\mu)f(x, y).
\end{aligned}$$

이 마지막 방정식은 **양선형(bilinear) 보간** 공식이다.

이제 독자는 영상의 스케일링(scaling)을 쉽게 처리할 수 있다. 영상과 스케일링 계수(혹은 x와 y방향으로 분리된 스케일링 계수) 또는 스케일링할 크기가 주어지면, 우선 필요한 크기의 배열(array)을 만든다. 위의 예에서, 4×4 영상(배열 (x, y)로 주어짐)과 스케일링 계수 2가 주어졌기 때문에 크기가 8×8인 (x', y') 배열을 만든다. 그림 6.1과 6.2를 참조하면, (x, y)와 (x', y') 사이의 관계는 아래와 같이 구할 수 있다.

$$(x', y') = \left(\frac{1}{3}(7x - 4), \frac{1}{3}(7y - 4) \right),$$

$$(x, y) = \left(\frac{1}{7}(3x' + 4), \frac{1}{7}(3y' + 4) \right).$$

(x', y') 배열에 대해서 한 점씩 단계적으로 진행하면서, 이 점의 주변 값을 (x, y) 배열에서 읽어서 최근접 보간법 또는 양선형 보간법을 사용해서 보간된 값을 계산한다.

위의 설명에서 스케일링 계수가 1보다 커야 한다는 이론은 없다. 독자는 스케일링 계수를 1보다 작게 선택할 수 있다. 이런 경우에 결과 영상은 원 영상보다 더 작아진다. 이를 위해 그림 6.6을 다시 보자. 작고 검은 원(filled circle)은 원 영상의 점들이고 크고 흰 원(open circle)은 우리가 구한 보간된 점들이라고 하면, 보간된 영상은 더 작은 배열이다.

MATLAB은 독자를 위해서 지금까지 설명한 모든 것을 수행하는 `imresize` 함수를 가지고 있다. 이 함수의 사용 구문은 아래와 같다.

        resize(A,k,'method')

여기서 A는 어떤 타입의 영상이고, k는 스케일링 계수 그리고, 'method'는 'nearest' 또는 'bilinear' 중 하나이다. imresize를 사용하는 또 다른 사용 구문은 아래와 같다.

        resize(A,[m,n],'method')

여기서 [m, n]은 스케일링될 출력의 크기를 지정한다. 또 하나의 옵션 파라미터가 있는데, 이를 사용하면 크기를 축소하기 전에 영상에 적용할 저역통과 필터의 형태와 크기를 선택할 수 있다. 상세한 것은 도움말 파일을 보기 바란다.

  몇 가지의 사용 예를 시도해 보자. Cameraraman 영상의 머리(head) 부분을 취하고 이를 4배 확장해 보면서 시작하자.

그림 6.8 • cameraman의 머리 영상.

Mathworks

(a)   (b)

그림 6.9 • 보간에 의한 스케일링. (a) 최근접 보간. (b) 양선형 보간.

```
>> c=imread('cameraman.tif');
>> head=c(33:96,90:153);
>> imshow(head)
>> head4n=imresize(head,4,'nearest');imshow(head4n)
>> head4b=imresize(head,4,'bilinear');imshow(head4b)
```

머리 부분의 영상을 그림 6.8에 나타내었고, 스케일링의 결과를 그림 6.9에 나타내었다.
최근접 보간을 하면 원하지 않는 블록 효과가 나타나는데 특히 에지가 톱날 모양으로 보인다. 양선형 보간을 하면 영상이 더 부드럽지만, 나빠지는 점은 결과 영상이 약간 흐려지며, 이는 피할 수 없다. 보간법은 값들을 예측할 수 없다. 즉, 독자는 아무것도 없이 데이터를 생성할 수 없다. 독자가 할 수 있는 모든 것은 최적의 혹은 최적에 가까운 방법을 통해 원래 데이터에 가장 적합한 값을 구하는 것이다.

6.3 >> 일반적인 보간법

최근접과 양선형 보간을 서로 다른 2가지 방법으로 설명하였지만, 사실은 이 방법들은 더욱 일반적 접근 방법의 2가지 특수한 경우이다. 이 아이디어는 다음과 같다. 독자가 $x_1 \le x' \le x_2$에서 보간으로 $f(x')$ 값을 구하기를 원하고, $x' - x_1 = \lambda$라고 가정하자. 그런 후에 보간 함수 $R(u)$를 정의하고, 보간 값을 아래와 같이 둔다.

$$f(x') = R(-\lambda)f(x_1) + R(1 - \lambda)f(x_2). \tag{6.2}$$

위 함수가 동작하는 방법을 그림 6.10에 나타내었다. 함수 $R(u)$의 중심은 x'이기 때문에, x_1은 $u = -\lambda$, x_2는 $u = 1 - \lambda$이다. 그리고 그림 6.11에 나타낸 2개의 함수 $R_0(u)$와 $R_1(u)$를 생각해 보자. 이들 두 함수는 $-1 \le u \le 1$ 구간에서만 정의된다. 이 함수들의 형식적인 정의는 다음과 같다.

$$R_0(u) = \begin{cases} 0 & \text{if } u \le -0.5 \\ 1 & \text{if } -0.5 < u \le 0.5 \\ 0 & \text{if } u > 0.5 \end{cases}$$

이고

$$R_1(u) = \begin{cases} 1 + u & \text{if } u \le 0 \\ 1 - u & \text{if } u \ge 0 \end{cases}.$$

또한 함수 $R_1(u)$는 $1 - |x|$로도 표현할 수 있다. 그러면 식 (6.2)에 있는 $R(u)$에 $R_0(u)$

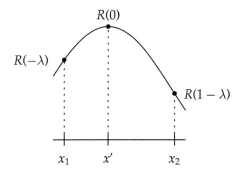

그림 6.10 ● 일반적인 보간 함수 사용하기.

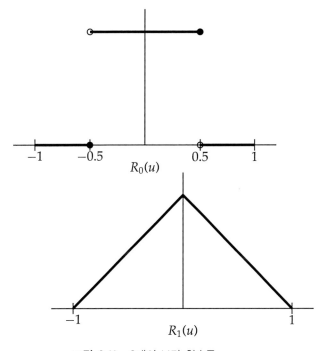

그림 6.11 ● 2개의 보간 함수들.

를 대입하면 최근접 보간을 하게 된다. 이를 확인하기 위해서 두 가지 경우, 즉 $\lambda < 0.5$ 와 $\lambda \geq 0.5$를 분리하여 생각해 보자. 만일 $\lambda < 0.5$이면, $R_0(-\lambda) = 1$이고 $R_0(1 - \lambda) = 0$ 이 된다. 따라서 보간 값은 아래 식과 같다.

$$f(x') = (1)f(x_1) + (0)f(x_2) = f(x_1).$$

만일 $\lambda \geq 0.5$이면 $R_0(-\lambda) = 0$이고 $R_0(1 - \lambda) = 1$이 된다. 따라서 보간 값은 아래식과

같다.

$$f(x') = (0)f(x_1) + (1)f(x_2) = f(x_2).$$

이 2가지 경우에, $f(x')$ 값은 x'에 가장 근접한 점의 함수 값으로 결정된다.

비슷한 방식으로, 식 (6.2)에 있는 $R(u)$에 $R_1(u)$를 대입하면 선형 보간을 하게 된다. 보간 값은 아래와 같다.

$$f(x') = R_1(-\lambda)f(x_1) + R_1(1 - \lambda)f(x_2)$$
$$= (1 - \lambda)f(x_1) + \lambda f(x_2).$$

이 방정식은 앞에서 설명한 것과 정확하게 일치한다.

함수 $R_0(u)$와 $R_1(u)$는 가능한 보간 함수들의 집합 중에서 단지 2개의 원소일 뿐이다. 이와 같은 함수들 중의 또 다른 하나는 **3차 곡선(cubic) 보간**이다. 이의 정의는 아래와 같다.

$$R_3(u) = \begin{cases} 1.5|u|^3 - 2.5|u|^2 + 1 & \text{if } |u| \leq 1, \\ -0.5|u|^3 + 2.5|u|^2 - 4|u| + 2 & \text{if } 1 < |u| \leq 2. \end{cases}$$

위 함수의 그래프를 그림 6.12에 나타내었다. 이 함수는 $-2 \leq u \leq 2$ 구간에서 정의되고, 이의 사용은 $R_0(u)$와 $R_1(u)$를 사용한 것과 약간 다르다. 여기서는 x'의 양측에 있는 x_1과 x_2에 대한 함수 값 $f(x_1)$과 $f(x_2)$를 사용할 뿐만 아니라, 더 멀리 떨어져 있는 x의 값들을 사용한다. 사실 우리가 사용할 공식은 아래와 같으며, 이는 식 (6.2)를 확장한 것이다.

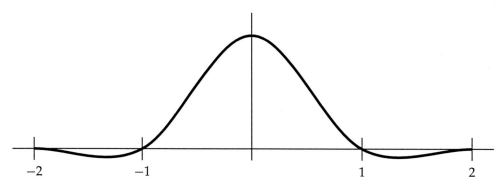

그림 6.12 • 3차 곡선 보간 함수 $R_3(u)$.

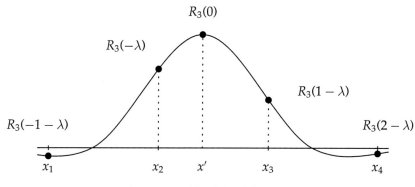

그림 6.13 • 보간을 위해 $R_3(u)$를 사용하기.

$$f(x') = R_3(-1 - \lambda)f(x_1) + R_3(-\lambda)f(x_2) + R_3(1 - \lambda)f(x_3) + R_4(2 - \lambda)f(x_4),$$

여기서 x'은 x_2와 x_3 사이에 있고, $x' - x_2 = \lambda$이다. 이를 그림 6.13에 나타내었다. 영상에 이 보간법을 적용하기 위하여 (x', y') 주위에 있는 16개의 알고 있는 값을 사용한다. 양선형 보간법과 같이 먼저 행(row)을 따라 보간 값을 구하고 최종적으로 열(column)을 따라 보간 값을 구하는데 이를 그림 6.14에 나타내었다. 대안으로 먼저 열을 따라 처리한 후에 행을 따라 처리할 수도 있다. 3차 곡선 보간법을 양방향으로 적용하여 영상의 보간 값을 구하는 방법을 **양방향 3차 곡선(bicubic) 보간**이라고 한다. Matlab에서 영상에 양방향 3차 곡선 보간을 수행하기 위해서는 `imresize` 함수의 `'bicubic'` 방법을 사용한다. Cameraman 영상의 머리 부분을 크게 하기 위하여 아래의 명령을 사용한다.

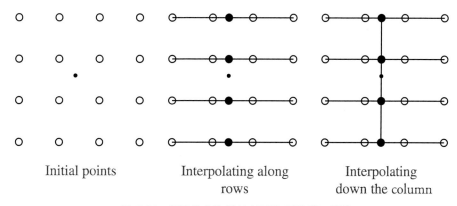

Initial points   Interpolating along rows   Interpolating down the column

그림 6.14 • 양방향 3차 곡선 보간을 적용하는 방법.

Mathworks

그림 6.15 • 양방향 3차 곡선 보간법을 사용한 영상 확대

```
>> head4c=imresize(head,4,'bicubic');imshow(head4c)
```

이 결과를 그림 6.15에 나타내었다.

6.4 >> 공간 필터링에 의한 확대

만일 영상을 2의 n제곱으로 확대하고자 하는 경우에는 선형 필터링을 사용하는 간이식 (quick and dirty) 방법이 있다. 이를 예를 들어 설명한다. 다음과 같이 간단한 4×4 매트릭스를 가지고 있다고 가정하자.

```
>> m=magic(4)

m =

    16     2     3    13
     5    11    10     8
     9     7     6    12
     4    14    15     1
```

```
function out=zeroint(a)
%
% ZEROINT(A) produces a zero-interleaved version of the matrix A.
% For example:
%
%   a=[1 2 3;4 5 6];
%   zeroint(a)
%
%     1    0    2    0    3
%     0    0    0    0    0
%     4    0    5    0    6
%
[m,n]=size(a); a2=reshape([a;zeros(m,n)],m,2*n);
out=reshape([a2';zeros(2*n,m)],2*n,2*m)';
```

그림 6.16 ● 0 끼우기를 구현한 간단한 함수.

첫 번째 단계는 이 매트릭스의 **0을 끼운(zero-interleaved)** 매트릭스를 생성하는 것이다. 이는 원래 매트릭스의 행들과 열들 사이에 0의 행들과 열들을 끼우면 얻을 수 있다. 이 매트릭스의 크기는 원래 크기보다 가로 및 세로방향으로 2배이고, 대부분이 0의 값을 가지고 있다. 만일 m_2가 m에 0을 끼운 매트릭스라고 하면, 이는 아래 식과 같이 정의된다.

$$m_2(i,j) = \begin{cases} m((i+1)/2,(j+1)/2) & \text{if } i \text{ and } j \text{ are both odd,} \\ 0 & \text{otherwise.} \end{cases}$$

이것을 간단한 함수로 구현할 수 있는데, 이를 구현한 한 함수를 그림 6.16에 나타내었다. 위에 있는 매트릭스에 이 함수를 적용하면 다음과 같은 결과를 얻는다.

```
>> m2=zeroint(m)

m2 =

    16     0     2     0     3     0    13     0
     0     0     0     0     0     0     0     0
     5     0    11     0    10     0     8     0
     0     0     0     0     0     0     0     0
     9     0     7     0     6     0    12     0
     0     0     0     0     0     0     0     0
     4     0    14     0    15     0     1     0
     0     0     0     0     0     0     0     0
```

두 번째 단계는 0을 끼운 매트릭스에 공간 필터를 적용하여 0을 새로운 값으로 바꾸는 것이다. 아래에 있는 공간 필터는 각각 최근접 보간과 양선형 보간을 구현한 것이다. 독자는 몇 개의 명령만을 사용하면 이를 검증할 수 있다.

$$\begin{bmatrix} 1 & 1 & 0 \\ 1 & 1 & 0 \\ 0 & 0 & 0 \end{bmatrix}, \quad \frac{1}{4}\begin{bmatrix} 1 & 2 & 1 \\ 2 & 4 & 2 \\ 1 & 2 & 1 \end{bmatrix}$$

먼저 간이식 보간법으로 영상을 2배로 확대한 결과는 아래와 같다.

```
>> filter2([1 1 0;1 1 0;0 0 0],m2)

ans =

    16    16     2     2     3     3    13    13
    16    16     2     2     3     3    13    13
     5     5    11    11    10    10     8     8
     5     5    11    11    10    10     8     8
     9     9     7     7     6     6    12    12
     9     9     7     7     6     6    12    12
     4     4    14    14    15    15     1     1
     4     4    14    14    15    15     1     1

>> filter2([1 2 1;2 4 2;1 2 1]/4,m2)

ans =

   16.0000    9.0000    2.0000    2.5000    3.0000    8.0000   13.0000    6.5000
   10.5000    8.5000    6.5000    6.5000    6.5000    8.5000   10.5000    5.2500
    5.0000    8.0000   11.0000   10.5000   10.0000    9.0000    8.0000    4.0000
    7.0000    8.0000    9.0000    8.5000    8.0000    9.0000   10.0000    5.0000
    9.0000    8.0000    7.0000    6.5000    6.0000    9.0000   12.0000    6.0000
    6.5000    8.5000   10.5000   10.5000   10.5000    8.5000    6.5000    3.2500
    4.0000    9.0000   14.0000   14.5000   15.0000    8.0000    1.0000    0.5000
    2.0000    4.5000    7.0000    7.2500    7.5000    4.0000    0.5000    0.2500
```

독자는 위의 결과를 아래의 명령으로 확인할 수 있다.

```
>> m2b=imresize(m,[8,8],'nearest');m2b
>> m2b=imresize(m,[7,7],'bilinear');m2b
```

위의 2번째 명령에서 보간점이 원래의 데이터 값들 사이의 중앙에 있도록 정확히 보장하기 위해서 단지 7 ×7로 스케일링을 하였다. 아래의 필터는 양방향 3차원 곡선 (bicubic) 보간을 근사화하기 위해서 사용될 수 있다.

Zero interleaving　　Nearest neighbor　　Bilinear　　Bicubic

그림 6.17 ● 공간필터링에 의한 영상 확대.

$$\frac{1}{64}\begin{bmatrix} 1 & 4 & 6 & 4 & 1 \\ 4 & 16 & 24 & 16 & 4 \\ 6 & 24 & 36 & 24 & 6 \\ 4 & 16 & 24 & 16 & 4 \\ 1 & 4 & 6 & 4 & 1 \end{bmatrix}$$

독자는 카메라맨의 머리 부분을 가지고, 그 크기를 2배로 하는 시도를 할 수 있다.

```
>> hz=zeroint(head);
>> imshow(hz)
>> figure,imshow(filter2([1 1 0;1 1 0;0 0 0],hz)/255)
>> figure,imshow(filter2([1 2 1;2 4 2;1 2 1]/4,hz)/255)
>> bfilt=[1 4 6 4 1;4 16 24 16 4;6 24 36 24 6;4 16 24 16 4;1 4 6 4 1]/64;
>> figure,imshow(filter2(bfilt,hz)/255)
```

그 결과를 그림 6.17에 나타내었다. 독자는 필터의 결과를 읽은 후에, 이 매트릭스에 0 끼우기를 적용하고, 또 다시 필터를 적용하면 더욱더 크게 할 수 있다.

6.5 >> 스케일링에 의한 축소

영상을 축소하는 것을 **영상 최소화(minimization)**라고 한다. 영상을 축소하는 한 가지 방법은 짝수 번째 화소 혹은 홀수 번째 화소를 지워서 없애는 것이다. 만일 독자가 영상을 원래 크기의 1/16로 축소하려면 각각 i와 j 방향으로 4번째 화소 값만 뽑아내면 된다. 이 방법을 영상 **서브샘플링(subsampling)**이라고 한다. 이는 imresize 함수의 nearest 옵션에 대응하며 구현하기가 매우 쉽다.

그러나 이 방법은 영상의 고주파 성분에서 특성이 좋지 않다. 단순한 예제로서 아래와 같이 흰 사각형에 하나의 원으로 구성된 아주 큰 영상을 만들어 보자.

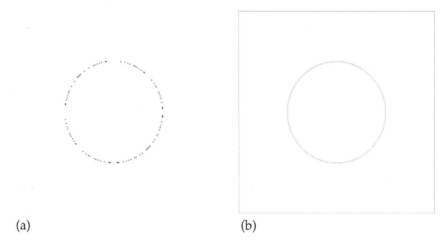

(a)   (b)

그림 6.18 • 영상 최소화. (a) 최근접 이웃 최소화. (b) 양방향 3차 곡선 보간.

```
>> t=zeros(1024,1024);
>> t=((255.5)^2<(i-512).^2+(j-512).^2) & ((i-512).^2+(j-512).^2<(256.5)^2);
>> t=~t;
```

그러면 아래와 같이 독자는 대부분의 화소들을 제거하여 축소할 수 있다.

```
>> tr=imresize(t,0.25);
```

이 결과를 그림 6.18(a)에 나타내었다. 이는 화소들을 제거하는 방법으로 처리되기 때문에 결과로 생기는 원에는 틈이 있다는 것을 주목하라. 만일 독자가 아래와 같이 다른 방법 중에 하나를 사용하면 좋은 결과를 얻을 수 있다. 첫 번째는 영상에 저역통과 필터 효과가 있는 보간법을 적용하는 것이다.

```
>> trc=imresize(t,0.25,'bicubic');
```

위 명령의 결과를 그림 6.18(b)에 나타내었다. 또한 그림 6.18(b)에 있는 영상은 문턱치 처리를 사용해서 2진 영상으로 만들 수 있다(이것은 9장에서 자세히 논의된다). 이 경우에, 아래와 같이 하면 문턱치 처리가 된다.

```
>> trc=imresize(t,0.25,'bicubic')>0.9;
```

6.6 >> 회전(Rotation) 처리

스케일링을 위해서 어려운 보간 처리를 하였다면 동일한 이론을 영상의 회전에도 쉽게
적용할 수 있다. 먼저, 그림 6.19에 보여준 것과 같이 점 (x, y)를 반시계방향으로 θ만큼
회전하여 다른 점 (x', y')로의 사상(mapping)은 아래 식과 같이 매트릭스의 곱으로 얻
을 수 있다는 것을 기억하라.

$$\begin{bmatrix} x' \\ y' \end{bmatrix} = \begin{bmatrix} \cos\theta & -\sin\theta \\ \sin\theta & \cos\theta \end{bmatrix} \begin{bmatrix} x \\ y \end{bmatrix}.$$

유사한 방법으로, 위에서 사용된 매트릭스가 직교이므로(이의 역 행렬은 전치행렬과
같다) 아래의 식도 유효하다.

$$\begin{bmatrix} x \\ y \end{bmatrix} = \begin{bmatrix} \cos\theta & \sin\theta \\ -\sin\theta & \cos\theta \end{bmatrix} \begin{bmatrix} x' \\ y' \end{bmatrix}.$$

독자는 영상을 아주 많은 점들의 집합으로 생각하여 회전시킬 수 있다. 이 아이디어
를 그림 6.20에 나타내었다. 이 그림에서 흑색의 점(circle)들은 영상의 원래 위치를 나

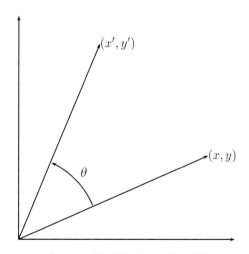

그림 6.19 • 한 점을 각도 θ만큼 회전.

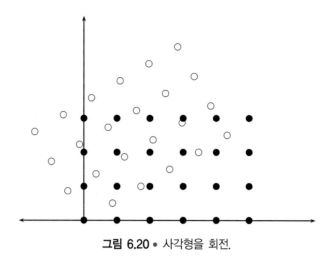

그림 6.20 • 사각형을 회전.

타내고, 백색의 점은 회전 후 그 점들의 위치를 나타낸다. 그러나 이 방법은 영상에 적용될 수 없다. 카테시안 격자(정수 값)의 부분 집합으로 구성된 영상의 격자를 화소로 간주할 수 있기 때문에 회전 후에도 그 화소들이 그대로 격자 상에 유지되도록 해야 한다. 이를 위해서 그림 6.21에 나타낸 것과 같이 회전된 영상을 포함하는 사각형을 생각해 보자. 그런 후에 점선 사각형 내에 있는 모든 정수 값을 가지는 점들을 (x', y')로 둔다. 이 점들이 만일 원래 위치로 반대로 회전할 때 그 점들이 원래 경계 내부에 있으면, 즉 만일 아래의 조건이 만족하면 원래 영상 내부에 있게 된다.

$$0 \leq x' \cos\theta + y' \sin\theta \leq a$$
$$0 \leq -x' \sin\theta + y' \cos\theta \leq b.$$

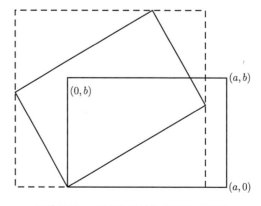

그림 6.21 • 회전된 영상을 둘러싼 사각형.

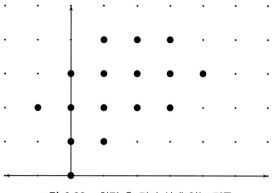

그림 6.22 • 회전 후 격자 상에 있는 점들.

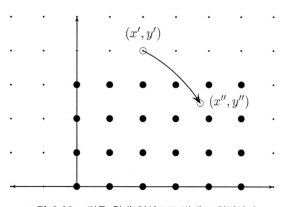

그림 6.23 • 점을 원래 영상으로 반대로 회전하기.

만일 독자가 그림 6.20에 나타낸 6×4 점들의 배열에 적용하면, 이 점들을 30°만큼 회전 후에 화소로 간주할 점들은 그림 6.22에 나타낸 것과 같게 된다. 이 방법은 회전된 영상에서 화소들의 위치를 알 수 있지만, 그들의 값들은 명확하지 않다. 회전된 영상에서 한 점 (x', y')을 선택하자. 그런 후에 이 점을 그림 6.23에 나타낸 것과 같이 원래 영상으로 반대로 회전 한 후에 점 (x'', y'')을 구한다. 그러면 (x'', y'')에서의 그레이 값은 주위의 그레이 값들을 사용해서 보간법으로 구할 수 있다. 따라서 이 값이 회전된 영상에서 (x', y') 위치에 있는 화소에 대한 그레이 값이다.

MATLAB에서 영상을 회전하기 위해서는 imrotate 명령을 사용한다. 이 명령의 사용 구문은 아래와 같다.

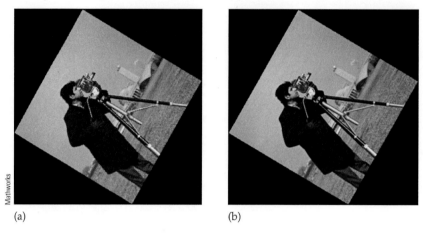

(a)   (b)

그림 6.24 • 보간 처리한 회전. (a) 최근접 보간법. (b) 양방향 3차 곡선 보간법.

```
imrotate(image,angle,'method')
```

여기서, `method`는 `imresize` 명령에서와 같이 `nearest`, `bilinear`, 혹은 `bicubic`이다. 또한 `imresize` 명령과 같이 파라미터를 생략할 수 있으며, 이 경우에 최근접 보간법이 사용된다.

예를 들어 cameraman 영상을 읽고 이를 60° 회전해 보자. 이때 아래와 같이 한 번은 최근접 보간법으로 또 한 번은 양방향 3차원 곡선 보간법으로 회전해 보자.

```
>> cr=imrotate(c,60);
>> imshow(cr)
>> crc=imrotate(c,60,'bicubic');
>> imshow(crc)
```

위 명령의 결과를 그림 6.24에 나타내었다. 2개의 영상 사이에서 눈으로 확실히 구별은 할 수 없지만, 최근접 보간법에 의해 생성된 영상에서 톱날처럼 보이는 에지들이 더 많이 있다.

각도 90°의 정수배 회전에 대해서는 매트릭스를 전치(transposition)하고 행들과 열들의 순서를 바꾸는 간단한 방법을 사용해서 영상 회전을 매우 효과적으로 수행할 수 있다는 것을 주목하라. 매트릭스를 상하 방향으로 뒤집기 위해서는 다음에 있는 명령을 사용하고,

```
flipud
```

그리고 매트릭스를 좌우 방향으로 뒤집기 위해서는 다음에 있는 명령을 사용한다.

```
fliplr
```

따라서 90° 정수배 회전에 대해서는 아래의 명령어들을 사용하면 된다.

```
 90°   flipud(c');
180°   fliplr(flipud(c));
270°   fliplr(c');
```

사실, imrotate 명령은 이와 같은 특정한 각도에 대해서는 더 간단한 명령을 사용한다.

6.7 >> 왜곡(Anamorphosis) 처리

왜곡 처리는 영상을 의도적으로 스트레칭하거나 예술적인 혹은 극적인 효과를 위해 물체의 모양을 일그러뜨리는 것을 말한다. 16세기와 17세기에 화가들이 이를 즐겨 사용하였다. 그림 6.25에 Hans Holbein이 그린 *The Ambassadors*라고 하는 그림을 나타내었다. 사실 그림의 아래 부분에 있는 기묘한 모양은 왜곡된 모양의 두개골(skull)이다. 이 모양은 그림을 어떤 특정한 각도에서 보아야만 제대로 볼 수 있다. Matlab에서 그림을 읽기 위해서는 아래의 명령어들을 사용한다.

```
>> a=imread('AMBASSADORS.JPG');
>> a=rgb2gray(a);
```

pixval 명령을 적절히 사용하여 판단하면 두개골 영영의 좌표를 얻을 수 있고, 그 좌표를 사용하여 아래와 같이 두개골 영역을 분리할 수 있다.

```
>> skull=a(566:743,157:586);
```

분리된 두개골 부분 영상을 그림 6.26에 나타내었다. 왜곡 효과를 제거하기 위하여, 독자는 두개골을 시계방향으로 약간 회전하고, 이를 수직으로 스트레칭을 해야 한다. 아래 명령을 사용하면 이 작업을 할 수 있다.

그림 6.25 • The Ambassadors (1933) by Hans Holbein.

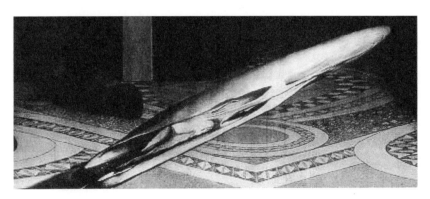

그림 6.26 • 두개골 부분 영상.

```
>> skull2=imresize(imrotate(skull,-22,'bicubic'),[500,150],'bicubic');
```

회전 각도와 스케일링의 크기는 시행착오를 통해 얻을 수 있다. 이 방법은 이런 많은 사소한 실험을 통해 가장 좋은 결과를 얻을 수 있다.

마지막으로 다음과 같이 두개골 영상의 일부분을 보면, 교정된 두개골을 볼 수 있다.

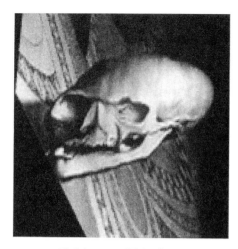

그림 6.27 • 교정된 두개골.

이를 그림 6.27에 나타내었다.

```
>> imshow(skull2(200:350,:))
```

연습문제

1. 수작업으로 다음의 리스트를 최근접 보간법과 선형 보간법을 사용하여 아래 a, b, c
   에서 명시한 길이가 되도록 확대하여라. 그리고 독자의 답을 MATLAB을 사용하여
   체크하라.

   1   4   7   4   3   6

   a. 9
   b. 11
   c. 2

2. 수작업으로, 최근접(nearest-neighbor) 보간법과 양선형 보간법을 사용하여 아래
   의 매트릭스를 a, b, c에 지정된 크기가 되도록 확대하라. 독자의 답을 MATLAB을
   사용해서 확인하라.

$$\begin{bmatrix} 8 & 6 & 13 & 9 \\ 1 & 13 & 1 & 15 \\ 5 & 4 & 7 & 7 \\ 5 & 10 & 3 & 7 \end{bmatrix}$$

a. 7×7

b. 8×8

c. 10×10

3. cameraman의 머리 부분을 각 차원으로 4배로 확대하기 위해서 0 끼우기와 본문에서 주어진 3개의 공간필터를 사용하라. 영상을 확대하기 위해서 아래와 같은 명령어 순서를 사용하라.

```
>> head2=zeroint(head);
>> head2n=filter2(filt,head2);
>> head4=zeroint(head2n);
>> head4n=filter2(filt,head4);
>> imshow(head4n/255)
```

여기서, filt는 사용할 필터이다. 이 결과와 imresize를 사용해서 얻은 결과를 서로 비교하라. 서로 간에 관측할 수 있는 어떤 차이가 있는가?

4. 또 다른 영상의 작은 부분을, 말하자면 pout.tif 영상에서 소녀의 머리 부분을 읽는다. 이것은 아래와 같이 하면 얻을 수 있다.

```
>> p=imread('pout.tif');
>> ph=histeq(p);
>> head=ph(10:129,60:179);
```

imresize 함수를 서로 다른 파라미터들로 사용하여 머리 부분을 4배로 확대하라. 그리고 0 끼우기와 다른 공간필터를 사용해서 머리 부분을 4배로 확대하라. 위와 같이(문제 3번과 같이) 그 결과들을 서로 비교하라.

5. 한 영상을 임의의 k배로 확대하고, 그 결과를 같은 양만큼 축소한다고 가정하자. 이 결과는 원래 영상과 정확히 같게 되는가? 그렇지 않다면 왜 그런가?

6. 만일 먼저 영상을 축소하고, 그 결과를 확대하면 어떻게 되는가?

7. 흑색 배경에 흰색 사각형이 있는 영상을 만들어라. 이 영상을 30°와 45° 회전시켜라. 단 아래에 있는 a와 b에 명시된 것을 사용하고, 그 결과도 서로 비교하라.

   a. nearest 옵션으로 imrotate 명령
   b. bilinear 옵션으로 imrotate 명령

8. 문제 7에서 회전된 사각형에 대하여 반대로(원래의 위치로) 회전시켜라. 그 결과가 원래 사각형과 얼마나 비슷한가?

9. 일반적으로, 하나의 영상을 회전시키고 다시 이를 반대로 회전시킨다고 가정해 보자. 최종 결과는 원래 영상과 정확히 같은가? 만일 그렇지 않다면 왜 그런가?

10. 0-끼우기와 공간 필터링을 이용하여 영상확대 구현하기 위해 매트랩 함수를 사용하라. 아래의 함수를 사용하라.

    imenlarge(image,n,filt)

    여기서 n은 끼우기의 횟수이고, filt는 사용할 필털이다.

    예를 들면

    ```
    >> imenlarge(head,2,bfilt);
    ```

    위 명령은 6.4절에서 설명한 영상을 4배의 사이즈로 확대하고 5 × 5 필터를 사용할 것이다.

11. ic.tif 영상을 생각해 보자. 시행착오를 거쳐서 영상을 회전시켜서 해당 라인들이 수평 및 수직이 되는 각도를 구하라.

07 푸리에 변환

7.1 >> 서론

푸리에 변환(Fourier transform)은 영상처리에서 근본적으로 중요하다. 이 방법을 사용하면 어떤 다른 방법으로 처리하기가 불가능한 것을 가능하게 해준다. 이 방법의 효율성 때문에 어떤 작업들은 매우 빠르게 처리될 수 있다. 푸리에 변환은 다른 어느 방법보다도 선형 공간필터링에 탁월한 능력을 가진다. 이는 크기가 큰 필터에 대하여 공간필터를 사용하는 것보다 푸리에 변환을 사용하는 것이 더 효율적이다. 푸리에 변환을 통해 특정 영상 주파수들을 분리하고 처리할 수 있기 때문에 아주 정밀하게 저역통과 및 고역통과 필터링을 할 수 있다.

영상의 푸리에 변환을 논의하기 전에 1차원 푸리에 변환과 몇 가지의 성질을 알아본다.

7.2 >> 배경

주기함수는 진폭과 주파수가 변화하는 사인파와 코사인파의 합으로 표현될 수 있는 관찰로부터 시작하자. 예를 들면, 어떤 함수와 이 함수를 사인 함수들로 분해한 것을 그림 7.1에 나타내었다.

어떤 함수들은 유한개의 함수들로만 분해될 수 있다. 다른 경우는 무한개의 함수로 분해된다. 예를 들면, 그림 7.2에 보여준 것과 같은 구형파는 식 (7.1)과 같이 무한개의 함수로 분해된다.

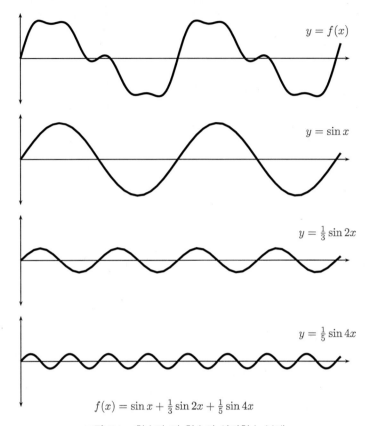

$$f(x) = \sin x + \tfrac{1}{3}\sin 2x + \tfrac{1}{5}\sin 4x$$

그림 7.1 • 함수와 이 함수의 삼각함수 분해.

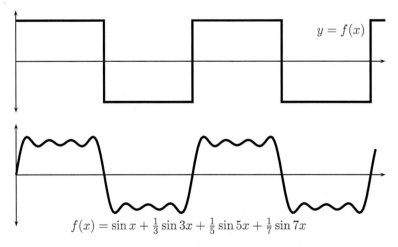

$$f(x) = \sin x + \tfrac{1}{3}\sin 3x + \tfrac{1}{5}\sin 5x + \tfrac{1}{7}\sin 7x$$

그림 7.2 • 구형파와 이 함수의 삼각함수 근사.

$$f(x) = \sin x + \frac{1}{3}\sin 3x + \frac{1}{5}\sin 5x + \frac{1}{7}\sin 7x + \frac{1}{9}\sin 9x + \cdots \qquad (7.1)$$

앞부분의 4개 항만을 가지고 근사화를 한 함수도 그림 7.2에 나타내었다. 급수에서 고차원 항을 더 취하여 고려하면, 그 합은 원 함수에 더 근접하게 된다. 이를 공식화할 수 있다. 만일 $f(x)$가 주기가 $2T$인 함수이면, 아래의 식과 같이 표현할 수 있다.

$$f(x) = a_0 + \sum_{n=1}^{\infty} \left(a_n \cos \frac{n\pi x}{T} + b_n \sin \frac{n\pi x}{T} \right)$$

여기서, 계수 a_0, a_n 및 b_n은 각각 아래와 같다.

$$a_0 = \frac{1}{2T} \int_{-T}^{T} f(x)\, dx$$

$$a_n = \frac{1}{T} \int_{-T}^{T} f(x) \cos \frac{n\pi x}{T}\, dx, \quad n = 1, 2, 3, \ldots$$

$$b_n = \frac{1}{T} \int_{-T}^{T} f(x) \sin \frac{n\pi x}{T}\, dx, \quad n = 1, 2, 3, \ldots$$

위의 수식은 $f(x)$의 **푸리에급수 전개**에 대한 방정식이고, 이를 복소수 형태로 표현할 수도 있다:

$$f(x) = \sum_{n=-\infty}^{\infty} c_n \exp \left(\frac{in\pi x}{T} \right)$$

여기서, 복소 계수 c_n은 아래와 같다.

$$c_n = \frac{1}{2T} \int_{-T}^{T} f(x) \exp \left(\frac{-in\pi x}{T} \right) dx.$$

만일 $f(x)$가 비주기적인 함수인 경우에 $T \to \infty$로 간주하면 비슷한 결과를 얻을 수 있으며, 이 경우에 $f(x)$는 아래와 같다.

$$f(x) = \int_{0}^{\infty} [a(\omega) \cos \omega x + b(\omega) \sin \omega x]\, d\omega$$

여기서, $a(\omega)$ 및 $b(\omega)$는 각각 아래와 같다.

$$a(\omega) = \frac{1}{\pi} \int_{-\infty}^{\infty} f(x) \cos \omega x\, dx,$$

$$b(\omega) = \frac{1}{\pi} \int_{-\infty}^{\infty} f(x) \sin \omega x \, dx.$$

위 방정식들을 복소수 형태로 다시 표현할 수도 있다.

$$f(x) = \int_{-\infty}^{\infty} F(\omega) e^{i\omega x} \, d\omega,$$

$$F(\omega) = \frac{1}{2\pi} \int_{-\infty}^{\infty} f(x) e^{-i\omega x} \, dx.$$

위의 식에 있는 $f(x)$와 $F(\omega)$ 함수가 **푸리에 변환 쌍(pair)**이다. 더 자세한 내용은 James[18]와 같은 자료에서 찾을 수 있다.

7.3 >> 1차원 이산 푸리에 변환(Discrete Fourier Transform)

영상처리에서와 같이 이산 함수를 취급할 때, 앞 절에서 설명한 것과는 상황이 약간 다르다. 우리는 단지 유한한 개수의 값들을 얻어야 하므로 유한한 개수의 함수만 필요하다.

예를 들어 아래와 같은 이산 수열을 생각해 보자.

$$1, \quad 1, \quad 1, \quad 1, \quad -1, \quad -1, \quad -1, \quad -1,$$

위의 값은 그림 7.2의 사각형 파형에 대한 이산적인 근사값으로 간주할 수 있다. 이것은 그림 7.3에 보여준 2개의 사인 함수의 합으로 표현될 수 있다. 아래에서 이런 수열을 얻는 방법을 알게 될 것이다.

푸리에 변환을 사용하면 주어진 함수를 구성하고 있는 개개의 사인파나 혹은 수열을 얻을 수 있다. 우리는 이산 수열과 영상에 관심이 있기 때문에 단지 **이산 푸리에 변환**(약식으로 표현하면 DFT)만을 취급한다.

7.3.1 1차원 DFT의 정의

다음에 있는 f가 길이가 N인 수열이라고 가정하자.

$$\mathbf{f} = [f_0, f_1, f_2, \dots, f_{N-1}]$$

위 수열의 DFT는 아래와 같은 수열로 정의된다.

$$\mathbf{F} = [F_0, F_1, F_2, \dots, F_{N-1}],$$

여기서, F_u는 아래와 같다.

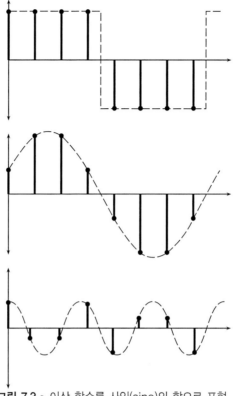

그림 7.3 • 이산 함수를 사인(sine)의 합으로 표현.

$$F_u = \frac{1}{N} \sum_{x=0}^{N-1} \exp\left[-2\pi i \frac{xu}{N}\right] f_x. \tag{7.2}$$

위 방정식과 앞 절에서 논의한 푸리에급수 전개에 대한 방정식들 사이에 유사성에 주목하라. 지금은 적분기호 대신에 유한개의 합으로 표현하였다. 이 정의는 다음과 같이 매트릭스의 곱으로 표현될 수 있다.

$$F = \mathcal{F}f,$$

여기서, 기호 $\mathcal{F}$는 $N \times N$ 매트릭스로서 아래와 같이 정의된다.

$$\mathcal{F}_{m,n} = \frac{1}{N} \exp\left[-2\pi i \frac{mn}{N}\right].$$

N이 정해지면, 다음과 같이 ω를 정의할 수 있다.

$$\omega = \exp\left[\frac{-2\pi i}{N}\right]$$

따라서 위의 식은 아래와 같이 표현할 수 있다.

$$\mathcal{F}_{m,n} = \frac{1}{N}\omega^{mn}.$$

그러면 기호 $\mathcal{F}$는 아래와 같이 쓸 수 있다.

$$\mathcal{F} = \frac{1}{N}\begin{bmatrix} 1 & 1 & 1 & 1 & 1 & \cdots & 1 \\ 1 & \omega^1 & \omega^2 & \omega^3 & \omega^4 & \cdots & \omega^{N-1} \\ 1 & \omega^2 & \omega^4 & \omega^6 & \omega^8 & \cdots & \omega^{2(N-1)} \\ 1 & \omega^3 & \omega^6 & \omega^9 & \omega^{12} & \cdots & \omega^{3(N-1)} \\ 1 & \omega^4 & \omega^8 & \omega^{12} & \omega^{16} & \cdots & \omega^{4(N-1)} \\ \vdots & \vdots & \vdots & \vdots & \vdots & \ddots & \vdots \\ 1 & \omega^{N-1} & \omega^{2(N-1)} & \omega^{3(N-1)} & \omega^{4(N-1)} & \cdots & \omega^{(N-1)^2} \end{bmatrix}.$$

예제 7.3.1　　$\mathbf{f} = [1, 2, 3, 4]$라고 가정하자. 그러면 $N = 4$가 된다.

$$\begin{aligned} \omega &= \exp\left[\frac{-2\pi i}{4}\right] \\ &= \exp\left[-\frac{\pi i}{2}\right] \\ &= \cos\left(-\frac{\pi}{2}\right) + i\sin\left(-\frac{\pi}{2}\right) \\ &= -i. \end{aligned}$$

따라서, 아래와 같은 매트릭스를 구할 수 있다.

$$\mathcal{F} = \begin{bmatrix} 1 & 1 & 1 & 1 \\ 1 & -i & (-i)^2 & (-i)^3 \\ 1 & (-i)^2 & (-i)^4 & (-i)^6 \\ 1 & (-i)^3 & (-i)^6 & (-i)^9 \end{bmatrix} = \begin{bmatrix} 1 & 1 & 1 & 1 \\ 1 & -i & -1 & i \\ 1 & -1 & 1 & -1 \\ 1 & i & -1 & -i \end{bmatrix}$$

그러면, 구하는 $\mathbf{F}$는 아래와 같다.

$$\mathbf{F} = \frac{1}{4}\begin{bmatrix} 1 & 1 & 1 & 1 \\ 1 & -i & -1 & i \\ 1 & -1 & 1 & -1 \\ 1 & i & -1 & -i \end{bmatrix}\begin{bmatrix} 1 \\ 2 \\ 3 \\ 4 \end{bmatrix} = \frac{1}{4}\begin{bmatrix} 10 \\ -2+2i \\ -2 \\ -2-2i \end{bmatrix}.$$

DFT의 역변환   DFT의 역변환에 대한 공식은 식 (7.3)과 같이 전방향 DFT 변환과 매우 유사하다.

$$f_x = \sum_{u=0}^{N-1} \exp\left[2\pi i \frac{xu}{N}\right] F_u. \tag{7.3}$$

위 식 (7.3)과 식 (7.2)를 비교해 보면, 단지 3가지 차이만 있다는 것을 알 것이다.

1. 스케일링 인자 $1/N$이 없다.
2. 지수함수의 내부에 있는 부호는 정(+) 부호로 바뀌었다.
3. 합에 대한 인덱스(index)는 x가 아니라 u이다.

전방향 변환에서와 마찬가지로 역변환을 아래와 같이 매트릭스의 곱으로 표현할 수 있다.

$$f = \mathcal{F}^{-1}F$$

위에서, 역 매트릭스는 아래와 같다.

$$\mathcal{F}^{-1} = \begin{bmatrix} 1 & 1 & 1 & 1 & 1 & \cdots & 1 \\ 1 & \overline{\omega}^1 & \overline{\omega}^2 & \overline{\omega}^3 & \overline{\omega}^4 & \cdots & \overline{\omega}^{N-1} \\ 1 & \overline{\omega}^2 & \overline{\omega}^4 & \overline{\omega}^6 & \overline{\omega}^8 & \cdots & \overline{\omega}^{2(N-1)} \\ 1 & \overline{\omega}^3 & \overline{\omega}^6 & \overline{\omega}^9 & \overline{\omega}^{12} & \cdots & \overline{\omega}^{3(N-1)} \\ 1 & \overline{\omega}^4 & \overline{\omega}^8 & \overline{\omega}^{12} & \overline{\omega}^{16} & \cdots & \overline{\omega}^{4(N-1)} \\ \vdots & \vdots & \vdots & \vdots & \vdots & \ddots & \vdots \\ 1 & \overline{\omega}^{N-1} & \overline{\omega}^{2(N-1)} & \overline{\omega}^{3(N-1)} & \overline{\omega}^{4(N-1)} & \cdots & \overline{\omega}^{(N-1)^2} \end{bmatrix}$$

여기서,

$$\overline{\omega} = \frac{1}{\omega} = \exp\left[\frac{2\pi i}{N}\right].$$

MATLAB에서 fft 및 ifft 함수를 사용하면, 전방향 변환과 역변환을 계산할 수 있다. 여기서, fft는 **fast fourier transform**을 의미하며, DFT를 효율적이고 빠르게 처리하는 방법이다. (상세한 것은 부록 B 참조.) 사용하는 예는 다음과 같다:

```
>> a = [1 2 3 4 5 6]

a =

     1     2     3     4     5     6

>> fft(a')

ans =

  21.0000
  -3.0000 + 5.1962i
  -3.0000 + 1.7321i
  -3.0000
  -3.0000 - 1.7321i
  -3.0000 - 5.1962i
```

MATLAB에서 벡터에 DFT를 적용하려면 열벡터를 사용해야 한다는 것을 주목하라.

7.4 >> 1차원 DFT의 성질

1차원 DFT는 여러 가지 유용하고 중요한 성질들을 만족한다. 여기서 그 몇 가지만 설명한다. Jain[17]을 보면 더 상세한 것들을 알 수 있다.

선형성 이 성질은 DFT를 매트릭스 곱으로 정의한 것과 직접 관련이 있다. f와 g는 동일한 길이를 가진 2개의 벡터이고, p와 q는 스칼라이며 h = pf + qg라고 가정하자. 만일 F, G 및 H가 각각 f, g 및 h의 DFT이면, 선형성 성질에 의해 아래의 관계식이 성립된다.

$$H = pF + qG.$$

위 선형성은 아래에 있는 정의와 매트릭스 곱의 선형성에 의해서 성립된다.

$$F = \mathcal{F}f, \quad G = \mathcal{F}g, \quad H = \mathcal{F}h$$

이동성(shifting) 벡터 x의 각 원소 x_n에 $(-1)^n$을 곱한다고 가정하자. 바꾸어 말하면, 홀수 번째 원소의 부호를 변경한다. 변경된 벡터를 x'로 간주하자. X′(x'의 DFT)는 X(x의 DFT)의 좌측 반과 우측 반을 서로 바꾼 것과 같다.

MATLAB의 예를 보기로 하자.

```
>> x = [2 3 4 5 6 7 8 1];

>> x1=(-1).^[0:7].*x

x1 =

     2    -3     4    -5     6    -7     8    -1

>> X=fft(x')

 36.0000
 -9.6569 + 4.0000i
 -4.0000 - 4.0000i
  1.6569 - 4.0000i
  4.0000
  1.6569 + 4.0000i
 -4.0000 + 4.0000i
 -9.6569 - 4.0000i


>> X1=fft(x1')

X1 =

  4.0000
  1.6569 + 4.0000i
 -4.0000 + 4.0000i
 -9.6569 + 4.0000i
 36.0000
 -9.6569 + 4.0000i
 -4.0000 - 4.0000i
  1.6569 - 4.0000i
```

X의 첫 4개의 원소들은 X1의 뒤쪽의 4개의 원소와 같고, X의 뒤쪽의 4개의 원소는 X1 의 첫 4개 원소들과 같음을 주목하라.

스케일링(scaling) $\mathcal{F}[f(kx)] = (1/k)\,F(\omega/k)$

여기서, k는 스칼라이고 $F = \mathcal{F}f$ 이다. 이 성질은 만일 함수를 x방향으로 넓게 스케일 링하면 스펙트럼은 x방향으로 좁게 되고, x방향으로 좁게 스케일링하면 스펙트럼은 넓 어진다는 것을 의미한다. 물론 진폭도 변경된다.

공액복소수 대칭성(conjugate symmetry) x가 길이가 N인 실수이면, 그의 DFT X 는 다음의 조건을 만족한다.

$$X_k = \overline{X_{N-k}},$$

여기서, $\overline{X_{N-k}}$ 는 모든 $k = 1, 2, 3, ..., N - 1$에 대하여 X_{N-K}의 공액복소수이다. 따라서 길이 $N = 8$에 대한 예는 아래와 같다.

$$X_1 = \overline{X_7}, \quad X_2 = \overline{X_6}, \quad X_3 = \overline{X_5}.$$

이 경우에, $X_4 = \overline{X_4}$ 이고, X_4는 반드시 실수가 되어야 된다는 것을 의미한다. 실제로 N이 짝수이면 $X_{N/2}$은 실수가 된다. 이에 대한 예로서 이동성 성질의 예를 보라.

회선(convolution) 연산   x와 y는 길이가 같고 길이가 N인 2개의 벡터라고 가정하자. 그러면 그 회선 연산은 아래와 같은 벡터로 정의된다. [엄밀하게 말하면, **원형 회선 (circular convolution)**]

$$z = x * y,$$

여기서, z는 아래와 같다.

$$z_k = \frac{1}{N} \sum_{n=0}^{N-1} x_n y_{k-n}.$$

예를 들어 $N = 4$이면, 아래와 같이 계산된다.

$$z_0 = \frac{1}{4}(x_0 y_0 + x_1 y_{-1} + x_2 y_{-2} + x_3 y_{-3})$$
$$z_1 = \frac{1}{4}(x_0 y_1 + x_1 y_0 + x_2 y_{-1} + x_3 y_{-2})$$
$$z_2 = \frac{1}{4}(x_0 y_2 + x_1 y_1 + x_2 y_0 + x_3 y_{-1})$$
$$z_3 = \frac{1}{4}(x_0 y_3 + x_1 y_2 + x_2 y_1 + x_3 y_0).$$

y 벡터가 주기적이다라고 생각하면 음수 인덱스를 해석할 수 있는데, 전방향처럼 0부터 역으로 인덱싱을 할 수 있다:

$$\begin{aligned} &\cdots \quad y_0 \quad y_1 \quad y_2 \quad y_3 \quad y_0 \quad y_1 \quad y_2 \quad y_3 \quad \cdots \\ = \ &\cdots \quad y_0 \quad y_{-3} \quad y_{-2} \quad y_{-1} \quad y_0 \quad y_1 \quad y_2 \quad y_3 \quad \cdots \end{aligned}$$

따라서 $y_{-1} = y_3$, $y_{-2} = y_2$ 및 $y_{-3} = y_1$이다.

위의 사실은 회선 성질은 교환법칙이 성립되는 성질(연산자의 순서는 무관하다)로부터 확인될 수 있다.

$$x * y = y * x.$$

정의된 것을 보면 원형 회선은 복잡한 연산처럼 보인다. 그러나 이 연산은 다항식의 곱셈으로 정의될 수 있다. $p(u)$를 u의 다항식이며 이 다항식의 계수는 x의 원소라고 가정하자. 그리고 $q(u)$도 u의 다항식이며 이 다항식의 계수는 y의 원소라고 가정하자. 그런 후에 $p(u)q(u)(1 + u^N)$곱을 수행하고 그 결과값에서 u^N항에서 u^{2N-1}항의 계수들을 추출한다. 이 계수 값들이 바로 원형 회선의 결과가 된다.

예를 들어, 아래와 같이 x와 y 수열이 있다고 가정하자.

$$x = [1, 2, 3, 4], \qquad y = [5, 6, 7, 8].$$

그러면, $p(u)$는 다음과 같고,

$$p(u) = 1 + 2u + 3u^2 + 4u^3$$

그리고 $q(u)$는 다음과 같다.

$$q(u) = 5 + 6u + 7u^2 + 8u^3.$$

그런 후에 $p(u)q(u)(1 + u^N)$식을 계산하면 다음과 같다.

$$p(u)q(u)(1 + u^4) = 5 + 16u + 34u^2 + 60u^3 + 66u^4 + 68u^5 + 66u^6$$
$$+ 60u^7 + 61u^8 + 52u^9 + 32u^{10}.$$

위의 수식에서 $u^4, u^5, ..., u^7$ 항의 계수들을 추출하면, 다음과 같은 결과를 얻는다.

$$x * y = [66, 68, 66, 60].$$

MATLAB에 conv 함수가 있는데, 이는 위에서 정의한 $p(u)q(u)$ 다항식의 계수를 리턴한다. (역자주: conv 함수는 선형 회선(linear convolution)이다.)

```
>> a=[1 2 3 4]
a =

    1    2    3    4
>> b=[5 6 7 8]
b =

    5    6    7    8
>> conv(a,b)
ans =

    5   16   34   60   61   52   32
```

```
function out=cconv(a,b)

if length(a)~=length(b)
  error('Vectors must be the same length')
end;
la=length(a);
temp=conv([a a],b);
out=temp(la+1:2*la);
```

그림 7.4 ● 2개 벡터의 원형 회선을 계산하는 함수.

원형 회선을 수행하기 위해서 cconv라는 단순한 함수를 구현할 수 있다. 먼저 x의 계수들을 단순히 반복하면 다항식 $p(u)(1 + u^N)$을 계산할 수 있다는 데 주목한다. 이 사실을 이용하면 그림 7.4에 보여준 것과 같이 함수를 구현할 수 있다. 예를 들면, 위 함수를 사용하면 독자가 원하는 원형 회선연산을 할 수 있다.

```
>> cconv(a,b)
ans =

    66   68   66   60
```

회선 연산이 중요한 이유는 **회선 정리(convolution theorem)** 때문인데, 이는 다음과 같다.

> Suppose x and y are vectors of equal length. then the DFT of their circular convolution x*y is equal to the element-by-element product of the DFT's of x and y.

따라서 만일 Z, X, Y가 각각 z = x * y, x, y의 DFT이면, 아래의 식이 성립된다.

Z = X.Y.

다음과 같이 실행하면 위의 식이 성립하는 것을 확인할 수 있다.

```
>> fft(cconv(a,b)')

ans =

    1.0e+02 *

    2.6000
         0 - 0.0800i
    0.0400
         0 + 0.0800i
>> fft(a').*fft(b');

ans =

    1.0e+02 *

    2.6000
         0 - 0.0800i
    0.0400
         0 + 0.0800i
```

위에서 각각의 경우에 결과값들이 같다는 것을 주목하라. 따라서 회선 정리를 사용하면 회선 연산을 다른 방법으로 수행할 수 있다는 것이다. 즉 주어진 2개의 벡터의 DFT를 곱한 후에 그 결과를 역변환하면 된다는 것이다.

```
>> fft(a').*fft(b');
>> ifft(ans)'

ans =

    66   68   66   60
```

DFT에 대한 회선 정리의 형식적인 증명은 Petrou[25]를 보면 된다.

고속 푸리에 변환(fast Fourier transform, FFT)   영상처리에서 DFT를 매혹적으로 만드는 많은 특징 중에 하나가 DFT를 계산하는 매우 빠른 처리 알고리즘이 있다는 것이다. DFT를 계산하기 위한 매우 빠르고 효과적인 알고리즘들이 많이 있다. 이러한 알고리즘들을 **고속 푸리에 변환(FFT, fast Fourier transform)**이라고 한다. FFT를 사용하면 DFT를 계산하는 데 필요한 시간을 크게 단축할 수 있다.

　　FFT의 한 방법은 원래 벡터를 반으로 분할하고, 각 반을 FFT 계산하며, 그 후에 그 결과들을 조합한다. 위의 과정을 순환 형태 반복하여 수행한다. 이 방법은 벡터의 길이

표 7.1 FFT와 직접 연산의 계산속도 비교

2^n	Direct Arithmetic	FFT	Increase in Speed
4	16	8	2.0
8	84	24	2.67
16	256	64	4.0
32	1024	160	6.4
64	4096	384	10.67
128	16384	896	18.3
256	65536	2048	32.0
512	262144	4608	56.9
1024	1048576	10240	102.4

가 2의 멱급수로 구성될 때 가장 효과적임을 의미하며, 이를 부록 B에서 다룬다.

식 (7.2)와 (7.3)에 정의된 식을 사용하여 직접 계산한 것에 비해서 FFT 알고리즘을 사용하면 얻을 수 있는 장점을 표 7.1에 보였다. 각 방법에서 소요되는 곱셈의 수를 비교하였다. 길이가 2^n인 벡터에 대하여 직접 계산법은 곱셈 수가 $(2^n)^2 = 2^{2n}$이고, FFT의 경우는 단지 $n2^n$번의 곱셈이 필요하다. 처리시간 단축은 $\frac{2^n}{n}$이다. 벡터의 길이가 클수록 FFT로 처리하는 편이 더욱 많은 시간을 단축할 수 있다.

이러한 계산적인 장점을 가지고 있기 때문에 DFT를 구현할 때에 FFT를 사용한다.

7.5 >> 2차원 DFT

2차원에서 DFT의 입력은 매트릭스 형태이고, 출력도 같은 크기의 또 다른 매트릭스이다. 원래의 매트릭스를 $f(x, y)$라 하면(여기서 x와 y는 인덱스이다), 출력 매트릭스는 $F(u, v)$가 된다. 이때 F를 **f의 푸리에 변환**이라고 하고 다음과 같이 쓴다.

$$F = \mathcal{F}(f).$$

원래의 매트릭스 f는 F의 푸리에 역변환이라 하고 아래와 같이 쓴다.

$$f = \mathcal{F}^{-1}(F).$$

1차원 함수를 사인과 코사인의 합으로 표현할 수 있다는 것을 독자는 이미 알고 있다. 영상을 2차원 함수 $f(x, y)$로 간주할 수 있다면, f는 아래와 같은 일반적인 형식의 주름 (corrugation) 함수의 합으로 표현될 수 있다고 가정할 수 있다.

$$z = a \sin (bx + cy).$$

위 함수의 샘플을 그림 7.5에 나타내었다. 실제로 이는 2차원 푸리에 변환이 하는 것을 정

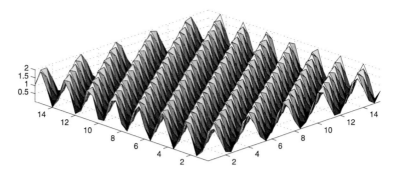

그림 7.5 • 주름 함수(corrugation function)

확하게 표현한 것이다. 원래의 매트릭스를 주름 함수의 합의 형태로 다시 표현한 것이다.

2차원 DFT의 정의는 1차원 DFT 정의와 유사하다. $M \times N$ 매트릭스에 대하여 변환과 역변환은 아래와 같다:

$$F(u,v) = \sum_{x=0}^{M-1} \sum_{y=0}^{N-1} f(x,y) \exp\left[-2\pi i \left(\frac{xu}{M} + \frac{yv}{N}\right)\right]. \tag{7.4}$$

$$f(x,y) = \frac{1}{MN} \sum_{u=0}^{M-1} \sum_{v=0}^{N-1} F(u,v) \exp\left[2\pi i \left(\frac{xu}{M} + \frac{yv}{N}\right)\right]. \tag{7.5}$$

위에서, 표기를 편리하게 하기 위해서 x의 인덱스는 $0 \sim M-1$까지, y의 인덱스는 $0 \sim N-1$까지라고 가정하였다. 이 공식은 끔찍한 공식이지만, 만일 이 공식을 찬찬히 보면 보이는 것만큼 그렇게 나쁘지 않다는 것을 독자는 알게 될 것이다.

위 공식을 사용하기 전에, 모든 저자들이 식 (7.4)와 (7.5)에 제시한 공식을 사용하지 않는다는 것을 주의하라. 주된 차이점은 스케일링 계수 $\frac{1}{MN}$의 위치이다. 어떤 저자는 스케일링 계수를 식 (7.4)의 전방향 변환식 앞에 둔다. 또 다른 저자는 양쪽 식에 앞에 계수 $\frac{1}{\sqrt{MN}}$을 두는 경우도 있다. 이 방식의 초점은 변환이나 혹은 역변환 후에 합의 값이 MN의 계수에 의해 너무 커질 수 있다는 것에 착안한 것이다. 따라서 전방향 변환이나 역변환 중에서 어느 곳이든 스케일링 계수 $\frac{1}{MN}$은 반드시 있어야 한다. 장소는 실제로 중요하지 않다.

7.5.1 2차원 DFT의 성질

1차원 DFT의 모든 성질은 2차원 DFT에서도 적용된다. 그러나 이전에 언급하지 않았고 영상처리용으로 특별히 사용할 몇 가지 성질들도 있다.

유사성(similarity) 먼저 변환과 역변환이 역변환에 스케일 계수 $\frac{1}{MN}$과 순방향 변환에 지수 부분의 부호가 음수라는 점을 제외하면 유사하다는 데 주목하라. 이 유사성에 의하면 동일한 알고리즘을 단지 약간만 조정하면 변환과 역변환에 모두 사용할 수 있다는 것을 의미한다.

공간필터로서의 DFT 변환 및 역변환 식에서 아래 식의 값은 f나 F의 값에 독립적인 값이다.

$$\exp\left[\pm 2\pi i\left(\frac{xu}{M} + \frac{yv}{N}\right)\right]$$

이 독립적이라는 것은 이 값들을 미리 계산할 수 있고, 그런 후에 위 공식에 단지 대입할 수 있다는 것을 의미한다. 또한 이는 모든 $F(u, v)$ 값은 $f(x, y)$ 값에 미리 계산된 값을 곱하고 그 결과를 모두 더하면 구할 수 있다는 것을 의미한다. 그러나 이런 작업 방식은 선형 공간필터가 하는 것과 정말로 똑같은 방식이다. 이는 마스크 내의 값들과 마스크 아래에 있는 모든 원소들의 값에 곱하고, 이 곱해진 값들을 모두 더한다. 따라서 DFT를 영상과 같은 크기인 선형 공간필터로서 생각할 수 있다. 영상의 에지에 대한 문제를 처리하기 위해서 마스크가 영상의 값을 항상 사용할 수 있도록 영상은 모든 방향으로 타일(tile) 형태로 배치되어 있다고 가정한다.

분리성 푸리에 변환필터의 원소들은 아래와 같이 곱하기로 표현할 수 있다는 것을 주목하라.

$$\exp\left[2\pi i\left(\frac{xu}{M} + \frac{yv}{N}\right)\right] = \exp\left[2\pi i\frac{xu}{M}\right]\exp\left[2\pi i\frac{yv}{N}\right].$$

위에서 첫 번째 곱하기 항은 아래와 같이 단지 x와 u에만 종속적이고, y와 v에는 독립적이다.

$$\exp\left[2\pi i\frac{xu}{M}\right]$$

반대로 아래와 같이 두 번째 곱하기 항은 y와 v에만 종속적이고, x와 u에는 독립적이다.

$$\exp\left[2\pi i\frac{yv}{N}\right]$$

이것은 위의 공식을 행 또는 열 방향으로 동작하는 더욱 간편한 공식으로 분리할 수 있음을 의미한다.

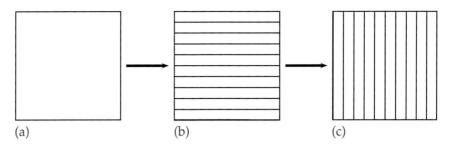

(a)　　　　　　　　(b)　　　　　　　　(c)

그림 7.6 • 2-D DFT의 계산. (a) 원 영상. (b) (a)의 행에 대한 DFT. (c) (a)의 열에 대한 DFT.

$$F(u) = \sum_{x=0}^{M-1} f(x) \exp\left[-2\pi i \frac{xu}{M}\right], \tag{7.6}$$

$$f(x) = \frac{1}{M} \sum_{u=0}^{M-1} F(u) \exp\left[2\pi i \frac{xu}{M}\right]. \tag{7.7}$$

만일 위의 식에서 x를 y로 치환하고, u를 v로 치환하면 매트릭스 열에 대한 DFT 대응 공식을 얻을 수 있다. 이들은 첨자 대신에 $f(x)$와 $F(u)$와 같이 함수 표현을 사용하고 있는 것을 제외하면 식 (7.2)와 (7.3)과 같은 방정식이다.

분리성 성질을 사용하면 2차원 DFT를 고속으로 계산할 수 있다. 어떤 매트릭스의 2차원 DFT를 구하기 위하여 그림 7.6에 보여준 것과 같이 먼저 가로의 방향으로 모든 데이터의 DFT를 계산한 후에 그 결과의 DFT를 세로의 방향으로 계산한다. 곱셈은 순서에 상관없이 서로 독립적이므로 먼저 세로 방향으로 계산하고 그 결과를 다시 가로 방향으로 계산하여도 된다.

선형성　　DFT의 중요한 한 가지 성질은 선형성이다. 이는 합에 대한 DFT는 각 개개의 DFT의 결과를 합한 것과 같으며 스칼라의 곱의 DFT에 대해서도 DFT 결과에 스칼라를 곱한 것과 같다는 것이다.

$$\mathcal{F}(f + g) = \mathcal{F}(f) + \mathcal{F}(g)$$
$$\mathcal{F}(kf) = k\mathcal{F}(f),$$

위에서 k는 스칼라이고 f와 g는 매트릭스이다. 이는 식 (7.4)에 주어진 정의로부터 직결된다. 즉 만일 독자가 2개의 신호를 더하거나 빼면, 대응하는 스펙트럼도 또한 더해지거나 빼진다. 만일 스칼라 곱을 사용해서 신호의 크기를 증가하거나 감소시키면 대응하는 스펙트럼도 같은 양으로 증가하거나 감소된다.

이 성질은 첨가(additive) 형태의 잡음에 오염된 영상을 다루는 데 매우 유용하며, 이는 아래와 같이 합으로 모델화될 수 있다.

$$d = f + n,$$

여기서 f는 원 영상이고, n은 잡음, d는 오염된 영상이다.

$$\mathcal{F}(d) = \mathcal{F}(f) + \mathcal{F}(n),$$

위의 식이 성립하기 때문에, 독자는 변환을 수정하여 n을 제거하거나 감소시킬 수 있다. 독자는 곧 알게 되지만, 어떤 잡음은 DFT에서 특별히 제거하기 쉬운 방법으로 나타나는 경우가 있다.

회선 정리(convolution theorem)　이는 필터 이론과 직접적인 관련이 있는데, 필터는 공간 영역에서는 회선 연산이지만 주파수 영역에서는 단순한 곱셈 연산이 된다. 이의 역도 성립된다. 이 정리가 DFT를 사용하는 가장 강력한 장점 중의 하나이다. 공간 필터 S를 영상 M에 회선 연산을 처리한다고 가정하자. M의 각 화소 위에 S를 위치시킨 후에 S의 원소 값과 M의 대응하는 그레이 값들을 서로 곱하고 난 후에 이들을 모두 더한다. 이 결과를 M과 S의 **디지털 회선**이라 하고 아래와 같이 표기한다.

$$M * S.$$

특히 S가 크면 이 회선 처리 방법은 매우 느리다. 회선 정리를 사용하면, $M * S$ 결과를 아래와 같이 단계적으로 수행하여 구할 수 있다.

1. S의 크기가 영상 M의 크기와 같도록 S의 빈 곳에 0으로 채운다. 0으로 채워진 것을 S'으로 표기한다.
2. M과 S'에 DFT를 수행하여 $\mathcal{F}(M)$과 $\mathcal{F}(S')$을 구한다.
3. 이들 2개의 변환의 값들을 원소별로(element-by-element) 곱하기를 한다.

$$\mathcal{F}(M) \cdot \mathcal{F}(S').$$

4. 위의 결과를 아래와 같이 역변환한다.

$$\mathcal{F}^{-1}(\mathcal{F}(M) \cdot \mathcal{F}(S')).$$

회선 정리를 간략하게 서술하면 아래의 식과 같다고 할 수 있으며,

$$M * S = \mathcal{F}^{-1}(\mathcal{F}(M) \cdot \mathcal{F}(S')),$$

혹은 등가적으로 아래의 식으로도 표현할 수 있다.

$$\mathcal{F}(M * S) = \mathcal{F}(M) \cdot \mathcal{F}(S').$$

이 회선 정리가 회선 연산과 같이 단순한 것을 불필요하게 서툴고 우회하는 방법처럼 보일지라도, 만일 S가 크면 계산시간을 상당히 줄일 수 있다.

예를 들어 512×512 영상을 32×32의 필터로 회선 연산을 수행한다고 가정하자. 이를 직접 계산을 하는 경우 각 화소에 대하여 $32^2 = 1{,}024$번의 곱셈 연산을 해야 하고, 이를 $512 \times 512 = 262{,}144$번 해야 한다. 그러므로 전체에 대하여 $1{,}024 \times 262{,}144 = 268{,}435{,}456$번의 곱셈이 필요하다. 그러면 DFT(FFT 알고리즘 사용)를 적용해 보자. 표 7.1을 참조하면 각 행은 $4{,}608$번의 곱셈이 필요하다. 512개의 행이 있기 때문에 전체적으로 $4{,}608 \times 512 = 2{,}359{,}296$번의 곱셈 연산이 필요하다. 열에 대해서도 같은 과정을 반복해야 한다. 결과적으로 영상의 DFT를 구하는 데 $4{,}718{,}592$번의 곱셈이 요구된다. 필터의 DFT를 구하는 데에도 DFT 역변환을 하는 데에도 같은 양의 연산이 필요하다. 또한 2개의 변환을 곱하기 위해서 512×512번의 곱셈 연산이 필요하다.

따라서 DFT를 사용해서 회선 연산을 수행하는데 필요한 곱셈의 총 수는 아래와 같다. 이는 직접 계산하는 것에 비해 계산시간을 엄청나게 단축시킨다.

$$4{,}718{,}592 \times 3 + 262{,}144 = 14{,}417{,}920.$$

직류(DC) 계수   DFT의 $F(0,0)$ 값을 직류 계수라고 지칭한다. 식 (7.4)에서 주어진 정의에서 $u = v = 0$으로 두면, 아래와 같이 된다.

$$F(0,0) = \sum_{x=0}^{M-1} \sum_{y=0}^{N-1} f(x,y) \exp(0) = \sum_{x=0}^{M-1} \sum_{y=0}^{N-1} f(x,y).$$

즉, 이 값은 원래의 매트릭스 내의 모든 항들을 합한 것과 같다.

이동성(shifting)   디스플레이를 목적으로 매트릭스의 중심에 직류 계수를 나타내는 것이 편리하다. 이를 하기 위해서는 변환을 하기 전에 매트릭스 내에 있는 모든 원소 $f(x,y)$에 $(-1)^{x+y}$를 곱하면 된다. 이 방법에 의해서 매트릭스가 이동된 것을 그림 7.7에 나타내었다. 각 다이어그램에서 직류 계수는 서브매트릭스 A의 좌측 위이며 이를 흑색 사각형으로 표시하였다.

공액복소수 대칭성(conjugate symmetry)   푸리에 변환 정의를 분석해 보면 대칭성이 나타난다. 식 (7.4)에서 $u = -u$로, $v = -v$로 치환하여 대입하면, 임의의 정수 p와 q에 대하여 아래와 같은 식이 성립된다.

$$\mathcal{F}(u,v) = \mathcal{F}^*(-u + pM, -v + qN)$$

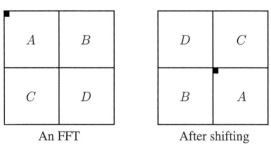

An FFT   After shifting

그림 7.7 • DFT의 이동성.

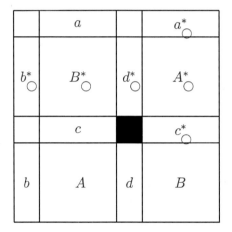

그림 7.8 • DFT의 공액복소수 대칭성.

이것은 변환의 반은 나머지 반의 공액복소수를 거울로 반사시킨 영상(mirror image) 이다는 것을 의미한다. 윗부분과 아랫부분의 절반과, 좌측과 우측의 절반이 서로서로에 대해서 공액복소수의 거울 반사로 형성된 영상이라고 생각할 수 있다.

이동된 DFT의 대칭성을 그림 7.8에 나타내었다. 그림 7.7과 같이 검은 사각형은 직류 계수의 위치를 나타낸다. 대칭성에 의하면 변환의 정보를 변환의 절반으로 완전 히 표현하고 나머지 반은 여분의(redundant) 정보다는 것이다.

변환을 디스플레이하기   영상 $f(x,y)$의 푸리에 변환 $F(u,v)$를 구하였다면 독자는 변 환이 어떻게 보이는가를 알고 싶을 것이다. $F(u,v)$의 원소가 복소수이므로 직접 볼 수 는 없지만, 이의 크기 $|F(u,v)|$는 볼 수 있다. 이것은 일반적으로 큰 범위를 가지는 `double` 타입의 숫자이기 때문에 두 가지 접근 방법을 사용할 수 있다.

1. $|F(u,v)|$의 최대값 m을 구하고(이는 DC 계수일 것이다), $|F(u,v)|/m$ 값을 디스플

레이하기 위해서 imshow 함수를 사용한다.

2. |F(u,v)|를 디스플레이하기 위해서 mat2gray 함수를 직접 사용한다.

한 가지 문제점은 일반적으로 직류 계수가 다른 모든 계수보다 훨씬 값이 크다는 것이다. 이로 인해 변환이 검은색 배경에 하나의 흰색 점이 있는 것으로 보여질 수 있다. 이값들을 스트래칭하는 한 가지 방법은 아래와 같이 |F(u,v)|의 로그(log)를 취하여 디스플레이하는 것이다.

$$\log(1 + |F(u,v)|).$$

푸리에 변환의 크기를 디스플레이한 것을 푸리에 변환의 **스펙트럼(spectrum)**이라고한다. 후에 몇 가지 예들을 보여줄 것이다.

7.6 >> MATLAB에서 푸리에 변환

푸리에 변환과 관련된 MATLAB 함수들은 아래와 같다.

- fft: 벡터의 DFT 변환
- ifft: 벡터의 역 DFT 변환
- fft2: 매트릭스의 DFT 변환
- ifft2: 매트릭스의 역 DFT 변환
- fftshift: 그림 7.7에 나타낸 것과 같이 변환의 이동

위의 처음 2개의 함수에 대한 예들은 이미 보았다.

영상에 DFT를 사용하기 전에, 먼저 몇 개의 작은 매트릭스에 푸리에 변환을 사용해서 DFT가 하는 개념을 살펴보자.

예제 7.6.1 모든 원소들의 값이 모두 1인 상수 매트릭스 $f(x,y) = 1$을 생각해 보자. 모든 주름 함수의 합으로 표현할 수 있다는 아이디어를 생각하면, 상수를 구성하기 위해서는 어떠한 주름 함수도 필요하지 않다는 것을 알 수 있다. 따라서 이 경우에 DFT는 오직 직류 계수만 가지고 있고 나머지는 모두 0이 될 것이다라고 예측할 수 있다. 우리는 ones라는 함수를 사용할 것인데, 이는 원소의 값이 모두 1인 $n \times n$ 매트릭스를 만든다. 여기서 n은 함수의 입력 매개변수이다.

```
>> a=ones(8);
>> fft2(a)
```

그 결과는 아래와 같으며, 독자가 예측한 것과 정확히 일치한다.

```
ans =
    64     0     0     0     0     0     0     0
     0     0     0     0     0     0     0     0
     0     0     0     0     0     0     0     0
     0     0     0     0     0     0     0     0
     0     0     0     0     0     0     0     0
     0     0     0     0     0     0     0     0
     0     0     0     0     0     0     0     0
     0     0     0     0     0     0     0     0
```

직류 계수는 모든 요소들의 합과 일치하는 것을 주목하여라.

예제 7.6.2   그러면, 아래와 같이 하나의 주름(정현파)으로 구성된 매트릭스 예를 생각해 보자.

```
>> a = [100 200; 100 200];
>> a = repmat(a,4,4)

ans =
   100   200   100   200   100   200   100   200
   100   200   100   200   100   200   100   200
   100   200   100   200   100   200   100   200
   100   200   100   200   100   200   100   200
   100   200   100   200   100   200   100   200
   100   200   100   200   100   200   100   200
   100   200   100   200   100   200   100   200
   100   200   100   200   100   200   100   200

>> af = fft2(a)

ans =

  9600     0     0     0 -3200     0     0     0
     0     0     0     0     0     0     0     0
     0     0     0     0     0     0     0     0
     0     0     0     0     0     0     0     0
     0     0     0     0     0     0     0     0
     0     0     0     0     0     0     0     0
     0     0     0     0     0     0     0     0
     0     0     0     0     0     0     0     0
```

여기서 독자가 가지고 있는 것은 실제로 2개의 매트릭스의 합이다. 하나는 모든 원소의 값이 150인 상수 매트릭스이고, 다른 하나는 주름인데 왼쪽에서 오른쪽으로 진행하면서 각 원소의 값들이 −50과 50으로 번갈아 나타나는 매트릭스이다. 상수 매트릭스만을 사용해서 직류 계수를 계산하면 $64 \times 150 = 9{,}600$이 된다(예제 7.6.1에서와 같이). 주름 값도 하나이다. 선형성 성질에 의하면 DFT는 단지 이 2개의 값들로 구성될 것이다.

예제 7.6.3 아래와 같이 계단형 에지(single-step edge)를 생각해 보자.

```
>> a = [zeros(8,4) ones(8,4)]
   a =

      0     0     0     0     1     1     1     1
      0     0     0     0     1     1     1     1
      0     0     0     0     1     1     1     1
      0     0     0     0     1     1     1     1
      0     0     0     0     1     1     1     1
      0     0     0     0     1     1     1     1
      0     0     0     0     1     1     1     1
      0     0     0     0     1     1     1     1
```

위의 매트릭스에 푸리에 변환을 수행하고 직류 계수가 중심에 가도록 이동을 한다. 그리고 푸리에 계수들은 복소수가 될 수 있기 때문에 단순하게 절대값을 구한 후에 반올림을 한다. 이 과정은 아래와 같다.

```
>> af=fftshift(fft2(a));
>> round(abs(af))

ans =
      0     0     0     0     0     0     0     0
      0     0     0     0     0     0     0     0
      0     0     0     0     0     0     0     0
      0     0     0     0     0     0     0     0
      0     9     0    21    32    21     0     9
      0     0     0     0     0     0     0     0
      0     0     0     0     0     0     0     0
      0     0     0     0     0     0     0     0
```

물론 직류 계수는 매트릭스 a의 모든 값들의 합이다. 나머지 값들은 식 (7.1)에 주어진 것처럼 에지를 구성하는 필요한 사인 함수들의 계수라고 생각해도 된다. 값들이 직류 계수를 중심으로 거울 반사처럼 나타나는 것은 DFT의 대칭성 성질 때문이다.

7.7 >> 영상의 푸리에 변환

이 절에서 몇 가지 단순한 영상을 만들고, 이의 푸리에 변환이 생성하는 결과를 영상으로 본다.

예제 7.7.1   아래와 같이 단일 에지를 가지는 간단한 영상을 만든다(그림 7.10 참조).

```
>> a=[zeros(256,128) ones(256,128)];
```

위 영상의 DFT를 구하고 그것을 이동시킨다.

```
>> af=fftshift(fft2(a));
```

이의 스펙트럼을 보기 위해 아래와 같은 2가지 명령 중에 선택할 수 있다.

1. af1 = log(1 + abs(af));
   imshow(af1/af1(129,129))

이 방법은 잘 동작하는데 이는 이동시킨 후에 직류 계수가 $x = 129, y = 129$에 위치하기 때문이다. 이 방법은 로그를 사용하여 변환을 스트레칭하고, 그 결과를 중간에 있는 값으로 나누어서 double 타입의 매트릭스 값들이 0.0~1.0의 범위에 있도록 하였다. 따라서 이 값들을 imshow 함수를 사용하여 직접 볼 수 있다.

2. imshow(mat2gray(log(1 + abs(af))))
   mat2gray 함수는 매트릭스를 영상으로 디스플레이하기 위해 자동적으로 스케일링을 한다. 이 함수는 5장에서 이미 설명하였다.

사실, 변환을 보기 위해 간단한 함수를 작성해서 사용하면 편리하다. 이런 함수를 그림 7.9에 나타내었다. 따라서 예를 들면, 아래의 명령은 변환의 절대값들을 로그 스케일로 보여준다.

```
>> fftshow(af,'log')
```

그리고 아래 명령은 스케일링을 하지 않고 절대값을 보여준다.

```
>> fftshow(af,'abs')
```

```
function fftshow(f,type)

% Usage:  FFTSHOW(F,TYPE)
%
% Displays the fft matrix F using imshow, where TYPE must be one of
% 'abs' or 'log'.  If TYPE='abs', then then abs(f) is displayed; if
% TYPE='log' then log(1+abs(f)) is displayed.  If TYPE is omitted, then
% 'log' is chosen as a default.
%
%  Example:
%     c=imread('cameraman.tif');
%     cf=fftshift(fft2(c));
%     fftshow(cf,'abs')
%

if nargin<2,
  type='log';
end

if (type=='log')
  fl = log(1+abs(f));
  fm = max(fl(:));
  imshow(im2uint8(fl/fm))
elseif (type=='abs')
  fa=abs(f);
  fm=max(fa(:));
  imshow(fa/fm)
else
  error('TYPE must be abs or log.');
end;
```

그림 7.9 ● 푸리에 변환을 디스플레이하는 함수.

위의 결과를 그림 7.10의 우측에 나타내었다. 독자는 결과가 (약간 크지만) 예제 7.6.3과 비슷하다는 것을 관측할 수 있을 것이다.

예제 7.7.2　박스(box) 영상을 만들고, 이의 푸리에 변환을 살펴보자.

```
>> a=zeros(256,256);
>> a(78:178,78:178)=1;
>> imshow(a)
>> af=fftshift(fft2(a));
>> figure,fftshow(af,'abs')
```

박스 영상을 그림 7.11의 왼쪽에 나타내었고, 그의 푸리에 변환은 오른쪽에 나타내었다.

그림 7.10 • 단일 에지 영상과 이의 DFT.

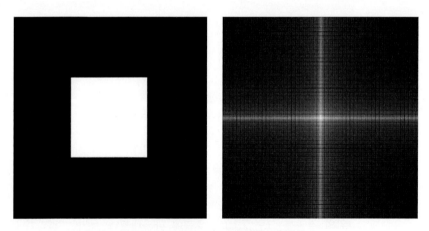

그림 7.11 • 박스(box) 영상과 이의 DFT.

예제 7.7.3 45° 회전시킨 박스 영상과 이의 DFT 결과를 살펴보자.

```
>> [x,y]=meshgrid(1:256,1:256);
>> b=(x+y<329)&(x+y>182)&(x-y>-67)&(x-y<73);
>> imshow(b)
>> bf=fftshift(fft2(b));
>> figure,fftshow(bf,'log')
```

이 결과를 그림 7.12에 나타내었다. 회전된 박스의 변환은 원래 박스의 변환을 회전한

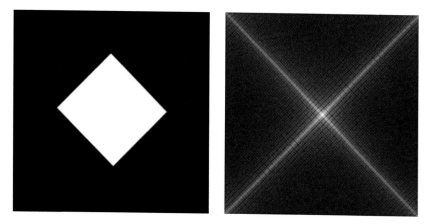
그림 7.12 ● 회전된 박스 영상과 이의 DFT.

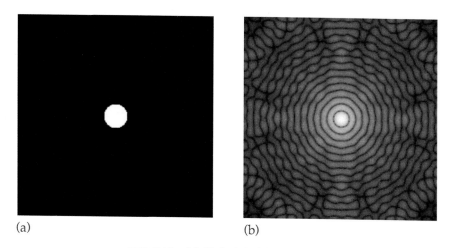

(a)   (b)

그림 7.13 ● (a) 원의 영상. (b) (a)의 DFT.

것과 같다.

예제 7.7.4   작은 원을 만들고, 이의 DFT 결과를 살펴보자.

```
>> [x,y]=meshgrid(-128:127,-128:127);
>> z=sqrt(x.^2+y.^2);
>> c=(z<15);
```

이를 그림 7.13(a)에 나타내었다. 그리고 이의 푸리에 변환을 수행하고 그 결과를 디스플레이한다.

```
>> cf=fftshift(fft2(c));
>> fftshow(cf,'log')
```

위의 결과를 그림 7.13(b)에 나타내었다. 푸리에 변환에 진동(ringing) 현상을 주목하라. 이것은 예리한 차단(cutoff) 특성을 가진 원에 의해 나타나는 현상이다. 앞의 예제들에 있는 에지 영상과 박스 영상에서 알 수 있듯이 에지가 변환 영역에서 에지에 직각 방향으로 하나의 라인으로 나타난다. 독자는 라인 위에 그 값을 에지를 구성하고 있는 주름 함수들의 계수들로 간주할 수 있다. 원(circle) 영상에 대해서, 원으로부터 방출되는 값들이 라인으로 나타난다. 이 값들이 변환 영역에서 원으로 나타난다.

완만한(gentle) 차단 특성을 가지고 있는 원은(이의 에지는 흐리게 보인다) 변환에서 진동 현상이 없다. 이런 원은 아래의 명령들로 만들 수 있다(z는 앞에서 주어졌다).

```
b=1./(1+(z./15).^2);
```

이 영상은 흐릿한 원으로 나타나고, 이의 변환도 매우 유사하다―확인하세요!

7.8 >> 주파수 영역에서의 필터링

7.5절에서, 영상처리에서 푸리에 변환을 사용하는 이유 중 하나가 회선 정리 때문이다는 것을 알았다. 즉 공간적 회선은 적절한 필터 매트릭스에 의해 각 해당 원소 간의 곱셈으로 실행될 수 있다. 이 절에서는 이 방법을 사용하는 몇 가지 필터들을 설명한다.

7.8.1 이상적인(ideal) 필터링

저역통과(low-pass) 필터링　직류 계수가 중심에 있도록 이동시킨 푸리에 변환 매트릭스 F를 가지고 있다고 가정하자. 저주파수 성분이 중심 부근에 있기 때문에 중심 부근의 값들은 그대로 유지하고 중심에서 먼 곳에 있는 값들은 제거하거나 최소화를 하는 방법으로 매트릭스와 변환 계수를 곱하면 저역통과 필터링을 수행할 수 있다. 이를 할 수 있는 한 가지 방법은 **이상적인 저역통과 매트릭스**를 곱하는 것이며, 이는 아래와 같이 정의된 2진 매트릭스 m이다.

그림 7.14 • Cameraman 영상과 이의 DFT.

$$m(x,y) = \begin{cases} 1 & \text{if } (x,y) \text{ is closer to the center than some value } D, \\ 0 & \text{if } (x,y) \text{ is further from the center than } D. \end{cases}$$

그림 7.13에 나타낸 원 c는 $D = 15$인 매트릭스이다. 독자가 원하는 결과, 즉 저역통과 필터링 결과는 아래와 같이 F와 m의 각 요소 간의 곱을 수행한 후 그 결과를 역변환하면 얻을 수 있다.

$$\mathcal{F}^{-1}(F \cdot m).$$

이 필터를 영상에 적용하면 어떤 결과가 발생하는지를 알아보자. 먼저 아래와 같이 영상을 준비하고 이의 DFT를 구한다.

```
>> cm=imread('cameraman.tif');
>> cf=fftshift(fft2(cm));
>> figure,fftshow(cf,'log')
```

Cameraman 영상과 이의 DFT를 그림 7.14에 보였다. 그러면 아래와 같이 변환 매트릭스와 원(circle) 매트릭스를 곱하여 저역통과 필터를 수행할 수 있다(MATLAB에서 "dot asterisk"는 2개의 매트릭스를 원소와 원소 간의 곱하기를 수행하는 구문임을 기억하라).

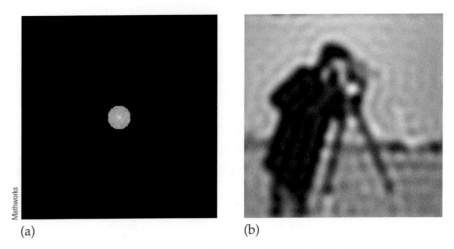

(a)   (b)

그림 7.15 • 저역통과 필터의 적용. (a) DFT의 이상적인 필터링. (b) 역변환 후.

```
>> cfl=cf.*c;
>> figure,fftshow(cfl,'log')
```

위의 결과를 그림 7.15(a)에 보였다. 그런 후에 아래와 같이 역변환을 하고 결과를 디스플레이한다.

```
>> cfli=ifft2(cfl);
>> figure,fftshow(cfli,'abs')
```

위의 결과를 그림 7.15(b)에 보였다. 비록 cfli 매트릭스가 실수라고 추측될지라도 이것을 디스플레이하기 위해 여전히 fftshow 함수를 사용하고 있는 것을 주목하라. 이는 fft2와 ifft2 함수가 수치적으로 정확한 결과를 계산해 내는 것이 아니라 오히려 매우 근접한 수치적 근사값을 계산하기 때문이다. 따라서 fftshow 함수를 'abs'의 옵션으로 사용하면 변환과 역변환을 하는 과정에서 발생한 오차가 절삭된다(round out). 이 영상에서 에지 주위에 진동(ringing) 현상을 주목하라. 이 현상은 예리한 차단 특성을 가진 원에 의해서 발생된 결과이다. 즉 그림 7.13에 보여준 진동이 영상에 전달된 것이다.

독자는 필터의 원을 작게 할수록 영상이 더욱 흐려지고, 원을 크게 할수록 영상이 또렷해진다고 예측할 수 있다. 이것이 사실인 것을 보여주기 위해서 차단이 5와 30인

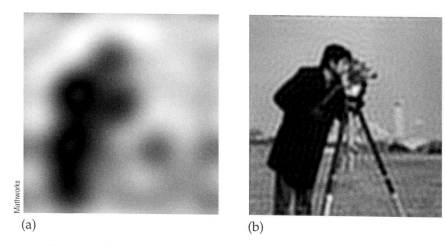

(a)   (b)

그림 7.16 • 차단특성이 다른 이상적인 저역통과 필터링. (a) 차단:5. (b) 차단:30.

경우의 결과를 그림 7.16에 나타내었다. 진동은 여전히 존재하며 그림 7.16(b)에서는 진동이 확실하게 보인다는 것을 주목하라.

고역통과(high-pass) 필터링   DFT의 중심 부근의 값들은 유지하고 그 외의 값들은 제거하여 저역통과 필터링을 수행한 것과 같이, 그와 반대로 하면 고역통과 필터링을 수행할 수 있다. 중심 부근의 값들을 제거하고 그 외의 값들을 유지한다. 이것은 앞에 있는 저역통과 필터링의 방법을 약간 수정하면 처리할 수 있다. 우선 아래와 같이 원을 만든다.

```
>> [x,y]=meshgrid(-128:127,-128:127);
>> z=sqrt(x.^2+y.^2);
>> c=(z>15);
```

그리고 아래와 같이 원과 영상의 DFT를 서로 곱한다.

```
>> cfh=cf.*c;
>> figure,fftshow(cfh,'log')
```

이것을 그림 7.17(a)에 나타내었다. 아래와 같이 이의 역변환은 쉽게 구해지고 결과를 디스플레이할 수 있다.

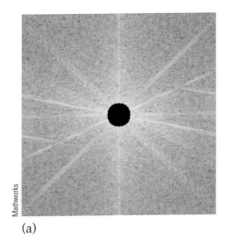
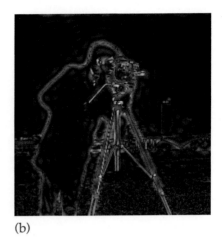

(a)   (b)

그림 7.17 ● 영상의 이상적 고역통과 필터 적용. (a) 고역통과 후의 DFT. (b) 결과 영상.

```
>> cfhi=ifft2(cfh);
>> figure,fftshow(cfhi,'abs')
```

이것을 그림 7.17(b)에 나타내었다. 저역통과 필터링과 같은 이유로 원의 크기에 따라 역변환에서 사용할 수 있는 정보가 달라진다. 따라서 최종 결과도 달라지게 된다. 차단 특성이 다른 이상적인 고역통과 필터링 결과를 그림 7.18에 나타낸다. 차단 특성이 크면 변환에서 더 많은 정보가 제거되고 가장 높은 주파수 성분만 남게 된다. 이를 그림 7.18(c)와 (d)에서 관측할 수 있다. 즉 영상의 에지만 남아 있다. 그림 7.18(a)에서 보여준 것처럼, 차단 특성이 작으면 변환에서 적은 정보만이 제거된다. 따라서 가장 낮은 주파수 성분만 제거될 것이라는 것을 추측할 수 있다. 이는 실제로 사실이며, 그림 7.18(b)에서 확인할 수 있다. 최종 영상에서 몇몇 부분은 그레이스케일로 상세하게 볼 수 있지만 저주파로 구성된 큰 영역은 거의 0에 가깝다.

7.8.2 버터워스(Butterworth) 필터링

이상적인 필터링은 단순하게 중심으로부터 어떤 거리에서 푸리에 변환을 차단하는 것이다. 앞에서와 같이 이러한 차단 특성은 구현하기가 매우 쉽지만, 그 결과에 원하지 않는 가공현상(진동)이 나타나게 하는 단점을 가지고 있다. 이러한 가공현상을 피하기 위한 한 가지 방법은 차단 특성이 예리하지 않은 원(circle)을 필터 매트릭스로 사용하는

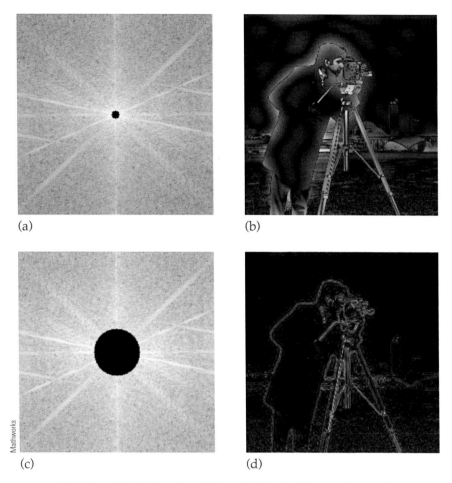

Mathworks

(a)　　　　　　　　　　　　　　(b)

(c)　　　　　　　　　　　　　　(d)

그림 7.18 ● 차단 특성이 다른 고역통과 필터링. (a) 차단: 5. (b) 결과 영상.
(c) 차단: 30. (d) 결과 영상.

것이다. 널리 사용되는 것은 **버터워스(Butterworth)** 필터이다.

이를 설명하기 전에 이상적인 필터를 다시 살펴볼 것이다.이들은 변환의 중심에 대하여 방사상으로 대칭이기 때문에 단면을 사용해서 간단하게 설명할 수 있다. 즉 필터를 중심에서 거리 x의 함수로 설명할 수 있다. 이상적인 저역통과 필터에 대해서, 이 함수를 아래와 같이 표현할 수 있다.

$$f(x) = \begin{cases} 1 & \text{if } x < D, \\ 0 & \text{if } x \geq D. \end{cases}$$

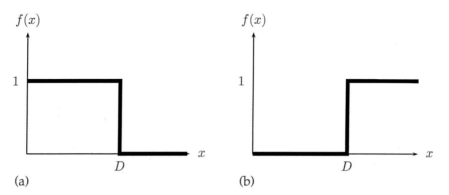

그림 7.19 • 이상적인 필터 함수. (a) 저역통과. (b) 고역통과.

여기서 D는 차단 반경이다. 유사하게 이상적인 고역통과 필터도 아래와 같이 표현할 수 있다.

$$f(x) = \begin{cases} 1 & \text{if } x > D, \\ 0 & \text{if } x \le D. \end{cases}$$

이 함수들을 그림 7.19에 나타내었다. 저역통과 필터에 대한 버터워스 필터함수는 아래와 같은 함수에 근거를 두고 있다.

$$f(x) = \frac{1}{1 + (x/D)^{2n}}$$

그리고 고역통과 필터는 아래와 같은 함수에 근거를 두고 있다.

$$f(x) = \frac{1}{1 + (D/x)^{2n}}$$

여기서 각각의 경우에 파라미터 n을 필터의 차수(order)라고 한다. n의 크기는 차단의 예리함의 정도를 나타낸다. 이 함수들을 그림 7.20과 7.21에 나타내었다.

MATLAB에서 이 함수들을 구현하기는 매우 쉽다. $D = 15$와 차수 $n = 2$이고 크기가 256×256인 버터워스 저역통과 필터는 아래와 같은 명령어들을 사용하면 만들 수 있다.

```
>> [x,y]=meshgrid(-128:127,-128:127));
>> bl=1./(1+((x.^2+y.^2)/15^2).^2);
```

버터워스 고역통과 필터는 1에서 저역통과 필터를 빼면 만들 수 있기 때문에 일반적인

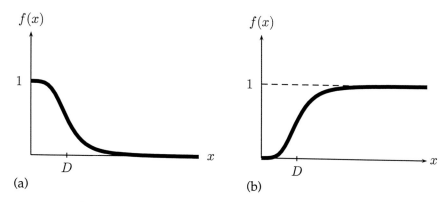

그림 7.20 • $n = 2$의 버터워스 필터 함수. (a) 저역통과. (b) 고역통과.

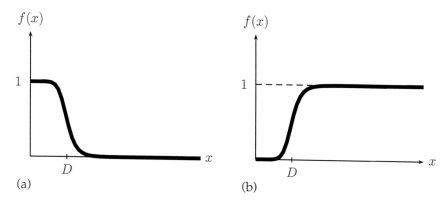

그림 7.21 • $n = 4$의 버터워스 필터 함수. (a) 저역통과. (b) 고역통과.

MATLAB 함수를 사용하여 크기가 가변적인 범용 버터워스 필터를 만들 수 있다. 이 함수들을 그림 7.22와 그림 7.23에 나타내었다.

따라서 cameraman 영상의 DFT에 버터워스 저역통과 필터를 적용하려면 아래와 같이 하면 된다.

```
>> bl=lbutter(cm,15,1);
>> cfbl=cf.*bl;
>> figure,fftshow(cfbl,'log')
```

위 명령의 결과를 그림 7.24(a)에 나타내었다. 그림 7.15에서 보여준 것과 같은 예리한

```
function out=lbutter(im,d,n)
% LBUTTER(IM,D,N) creates a low-pass Butterworth filter
% of the same size as image IM, with cutoff D, and order N
%
% Use:
%    x=imread('cameraman.tif');
%    l=lbutter(x,25,2);
%
height=size(im,1);
width=size(im,2);
[x,y]=meshgrid(-floor(width/2):floor((width-1)/2),-floor(height/2): ...
       floor((height-1)/2));
out=1./(1+(sqrt(2)-1)*((x.^2+y.^2)/d^2).^n);
```

그림 7.22 • 저역통과 버터워스 필터를 만드는 함수.

```
function out=hbutter(im,d,n)
% HBUTTER(IM,D,N) creates a high-pass Butterworth filter
% of the same size as image IM, with cutoff D, and order N
%
% Use:
%    x=imread('cameraman.tif');
%    l=hbutter(x,25,2);
%

out=1-lbutter(im,d,n);
```

그림 7.23 • 고역통과 버터워스 필터를 만드는 함수.

차단 특성이 없으며, 변환의 외곽 부분이 상당히 희미할지라도 0이 되지 않는다는 것을 주목하라. 이전에 하였던 것과 같은 방식으로 역변환을 하고 디스플레이하면 그림 7.24(b)처럼 보인다. 이 그림은 흐릿한 영상이지만, 그림 7.15에서와 같은 진동 현상은 완전히 없어졌다. 버터워스 필터를 곱한 후의 변환[그림 7.24(a)]과 원래의 변환(그림 7.14)을 비교해 보라. 버터워스 필터는 중심에서 멀어질수록 값을 갑자기 0으로 변경하지 않지만 감쇄시킨다(하지만 그림 7.15에 있는 이상적인 저역통과 필터는 값을 갑자기 0으로 변경한다).

이와 비슷하게, 버터워스 고역통과 필터를 적용할 수 있다. 아래와 같이 먼저 필터를 만들고 이를 변환된 영상에 적용한다.

```
>> bh=hbutter(cm,15,1);
>> cfbh=cf.*bh;
>> figure,fftshow(cfbh,'log')
```

(a)   (b)

그림 7.24 • 버터워스 저역통과 필터링. (a) 저역통과 후의 DFT. (b) 결과 영상.

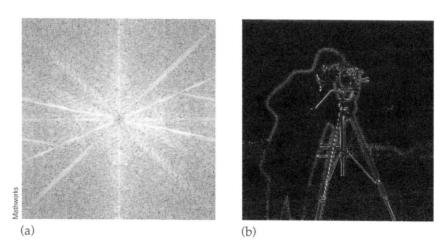

(a)   (b)

그림 7.25 • 버터워스 고역통과 필터링. (a) 버터워스 고역통과 후의 DFT. (b) 결과 영상.

그런 후에 아래와 같이 역변환을 수행하고 그 결과를 디스플레이한다.

```
>> cfbhi=ifft2(cfbh);
>> figure,fftshow(cfbhi,'abs')
```

결과 영상을 그림 7.25에 나타내었다.

7.8.3 가우시안(Gaussian) 필터링

5장에서 공간영역에서 가우시안 필터링을 설명하였고, 저역통과 필터링 용도로 사용할 수 있었다. 그러나 주파수 영역에서도 가우시안 필터링을 사용할 수 있다. 이상적인 필터와 버터워스 필터와 같이 구현은 간단하다. 가우시안 필터를 만들고, 이를 변환된 영상과 곱한 다음, 그 결과를 역변환한다. 가우시안 필터는 가우시안의 푸리에 변환은 항상 가우시안이다는 아주 좋은 수학적 성질을 가지고 있기 때문에 선형 가우시안 공간 필터를 사용할 때와 같은 결과를 정확히 얻을 수 있다.

가우시안 필터가 지금까지 설명한 모든 필터들 중에서 가장 스무싱한 것으로 생각할 수 있는데, 이상적인 필터가 가장 스무싱하지 않고 버터워스 필터는 중간급이다.

fspecial 함수를 사용하면 가우시안 필터를 만들 수 있고, 아래와 같이 이를 변환에 적용할 수 있다.

```
>> g1=mat2gray(fspecial('gaussian',256,10));
>> cg1=cf.*g1;
>> fftshow(cg1,'log')
>> g2=mat2gray(fspecial('gaussian',256,30));
>> cg2=cf.*g2;
>> figure,fftshow(cg2,'log')
```

위에서, mat2gray 함수를 사용한 것을 주목하라. 이는 fspecial 함수 자체가 다음과 같이 최대값이 아주 작은 저역통과 가우시안 필터를 만들기 때문이다.

```
>> g=fspecial('gaussian',256,10);
>> format long, max(g(:)), format

ans =

    0.00158757552679
```

이는 fspecial 함수가 가우시안 함수 아래에 있는 체적(volume)을 항상 1로 유지하도록 출력 값을 조정하기 때문이다. 이것은 표준 편차를 크게 하면 함수의 폭이 넓어지고 그 결과로 최대값은 더 작아진다는 것을 의미이다. 따라서 중심 값이 1이 되도록 그 결과를 스케일링할 필요가 있는데, mat2gray 함수가 이를 자동적으로 처리해 준다.

변환을 그림 7.26(a)와 (c)에 보였다. 각 경우에 fspecial 함수의 마지막 매개변수는 표준편차이다. 이 값은 필터의 폭을 조절한다. 확실히 표준편차가 크면 클수록 함

(a)   (b)

(c)   (d)

그림 7.26 ● 주파수 영역에서 가우시안 저역통과 필터를 적용하기. (a) σ = 10. (b) 결과 영상.
(c) σ = 30. (d) 결과 영상.

수의 폭은 더 넓어지고, 따라서 더 많은 양의 변환이 보존된다.

변환 결과를 원 영상으로 변환하기 위해서는 아래와 같이 일반적인 명령들을 연속적으로 수행하면 된다.

```
>> cgi1=ifft2(cg1);
>> cgi2=ifft2(cg2);
>> fftshow(cgi1,'abs');
>> fftshow(cgi2,'abs');
```

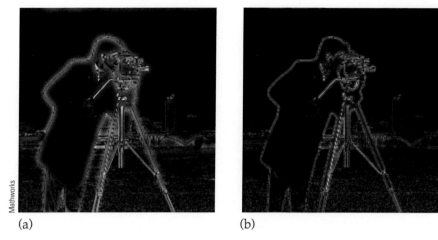

(a)   (b)

그림 7.27 • 주피수 영역에서 가우시안 고역통과 필터를 적용하기. (a) σ = 10 사용.
(b) σ = 30 사용.

이 결과를 그림 7.26(b)와 (d)에 보였다.

고역통과 가우시안 필터도 쉽게 적용할 수 있다. 다음과 같이 1에서 저역통과 필터를 빼면 고역통과 필터를 만들 수 있다.

```
>> h1=1-g1;
>> h2=1-g2;
>> ch1=cf.*h1;
>> ch2=cf.*h2;
>> chi1=ifft2(ch1);
>> chi2=ifft2(ch2);
>> fftshow(chi1,'abs')
>> figure,fftshow(chi2,'abs')
```

위 명령의 결과 영상을 그림 7.27에 보였다. 이상적인 필터와 버터워스 필터처럼, 고역통과 필터가 넓을수록(역자주: σ가 클수록) 변환의 더 많은 정보가 없어지고 출력에서 원 영상의 정보가 줄어든다.

7.9 >> 호모모픽(Homomorphic) 필터링

만일 독자가 가변적인 조명(어떤 부분에서는 어둡고, 그 외의 부분에서는 밝은 경우)으로 인하여 만족스럽지 못한 영상을 가지고 있으면, 국부적으로, 특히 어두운 부분의 대비(contrast)를 강조하기를 원하는 경우가 있다. 만일 독자가 매우 밝은 장면(말하자면, 햇빛이 비치는 날에 그늘진 부분을 포함하고 있는 야외 장면)을 밝기 범위가 작은 매체에 기록하고 있다면, 그런 영상을 얻을 수 있다. 이런 상황에서 생성된 영상은 매우 밝은 영역(조명이 많은 곳)을 가지고 있다. 한편, 그늘진 영역은 실제로 매우 어둡게 보인다.

이 경우에는 히스토그램 평활화가 별 도움이 되지 못한다. 왜냐하면 영상이 이미 고대비이기 때문이다. 이런 경우는 밝기(intensity)의 범위를 줄이고 동시에 국부적 대비를 증가시킬 필요가 있다. 독자는 먼저 영상에 있는 물체의 밝기는 두 가지 요소의 결합이라고 생각할 수 있음을 주목하라. 물체에 비치는 빛의 양과 물체에 의해서 반사되는 빛의 양이다. 실제로, $f(x,y)$가 위치 (x,y)에서 영상의 화소에 대한 빛의 강도라고 하면 아래와 같이 표현할 수 있다.

$$f(x,y) = i(x,y)r(x,y),$$

여기서 $i(x,y)$는 **조명광**의 양이고, $r(x,y)$는 **반사광**의 양이다. 이들은 아래의 조건을 만족한다.

$$0 < i(x,y) < \infty$$

이고

$$0 < r(x,y) < 1.$$

물체에 비치는 광의 양은 (이론적으로) 제한이 없지만, 반사광은 엄밀하게 경계가 있다.

광의 밝기 범위를 줄이기 위해서는 조명광을 줄일 필요가 있고, 국부적 대비를 증가시키기 위해서는 반사광을 증가시킬 필요가 있다. 그러나 이것은 $i(x,y)$와 $r(x,y)$를 분리할 필요가 있다는 것을 뜻한다. 영상은 이들의 곱하기로 형성되기 때문에 이를 직접 분리할 수 없다. 그러나 아래와 같이 영상에 로그(log)를 취하면 , 그러면 $i(x,y)$와 $r(x,y)$의 로그로 분리할 수 있다.

$$\log f(x,y) = \log i(x,y) + \log r(x,y),$$

호모모픽 필터링의 기본은 영상을 가지고 직접 작업하기보다는 영상의 로그를 가지고 작업한다. 호모모픽 필터링의 개념도(schema)를 그림 7.28에 보였다.

개념도에서 뒤에서 두 번째에 있는 exp 박스는 단지 원래의 로그 과정을 역으로 복원하는 처리이다. 조명광의 로그는 천천히 변하고, 그리고 반사광의 로그는 빨리 변한다고 가정한다. 그러면 그림 7.28에 보여준 필터링 처리를 하면 원하는 효과를 얻을 수 있다.

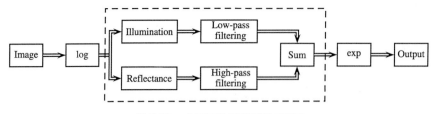

그림 7.28 ● 호모모픽 필터링의 개념도.

그림 7.29 ● 호모모픽 필터링에 대한 더 간단한 개념도.

```
function res=homfilt(im,cutoff,order,lowgain,highgain)

% HOMFILT(IMAGE,FILTER) applies homomorphic filtering to the image IMAGE
% with the given parameters

u=im2uint8(im);

u(find(u==0))=1;
l=log(double(u));
ft=fftshift(fft2(l));
f=hb_butter(im,cutoff,order,lowgain,highgain);
b=f.*ft;
ib=abs(ifft2(b));
res=exp(ib);
```

그림 7.30 ● 호모모픽 필터링을 적용하기 위한 함수.

분명하게도, 실제로는 개념도 방식으로 처리할 수 없다. $\log f(x,y)$의 값을 안다고 해도 이의 더하기 항인 $\log i(x,y)$와 $\log r(x,y)$의 값을 결정할 수가 없다. 더 간단한 방법은 그림 7.28의 점선 상자를 푸리에 변환의 하이-부스트(high-boost) 필터로 치환하는 방법이다. 그러면 그림 7.29에 나타낸 것과 같이 개념도가 더 간단해진다.

호모모픽 필터를 영상(버터워스 하이-부스트 필터를 사용해서)에 적용할 수 있는 간단한 함수를 그림 7.30에 나타내었다.

실제로 이 필터의 동작을 확인하기 위해서 `double` 타입(영상의 화소 값이 0.0과 1.0 사이가 되도록)의 영상에 0.1과 1.0 사이의 값으로 스케일링 된 삼각 함수를 곱한

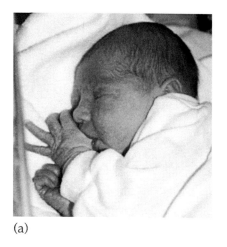
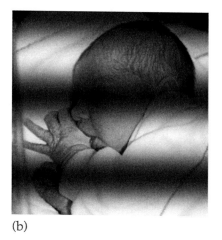

(a)   (b)

그림 7.31 ● 영상의 조명을 바꾸기. (a) "newborn" 영상. (b) 사인 함수에 의한 조명 변화.

다. 예를 들어, 만일 독자가 sin (x) 함수를 아래와 같이 사용하면 치역은 $0.1 \leq y \leq 1.0$을 만족하게 된다. 그 결과는 가변적인 조명 아래 획득한 영상과 같게 된다.

$$y = 0.5 + 0.4 \sin x$$

크기가 226×256인 영상 i를 가지고 있다고 가정하자. 아래와 같이 사인 함수를 중첩하여 가변적인 조명 영상을 얻을 수 있다.

```
>> r=[1:256]'*ones(1,256);
>> x=i.*(0.5+0.4*sin((r-32)/16));
```

위에서 변환 (r-32)/16은 적절한 대역폭을 만들고 영상에서 세밀한 부분을 분명치 않게 만들기 위해서 시행착오로 얻은 값이다. 만일 그림 7.31(a)가 원 영상이면, 위의 결과를 그림 7.31(b)에 나타내었다.

만일 독자가 그림 7.31(b) 영상에 아래와 같이 호모모픽 필터를 적용하면 그림 7.32의 영상을 얻게 된다.

```
>> xh=homfilt(x,10,2,0.5,2);
>> imshow(xh/16)
```

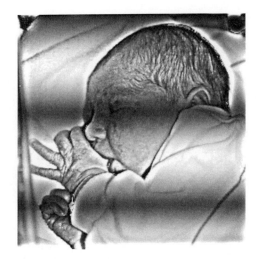

그림 7.32 ● 호모모픽 필터를 적용한 결과 영상.

(a)

(b)

그림 7.33 ● 영상에 호모모픽 필터링을 적용. (a) 입력영상. (b) 호모모픽 필터링 후.

원 영상에서 원래 볼 수 없었던 상세한 부분(특히 조명광의 양이 불충분한 부분)이 선명하다는 것을 결과 영상에서 볼 수 있다. 어두운 띠가 완전히 제거되지 않았을지라도 원 영상처럼 어두운 띠 아래에 있는 부분을 분명치 않게 하지 않는다.

그림 7.33(a)는 유적의 아치형 입구 사진이다. 아치형 입구를 통한 밝은 광으로 인해 상세한 부분의 대부분이 너무 어두워져서 분명하게 보이지 않는다. 이 영상을 x라고 하면, 호모모픽 필터링을 수행하고 그 결과를 디스플레이하기 위해서는 다음과 같이 하면 된다.

```
>> ah=homfilt(x,128,2,0.5,2);
>> imshow(ah/14)
```

위의 결과 영상을 그림 7.33(b)에 나타내었다.

이 영상에서 아치형 부분이 매우 선명하게 보이고, 심지어 아치형 입구 아래에 사람이 서있는 것도 판독할 수 있다는 것을 주목하라.

연습문제

1. 수작업으로, 다음 수열의 각각에 대해서 DFT를 계산하라.

   a. $[2, 3, 4, 5]$
   b. $[2, -3, 4, -5]$
   c. $[-9, -8, -7, -6]$
   d. $[-9, 8, -7, 6]$

   수작업의 결과를 MATLAB의 `fft` 함수로 구한 것과 비교하라.

2. 문제 1에서 계산한 변환의 각각에 대하여 수작업으로 역변환을 계산하라.

3. 수작업으로, 다음 수열의 쌍에 대해서 회선이론을 검증하라.

   a. $[2, \quad 4, \quad 6, \quad 8]$ and $[-1, \quad 2 \quad -3, \quad 4]$
   b. $[4, \quad 5, \quad 6, \quad 7]$ and $[3, \quad 1 \quad 5, \quad -1]$

4. MATLAB을 사용하여 다음 수열의 쌍에 대해서 회선이론을 검증하라.

   a. $[2, \quad -3, \quad 5, \quad 6, \quad -2, \quad -1, \quad 3, \quad 7]$ and
      $[-1, \quad 5, \quad 6, \quad 4, \quad -3, \quad -5, \quad 1, \quad 2]$
   b. $[7, \quad 6, \quad 5, \quad 4, \quad -4, \quad -5, \quad -6, \quad -7]$ and
      $[2, \quad 2, \quad -5, \quad -5, \quad 6, \quad 6, \quad -7, \quad -7]$

5. 다음 매트릭스를 생각해 보자.

$$\begin{bmatrix} 4 & 5 & -9 & -5 \\ 3 & -7 & 1 & 2 \\ 6 & -1 & -6 & 1 \\ 3 & -1 & 7 & -5 \end{bmatrix}$$

MATLAB을 사용하여 각 행의 DFT를 계산하라. 독자는 아래의 명령을 사용하여 이를 계산할 수 있다.

```
>> a=[4 5 -9 -5;3 -7 1 2;6 -1 -6 1;3 -1 7 -5];
>> a1=fft(a')'
```

(fft 함수를 매트릭스에 적용하면, 모든 열들에 대해서 DFT를 각각 따로 만든다. 따라서 먼저 행이 열이 되도록 전치하고, fft를 한 후에 전치하면 다시 되돌아온다.)

   a. a1의 각 열에 대해서 DFT를 계산하기 위해서 유사한 명령을 사용하라.
   b. a의 결과를 명령 fft2(a)의 출력과 비교하라.

6. magic(4)와 hilb(6) 명령으로 생성된 매트릭스에 대해서, 문제 5에 있는 것과 같은 유사한 계산을 수행하라.

7. a. 영상을 평균필터링을 처리한 후에 푸리에 변환을 하면 출력에 어떤 영향을 주는 지를 생각해 보라?
   b. cameraman 영상의 DFT와 5 × 5 평균필터링을 한 후에 영상의 DFT를 구하여 서로 비교하라.
   c. 이 결과에 대해서 설명할 수 있는가?
   d. 만일 평균필터의 크기를 증가시키면 어떻게 되는가?

8. DFT 연산을 두 번 연속으로 실행하면 어떻게 되는가? 하나의 영상에 DFT를 적용하고, 그 결과에 대하여 DFT를 한 번 더 적용하라. 그 결과에 대해서 설명할 수 있는가?

9. engineer.tif 영상을 읽는다.

```
>> en=imread('engineer.tif');
```

이 영상에 푸리에 변환을 하고 아래의 필터들을 적용하는 실험을 수행하라.

a. 이상적인 필터(저역통과와 고역통과 모두)

b. 버터워스 필터

c. 가우시안 필터

얼굴을 여전히 인식할 수 있으면서 이상적인 저역통과 필터의 가장 작은 반경은 얼마인가?

10. 만일 독자가 디지털 카메라나 스캐너를 가지고 있으면, 독자가 알고 있는 누군가의 얼굴 영상을 획득하고, 문제 9에 있는 것과 같은 작업을 수행하라.

08 영상 복원

8.1 >> 서론

영상 복원은 영상을 획득하는 과정에서 발생한 열화(화질의 저하)를 제거하거나 감소시키는 것에 초점을 두고 있다. 이런 열화는 화소 값의 오차를 발생시키는 잡음이거나, 초점의 흐림과 같은 광학적인 요인들, 혹은 카메라의 움직임에 의한 흐려지는 현상과 같은 것에 기인한다. 어떤 복원기술은 공간영역에서 영역 처리 연산을 사용해서 잘 수행할 수 있는 반면에, 또 다른 기술은 주파수 영역에서의 처리가 필요하다는 것을 독자는 알게 될 것이다. 영상 복원은 영상처리의 가장 중요한 영역 중의 하나이지만, 이 장에서는 열화 그 자체나 열화를 일으키는 전자 장비의 성질보다는 복원에 관련된 내용을 강조하여 다룬다.

8.1.1 영상의 열화 모델

공간 영역에서, 영상 $f(x,y)$와 공간필터 $h(x,y)$를 회선 처리하면 열화가 된 어떤 형태의 영상도 만들 수 있다. 예를 들어, 만일 $h(x,y)$가 값이 1인 하나의 라인으로 구성되었다면 회선 처리의 결과는 라인 방향으로 움직이는 흐림이 생긴다(역자주: 8.6.1절 참조). 따라서 열화가 된 영상에 대해서 아래와 같이 표현할 수 있다.

$$g(x,y) = f(x,y) * h(x,y)$$

여기서 기호 $*$는 회선 연산을 의미한다. 그러나 이것이 전부가 아니다. 독자는 잡음을 고려해야 하는데, 이는 회선 처리에 부가되는(additive) 함수로 모델화될 수 있다. 따라서 발생 가능한 랜덤(random) 오차를 $n(x,y)$로 표현하면, 열화가 된 영상은 아래와 같이 표현할 수 있다.

$$g(x,y) = f(x,y) * h(x,y) + n(x,y).$$

독자는 동일한 연산을 주파수 영역에서도 할 수 있는데, 여기서는 푸리에 변환의 선형성 때문에 회선 연산은 곱하기 연산으로 치환되고 더하기 연산은 변하지 않는다. 그러므로 일반적인 영상의 열화를 아래와 같이 표현할 수 있다.

$$G(i,j) = F(i,j)H(i,j) + N(i,j)$$

물론 여기서 F, H와 N은 각각 f, h와 n의 푸리에 변환이다.

만일 H와 N을 알면 위 방정식을 아래와 같이 사용하여 F를 복원할 수 있다.

$$F(i,j) = (G(i,j) - N(i,j))/H(i,j).$$

그러나 독자도 곧 알게 되겠지만, 이 방법은 실제적이지 못하다. 이는 잡음에 관한 어떤 통계적 정보를 가지고 있다고 할지라도 $n(x,y)$ 또는 $N(i,j)$의 값을 전혀 알지 못하기 때문이다. 또한 $H(i,j)$에 0이거나 0에 가까운 값들이 있는 경우에 $H(i,j)$로 나누게 되면 어려움이 발생하기 때문이다.

8.2 >> 잡음(Noise)

독자는 **잡음(noise)**을 외부의 교란에 의해서 영상신호에 열화를 발생시키는 것으로 정의해도 된다. 만일 영상을 위성이나 무선 전송, 혹은 유선망을 통해서 한곳에서 다른 곳으로 전자적으로 전송하면, 영상신호에 오차가 일어날 가능성이 많다. 이런 오차들은 신호에 혼입되는 교란의 종류에 따라 영상 출력에 다른 형태로 나타난다. 일반적으로 독자들은 영상에 대해서 예상되는 오차의 형태와 잡음의 형태를 안다. 그래서 그 효과를 줄일 수 있는 적절한 방법을 선택할 수 있다. 따라서 잡음에 오염된 영상은 영상 복원의 중요한 영역이다.

이 절에서 몇 가지 표준 잡음의 형태를 조사하고 영상에서 이들의 효과들을 제거 또는 줄이는 여러 가지 방법들을 알아본다.

독자는 4가지의 다른 잡음 형태와 이들이 영상에서 외관적으로 나타나는 방법을 알아본다.

8.2.1 소금&후추(salt and pepper) 잡음

소금&후추(salt and pepper) 잡음은 임펄스(impulse) 잡음, 샷(shot) 잡음 혹은 2진화 잡음이라고도 하며, 이는 영상신호에서 예리하고 급작스런 교란으로 인해서 발생될 수 있다. 이 잡음의 외관(appearance)은 영상 전반에 걸쳐 흰색과 검은색 화소로 불규칙하게 퍼져서 나타난다.

잡음의 외관을 알아보기 위해서, 아래와 같이 컬러영상에서 시작해서 흑백 영상을 준비한다.

```
>> tw=imread('twins.tif');
>> t=rgb2gray(tw);
```

잡음을 첨가하기 위해서 imnoise MATLAB 함수를 사용하며, 이 함수는 많은 수의 매개 변수들을 가지고 있다. 소금&후추 잡음을 추가하기 위해서는 아래와 같이 한다.

```
>> t_sp=imnoise(t,'salt & pepper');
```

첨가되는 잡음의 양은 디폴트로 10%이다. 잡음을 더 첨가하거나 줄이려면 매개변수를 추가로 사용하면 되며, 그 값은 0과 1 사이의 값이고 이는 오염될 화소들을 분수형태로 표시한 것이다. 예를 들어, 소금&후추 잡음으로 영상의 20% 화소들을 열화를 시키려면 다음과 같다.

(a)

(b)

그림 8.1 • 영상의 잡음. (a) 원 영상. (b) 소금&후추 잡음이 첨가된 영상.

```
>> imnoise(t,'salt & pepper',0.2);
```

Twins 영상을 그림 8.1(a)에 나타내었고 잡음을 가진 그 영상을 그림 8.1(b)에 나타내었다.

8.2.2 가우시안 잡음

가우시안 잡음은 **백색 잡음(white noise)**의 이상적인 형태이며, 백색 잡음은 신호의 불규칙한 요동으로 인하여 나타난다. 만일 특정 채널에 약간 동조되지 않은 (mistuned) TV를 보면, 독자는 백색 잡음을 관측할 수 있다. 가우시안 잡음은 정규분포를 가지는 백색 잡음이다. 만일 영상을 I로 가우시안 잡음을 N으로 표현하면, 이 2개의 신호를 아래와 같이 단순히 더하면 잡음이 첨가된 영상을 모델화할 수 있다.

$$I + N.$$

여기서 I는 영상의 각 화소들의 값을 나타내는 매트릭스이고, N은 각 원소들이 정규분포를 가지는 매트릭스라고 가정해도 된다. 이것은 잡음에 대한 적절한 모델이다는 것을 알게 된다. 다시 이 효과를 imnoise 함수를 사용해서 아래와 같이 하면 생성할 수 있다.

```
>> t_ga=imnoise(t,'gaussian');
```

(a)   (b)

그림 8.2 • 가우시안과 반점 잡음으로 오염된 twins 영상. (a) 가우시안. (b) 반점.

소금&후추 잡음과 마찬가지로 "gaussian" 매개변수도 옵션 매개변수로 값들을 지정할 수가 있는데 이는 잡음의 평균과 분산 값이다. 디폴트 평균값은 0이고 디폴트 분산값은 0.01이며, 결과 영상을 그림 8.2(a)에 나타내었다.

8.2.3 반점(speckle) 잡음

가우시안 잡음은 불규칙한 값들을 영상에 단순히 더하는 모델이지만, **반점(speckle)** 잡음은 불규칙한 값들을 화소 값에 곱하는 것으로 모델링할 수 있다. 따라서 이를 **곱셈적인(multiplicative)** 잡음이라고도 한다. 반점 잡음은 레이더의 응용 영역에서 주로 문제가 된다. 위에서와 같이, imnoise 함수를 사용하면 아래와 같이 반점 잡음을 만들 수 있다.

```
>> t_spk=imnoise(t,'speckle');
```

그 결과를 그림 8.2(b)에 나타내었다. MATLAB에서, 반점 잡음은 아래와 같이 구현되었다.

$$I(1 + N)$$

여기서 I는 영상 매트릭스이고, N은 평균값이 0인 정규분포이다. 선택 매개변수를 사용하면 N의 분산 값을 지정할 수 있다. 디폴트 값은 0.04이다.

비록 가우시안 잡음과 반점 잡음이 외관적으로 유사하지만, 이 두 가지는 완전히 서로 다른 방법으로 발생된다. 따라서 이들을 제거하기 위해서는 서로 다른 접근 방법이 필요하다.

8.2.4 주기성(periodic) 잡음

영상 신호에 불규칙 교란이 아니라 주기적인 교란이 있는 경우에, **주기성(periodic) 잡음**에 오염된 영상을 획득하게 된다. 이의 효과는 영상에 막대 모양으로 나타난다. imnoise 함수로 주기성 잡음을 만들 수 없지만, 영상에 주기성 매트릭스(삼각함수를 사용해서)를 더하면 자기 자신의 코드를 만드는 것이 아주 쉽다. Twins 영상에 이를 적용하면 아래와 같고 그 결과 영상을 그림 8.3에 나타내었다.

```
>> s=size(t);
>> [x,y]=meshgrid(1:s(1),1:s(2));
>> p=sin(x/3+y/5)+1;
>> t_pn=(im2double(t)+p/2)/2;
```

그림 8.3 ● 주기성 잡음에 오염된 twins 영상.

소금&후추 잡음, 가우시안 잡음, 그리고 반점 잡음은 모두 공간필터링 기술을 이용하여 제거할 수 있다. 그러나 주기성 잡음은 주파수영역 필터링을 이용한다. 위의 다른 잡음들은 국부적 열화로 모델화할 수 있지만, 주기성 잡음은 전체적인 효과를 가지기 때문이다.

8.3 >> 소금&후추 잡음의 제거

8.3.1 저역통과 필터링

소금&후추 잡음으로 오염된 화소들은 영상의 고주파성분이므로 저역통과 필터를 사용하면 이들을 감소시킬 수 있을 것으로 예측할 수 있다. 따라서 아래와 같이 평균 필터를 사용하여 필터링을 할 수 있다:

```
>> a3=fspecial('average');
>> t_sp_a3=filter2(a3,t_sp);
```

이 결과를 그림 8.4(a)에 보였다. 그러나 이 잡음은 영상에 걸쳐 "문질러서 흐리게 한 (smear)" 형태로 남아 있어서 완전히 제거되지 않는 것을 주목하라. 그 결과는 잡음이 있는 영상보다 눈에 뛰게 좋아지지 않았다. 만일 아래와 같이 더 큰 평균 필터를 사용

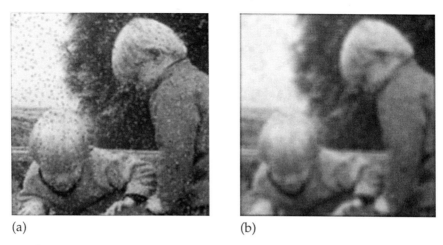

(a)   (b)

그림 8.4 • 평균필터링에 의한 소금&후추 잡음의 제거. (a) 3 × 3 필터. (b) 7 × 7 필터.

하면 이 효과는 더욱 더 크게 나타난다.

```
>> a7=fspecial('average',[7,7]);
>> t_sp_a7=filter2(a7,t_sp);
```

이 결과를 그림 8.4(b)에 나타내었다.

8.3.2 메디언(median) 필터링

메디언 필터링은 소금&후추 잡음을 제거하기에 안성맞춤인 듯하다. 집합의 메디언은
집합 내의 값들을 크기 순서로 나열할 때 가운데 값인 것을 기억하라. 집합 내의 값들
의 수가 짝수이면 메디언 값은 중간에 있는 두 값을 평균한 값이다. 메디언 필터는 비
선형 공간필터의 한 예이다. 예를 들어 3 × 3 마스크를 사용하면 출력 값은 마스크 내
에 있는 값들의 메디언이며 아래와 같다:

50	65	52
63	255	58
61	60	57

$\longrightarrow$ 50 52 57 58 $\boxed{60}$ 61 63 65 255 $\longrightarrow$ 60

메디언 값을 구하는 연산을 하게 되면, 값이 매우 크거나 매우 작은 값들은(즉, 잡음에
해당하는 값들)은 정렬 목록에서 처음이나 끝에 있게 된다. 따라서 일반적으로 메디언
연산은 잡음 값을 그 주위에 있는 가장 근접한 값을 대체하게 된다.

그림 8.5 • 메디언 필터에 의한 소금&후추 잡음의 제거

MATLAB에서, 메디언 필터링은 아래와 같이 medfilt2 함수로 구현되어 있다.

```
>> t_sp_m3=medfilt2(t_sp);
```

이 결과를 그림 8.5에 나타내었다. 이는 평균필터를 사용할 때보다 훨씬 개선되었음을 알 수 있다. 다른 함수들과 마찬가지로 medfilt2 함수도 옵션 매개변수를 가지고 있다. 이 경우에, 이는 마스크 크기를 지정하는 벡터이며 원소가 2개인 벡터이다.

만일 더 많은 화소들을 잡음에 오염되도록 한다면 다음과 같이 하면 된다.

```
>> t_sp2=imnoise(t,'salt & pepper',0.2);
```

그런 후에 medfilt2 함수를 사용하면 그림 8.6에 보여준 것처럼 여전히 잡음을 잘 제거한다. 잡음을 완전히 제거하기 위해서는 3 × 3 메디언 필터를 2번 적용하거나 혹은 아래와 같이 원래 잡음이 있는 영상에 5 × 5 메디언 필터를 적용할 수 있다.

```
>> t_sp2_m5=medfilt2(t_sp2,[5,5]);
```

각각 경우의 출력을 각각 그림 8.7(a)와 (b)에 나타내었다.

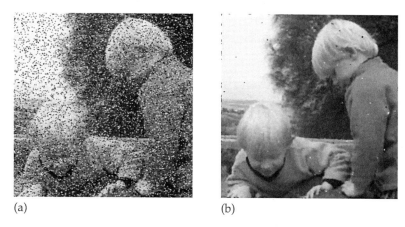

(a)   (b)

그림 8.6 ● 심하게 오염된 영상에 3 × 3 메디언 필터를 적용. (a) 20% 소금&후추 잡음 영상. (b) 메디언 필터링 후의 영상.

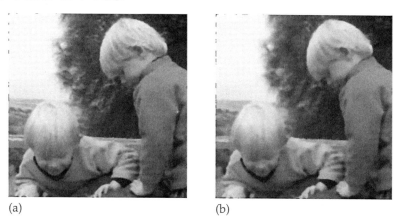

(a)   (b)

그림 8.7 ● 20% 소금&후추 잡음을 메디언 필터로 제거. (a) `medfilt2`를 2회 적용. (b) 5 × 5 메디언 필터를 적용.

8.3.3 순위(rank-order) 필터링

메디언 필터링은 **순위(*rank-order*) 필터링**이라고 하는 더 일반적인 과정의 특수한 경우이다. 순위 필터링은 집합에서 메디언을 취하는 것 대신에, 집합의 원소들을 정렬하고 미리 결정된 어떤 n의 값들에 대해서 n번째 값을 취하는 것이다. 따라서 3 × 3 마스크를 사용하는 메디언 필터링은 n = 5인 순위 필터링과 같다. 비슷하게 5 × 5 마스크를 사용하는 메디언 필터링은 n = 13인 순위 필터링과 같다. MATLAB에서, 순위 필터링은 `ordfilt2` 함수로 구현되어 있다. 사실 `medfilt2` 함수는 단지 `ordfilt2` 함수를 호출하기 위한 래퍼(wrapper) 함수이다. 메디언 필터링 대신에 순위 필터링을 사용하는 이유가 하나 있는데, 이는 직사각형이 아닌 마스크의 메디언을 선택할 수 있기 때문이다. 예를 들어, 아래와 같은 3 × 3 십자가 형태를 마스크로 사용하면, 메디언은 정렬한 후에 이 값들 중에서 3번째 원소일 것이다:

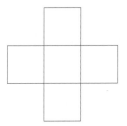

이를 수행하기 위한 명령은 아래와 같다:

```
>> ordfilt2(t_sp,3,[0 1 0;1 1;0 1 0]);
```

일반적으로, ordfilt2 함수의 두 번째 매개변수는 순서 집합에서 취해야 할 순위이고, 세 번째 매개변수는 **정의영역(domain)**을 지정한다. 이 정의영역에서 0이 아닌 값은 마스크를 지정한다. 만일 독자가 가로 세로 크기가 5인 십자가 형태(따라서 원소의 개수는 9이다)를 사용하기 원하면 아래와 같이 사용하면 된다.

```
>> ordfilt2(t_sp,5,[0 0 1 0 0;0 0 1 0;1 1 1 1 1;0 0 1 0 0;0 0 1 0 0 ])
```

8.3.4 이상치(outlier) 방법

메디언 필터를 적용하면, 일반적으로 느린 연산일 수 있다. 각 화소에서 적어도 9개의 값들을 정렬해야 한다. 이 어려움을 극복하기 위해서, Pratt[26]는 잡음 화소를 **이상치 (outlier)** 화소로 간주하여 소금&후추 잡음을 제거하는 방법을 제안하였다. 여기서 이상치 화소는 그레이 값이 자신의 이웃 화소들의 그레이 값과 크게 다른 화소를 뜻한다. 이 사실에 의해서 잡음 제거를 위해 아래와 같은 접근 방법을 사용할 수 있다.

1. 문턱치 D를 선택한다.
2. 처리할 화소에 대해서, 자신의 그레이 값 p와 자신의 8개 이웃 화소들의 평균값 m을 비교한다.
3. 만일 $|p-m| > D$이면, 현재 화소를 잡음으로 분류한다. 그렇지 않으면 잡음이 아닌 것으로 분류한다.

```
function res=outlier(im,d)
% OUTLIER(IMAGE,D) removes salt and pepper noise using an outlier method.
% This is done by using the following algorithm:
%
% For each pixel in the image, if the difference between its gray value
% and the average of its eight neighbors is greater than D, it is
% classified as noisy, and its grey value is changed to that of the
% average of its neighbors.
%
% IMAGE can be of type UINT8 or DOUBLE; the output is of type
% UINT8. the threshold value D must be chosen to be between 0 and 1.

f=[0.125 0.125 0.125; 0.125 0 0.125; 0.125 0.125 0.125];
imd=im2double(im);
imf=filter2(f,imd);
r=abs(imd-imf)-d>0;
res=im2unint8(r.*imf+(1-r).*imd);
```

그림 8.8 • 이상치 방법을 사용해서 소금&후추 잡음을 제거하는 MATLAB 함수.

4. 만일 화소가 잡음이면, 자신의 그레이 값을 m으로 대체한다. 그렇지 않으면 자신의 값을 변경하지 않고 그대로 둔다.

이를 수행하기 위한 MATLAB 함수는 없지만, 이를 수행하는 함수를 만드는 것은 매우 쉽다. 먼저 아래와 같은 선형 필터로 회선 연산을 수행하여 임의의 모든 화소 위치에서 8개 이웃들의 평균을 계산한다.

$$\frac{1}{8}\begin{bmatrix} 1 & 1 & 1 \\ 1 & 0 & 1 \\ 1 & 1 & 1 \end{bmatrix} = \begin{bmatrix} 0.125 & 0.125 & 0.125 \\ 0.125 & & 0.125 \\ 0.125 & 0.125 & 0.125 \end{bmatrix}.$$

그런 후에 원 영상과 평균의 차이가 D보다 큰 모든 화소 위치에만, 즉 화소가 잡음으로 분류된 위치에만 값이 1인 매트릭스 r을 만든다. 그러면 $1-r$은 화소가 잡음으로 분류되지 않은 위치에만 1인 값을 가지게 된다. 매트릭스 r과 필터링을 한 영상을 곱하면 잡음 화소들을 평균값들로 대체하게 된다. 매트릭스 $1-r$과 원 영상을 곱하면 출력의 나머지 부분을 얻을 수 있다. (역자주: 원래 화소 값을 그대로 유지한다.)

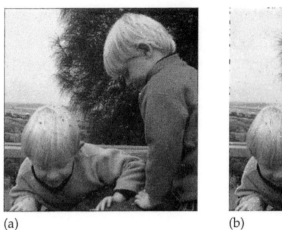

(a)　　　　　　　　　　　　　(b)

그림 8.9 ● 10% 소금&후추 잡음 영상에 이상치 방법 사용. (a) D = 0.2. (b) D = 0.4.

이를 구현한 MATLAB 함수를 그림 8.8에 나타내었다. 이상치 방법이 가지고 있는 직접적인 문제점은 완전히 자동적이지 않다는 것이다. 문턱치 D를 독자가 반드시 지정해야 한다. 이상치 방법을 사용하기 위한 적절한 방법은 여러 가지 다른 문턱치를 사용해서적용해 보고, 그런 후에 가장 좋은 결과를 주는 값을 선정하는 것이다. 그림 8.1(b)에, 즉 10% 소금&후추 잡음을 가지고 있는 twins 영상에 있는 잡음을 제거하기 위해서 이상치 방법을 사용하는 시도를 하고 있다고 가정하자. D = 0.2를 사용하여 얻은 영상을 그림 8.9(a)에 나타내었다. 이것은 메디언 필터를 사용했을 때만큼 좋은 결과는 아니다. 잡음의 효과는 줄어들었지만, 영상 전반에 가공된 잡음이 여전히 존재한다. 이 경우에 너무 작은 문턱치를 선택하였다. D = 0.4를 사용하여 얻은 영상을 그림 8.9(b)에 나타내었다. 화소의 위치가 다르지만 여기에도 여전히 약간의 가공된 잡음이 있다. 독자는 D의 값이 적으면 어두운 영역의 잡음을 제거하는 경향이 있고, D의 값이 크면 밝은 영역의 잡음을 제거하는 경향이 있다는 것을 알 수 있을 것이다. 사실 약 D = 0.3인 중간값을 사용하면, 메디언 필터링만큼 아주 좋은 결과는 아니지만 실제적으로 만족스러운 결과를 만들 수 있다.

　이 방법에서 분명히 적당한 D값을 사용하는 것은 소금&후추 잡음을 제거하기 위해서 필수적이다. 만일 D가 너무 작으면, 잡음이 아닌 많은 화소들이 잡음으로 분류될 것이고 이들의 값은 이들의 이웃들의 평균값으로 변경된다. 이로 인해 블러링 효과가 발생되는데 평균필터를 사용해서 얻은 것과 유사하다. 만일 D가 너무 크게 선택되면, 잡음 화소들이 잡음만큼 충분히 많이 분류되지 않고, 그리고 결과 출력에 거의 변화가 없다.

이상치 방법은 많은 양의 잡음을 제거하기 위해서는 특히 적당하지 않다. 그런 상황인 경우에는 메디언 필터가 더 좋다. 따라서 메디언 필터가 너무 느리다고 판명되었을 때 이상치 방법은 소금&후추 잡음을 제거하기 위한 "간이식(quick and dirty)" 방법으로 생각할 수 있다. 소금&후추 잡음을 제거하기 위한 더 나은 방법은 10장에서 논의할 것이다.

8.4 >> 가우시안 잡음의 제거

8.4.1 평균 영상(image averaging)

가우시안 잡음에 오염된 영상이 단 하나가 아니고 다수의 사본을 가지는 경우가 종종 있다. 한 예가 위성 영상이다. 만일 위성이 같은 장소를 여러 번 통과하면 같은 장소에 대한 많은 다른 영상들을 얻을 수 있다. 또 다른 예는 현미경 사진이다. 독자는 같은 물체의 많은 다른 영상들을 획득할 수 있다. 이런 경우에 가우시안 잡음을 제거하는 매우 간단한 방법은 모든 영상들의 평균을 취하는 것이다.

이것이 동작하는 방법을 알기 위해서, 각각에 잡음이 첨가된 영상의 100개 사본이 있다고 가정하자. 그러면 i번째 잡음 영상은 아래와 같이 표현할 수 있다.

$$M + N_i$$

여기서 M은 원래 값을 가지고 있는 매트릭스이고, N_i는 평균값이 0인 정규분포의 매트릭스이다. 독자는 일반적인 더하기와 나누기 연산을 사용해서 이런 영상들의 평균 영상 M'을 구할 수 있으며, 이는 아래와 같다.

$$\begin{aligned} M' &= \frac{1}{100} \sum_{i=1}^{100} (M + N_i) \\ &= \frac{1}{100} \sum_{i=1}^{100} M + \frac{1}{100} \sum_{i=1}^{100} N_i \\ &= M + \frac{1}{100} \sum_{i=1}^{100} N_i. \end{aligned}$$

N_i는 평균이 0인 정규분포이기 때문에 모든 N_i들의 평균은 0에 근접하게 될 것이고, N_i들의 수가 더 많을수록 더욱더 0에 근접한다는 것을 쉽게 알 수 있다. 따라서 아래의 식이 성립하고,

(a)   (b)

그림 8.10 ● 가우시안 잡음을 제거한 평균 영상. (a) 10장의 영상. (b) 100장의 영상.

$$M' \approx M,$$

위 근사식은 영상의 수 $M + N_i$가 많을수록 더 근접한다.

이를 twins 영상을 사용해서 실험할 수 있다. 우선 가우시안 잡음을 첨가한 여러 개의 사본을 만들고, 이들의 평균을 구한다. 10개의 사본을 만들 것인데, 이를 하는 방법 중의 하나는 깊이가 10인 빈 3차원 배열을 생성한 후에 아래와 같이 각 레벨에 잡음이 섞인 영상을 채운다.

```
>> s=size(t);
>> t_ga10=zeros(s(1),s(2),10);
>> for i=1:10 t_ga10(:,:,i)=imnoise(t,'gaussian'); end
```

여기서, imnoise 함수의 옵션 매개변수 gaussian은 난수 발생기인 randn 함수를 호출하는데, 이 함수는 정규 분포를 가지는 난수를 생성한다. randn 함수는 호출될 때마다 다른 수열의 수를 생성한다. 따라서 3차원 배열의 모든 레벨에 각기 다른 영상이 있음을 보증할 수 있다. 그러면 독자는 아래와 같이 수행하여 평균을 구할 수 있다.

```
>> t_ga10_av=mean(t_ga10,3);
```

위에서, 옵션 매개변수의 값 3은 배열의 세 번째 차원 방향을 따라 평균을 구하라고 지정한 것이다. 이 결과를 그림 8.10(a)에 보였다. 이는 아주 분명하게 보이지는 않지만,

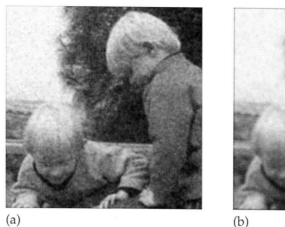

(a)　　　　　　　　　　　　　　　　(b)

그림 8.11 • 가우시안 잡음을 제거하기 위한 평균 필터의 적용. (a) 3 × 3 평균. (b) 5 × 5 평균.

그림 8.2(a) 잡음 영상과 비교해서 많이 개선되었음을 알 수 있다. 100개의 영상을 같은 방법으로 처리하면 더욱 좋은 결과를 얻을 수 있다. 이는 위의 명령어에서 10을 100으로 대체하면 된다. 그 결과를 그림 8.10(b)에 보였다. 이 방법은 가우시안 잡음의 평균이 0인 경우에만 유용하다는 것을 기억하라.

8.4.2 평균(average) 필터링

만일 가우시안 잡음이 평균값 0을 가지고 있으면, 평균필터를 사용하면 잡음을 0으로 평균할 수 있다고 기대할 수 있다. 필터 마스크의 크기가 클수록 잡음은 더욱 0에 접근한다. 불행하게도 독자가 5장에서 본 바와 같이 평균 필터링은 영상을 흐리게 하는 경향이 있다. 그러나 잡음 감소에 대해서 영상이 흐려지는 것을 감수한다면 이 방법으로 잡음을 현저히 줄일 수 있다.

아래와 같이 3 × 3과 5 × 5 평균필터를 생성하고 잡음 영상 t_ga에 이를 적용한다고 가정하자.

```
>> a3=fspecial('average');
>> a5=fspecial('average',[5,5]);
>> tg3=filter2(a3,t_ga);
>> tg5=filter2(a5,t_ga);
```

이 결과를 그림 8.11에 보였다. 그 결과는 실제로 만족스럽지 못하다. 잡음 감소는 있다 할지라도 결과 영상의 "더럽혀진(smeary)" 현상은 보기가 싫다.

8.4.3 적응(adaptive) 필터링

적응 필터는 마스크 내의 그레이스케일 값에 따라 그 특성이 변화되는 필터이다. 영상 내의 위치에 의존해서, 경우에 따라 메디언 필터와 더 유사하게 또는 평균필터와 더 유사하게 동작한다. 이 필터는 마스크 내에 화소들의 국부적인 통계 성질을 이용하여 가우시안 잡음을 제거하는 데 사용할 수 있다.

이런 필터 중의 하나가 **최소 오차제곱평균 필터**(*minimum mean-square error filter*)이다. 이 필터는 비선형 공간필터이고, 모든 공간필터와 같이 마스크 내에 있는 그레이 값들에 함수를 적용하여 구현된다.

독자는 첨가적인 잡음을 처리하고 있기 때문에 잡음이 섞인 영상 M'을 아래와 같이 표현할 수 있다.

$$M' = M + N,$$

여기서 M은 잡음이 없는 원래 영상이고, N은 잡음으로서 평균값이 0인 정규분포를 가진다고 가정한다. 그러나 마스크 내에서 평균은 0이 아닐 수 있다. 마스크 내의 평균을 m_f, 분산을 σ^2이라고 하자. 또한 전체 영상에 걸쳐 잡음의 분산 값이 σ_g^2이고 이 값을 알고 있다고 가정하자. 그러면 출력 값은 아래와 같이 계산될 수 있다.

$$m_f + \frac{\sigma_f^2}{\sigma_f^2 + \sigma_g^2}(g - m_f),$$

여기서 g는 잡음이 섞인 영상에서 화소의 현재 값이다. 만일 국부의(local) 분산 값 σ_f^2이 크면, 위의 식에서 분수는 1에 근접하게 되고 출력은 원래 영상의 화소 값 g에 근접하는 것을 주목하라. 위의 동작은 매우 적절하다. 이는 분산 값이 큰 부분은 에지와 같은 섬세한 부분을 의미하며 이는 보존해야 하기 때문이다. 반대로 영상의 배경 영역처럼 국부의 분산 값이 작으면, 분수가 0에 접근하며 출력은 평균값 m_f에 근접하게 된다. 상세한 것은 Lim[22]을 보라.

이 필터의 또 다른 버전[37]은 출력을 아래와 같이 계산하였다.

$$g - \frac{\sigma_g^2}{\sigma_f^2}(g - m_f),$$

위 식에서 필터는 국부의 분산 값이 크거나 작은 것에 의존해서 g 혹은 m_f에 근접한 값을 출력한다.

실제로, m_f는 마스크 내의 모든 그레이 값들의 평균으로 계산될 수 있고, σ_f^2은 마스크 내의 모든 그레이 값들의 분산으로 계산될 수 있다. σ_g^2값은 반드시 알 필요는 없다. 이는 첫 번째 식을 약간 변형하여 아래와 같이 사용할 수 있기 때문이다.

$$m_f + \frac{\max\{0, \sigma_f^2 - n\}}{\max\{\sigma_f^2, n\}}(g - m_f),$$

여기서 n은 계산되는 잡음의 분산이고, 이는 전체 영상에 대해서 모든 σ_f^2 값들의 평균을 취하여 계산한다. 이 특정한 필터는 MATLAB에서 wiener2 함수로 구현되어 있다. 이 이름은 이 필터가 입력과 출력 영상의 차분의 제곱을 최소화하는 시도를 한 사실을 나타낸다. 이런 필터들은 일반적으로 **Wiener 필터**로 알려져 있다. 그러나 이 Wiener 필터는 주파수 영역에서 더 자주 사용된다(8.7절 참조).

그림 8.2(a)에 보여준 잡음 영상을 가지고 있고 이 영상에 적응 필터링을 사용해서 잡음을 제거하려고 한다고 가정하자. wiener2 함수를 사용할 것이고 이는 사용할 마스크 크기를 지정할 수 있는 옵션 매개변수를 가지고 있다. 디폴트 크기는 3×3이다. 아래와 같이 4개의 영상을 만든다.

```
>> t1=wiener2(t_ga);
>> t2=wiener2(t_ga,[5,5]);
>> t3=wiener2(t_ga,[7,7]);
>> t4=wiener2(t_ga,[9,9]);
```

이들을 그림 8.12에 나타내었다. 저역통과 필터처럼, 적응 필터링도 영상의 에지와 고주파 성분을 흐리게 하는 성질이 있다. 그러나 저역통과 블러링 필터를 사용하는 것보다 훨씬 좋은 영상을 만든다.

현재 사용하고 있는 영상보다 분산이 크지 않은 잡음에 대해서는 매우 좋은 결과를 얻을 수 있으며, 아래와 같이 실험할 수 있다.

```
>> t2=imnoise(t,'gaussian',0,0.005);
>> imshow(t2)
>> t2w=wiener2(t2,[7,7]);
>> figure,imshow(t2w)
```

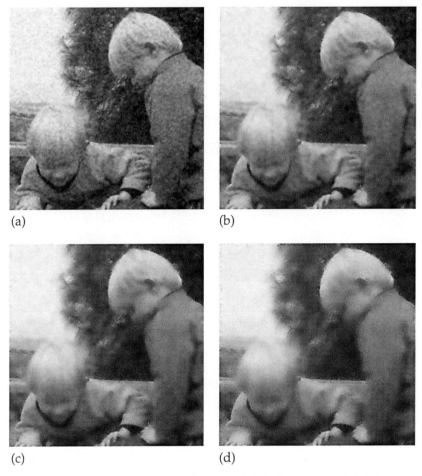

(a)

(b)

(c)

(d)

그림 8.12 ● 가우시안 잡음을 제거하기 위한 적응 필터링의 예. (a) 3 × 3 필터링. (b) 5 × 5 필터링. (c) 7 × 7 필터링. (d) 9 × 9 필터링.

영상과 이에 적응 필터링 후의 영상을 그림 8.13에 나타내었다. 이 결과는 원 잡음영상에 대하여 크게 개선된 것이다. 이 경우에 배경부분은 약간의 블러링이 있지만, 앞에서 적응필터 공식의 해석에 의해 예측되는 바와 같이 에지는 잘 보존된다.

그림 8.13 • 낮은 분산을 가진 가우시안 잡음을 제거하기 위해 적응 필터링을 사용.

8.5 >> 주기성 잡음의 제거

만일 영상장비(획득 혹은 네트워크 장치)가 전기 모터에 의해서 생기는 것과 같은 반복적인 특성을 지닌 전자적인 교란에 노출되면, 주기성 잡음이 발생할 수 있다. 독자는 아래와 같이 영상에 삼각함수를 중첩시키면 주기성 잡음을 쉽게 만들 수 있다:

```
>> [x,y]=meshgrid(1:256,1:256);
>> p=1+sin(x+y/1.5);
>> tp=(double(t)/128+p)/4;
>> tf=fftshift(fft2(tp));
```

여기서, t는 앞 절에서 사용한 twins 영상이다. 두 번째 줄은 단순히 사인함수를 만들고 출력의 범위가 0~2되도록 조정한다. 세 번째 줄은 먼저 twins 영상의 범위가 같도록 조정하고, 그것에 사인함수에 더한다. 그리고 모든 원소들의 값이 0.0~1.0 범위에 있는 double 타입의 매트릭스를 만들기 위해 4로 나눈다. 이것을 imshow 함수로 직접 볼 수 있으며, 이를 그림 8.14(a)에 나타내었다. 영상의 이동된 DFT 결과를 생성할 수 있으며, 이를 그림 8.14(b)에 나타내었다. 중심에 떨어진 위치에 있는 2개의 여분의 스파이크(spike)는 방금 추가한 주기성 잡음에 대응한다. 일반적으로 잡음의 주기가 짧을수록 2개의 스파이크는 중심에서 멀어진다. 그 이유는 짧은 주기는 고주파(짧은 거리에 큰 변화)에 대응하고, 따라서 이동된 변환영역의 중심에서 더 멀어지게 된다.

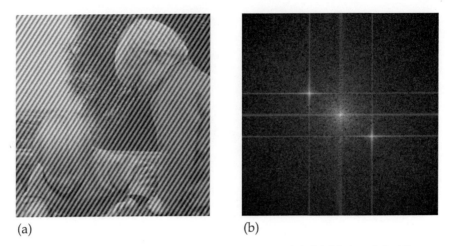

(a)   (b)

그림 8.14 • Twins 영상. (a) 주기성 잡음이 첨가된 영상. (b) (a)의 푸리에 변환.

지금부터 이 여분의 스파이크를 제거하고 그 결과를 역변환할 것이다. 만일 독자가 `pixval on`(역자주: impixelinfo) 명령을 사용한 후에 영상 위에 마우스를 움직이면서 스파이크의 위치를 행과 열의 값으로 구하면 (156, 170)과 (102, 88)이 된다. 이 값들은 중심으로부터 같은 거리(49.0918)만큼 떨어져 있다. 아래와 같이 하면, 이것을 확인할 수 있다.

```
>> z=sqrt((x-129).^2+(y-129).^2);
>> z(156,170)
>> z(102,88)
```

이 스파이크들을 제거하기 위해서 사용할 수 있는 방법은 두 가지가 있다.

대역제거(band reject) 필터링   아래와 같이 중심에서부터 반경이 49만큼 떨어진 곳에 값이 0인 링(ring)을 가지고 있고, 나머지 값들은 1인 필터를 생성한다.

```
>> br=(z < 47 | z > 51);
```

여기서 z는 원점에서 떨어진 거리 값을 가지고 있는 매트릭스이다. 이 특정한 링은 스파이크를 덮을 수 있는 충분한 두께를 가지게 된다. 그런 후에 이전처럼 이를 변환된 영상과 곱한다.

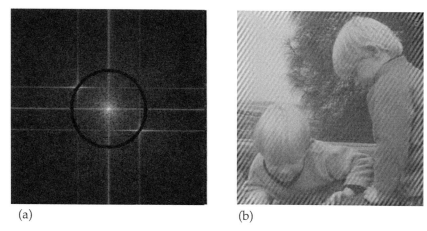

(a)　　　　　　　　　　　　　(b)

그림 8.15 ● 대역제거 필터로 주기성 잡음의 제거. (a) 대역제거 필터. (b) 역변환 후.

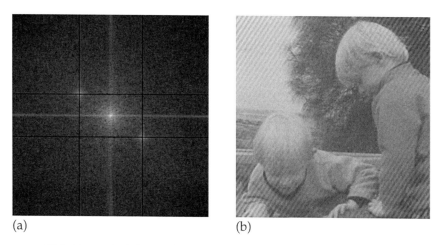

(a)　　　　　　　　　　　　　(b)

그림 8.16 ● 노치 필터로 주기성 잡음의 제거. (a) 노치 필터. (b) 역변환 후 영상.

```
>> tbr=tf.*br;
```

이 결과를 그림 8.15(a)에 나타내었다. 결과를 보면 이 필터에 의해 스파이크 부분이
보이지 않게 되는 것을 알 수 있다. 이의 역변환을 한 후에 디스플레이를 하면 그림
8.15(b)와 같다. 잡음이 완전히 제거되지는 않지만, 특히 영상의 중심부분에서 확연히
제거되었다는 것을 주목하라.

노치(notch) 필터링   아래와 같이 스파이크가 존재하는 위치의 행과 열에 값 0을 설정하여 단순하게 노치 필터를 만든다.

```
>> tf(156,:)=0;
>> tf(102,:)=0;
>> tf(:,170)=0;
>> tf(:,88)=0;
```

이 결과를 그림 8.16(a)에 나타내었다. 이의 역변환을 한 후의 영상을 그림 8.16(b)에 나타내었다. 이전과 같이 중심부분에 있는 잡음이 많이 제거되었다. 변환영역에서 노치 필터의 두께를 0으로 더욱 두껍게 설정하면 더 많은 잡음을 제거할 수 있다.

8.6 >> 역(Inverse) 필터링

회선 정리를 직접 적용하면 영상의 DFT와 필터의 DFT를 곱하여 푸리에 영역에서 필터링을 수행할 수 있다는 것을 안다. 즉 이는 아래와 같다.

$$Y(i,j) = X(i,j)F(i,j),$$

여기서 X는 영상의 DFT이고, F는 필터의 DFT이며 Y는 결과의 DFT이다. 만일 Y와 F가 주어지면, 그러면 아래와 같이 Y를 F로 나누어 원 영상 X의 DFT를 복원할 수 있을 것이다.

$$X(i,j) = \frac{Y(i,j)}{F(i,j)}. \tag{8.1}$$

예를 들면, 웜바트 영상 wombat.tif를 가지고 있고, 아래와 같이 저역통과 버터워스 필터를 사용하여 블러링을 한다고 가정하자.

```
>> w=imread('wombats.tif');
>> wf=fftshift(fft2(w));
>> b=lbutter(w,15,2);
>> wb=wf.*b;
>> wba=abs(ifft2(wb));
>> wba=uint8(255*mat2gray(wba));
>> imshow(wba)
```

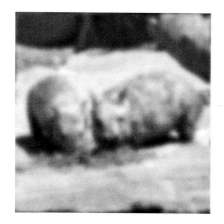

그림 8.17 • 역필터링의 시도.

이 결과를 그림 8.17의 좌측에 나타내었다. 이를 필터로 나누어서 원 영상의 복원을 시도할 수 있으며, 이는 아래와 같다.

```
>> w1=fftshift(fft2(wba))./b;
>> w1a=abs(ifft2(w1));
>> imshow(mat2gray(w1a))
```

이 결과를 그림 8.17의 우측에 나타내었다. 결과에 개선된 것들이 전혀 없다. 문제점은 버터워스 매트릭스의 몇몇 원소들의 값이 너무 작아서 나누기 연산을 하면 출력 값을 너무 크게 하기 때문이다. 이 문제를 2가지 방법으로 해결할 수 있다.

1. 아래와 같이 나누기 식에 저역통과 필터 L을 적용한다.

$$X(i,j) = \frac{Y(i,j)}{F(i,j)}L(i,j).$$

이는 매우 작은 값(또는 0)을 제거한다.

2. 조건부 나누기를 사용할 수 있다. 이 방식은 문턱치 d를 선택하고, $|F(i,j)| < d$ 이면 나누기를 하지 않고 원래의 값을 유지한다. 따라서 아래와 같다.

$$X(i,j) = \begin{cases} \dfrac{Y(i,j)}{F(i,j)} & \text{if } |F(i,j)| \geq d \\[2mm] Y(i,j) & \text{if } |F(i,j)| < d. \end{cases}$$

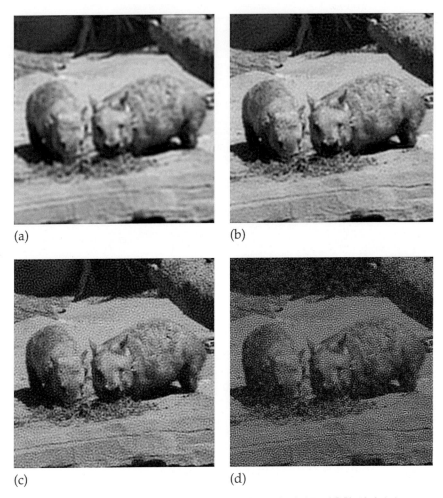

(a)　　　　　　　　　　　(b)

(c)　　　　　　　　　　　(d)

그림 8.18 • 필터의 0을 제거하기 위해서 저역통과 필터를 사용한 역필터링.

위의 w1 매트릭스에 버터워스 저역통과 필터를 곱하여 첫 번째 방법을 적용할 수 있으며, 이는 아래와 같다.

```
>> wbf=fftshift(fft2(wba));
>> w1=(wbf./b).*lbutter(w,40,10);
>> w1a=abs(ifft2(w1));
>> imshow(mat2gray(w1a))
```

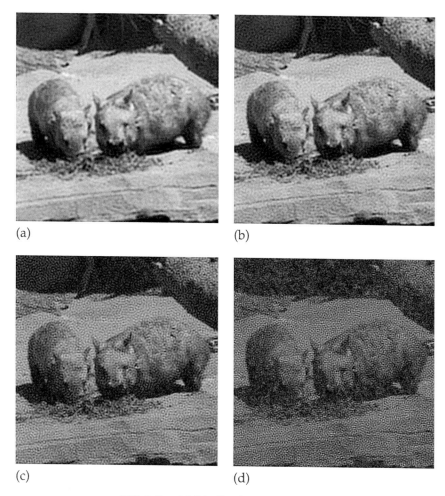

(a)   (b)

(c)   (d)

그림 8.19 • 조건부 나누기를 적용한 역필터링.

그림 8.18에 매번 서로 다른 차단 반경을 가지는 버터워스 필터를 사용하여 얻은 결과들을 나타내었다. 그림 8.18(a)는 40을 사용하였다(바로 위에 있는 MATLAB 명령에 있는 것처럼). 그림 8.18(b)는 60, (c)는 80 그리고 (d)는 100을 사용하여 처리한 것이다. 차단 반경을 60으로 처리한 것이 근사적으로 가장 좋은 결과를 보여주는 것 같다. 차단 반경을 더 크게 사용한 후에는 열화가 발생하였다.

독자는 2번째 방법을 시도할 수 있다. 이를 구현하기 위해서 단순하게 너무 작은 필터의 값은 1로 만들었으며, 이는 다음과 같다.

```
>> d=0.01;
>> b=lbutter(w,15,2);b(find(b<d))=1;
>> w1=fftshift(fft2(wba))./b;
>> w1a=abs(ifft2(w1));
>> imshow(mat2gray(w1a))
```

그림 8.19에 매번 서로 다른 문턱치 d를 사용하여 얻은 결과들을 나타내었다. 그림 8.19(a)는 $d = 0.01$을 사용하였다(바로 위에 있는 MATLAB 명령에 있는 것처럼). 그림 8.19(b)는 $d = 0.005$, (c)는 $d = 0.002$ 그리고 (d)는 $d = 0.001$을 사용하여 처리한 것이다. 문턱치 d의 범위가 $0.002 \leq d \leq 0.005$일 때 좋은 결과를 보여주는 것 같다.

8.6.1 모션 흐림 제거하기(motion deblurring)

역필터링의 특별한 경우인 움직임에 의해 생기는 블러링 제거를 생각해 보자. 영상을 읽고 영상을 약간 블러링한다고 가정하자.

```
>> bc=imread('board.tif');
>> bg=im2uint8(rgb2gray(bc));
>> b=bg(100:355,50:305);
>> imshow(b)
```

위 명령어들은 board.tif의 컬러 영상을 읽고, uint8 데이터 타입의 그레이스케일 버전을 만들며, 정사각형의 부분 영상을 만든다. 그 결과를 그림 8.20(a)에 나타내었다. 이를 블러링하기 위해서 아래와 같이 fspecial 함수의 **motion** 매개변수를 사용할 수 있다.

```
>> m=fspecial('motion',7,0);
>> bm=imfilter(b,m);
>> imshow(bm)
```

이 결과를 그림 8.20(b)에 나타내었다. 블러링의 결과에 의해서 원 영상에 있는 문자를 효과적으로 인식할 수 없도록 할 수 있었다.

영상의 블러링을 제거하기 위해서, 변환된 영상을 블러링 필터에 대응하는 변환으로 나눌 필요가 있다. 이는 먼저 다음과 같이 블러링의 변환에 대응하는 매트릭스를 만들어야 한다는 의미이다.

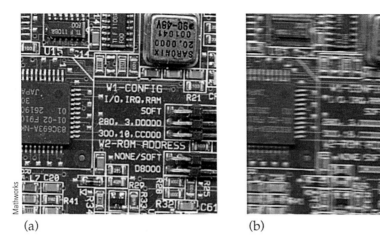

(a)   (b)

그림 8.20 • 움직임 블러링의 결과. (a) 원 영상. (b) 블러링 결과.

```
>> m2=zeros(256,256);
>> m2(1,1:7)=m;
>> mf=fft2(m2);
```

그러면 아래와 같이 변환된 영상을 필터의 변환으로 나누기를 시도할 수 있다.

```
>> bmi=ifft2(fft2(bm)./mf);
>> fftshow(bmi,'abs')
```

이 결과를 그림 8.21(a)에 나타내었다. 역필터링과 마찬가지로 그 결과는 특별히 좋다고 볼 수 없다. 왜냐하면 매트릭스 mf 내에 있는 0에 가까운 값들이 결과에 많은 영향을 미치기 때문이다. 따라서 위에서와 같이, 어떤 문턱치보다 큰 값으로만 나누는 조건부 나누기를 적용할 수 있다. 이는 아래와 같이 하면 된다.

```
>> d=0.02;
>> mf=fft2(m2);mf(find(abs(mf)<d))=1;
>> bmi=ifft2(fft2(bm)./mf);
>> imshow(mat2gray(abs(bmi))*2)
```

여기서 마지막으로 2를 곱한 것은 단지 결과를 보다 밝게 하기 위함이고, 이를 그림

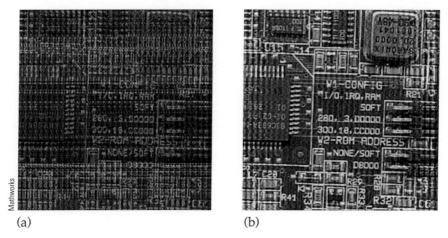

(a)   (b)

그림 8.21 • 움직임 블러링의 제거 시도. (a) 직접 나누기. (b) 조건부 나누기.

8.21(b)에 보였다. 특히 영상의 중심부분에서 글자가 아주 또렷함을 알 수 있다.

8.7 >> 위너(Wiener) 필터링

앞 절에서 알 수 있듯이, 역필터링은 특별히 좋은 결과를 주지는 못한다. 만일 원 영상이 잡음에 오염되면, 상황은 더 나빠진다. 필터 F로 필터링된 영상 X가 잡음 N에 오염되었다고 가정하자. 잡음이 첨가 잡음(예를 들면, 가우시안 잡음)이면 푸리에 변환의 선형성 성질에 의하여 아래와 같이 표현할 수 있다.

$$Y(i,j) = X(i,j)F(i,j) + N(i,j)$$

따라서 이 장의 소개부분에서 본 것처럼 $X(i,j)$는 아래와 같다.

$$X(i,j) = \frac{Y(i,j) - N(i,j)}{F(i,j)},$$

따라서 우리는 필터로 나누기 하는 문제뿐만 아니라, 잡음을 제거해야 하는 문제도 가지고 있다. 이런 상황에서 역필터링을 할 때에 잡음에 의해서 파국적인 효과가 발생할 수 있다. 필터보다 잡음에 의한 영향이 우세하여 직접적인 역필터링을 불가능하게 할 수도 있다.

    Wiener 필터링을 소개하기 위해서 보다 일반적인 문제를 논의할 것이다. 어떤 원 영상 M의 열화된 영상 M'과 복원된 영상 R을 가지고 있으면, 복원이 잘되었는지를 언

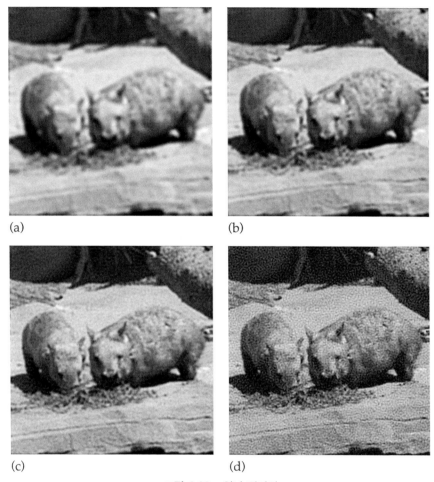

(a)

(b)

(c)

(d)

그림 8.22 • 위너 필터링.

급하기 위해서 어떤 척도를 사용할 수 있는가? 분명한 것은 영상 R을 원 영상 M에 가능한 한 유사하게 만드는 것이 복원이 잘된 것이다. R과 M의 유사도(closeness)를 측정할 수 있는 한 가지 방법은 아래와 같이 모든 차분의 제곱을 합하는 방법이다.

$$\sum (m_{i,j} - r_{i,j})^2,$$

여기서 R과 M의 모든 화소들에 대해서 수행한다(이들은 동일한 크기이다고 가정한다). 이 합을 R과 M의 유사도의 척도로 간주할 수 있다. 만일 이 값을 최소화할 수 있으면 복원 처리 과정이 유용한 것이라고 간주할 수 있다. 최소 제곱법(least square)의 원리에 따라 동작하는 필터를 Wiener 필터라고 한다. X를 아래와 같이 얻을 수 있다.

$$X(i,j) \approx \left[\frac{1}{F(i,j)} \frac{|F(i,j)|^2}{|F(i,j)|^2 + K} \right] Y(i,j), \tag{8.2}$$

여기서 K는 상수이다[7]. 이 상수는 잡음의 양을 근사화하기 위해서 사용할 수 있다. 만일 잡음의 분산 σ^2 값을 알 수 있으면, $K = 2\sigma^2$을 사용한다. 그렇지 않으면 K는 최적의 결과를 얻을 수 있도록 쌍방향으로 선택한다(다시 말하면, 시행착오를 통하여). 만일 $K = 0$이면 식 (8.2)는 식 (8.1)과 같다는 것을 주목하라.

아래와 같이 식 (8.2)를 쉽게 구현할 수 있다.

```
>> K=0.01;
>> wbf=fftshift(fft2(wba));
>> w1=wbf.*(abs(b).^2./(abs(b).^2+K)./b); % This is the equation
>> w1a=abs(ifft2(w1));
>> imshow(mat2gray(w1a))
```

이 결과를 그림 8.22(a)에 나타내었다. 그림 8.22(b)~(d)는 각각 $K = 0.001$, $K = 0.0001$ 및 $K = 0.00001$을 사용한 결과이다. 따라서 만일 K값이 매우 작아지면, 잡음이 우세하게 되고 영상을 좌지우지하기 시작한다.

연습문제

1. 아래의 배열들은 작은 그레이스케일 영상을 표현한 것이다. 만일 3 × 3 메디언 필터를 사용해서 가운데에 있는 16화소들을 변환하면 생기는 4 × 4 영상을 각각 계산하라.

8	17	4	10	15	12
10	12	15	7	3	10
15	10	50	5	3	12
4	8	11	4	1	8
16	7	4	3	0	7
16	24	19	3	20	10

1	1	2	5	3	1
3	20	5	6	4	6
4	6	4	20	2	2
4	3	5	1	5	1
6	5	20	2	20	2
6	3	1	4	1	2

7	8	11	12	13	9
8	14	0	9	7	10
11	23	10	14	1	8
14	7	11	8	9	11
13	13	18	10	7	12
9	11	14	12	13	10

2. 문제 1에 있는 같은 영상을 사용해서, 3 × 3 평균필터를 사용하여 이들을 변환하라.

3. 문제 1에서 주어진 각 영상들에 대해서 잡음 화소를 찾기 위해서 이상치(outlier)

방법을 사용하라. 한 화소의 그레이 값과 이의 8개 주위 화소들의 평균값 사이의 차분에 대하여 사용할 합리적인 값은 얼마인가?

4. Pratt[26]는 메디언 필터의 계산이 느린 단점을 극복하기 위해서 의사메디언 (pseu-domedian)필터를 제안하였다. 예를 들면, 5개의 원소를 가진 수열 $\{a, b, c, d, e\}$가 주어지면, 이의 의사메디언은 아래와 같이 정의된다.

$$\text{psmed}(a,b,c,d,e) = \tfrac{1}{2} \max \left[\min(a,b,c) + \min(b,c,d) + \min(c,d,e) \right]$$
$$+ \tfrac{1}{2} \min \left[\max(a,b,c) + \max(b,c,d) + \max(c,d,e) \right]$$

길이가 5인 수열에 대해서, 길이가 3인 모든 부분수열(subsequence)의 최대값과 최소값을 구하였다. 일반적으로 길이가 $2n + 1$인 홀수 길이 수열 L에 대하여, 길이가 $n + 1$인 모든 부분수열의 최대값과 최소값을 구한다. 독자는 영상의 3×3 이웃 화소들에, 혹은 5개의 화소들만 포함하고 있는 십자가 모양의 이웃 화소들에, 혹은 홀수 개의 화소들로 구성된 이웃 화소들에 의사메디언을 적용할 수 있다.

문제 1에 있는 영상들에 대하여, 각 화소의 3×3 이웃 화소들을 사용해서 의사메디언을 적용하라.

5. 의사메디언을 MATLAB 함수로 구현하고, nlfilter 함수를 사용해서 위의 영상에 의사메디언 필터를 적용하라. 좋은 결과가 얻어지는가?

6. 아래의 명령으로 컬러영상 flower.tif의 그레이 부분영상(subimage)을 만들어라.

```
>> f=imread('flowers.tif');
>> fg=rgb2gray(f);
>> f=im2uint8(f(30:285,60:315));
```

그 영상에 5%의 소금&후추 잡음을 첨가하라. 이 잡음을 아래의 필터로 제거해 보라.

a. 평균 필터링
b. 메디언 필터링
c. 이상치 방법
d. 의사메디언 필터링

어느 방법으로 가장 좋은 결과를 얻을 수 있는가?

7. 10%와 20% 잡음을 첨가하여 문제 6을 반복하라.

8. 20% 잡음에 대하여, 5 × 5 메디언 필터를 적용한 결과와 3 × 3 메디언 필터를 2회 적용한 결과를 비교하라.

9. 다음에 있는 매개변수들을 사용해서, 그레이스케일 영상 flowers에 가우시안 잡음을 첨가하라.

   a. Mean 0, variance 0.01 (the default).

   b. Mean 0, variance 0.02.

   c. Mean 0, variance 0.05.

   d. Mean 0, variance 0.1.

   각 경우에 대하여, 평균필터와 위너 필터를 사용하여 잡음을 제거해 보라.
   마지막 2개의 잡음 영상에 대하여 만족할 만한 결과를 얻을 수 있는가?

10. Gonzalez와 Woods[7]는 가우시안 잡음을 제거하기 위해서 중간점(midpoint) 필터를 제안하였다. 이것은 아래와 같이 정의되었다.

$$g(x,y) = \frac{1}{2} \left(\max_{(x,y) \in B} f(x,y) + \min_{(x,y) \in B} f(x,y) \right),$$

   여기서, 최대값과 최소값은 위치 (x,y)의 이웃 화소들 B에 있는 모든 화소들 중에서 구한다. 최대값과 최소값을 구하기 위해 ordfilt2를 사용하고, 분산 값을 다르게 사용해서 가우시안 잡음을 제거하는 실험을 하라. 시각적으로, 위 실험의 결과를 공간 위너 필터링 혹은 블러링 필터의 결과와 비교하면 어떤가?

11. 5장에서 알파-절삭(alpha-trimmed) 평균필터와 기하 평균필터를 정의하였다. 이 필터들을 nlfilter 혹은 ordfilt2를 사용하여 MATLAB 함수로 구현하고, 이들을 가우시안 잡음으로 오염된 영상에 적용하라.
   평균 필터링, 평균 영상, 혹은 적응 필터링의 결과와 비교할 만한가?

12. a. 반점 잡음을 제거하기 위해서 저역통과 필터로 실험하라.
    b. 반점 잡음을 제거하기 위해서 여러 개의 영상 평균으로 실험하라.
    c. 만일 영상에 로그를 취한 후에 평균을 구하고, 그 결과에 지수(exponential)를 취하면 어떤 결과가 얻어지는가?

13. 아래의 명령들을 사용하여 cameraman 영상에 사인파를 첨가하라.

```
>> c=imread('cameraman.tif');
>> [x,y]=meshgrid(1:256,1:256);
>> s=1+sin(x+y/1.5);
>> cp=(double(c)/128+s)/4;
```

그런 후에 대역 제거 필터링 혹은 노치 필터링을 사용하여 잡음을 제거해 보라. 어느 방법이 더 좋은 결과를 주는가?

14. 아래에 있는 각각의 사인 함수의 명령들에 대하여

    a. s=1+sin(x/3+y/5);
    b. s=1+sin(x/5+y/1.5);
    c. s=1+sin(x/6+y/6);

   문제 13에 있는 영상에 사인파를 첨가하고, 생성된 주기성 잡음을 대역 제거 혹은 노치 필터링을 사용하여 제거해 보라.
   위 3가지 중 어느 것이 가장 쉽게 제거되는가?

15. imfilter 함수를 사용해서 cameraman 영상에 5 × 5 블러링 필터를 적용하라. 이 결과 영상에 조건부 나누기 방법을 사용하는 역필터링으로 블러링 제거를 시도해 보라. 문턱치가 얼마인 경우에 가장 좋은 결과를 얻을 수 있나?

16. 7 × 7 블러링 필터를 사용하여 문제 15를 반복하라.

17. 모션 흐림 제거하기 예제에서, 다른 문턱치를 사용해서 실험하라. 가장 좋은 결과를 주는 문턱치는 얼마인가?

09 영상의 영역분할

9.1 >> 서론

영역분할(segmentation)은 영상을 구성 요소로 혹은 분리된 물체로 구분하는 연산을 의미한다. 이 장에서는 매우 중요한 2가지 주제, 즉 문턱치 처리와 에지 검출을 다룬다.

9.2 >> 문턱치(Thresholding) 처리

9.2.1 단일(single) 문턱치 처리

그레이스케일 영상을 2진(흑백) 영상으로 바꿀 수 있다. 이는 먼저 원 영상에서 그레이 레벨 T 값을 선정하고, 아래에 있는 식과 같이 화소의 값이 T보다 큰지 혹은 작은지에 따라서 모든 화소들을 흰색 혹은 흑색으로 변경하면 된다.

$$\text{A pixel becomes} \begin{cases} \text{white if its gray level is} > T, \\ \text{black if its gray level is} \leq T. \end{cases}$$

문턱치 처리는 영상에서 특정 물체를 분리하는 것과 같은 기본적인 분할 문제에서 중요할 뿐만 아니라 또한 로봇 비전(robot vision)에서도 중요한 구성요소이다.

MATLAB에서 문턱치는 아주 간단하게 처리될 수 있다. 8비트 영상이 변수 X에 저장되어 있다고 가정하자. 그러면 문턱치 처리를 아래의 명령으로 할 수 있다.

```
X > T
```

그림 9.1 ● Rice 영상의 문턱치 처리.

이 결과를 imshow 명령으로 볼 수 있다. 예를 들면 아래 명령은 그림 9.1에 보여준 영상을 생성한다. 결과 영상은 이후에 쌀알의 개수나 평균 크기를 구하는 데 사용할 수 있다.

```
>> r=imread('rice.tif');
>> imshow(r),figure,imshow(r>110)
```

동작 원리를 이해하기 위해서, MATLAB에서 매트릭스와 스칼라 숫자 간의 연산은 매트릭스의 모든 원소들에 동시에 적용하는 것으로 해석한다는 것을 기억하라. 이것을 벡터화(vectorization)라고 부르며 부록 A에 설명되어 있다. 따라서 명령어 X>T에 의해서, 만일 그레이 값이 T보다 큰 모든 화소들에 대해서는 1(참)이 되고, 그레이 값이 T보다 작거나 같은 화소들에 대해서는 0(거짓)이 된다. 따라서 0과 1들로 구성된 매트릭스를 가지게 되고, 이 매트릭스를 2진 영상으로 볼 수 있다.

그림 9.1의 rice 영상은 어두운 배경에 밝은 쌀알을 가지고 있다. 밝은 배경에 어두운 물체를 가진 영상도 같은 방식으로 처리될 수 있다.

```
>> b=imread('bacteria.tif');
>> imshow(b),figure,imshow(b>100)
```

위의 명령은 그림 9.2에 보여준 영상을 생성한다.

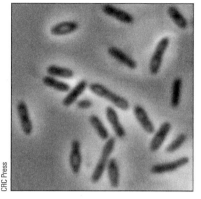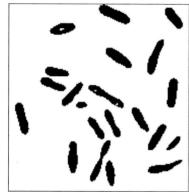

그림 9.2 • Bacteria 영상의 문턱치 처리.

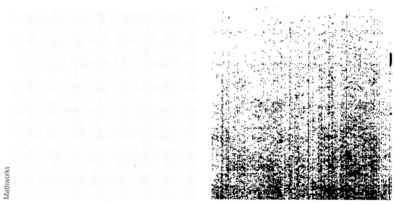

그림 9.3 • Paper 영상과 문턱치 처리 후 결과.

위의 방법뿐만 아니라, MATLAB은 im2bw 함수를 가지고 있으며, 이는 **어떤 데이터 타입(any data type)의** 영상도 문턱치 처리를 할 수 있다. 이 함수의 일반적인 사용 구문은 아래와 같다.

```
im2bw(image, level)
```

여기서 level은 0과 1(한계값 포함) 사이의 값이며, 흰색으로 바꿀 그레이 값을 분수로 지정한 것이다. 이 명령은 데이터 타입이 uint8, uint16, 혹은 double인 그레이스케일 영상, 컬러영상, 그리고 인덱스 영상에 사용할 수 있다. 예를 들면 다음의 명령을 사용하면 rice와 bacteria 영상을 문턱치 처리할 수 있다.

```
>> im2bw(r,0.43);
>> im2bw(b,0.39);
```

im2bw 함수는 level 값을 영상 타입에 적합한 그레이 값으로 자동으로 변경한 후에
소개한 첫 번째 방법으로 문턱치를 처리한다.

문턱치 처리를 사용하면 배경에서 물체를 분리할 수 있을 뿐만 아니라 영상에 숨겨
져 있는 외관도 간단한 방법으로 볼 수 있다. 예를 들면 영상 paper.tif는 모든 그레
이 값들이 매우 크기 때문에 전체적으로 희게 보인다. 그러나 높은 레벨에서 문턱치 처
리를 하면 아주 흥미로운 영상을 생성할 수 있다. 만일 독자가 아래의 명령들을 사용하
면 그림 9.3에 보여준 영상을 생성할 수 있다.

```
>> p=imread('paper.tif');
>> imshow(p),figure,imshow(p>241)
```

9.2.2 이중(double) 문턱치 처리

2개의 값 T_1과 T_2를 선택하고 문턱치 처리를 아래와 같이 적용한다.

$$\text{a pixel becomes} \begin{cases} \text{white if its gray level is between } T_1 \text{ and } T_2, \\ \text{black if its gray level is otherwise.} \end{cases}$$

앞에서 설명한 방법에서 약간만 변경하면 위의 식을 구현할 수 있다.

```
X>T1 & X<T2
```

위에서 & 기호는 논리적 "and" 연산자이므로, 위 식의 결과는 2개의 부등식이 만족
될 때에만 1이 된다. 다음에 있는 일련의 명령어들을 생각해 보자. 여기서 인덱스 영상
spine.tif를 읽고 8비트 그레이스케일 영상으로 만든 후에 적용하였다.

```
>> [x,map]=imread('spine.tif');
>> s=ind2gray(x,map);
>> imshow(s),figure,imshow(s>115 & s<125)
```

이 출력을 그림 9.4에 나타내었다. 이중 문턱치 처리는 단일 문턱치 처리로는 할 수 없
는 척추의 미묘한 특징을 나타낼 수 있음을 주목하라. 다음과 같이 im2bw를 사용하여
도 유사한 결과를 얻을 수 있다.

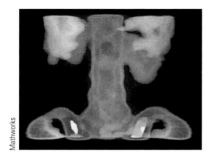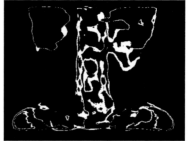

그림 9.4 • `spine.tif` 영상과 이중 문턱치 처리 후의 영상

```
imshow(im2bw(x,map,0.45)&~im2bw(x,map,0.5));
```

그러나 이 명령은 인덱스 영상을 취급할 때에 추가적인 계산이 필요하므로 약간 느리다.

9.3 >> 문턱치 처리의 응용

문턱치 처리가 아래와 같은 경우에 유용한 것임을 보아 왔다.

1. 본질에 집중하기 위해서 영상에서 불필요한 부분을 제거하기 원할 때. 이에 대한 예는 rice 영상과 bacteria 영상에서 이미 보였다. 모든 그레이 레벨 정보를 제거함으로써 쌀알과 박테리아만 2진 영역(blob)들로 축소되었다. 그러나 이 정보가 영역(blob)의 크기, 모양 및 수를 조사하기 위해서 필요한 모든 것일 수 있다.

2. 숨겨진 미세한 부분을 나타낼 때. 이 경우는 paper 영상과 spine 영상으로 설명하였다. 양쪽 경우에 모두, 복잡한 그레이 레벨의 유사성 때문에 미세한 성분이 똑똑히 보이지 않았다.

   문턱치 처리가 다른 목적을 위해서 지극히 중요할 수 있다. 문턱치 처리가 아래와 같은 경우에 유용할 수 있다.

3. 글자나 혹은 그림으로부터 변화하는 배경을 제거하고자 할 때, 독자는 `text.tif` 영상을 읽고 그곳에 랜덤(random)하게 배경을 설정하여 변화하는 배경을 모의시험(simulation)할 수 있다. 이는 몇 가지 간단한 MATLAB 명령으로 아래와 같이 쉽게 구현될 수 있다.

```
>> r=rand(256)*128+127;
>> t=imread('text.tif');
>> tr=uint8(r.*double(not(t)));
>> imshow(tr)
```

위에서 첫 번째 명령은 단순히 rand 함수(균일하게 생성된 0.0~1.0 사이의 랜덤 수들의 매트릭스를 만든다)를 사용하고, 랜덤 수들이 127~255 사이에 있도록 이들을 스케일링한다. 그런 후에 text 영상을 읽는데, 이는 배경은 흑색이고 글자는 백색인 영상이다.

세 번째 명령은 한 번에 여러 가지를 처리한다. not(t)는 text 영상을 반전시켜서 글자는 흑색이고 배경은 백색인 영상을 만든다. double 명령은 매트릭스에 산술연산을 사용할 수 있도록 수치의 데이터 타입을 변환한다. 최종적으로 그 결과를 랜덤 매트릭스와 곱하고, 디스플레이를 하기 위해서 이를 uint8 타입으로 변환한다. 이 결과를 그림 9.5의 왼쪽에 보였다.

만일 아래와 같이 이 영상을 문턱치 처리하고 그 결과를 디스플레이하면

```
>> imshow(tr>100)
```

그림 9.5의 오른쪽에 보여준 결과를 얻을 수 있고, 그리고 배경은 완전히 제거되었다.

그림 9.5 • 변화하는 배경을 가진 text 영상과 문턱치 처리.

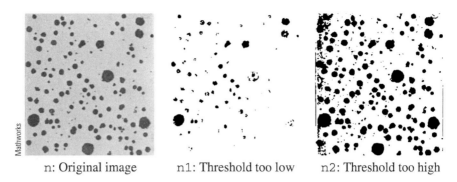

| n: Original image | n1: Threshold too low | n2: Threshold too high |

그림 9.6 • Nodule 영상에서 문턱치 처리 시도.

9.4 >> 적절한 문턱치의 선정

문턱치 처리를 사용하는 분야 중의 하나는 배경으로부터 물체를 분리하는 것임을 보아왔다. 그런 후에 그 물체의 크기를 측정하거나 물체의 개수를 셀 수 있다. 분명하게도, 이런 처리과정의 성패는 적당한 문턱치 레벨의 결정에 좌우된다. 만일 문턱치를 너무 낮게 선택하면 어떤 물체의 크기를 감소시키거나 혹은 그 개수도 감소시킬 수 있다. 반대로 너무 높게 선택하면 너무 많은 배경 정보를 포함하게 될 수 있다.

예를 들어 영상 `nodules1.tif`를 생각해 보자. 그리고 im2bw 함수와 $0 < t < 1$ 범위에 있는 여러 가지 문턱치 값 t를 사용해서 문턱치 처리를 시도한다고 가정하자.

```
>> n=imread('nodules1.tif');
>> imshow(n);
>> n1=im2bw(n,0.35);
>> n2=im2bw(n,0.75);
>> figure,imshow(n1),figure,imshow(n2)
```

위의 모든 영상을 그림 9.6에 나타내었다. 이들을 구분할 수 있는 명확한 지점 (clear spot)이 있는지를 알기 위한 한 가지 접근 방법은 영상의 히스토그램을 조사하는 것이다. 때때로 이 방법은 잘 동작하지만 항상 그렇지는 않다.

그림 9.7에 여러 가지 영상의 히스토그램을 나타내었다. 각 경우에 영상은 배경 위에 물체들로 구성되어 있다. 그러나 몇몇의 히스토그램에 대해서만 구분할 수 있는 지점을 쉽게 알 수 있다. Coin과 nodule 영상에서 중간 정도의 위치에 히스토그램을 분리할 수 있지만, rice와 bacteria 영상은 그 선택이 분명치 않다.

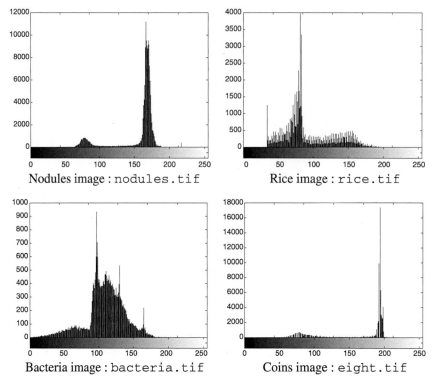

그림 9.7 ● 여러 영상의 히스토그램.

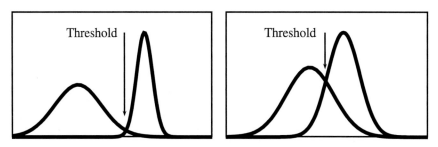

그림 9.8 ● 문턱치를 위한 히스토그램의 분리.

문제는 일반적으로 물체 자체의 히스토그램과 배경 자체의 히스토그램이 서로 중첩된다는 점이다. 이런 경우에 각 개별적인 히스토그램에 대한 사전 지식이 없이는 분리할 수 있는 점을 찾기가 어려울 수 있다. 물체와 배경의 히스토그램이 각각 정규분포를 이룬다고 가정하면, 그림 9.8과 같이 나타낼 수 있다. 그러면 독자는 문턱치 값을 2개의 히스토그램이 서로 교차하는 위치로 선택한다.

실제로, 히스토그램이 그림 9.8과 같이 분명히 정의되지 않더라도 최적의 문턱치를 선택하기 위한 몇 가지의 자동적인 방법이 필요하다. 그중 하나가 영상의 히스토그램을 확률분포로서 아래와 같이 묘사하는 것이다.

$$p_i = n_i / N,$$

여기서 n_i는 그레이 레벨 i를 가지는 화소의 수이고, N은 총 화소 수이며, P_i는 그레이 레벨이 i인 화소의 확률이다. 만일 독자가 레벨 k에서 문턱치 처리를 하면 아래와 같이 정의할 수 있다.

$$\omega(k) = \sum_{i=0}^{k} p_i$$

$$\mu(k) = \sum_{i=k+1}^{L-1} p_i,$$

여기서 L은 그레이스케일의 개수이고, 따라서 $L-1$은 그레이스케일의 최대값이다. 정의에 의해서 아래 식이 성립된다.

$$\omega(k) + \mu(k) = \sum_{i=0}^{L-1} p_i = 1.$$

우리는 $\omega(k)$와 $\mu(k)$ 간의 차분을 최대화하는 k를 구하기 원한다.

k 값을 구하는 것은 먼저 아래와 같이 영상 평균을 정의하고,

$$\mu_T = \sum_{i=0}^{L-1} i p_i,$$

그런 후에 아래의 식을 최대화하는 k값을 찾으면 된다.

$$\frac{\left(\mu_T \omega(k) - \mu(k)\right)^2}{\omega(k)\mu(k)}.$$

이 방법으로 최적 문턱치를 구하는 것을 **Otsu의 방법**이라고 하며, MATLAB에서 graythresh 함수로 구현되어 있다. 독자는 4개의 영상 nodules, rice, bacteria 및 coins에 대해서 이 방법을 아래와 같이 시도할 수 있다.

```
>> tn=graythresh(n)

tn =

    0.5804

>> r=imread('rice.tif');
>> tr=graythresh(r)

tr =

    0.4902

>> b=imread('bacteria.tif');
>> tb=graythresh(b)

tb =

    0.3765

>> e=imread('eight.tif');
>> te=graythresh(e)

te =

    0.6490
```

그러면 독자는 im2bw 함수를 사용할 때 영상에 위의 값을 적용할 수 있다.

```
>> imshow(im2bw(n,tn))
>> figure,imshow(im2bw(r,tr))
>> figure,imshow(im2bw(b,tb))
>> figure,imshow(im2bw(e,te))
```

이 결과들을 그림 9.9에 나타내었다. 각 영상에 대해서 얻은 결과가 아주 만족스럽다는 것을 주목하라.

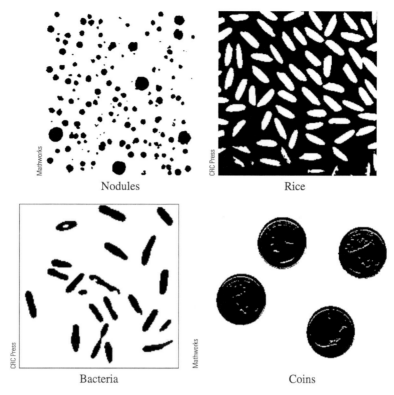

Nodules	Rice
Bacteria	Coins

그림 9.9 • graythresh 함수의 결과 값을 사용한 문턱치 처리.

9.5 >> 적응 문턱치 처리

물체를 완전히 분리할 단일 문턱치를 얻는 경우가 가끔 불가능하다. 이는 물체와 배경이 변하는 경우에 발생할 수 있다. 예를 들어, 아래와 같이 circle 영상을 읽어서 원(circle)과 배경의 밝기가 영상 전체에 걸쳐 변화하도록 조정한다고 가정하자.

```
>> c=imread('circles.tif');
>> x=ones(256,1)*[1:256];
>> c2=double(c).*(x/2+50)+(1-double(c)).*x/2;
>> c3=uint8(255*mat2gray(c2));
```

다음과 같이 graythresh를 사용해서 문턱치 처리를 시도한 결과를 그림 9.10에 나타내었다.

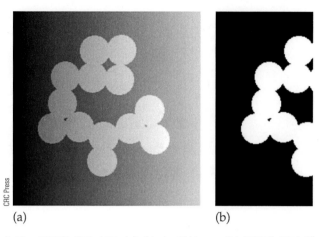

(a)   (b)

그림 9.10 • 문턱치 처리 시도. (a) Circle 영상: c3. (b) 문턱치 처리 시도: ct.

```
>> t=graythresh(c3)

t =

    0.4196

>> ct=im2bw(c3,t);
```

보는 바와 같이 결과는 특별히 좋지 않다. 모든 물체가 배경에서 분리되지 않았다. 다른 문턱치를 사용하더라도 그 결과는 비슷하다. 그림 9.11에 단일 문턱치 처리로 분리할 수 없는 이유를 나타내었다. 이 그림에서 영상은 함수로 나타내었다. 문턱치는 우측에 수평면으로 나타내었다. 평면을 어느 위치로 옮겨도 배경에서 원들을 분리할 수 없다는 것을 그림에서 알 수 있다.

이러한 상황에서 영상을 작은 부분으로 나누고 각 부분에 대하여 문턱치 처리를 독자적으로 할 수 있다. 이 특정한 예제에서는 밝기가 왼쪽에서 오른쪽으로 변하기 때문에, 독자는 영상을 4개의 부분으로 아래와 같이 나눈다.

```
>> p1=c3(:,1:64);
>> p2=c3(:,65:128);
>> p3=c3(:,129:192);
>> p4=c3(:,193:256);
```

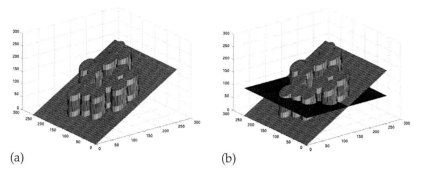

(a)   (b)

그림 9.11 • 문턱치 처리 시도―함수 형태. (a) 영상을 함수로. (b) 문턱치 처리 시도.

영상이 4개의 부분으로 나누어진 것을 그림 9.12(a)에 나타내었다. 그러면 아래와 같이 각 부분을 문턱치 처리를 할 수 있다.

```
>> g1=im2bw(p1,graythresh(p1));
>> g2=im2bw(p2,graythresh(p2));
>> g3=im2bw(p3,graythresh(p3));
>> g4=im2bw(p4,graythresh(p4));
```

그리고 아래와 같이 수행하여 그 결과를 단일 영상으로 디스플레이한다.

```
>> imshow([g1 g2 g3 g4])
```

이 결과를 그림 9.12(b)에 나타내었다. 위의 명령어들을 더 단순하게 수행하기 위해서는 blkproc 명령을 사용하면 되는데, 이 명령은 영상의 각 블록에 대해서 각각 특정 명령을 적용할 수 있다. 독자는 아래와 같이 함수를 정의할 수 있다.

```
>> fun=inline('im2bw(x,graythresh(x))');
```

이것은 x가 범용의 입력 변수를 나타내기 위해서 사용되었다는 것을 제외하면 위에서 g1, g2, g3, g4를 생성하기 위해서 사용한 명령과 같음을 주목하라.
    따라서 아래와 같이 위 함수를 영상 c3에 적용할 수 있다

```
>> t4=blkproc(c3,[256,64],fun);
```

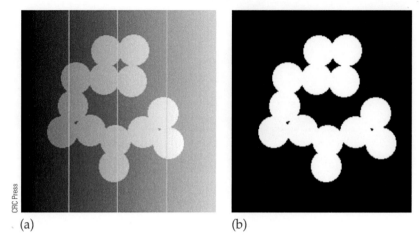

(a)　　　　　　　　　　　　　　(b)

그림 9.12 • 적응 문턱치 처리. (a) 영상을 부분으로. (b) 각 부분을 다르게 문턱치 처리.

위 명령이 의미하는 것은 영상의 각각 구분된 256 × 64 블록에 우리가 작성한 함수 fun 을 적용하라는 것이다.

9.6 >> 에지 검출(Edge Detection)

에지는 영상에서 가장 유용한 정보를 포함하고 있다. 영상에서 물체의 크기를 측정하기 위해서, 배경에서 특정한 물체를 분리하기 위해서, 물체를 인식 또는 분류하기 위해서 에지를 사용할 수 있다. 에지를 찾는 알고리즘들은 많이 존재하며, 더 직관적인 몇 가지 알고리즘을 살펴볼 것이다. 에지를 구하기 위한 일반적인 MATLAB 명령은 아래와 같다.

edge(image, 'method', *parameters . . .*)

여기서 사용할 수 있는 parameters는 그 method 매개변수에 의존한다. 이 장에서 기본적인 필터링 방법을 사용하여 에지 영상을 만드는 방법을 보이고, MATLAB의 에지 함수를 논의한다.

　　에지(edge)를 간략하게 서술하면 주어진 문턱치를 초과하는 화소 값들의 국부적인 불연속으로 정의할 수 있다. 더 비형식적으로 서술하면, 에지는 관측할 수 있는 화소 값의 차이이다. 예를 들어, 그림 9.13에 나타낸 4개의 화소로 구성된 블록을 생각해 보자.

51	52	53	59
54	52	53	62
50	52	53	68
55	52	53	55

(a)

50	53	155	160
51	53	160	170
52	53	167	190
51	53	162	155

(b)

그림 9.13 • 화소들의 블록.

그림 9.13(b)에서, 2번째 열과 3번째 열에서 화소 값들 사이의 분명한 차이가 있고, 이 값들에 대해서는 차이가 100을 초과한다. 이것은 영상에서 매우 쉽게 구별될 수 있다―인간의 눈은 이 정도 크기의 그레이 값 차이를 상대적으로 쉽게 구별할 수 있다. 우리의 목적은 영상의 에지를 구별할 수 있도록 해주는 메소드(method)를 개발하는 것이다.

9.7 >> 미분(Derivative)과 에지

9.7.1 기본적인 정의

그림 9.14의 영상을 생각해 보자. 영상의 왼쪽에서 시작하여 오른쪽으로 횡단하면서 그레이 값을 그린다고 가정해 보자. 여기서 두 가지 형태의 에지가 예로 나타난다. 그레이 값들이 서서히 변하는 **경사(ramp) 에지**와 그레이 값들이 급하게 변하는 **계단(step)**

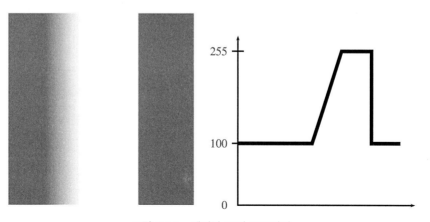

그림 9.14 • 에지와 그의 프로파일.

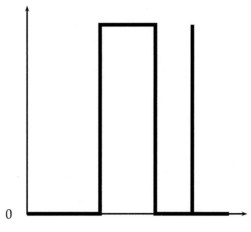

그림 9.15 • 에지 프로파일의 도함수

에지(혹은 이상적인 에지)가 있다.

그림 9.14에 보여준 프로파일(profile)을 제공하는 함수를 $f(x)$라고 가정하자. 그러면 이의 도함수 $f'(x)$도 그릴 수 있다. 이를 그림 9.15에 나타내었다. 기대한 바와 같이 도함수의 값은 화소의 값들이 일정한 부분에서는 모두 0이 되고, 화소의 차이가 있는 부분의 영상에서만 0이 되지 않는다.

대부분의 에지 검출 연산자들은 미분에 근간을 두고 있다. 이산 영상에 대해서 도함수를 적용하기 위해서, 먼저 아래와 같이 연속적인 도함수 정의를 기억하라.

$$\frac{df}{dx} = \lim_{h \to 0} \frac{f(x+h) - f(x)}{h}.$$

영상에서 h의 가장 작은 값은 1이기 때문에, 즉 2개의 이웃 화소 값의 인덱스 값 차이가 1이기 때문에, 연속적인 도함수 정의를 이산 형태로 표현하면 아래와 같다.

$$f(x+1) - f(x).$$

도함수에 대한 또 다른 표현은 아래와 같으며,

$$\lim_{h \to 0} \frac{f(x) - f(x-h)}{h}, \quad \lim_{h \to 0} \frac{f(x+h) - f(x-h)}{2h}$$

이의 이산 형태는 아래와 같이 쓸 수 있다.

$$f(x) - f(x-1), \quad \frac{(f(x+1) - f(x-1))}{2}.$$

2차원인 영상에 대해서는 편미분(partial derivatives)을 사용한다. 중요한 표현은 **기울기(gradient)**이고, 이는 아래와 같이 정의되는 벡터이다.

$$\left[\frac{\partial f}{\partial x} \quad \frac{\partial f}{\partial y} \right],$$

도함수는 함수 $f(x,y)$에 대해서 가장 크게 증가하는 방향의 벡터이다. 이 벡터의 증가 방향은 아래의 각도로 나타내고,

$$\tan^{-1}\left(\frac{\partial f/\partial y}{\partial f/\partial x} \right),$$

그 크기는 아래와 같이 나타낸다.

$$\sqrt{\left(\frac{\partial f}{\partial x}\right)^2 + \left(\frac{\partial f}{\partial y}\right)^2}.$$

대부분의 에지 검출 방법은 기울기의 크기를 구하고, 이 결과에 문턱치 처리를 적용한다.

9.7.2 몇 가지의 에지검출 필터

도함수에 대해서 $f(x+1) - f(x-1)$ 표현을 사용하고, 스케일링(scaling) 요소를 무시하면 수평과 수직 방향의 필터는 아래와 같다.

$$\begin{bmatrix} -1 & 0 & 1 \end{bmatrix} \quad \text{and} \quad \begin{bmatrix} -1 \\ 0 \\ 1 \end{bmatrix}.$$

이 필터는 영상에서 각각 수직 에지와 수평 에지를 찾고, 상당히 밝은 결과를 준다. 그러나 결과 영상에서 에지가 갑작스럽게 변화할 수 있다. 이는 아래의 필터를 사용하여 결과를 반대 방향으로 스무싱(smoothing) 처리를 하여 해결할 수 있다.

$$\begin{bmatrix} 1 \\ 1 \\ 1 \end{bmatrix} \quad \text{and} \quad \begin{bmatrix} 1 & 1 & 1 \end{bmatrix}.$$

이 2개의 필터를 동시에 적용하여 사용할 수 있고, 이렇게 결합된 필터는 아래와 같다.

$$P_x = \begin{bmatrix} -1 & 0 & 1 \\ -1 & 0 & 1 \\ -1 & 0 & 1 \end{bmatrix}.$$

이 필터와 다음과 같이 수평 에지를 검출하는 동반 필터를

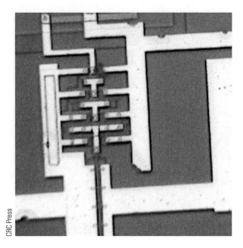

그림 9.16 ● 집적회로(integrated Circuit)

$$P_y = \begin{bmatrix} -1 & -1 & -1 \\ 0 & 0 & 0 \\ 1 & 1 & 1 \end{bmatrix}$$

에지 검출을 위한 **Prewitt** 필터라고 한다.

p_x와 p_y가 영상에 P_x와 P_y를 적용하여 얻은 그레이 값들이면, 그 기울기의 크기는 아래와 같이 얻을 수 있다.

$$\sqrt{p_x^2 + p_y^2}.$$

그러나 실제로는 아래의 2가지 중 하나를 사용하는 것이 편리하다.

$$\max\{|p_x|, |p_y|\}$$

혹은

$$|p_x| + |p_y|.$$

예를 들어, 그림 9.16에 있는 집적회로(integrated circuit)의 영상을 읽자. 이 영상은 MATLAB 명령어를 아래와 같이 사용하면 읽을 수 있다.

```
>> ic=imread('ic.tif');
```

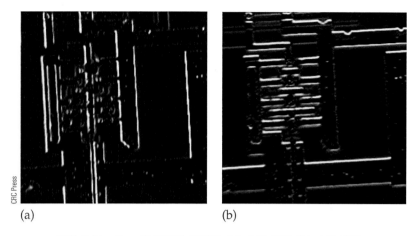

(a)   (b)

그림 9.17 ● Prewitt 필터로 필터링. (a) 수직 에지. (b) 수평 에지.

집적회로 영상에 p_x와 p_y를 각각 개별적으로 적용하면, 그림 9.17에 나타낸 결과를 얻을 수 있다. 그림 9.17(a)는 아래의 명령어들로 생성되었고,

```
>> px=[-1 0 1;-1 0 1;-1 0 1];
>> icx=filter2(px,ic);
>> figure,imshow(icx/255)
```

그리고 그림 9.17(b)는 아래의 명령어들로 생성되었다.

```
>> py=px';
>> icy=filter2(py,ic);
>> figure,imshow(icy/255)
```

위에서 필터 p_x는 수직 에지를 눈에 띄게 하고, 필터 p_y는 수평 에지를 눈에 띄게 하는 것을 주목하라. 아래와 같이 하면 모든 에지를 포함하고 있는 그림을 만들 수 있다.

```
>> edge_p=sqrt(icx.^2+icy.^2);
>> figure,imshow(edge_p/255)
```

이 결과를 그림 9.18(a)에 나타내었다. 이것은 그레이스케일 영상이다. 에지만 포함하고 있는 2진 영상은 문턱치 처리를 하면 얻을 수 있다. 아래 명령어를 적용한 후의 결

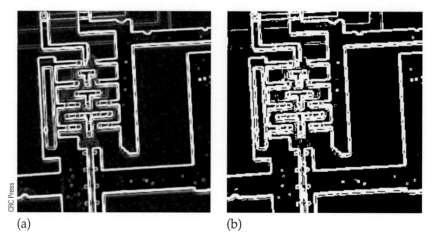

(a)   (b)

그림 9.18 ● 집적회로의 모든 에지.

과를 그림 9.18(b)에 나타내었다.

```
>> edge_t=im2bw(edge_p/255,0.3);
```

아래의 명령어를 사용하면 Prewitt 필터에 의한 에지를 직접 구할 수 있으며,

```
>> edge_p=edge(ic,'prewitt');
```

그리고 edge 함수가 모든 필터링을 수행하고 적당한 문턱치 레벨을 선택한다. 더 많은
정보를 위해서는 이의 도움말을 보라. 이 결과를 그림 9.19에 나타낸다. 그림 9.18(b)
와 그림 9.19는 서로 다르게 보이는 것을 주목하라. 이것은 edge 함수가 여분의 처리
를 수행하고, 위 필터의 제곱합에 대하여 다시 평방근을 취하였기 때문이다.

이와는 조금 다른 에지 검출 필터는 **Roberts 대각-기울기(cross-gradient) 필터**

$$\begin{bmatrix} 1 & 0 & 0 \\ 0 & -1 & 0 \\ 0 & 0 & 0 \end{bmatrix} \quad \text{and} \quad \begin{bmatrix} 0 & 1 & 0 \\ -1 & 0 & 0 \\ 0 & 0 & 0 \end{bmatrix}$$

와 **Sobel 필터**이다.

$$\begin{bmatrix} -1 & 0 & 1 \\ -2 & 0 & 2 \\ -1 & 0 & 1 \end{bmatrix} \quad \text{and} \quad \begin{bmatrix} -1 & -2 & -1 \\ 0 & 0 & 0 \\ 1 & 2 & 1 \end{bmatrix}.$$

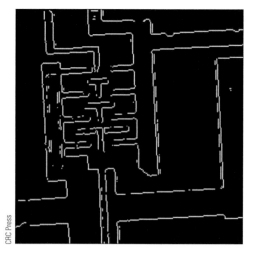

그림 9.19 • `edge` 함수의 `prewitt` 옵션 적용.

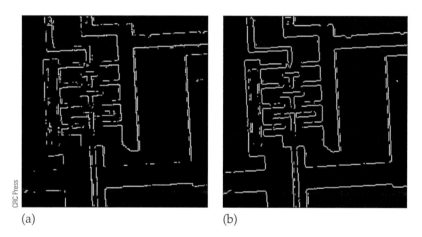

(a)   (b)

그림 9.20 • Robert와 Sobel 필터의 결과. (a) Robert 에지 검출. (b) Sobel 에지 검출.

Sobel 필터는 중앙 중심차분(central difference) 필터에 수직인 방향으로 스무싱 필터를 적용하는 점에서는 Prewitt 필터와 유사하다. 그러나 Sobel 필터에서, 스무싱은 아래와 같은 형태를 취한다.

$$[1 \quad 2 \quad 1],$$

이는 가운데 화소에 더 많은 비중을 두었다. 아래에 있는 MATLAB 명령어들의 결과를 그림 9.20에 각각 나타내었다.

```
>> edge_r=edge(ic,'roberts');
>> figure,imshow(edge_r)
```

그리고,

```
>> edge_s=edge(ic,'sobel');
>> figure,imshow(edge_s)
```

문턱치 레벨을 옵션으로 지정하면, 이 영상들의 외관을 변경할 수 있다.

이들 세 개의 필터 중에서, Sobel 필터가 아마도 가장 좋은 특성을 가질 것이다. 이는 아주 좋은 에지들을 제공하며, 잡음이 존재하는 영상에서도 상당히 잘 수행된다.

9.8 >> 2차 도함수

9.8.1 라플라시안(Laplacian)

또 다른 종류의 에지 검출 방법은 2차 도함수를 사용하는 것이다.

양방향의 2차 도함수의 합을 **라플라시안(Laplacian)**이라고 한다. 이는 아래와 같이 표현된다.

$$\nabla^2 f = \frac{\partial^2 f}{\partial x^2} + \frac{\partial^2 f}{\partial y^2}$$

그리고 아래와 같은 필터로 구현될 수 있다.

$$\begin{bmatrix} 0 & 1 & 0 \\ 1 & -4 & 1 \\ 0 & 1 & 0 \end{bmatrix}.$$

이것은 **이산 라플라시안(discrete Laplacian)**으로 알려져 있다. 라플라시안은 등방향성(isotropic) 필터이다는 점에서 1차 도함수에 비해서 장점을 가지고 있다[30]. 이는 회전에 불변이다는 것을 의미한다. 즉 라플라시안을 영상에 적용한 후에 회전을 시켜도 영상을 먼저 회전시킨 다음 라플라시안을 적용해서 얻은 결과는 서로 같다. 이것은 에지 검출용으로 이상적인 종류의 필터라는 것이다. 그러나 주된 문제점은 모든 2차 도함수의 필터는 잡음에 매우 민감하다는 것이다.

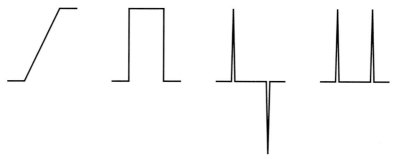

The edge   First derivative   Second derivative   Absolute values

그림 9.21 • 에지 함수의 2차 도함수.

2차 도함수가 에지에 미치는 영향을 알기 위해서, 그림 9.14에 그려진 것처럼 화소 값들의 미분을 구하라. 그 결과를 그림 9.21에 나타내었다.

라플라시안(절대값이나 혹은 제곱을 구한 후)을 구하면 2중의 에지가 발생한다. 예를 보기 위해서, 아래와 같은 MATLAB 명령어들을 수행한다고 가정하자.

```
>> l=fspecial('laplacian',0);
>> ic_l=filter2(l,ic);
>> figure,imshow(mat2gray(ic_l))
```

이 결과를 그림 9.22에 나타내었다.

이 결과가 적당하다고 하더라도, 앞에서 설명한 Prewitt이나 Sobel 방법의 결과에 비교할 때 매우 번잡하게 보인다. 다른 라플라시안 마스크가 사용될 수 있는데, 예를 들면 아래와 같다.

$$\begin{bmatrix} 1 & 1 & 1 \\ 1 & -8 & 1 \\ 1 & 1 & 1 \end{bmatrix} \quad \text{and} \quad \begin{bmatrix} -2 & 1 & -2 \\ 1 & 4 & 1 \\ -2 & 1 & -2 \end{bmatrix}.$$

MATLAB에서, fspecial 함수를 사용하면 모든 종류의 라플라시안을 생성할 수 있으며, 함수 형식은 아래와 같다.

```
fspecial('laplacian',ALPHA)
```

위 함수는 다음과 같은 라플라시안을 생성한다.

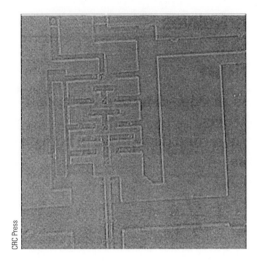

CRC Press

그림 9.22 • 이산 라플라시안으로 필터링 후 결과.

$$\frac{1}{\alpha+1}\begin{bmatrix} \alpha & 1-\alpha & \alpha \\ 1-\alpha & -4 & 1-\alpha \\ \alpha & 1-\alpha & \alpha \end{bmatrix}.$$

만일 옵션 매개변수 α가 생략되면, 이는 0.2로 가정한다. 만일 α값이 0이면 맨 처음 소개한 라플라시안과 같다.

9.8.2 영 교차(zero crossing)

라플라시안을 더 적절히 사용하는 방법은 영 교차의 위치를 사용해서 에지의 위치를 구하는 것이다. 그림 9.21로부터 에지의 위치는 필터링 후의 값이 0이 되는 바로 그 장소이다. 일반적으로 이 점들은 필터의 결과가 부호를 변경하는 곳이다. 예를 들면 그림 9.23(a)에 나타낸 단순한 영상과 9.23(b)에 나타낸 라플라시안 마스크로 필터링을 한 결과를 생각해 보자.

필터링된 영상에서, 다음 중의 하나를 만족하는 화소를 **영 교차(zero crossings)** 로 정의한다.

1. 화소가 음의 그레이 값을 가지고 있고, 그레이 값이 양수인 화소에 직각으로 이웃하면 영 교차이다.
2. 화소가 0의 값을 가지고 있고, 음과 양의 값을 가지는 화소 사이에 있으면 영 교차이다.

50	50	50	50	50	50	50	50	50	50
50	50	50	50	50	50	50	50	50	50
50	50	200	200	200	200	200	200	50	50
50	50	200	200	200	200	200	50	50	50
50	50	200	200	200	200	50	200	50	50
50	50	200	200	200	200	50	200	50	50
50	50	50	50	200	200	200	50	50	50
50	50	50	50	200	200	200	50	50	50
50	50	50	50	50	50	50	50	50	50
50	50	50	50	50	50	50	50	50	50

(a)

-100	-50	-50	-50	-50	-50	-50	-50	-50	-100
-50	0	150	150	150	150	150	150	0	-50
-50	150	-300	-150	-150	-150	-150	-300	150	-50
-50	150	-150	0	0	0	0	-150	150	-50
-50	150	-150	0	0	0	0	-150	150	-50
-50	150	-300	-150	0	0	0	-150	150	-50
-50	0	150	300	-150	0	0	-150	150	-50
-50	0	0	150	-300	-150	-150	-300	150	-50
-50	0	0	0	150	150	150	150	0	-50
-100	-50	-50	-50	-50	-50	-50	-50	-50	-100

(b)

그림 9.23 ● 영상에서 영 교차의 위치. (a) 단순 영상. (b) 라플라스 필터링 후.

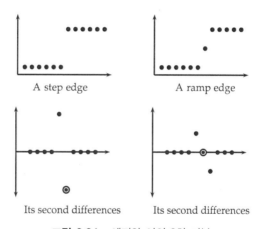

그림 9.24 ● 에지와 이의 2차 미분.

영 교차가 동작하는 방법의 원리를 알기 위해서 그림 9.24에 있는 에지의 모양과 이들의 2차 미분을 보라.

각 경우에, 영 교차를 원(circle) 기호로 표시하였다. 여기서 주목해야 할 중요한 점은 에지에 대해서 단지 하나의 영 교차만이 존재한다는 것이다. 따라서 영 교차로 형성되는 영상은 복잡하지 않고 매우 단순하게 보일 것이다.

그림 9.23(b)에서 영 교차 화소는 음영으로 처리하였다. 바로 지금 독자는 새로운 에지 검출 방법을 가지게 되었다. 이는 라플라스 필터링 후에 영 교차를 구하면 된다. 이 방법은 MATLAB에서 edge 함수의 zerocross 옵션으로 구현되어 있는데, 이는 지정한 필터로 필터링을 한 후에 영 교차를 구한다.

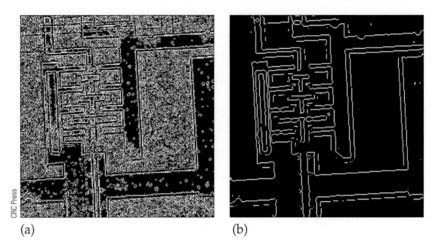

CRC Press

(a)   (b)

그림 9.25 ● 영 교차를 이용한 에지 검출. (a) 영 교차. (b) 먼저 LoG 필터를 사용한 경우.

```
>> l=fspecial('laplacian',0);
>> icz=edge(ic,'zerocross',l);
>> imshow(icz)
```

위 명령어의 결과를 그림 9.25(a)에 나타내었다. 사실 이것은 매우 좋은 결과는 아니다. 왜냐하면 이 방법은 너무 많은 그레이 레벨 변화를 에지로 간주하기 때문이다. 이들을 제거하기 위하여 먼저 가우시안 필터로 영상을 스무싱할 수 있다. 따라서 이런 아이디어는 에지 검출을 위해서 다음과 같은 단계의 순서를 따르면 되고 이를 **Marr-Hildreth** 방법이라고 한다.

1. 가우시안 필터로 영상을 스무싱 처리한다.
2. 그 결과를 라플라시안 필터로 회선 처리 한다.
3. 영 교차 화소들을 구한다.

이 방법은 가능한 한 생체학적 시각에 근접한 에지 검출 방법으로 고안되었다. 처음의 두 단계는 하나로 결합할 수 있으며, 결합하면 LoG(Laplacian of Gaussian) 필터가 된다. 이 필터는 `fspecial` 함수로 생성될 수 있다. `edge` 함수를 `zerocross` 옵션으로 사용할 때에 추가로 옵션 매개변수를 지정하지 않으면 디폴트 값으로 다음과 같은 LoG 필터를 사용한다.

```
>> fspecial('log',13,2)
```

이것은 다음에 있는 하나의 명령은 그 다음에 있는 2개의 명령과 정확히 같은 결과를 생성한다는 것을 의미한다.

```
>> edge(ic,'log');
```

그리고,

```
>> log=fspecial('log',13,2);
>> edge(ic,'zerocross',log);
```

사실 `log` 옵션과 `zerocross` 옵션은 동일한 에지 탐색 방법으로 구현되었지만, `zerocross` 옵션을 사용하면 독자가 사용할 필터를 지정할 수 있다는 것이 차이점이다. LoG 필터를 적용한 후에 영 교차를 구한 결과를 그림 9.25(b)에 나타내었다.

9.9 >> Canny 에지 검출기

edge 함수는 canny라는 또 다른 옵션을 가지고 있는데, 이는 **Canny 에지 검출기 (edge detector)**를 구현하였으며, 이는 1986년에 John Canny라는 사람이 개발한 방법이다[3]. 이 방법은 에지 검출을 위해서 다음의 3가지 기준을 만족하도록 고안되었다.

1. 낮은 검출 오류율. 이는 모든 에지를 반드시 검출해야 하며, 반드시 에지만을 검출해야 한다.
2. 에지의 위치. 영상에 있는 실제 에지와 이 알고리즘으로 검출한 에지 사이의 거리는 반드시 최소가 되어야 한다.
3. 단일 응답. 단지 하나의 에지만 존재할 경우에, 이 알고리즘이 다중(multiple) 에지 화소를 생성해서는 안 된다.

Canny는 자신의 알고리즘을 시작하기 위해 사용할 최상의 필터가 가우시안(스무싱을 위해)이고, 그 다음에 가우시안의 도함수임을 보였다. 1차원 가우시안의 도함수는 아래와 같다.

$$\left(-\frac{x}{\sigma^2}\right) e^{-\frac{x^2}{2\sigma^2}}. \tag{9.1}$$

이 필터들은 잡음을 스무싱하는 효과와 가능한 에지 후보 화소들을 찾는 효과를 가지고 있다. 이 필터는 분리 가능하기 때문에 먼저 열(column) 필터로 열에 적용하고, 다음으로 행(row) 필터로 행에 적용할 수 있다. 그 후에 2개의 결과를 함께 사용하여 에지 영상을 구성할 수 있다. 이 방식은 2차원 필터를 적용하는 것보다 계산에서 훨씬 효과적인 것을 앞의 5장에서부터 알고 있다.

따라서, 지금까지 설명을 다음과 같은 단계의 순서로 요약할 수 있다:

1. 영상 x를 읽는다.
2. 1차원 가우시안 필터 g를 만든다.
3. 식 (9.1) 식에 주어진 표현에 대응하는 1차원 필터 dg를 만든다.
4. g와 dg를 회선 처리하여 gdg를 구한다.
5. x에 gdg를 적용하여 x1을 만든다.
6. x에 gdg' 을 적용하여 x2를 만든다.

그러면, 아래의 식을 사용해서 에지 영상을 만들 수 있다.

$$xe = \sqrt{x1^2 + x2^2}.$$

지금까지, 독자는 필터를 사용해서 에지를 검출하는 표준적인 방법과 비교해서 더 많은 것을 수행하지 않았다.

다음 처리 단계는 **비최대치 억제(non-maximum suppression)**이다. 독자는 위의 에지 영상 xe에 문턱치 처리를 수행하여 단지 에지 화소들만 남기고 그 외 화소들은 제거되기를 원할 것이다. 그러나 문턱치 처리만으로 만족할 만한 결과를 얻을 수 없다. 아이디어는 모든 화소 p는 자신과 관련된 방향 ϕ_p(에지의 기울기)를 가지고 있으며, 화소 p를 에지 화소로 간주하기 위해서는 방향 ϕ_p에 있는 이웃 화소보다 더 큰 크기를 가져야 한다는 것이다.

위에서 크기 xe를 계산한 것처럼 아래와 같이 역탄젠트 함수를 사용하면 에지 기울기(gradient)의 방향을 계산할 수 있다.

$$xg = \tan^{-1}\left(\frac{x2}{x1}\right).$$

일반적으로, 기울기의 방향은 그림 9.26에 보여준 것과 같이 3 × 3 이웃 화소에서 화소들 사이를 가리키게 될 것이다. 여기에 2가지 접근 방법이 있다. 독자는 현재(중심) 화소의 기울기를 선형 보간법으로 구한 값과 비교할 수 있다(6장 참조). 즉 2개 화소에 대해서 기울기의 가중평균을 구한다. 즉 그림 9.26에서는 우측에 있는 위쪽 2개 화소의 가중평균을 구하면 된다.

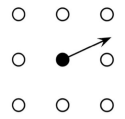

The edge direction at a pixel

그림 9.26 ● Canny 에지 검출기에서 비최대치 억제.

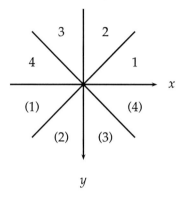

그림 9.27 ● 기울기를 양자화하기 위한 화소의 위치정보 사용.

2번째 접근 방법은 현재 화소의 기울기 방향을 0°, 45°, 90° 및 135° 중의 하나로 양자화를 하고, 이 양자화가 된 기울기의 방향이 가리키는 곳에 있는 화소의 기울기와 현재 화소의 기울기를 비교한다. 즉 위치 (x,y)에서 기울기를 $\phi(x,y)$라고 가정하자. 이것을 주어진 4개의 각도 중 하나로 양자화를 해서 $\phi'(x,y)$를 얻는다. (x,y)에서 $\phi'(x,y)$방향과 $\phi'(x,y)$ + 180°방향에 있는 2개의 화소를 고려한다. 만일 이 2개의 화소 중에서 한 화소의 에지 크기라도 현재 화소의 크기보다 더 크면, 현재 화소를 삭제하기 위해 마크(mark)한다. 이러한 처리를 전체 영상에 걸쳐 처리한 후에 마크된 화소들을 모두 삭제한다.

사실, 독자는 역탄젠트 함수를 사용하지 않고 양자화가 된 기울기를 계산할 수 있다. 독자는 2개의 필터링 결과인 x1과 x2에 있는 값들을 단순히 비교하면 된다. x1(x,y)와 x2(x,y)의 상대적인 값에 따라서 (x,y)에서 기울기를 4가지 기울기 종류 중의 하나로 결정할 수 있다. 그림 9.27에 이 방법의 동작 원리를 나타낸다. 영상 평면을 보여준 것과 같이 45°씩 직선으로 구분된 8개의 영역으로 나눈다. 이때 x축은 오른쪽

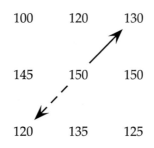

그림 9.28 ● 비최대치 억제에서 양자화.

을 양의 방향으로, y축은 아래쪽을 양의 방향으로 잡는다. 그런 후에 아래의 표에 따라서 화소 값들에 영역과 각도를 할당할 수 있다.

Region	Degree	Pixel Location
1	0°	$y \leq 0$ and $x > -y$
(1)	0°	$y \geq 0$ and $x < -y$
2	45°	$x > 0$ and $x \leq -y$
(2)	45°	$x < 0$ and $x \geq -y$
3	90°	$x \leq 0$ and $x > y$
(3)	90°	$x \geq 0$ and $x < y$
4	135°	$y < 0$ and $x \leq y$
(4)	135°	$y > 0$ and $x \geq y$

그림 9.28에 보여준 것과 같이, 기울기가 45°로 양자화가 된 화소에 대하여 이웃 화소들을 가지고 있다고 가정하자. 절선 화살표는 현재 기울기의 반대 방향을 가리킨다. 이 그림에서 화살표의 끝에 있는 양 화소의 크기는 중심 크기보다 더 작다. 따라서 중심 화소를 에지 화소로 유지한다. 그러나 만일 이 2개의 값 중 하나가 150 이상이면 삭제하기 위해서 중심 화소를 마크한다.

비최대치 억제를 처리한 후에, 2진 에지 영상을 얻기 위해서 문턱치 처리를 할 수 있다. Canny는 단일 문턱치 처리 대신에 **이력(hysteresis) 문턱치 처리**라고 하는 기술을 사용하도록 제안하였다. 이 기술은 2개의 문턱치, 즉 낮은 값 t_L과 높은 값 t_H를 사용한다. t_H보다 더 큰 값을 가진 모든 화소는 에지 화소라고 가정한다. 또한 에지 화소에 인접하고 $t_L \leq p \leq t_H$ 범위의 값을 가진 모든 화소도 에지 화소로 간주한다.

Canny 에지 검출기는 edge 함수의 canny 옵션으로 구현되어 있다. 독자는 문턱치를 지정하거나 혹은 다음과 같이 자동으로 선택되도록 할 수 있다.

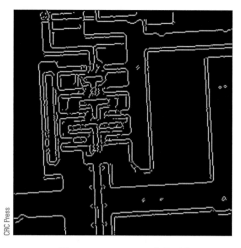

그림 9.29 • Canny 에지 검출.

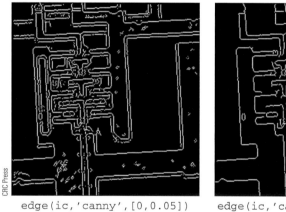

edge(ic,'canny',[0,0.05])

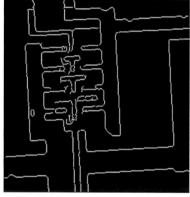

edge(ic,'canny',[0.01,0.5])

그림 9.30 • 다른 문턱치를 적용한 canny 에지 검출.

```
>> [icc,t]=edge(ic,'canny');
>> t

t =

    0.0500    0.1250

>> imshow(icc)
```

위의 결과를 그림 9.29에 나타내었다. 다른 문턱치를 적용한 2개의 다른 결과를 그림 9.30에 나타내었다. 상위의 문턱치를 보다 높게 설정할수록 더욱더 적은 에지가 검출된다. 만일 옵션 매개변수를 추가로 사용하면 디폴트 가우시안 필터의 표준편차를 변경할 수도 있다.

Canny 에지 검출기가 지금까지 설명한 에지 검출기들 중에 가장 복잡하다. 그러나 이것이 에지 검출기들에 대한 마지막 설명이 아니다. 에지 검출기들에 대한 좋은 설명은 Park[23]에 있고, 몇 가지 진보된 에지 검출에 대한 흥미로운 설명은 Heath et al[13]에 있다.

9.10 >> 허프(Hough) 변환

만일 위에서 설명한 에지 검출 방법에 의해 검출한 에지가 희박(sparse)하면 결과의 에지 영상은 직선(line)이나 곡선(curve)이 아니고 개개의 점들로 구성되게 된다. 그러므로 각 영역 사이에 경계를 만들기 위하여 그 점들을 연결하여 선으로 만들 필요가 있다. 이렇게 되면, 특히 너무 많은 에지의 점들이 존재한다면 시간이 많이 걸리고 계산적으로 비효율적이다. 이러한 경계선을 구하는 한 가지 방법은 허프(Hough) 변환을 사용하는 것이다.

허프 변환은 영상에서 선(라인)들을 구하기 위해 설계되었지만, 다른 모양을 구하기 위해서 쉽게 변경될 수 있다. 이 아이디어는 간단하다. (x, y)가 영상(이는 2진 영상이라고 가정한다)에서 한 점이라고 가정하자. 독자는 $y = ax + b$로 쓸 수 있고, 이 방정식을 만족하는 모든 쌍 (a, b)를 **누산기(accumulator)** 배열에 그려 넣는다. 이배열이 **변환(transform) 배열**이다.

예를 들어 $(x, y) = (1, 1)$로 두자. a와 b에 관계되는 방정식은 아래와 같기 때문에

$$1 = a.1 + b,$$

이를 정리하면 아래와 같이 쓸 수 있다.

$$b = -a + 1.$$

따라서 직선 $b = -a + 1$은 단일 점 $(1, 1)$에 관련되는 점들의 모든 쌍들로 구성된다. 이를 그림 9.31에 나타내었다.

영상에 있는 각 점은 변환 영역에서 하나의 직선으로 사상(mapping)된다. 변환 영역에서 가장 많은 수의 교차점을 가지고 있는 점이 영상에서 가장 강한 직선에 대응한다.

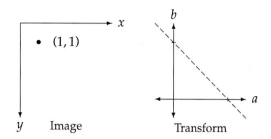

그림 9.31 • 영상에서 한 점과 변환 영역에서 대응하는 직선.

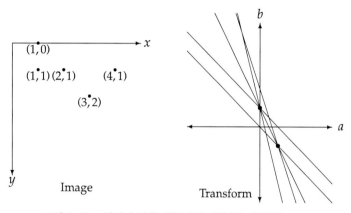

그림 9.32 • 영상과 변환 영역에서 대응하는 직선들.

예를 들어 5개의 점, (1, 0), (1, 1), (2, 1), (4, 1)과 (3, 2)로 구성된 영상을 생각해 보자. 이 점들은 각각 아래와 같은 직선에 대응한다.

$$(1, 0) \rightarrow b = -a$$
$$(1, 1) \rightarrow b = -a + 1$$
$$(2, 1) \rightarrow b = -2a + 1$$
$$(4, 1) \rightarrow b = -4a + 1$$
$$(3, 2) \rightarrow b = -3a + 2.$$

이 직선들을 각각 변환 영역에서 나타내면 그림 9.32와 같다.

변환 영역에 있는 검은 점들은 라인들의 최대 교차점이 있는 위치를 나타낸다. 즉 각 검은 점에서 3개의 직선들이 교차한다. 이 검은 점의 좌표들은 $(a, b) = (0, 1)$과 $(a, b) = (1, -1)$이다. 이 값들은 각각 다음의 2직선에 대응한다.

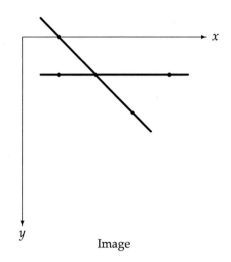

Image

그림 9.33 • 허프 변환에 의해서 찾은 직선.

$$y = 0.x + 1$$

그리고

$$y = 1.x + (-1)$$

혹은 $y = 1$과 $y = x - 1$. 이 직선들을 영상에 나타내면 그림 9.33과 같다.

이 직선들이 영상에서 실제로 가장 강력한 직선이고, 가장 많은 점들이 이 직선상에 있다.

이러한 허프 변환을 구현할 때에 문제가 있는데, 이는 수직(vertical) 직선을 찾을 수가 없다는 것이다. $y = mx + c$ 형식에서는 수직 직선을 표현할 수 없다. 왜냐하면 m은 기울기이고, 수직 직선은 무한대의 기울기 값을 가지고 있기 때문이다. 따라서 직선을 표현하기 위해서 다른 파라미터가 필요하다.

그림 9.34에 나타낸 것과 같은 일반적인 직선을 생각해 보자. 분명히 어떤 직선이라도 2개의 파라미터 r과 θ로 서술할 수 있다. r은 원점에서 그 직선까지 직교하는 (perpendicular) 거리이고, θ는 직선의 직교선과 x축이 이루는 각도이다. 이 파라미터들을 사용하면, 수직(vertical) 직선은 간단히 $\theta = 0$인 직선이다. 만일 독자가 r이 음의 값을 가질 수 있도록 허용하면 θ의 범위를 아래와 같이 제한할 수 있다.

$$-90 < \theta \leq 90.$$

이 파라미터가 주어지면, 그 직선의 방정식을 찾을 필요가 있다. 먼저, 직선과 직선

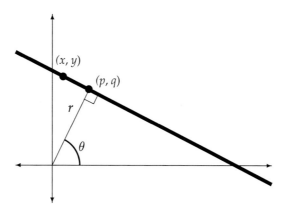

그림 9.34 ● 직선과 해당 파라미터.

의 직교선이 만나는 점 (p, q)는 $(p, q) = (r\cos\theta, r\sin\theta)$인 것을 주목한다. 또한 직선의 직교선의 기울기는 $\tan\theta = \sin\theta/\cos\theta$인 것도 주목한다. 직선상에 있는 임의의 점을 (x, y)로 두자. 이 직선의 기울기는 아래와 같다.

$$\frac{\text{높이}}{\text{밑변}} = \frac{y - q}{x - p}$$
$$= \frac{y - r\sin\theta}{x - r\cos\theta}.$$

그러나 직선의 직교선의 기울기는 $\tan\theta$이기 때문에 직선 자체의 기울기는 아래와 같다. (역자주: 직교하는 두 직선의 기울기 곱은 -1이다.)

$$-\frac{1}{\tan\theta} = -\frac{\cos\theta}{\sin\theta}.$$

위에 있는 2개의 기울기를 같게 놓으면 아래의 식과 같다.

$$\frac{y - r\sin\theta}{x - r\cos\theta} = -\frac{\cos\theta}{\sin\theta}.$$

만일 이들 분수를 각개로 곱하면 아래의 식을 얻는다.

$$y\sin\theta - r\sin^2\theta = -x\cos\theta + r\cos^2\theta,$$

따라서 이 방정식은 아래와 같이 간략화시킬 수 있다.

$$y\sin\theta + x\cos\theta = r\sin^2\theta + r\cos^2\theta$$
$$= r(\sin^2\theta + \cos^2\theta)$$
$$= r.$$

최종적으로 이 직선에 대한 방정식은 아래와 같다.

$$x \cos \theta + y \sin \theta = r.$$

따라서 허프 변환은 다음과 같이 구현할 수 있다. 먼저 사용할 r과 θ의 이산적인 값들의 집합을 선택한다. 영상에 있는 각 화소 (x,y)에 대해서, θ의 모든 값에서 아래 식의 값을 계산하고,

$$x \cos \theta + y \sin \theta$$

그 결과를 (r, θ) 배열의 적당한 위치에 배치한다. 마지막에, 배열에서 가장 높은 값을 가지고 있는 (r, θ)의 값들이 영상에서 가장 강력한 직선에 대응한다.

예를 사용하면, 이를 명확히 할 수 있다. 그림 9.35에 나타낸 작은 영상을 생각해 보자. θ값은 이산화하여 아래의 값만을 사용할 것이다.

$$-45°, \quad 0°, \quad 45°, \quad 90°.$$

영상의 모든 화소 점과 θ의 모든 값에 대하여, $x \cos \theta + y \sin \theta$의 모든 값들을 가지고 있는 아래와 같은 표를 만들면서 시작한다.

(x, y)	$-45°$	$0°$	$45°$	$90°$
$(2,0)$	1.4	2	1.4	0
$(1,1)$	0	1	1.4	1
$(2,1)$	0.7	2	2.1	1
$(1,3)$	-1.4	1	2.8	3
$(2,3)$	-0.7	2	3.5	3
$(4,3)$	0.7	4	4.9	3
$(3,4)$	-0.7	3	4.9	4

누산기 배열은, 위의 표에서 (r, θ)의 각 값들이 나타나는 횟수를 포함하고 있다.

	-1.4	-0.7	0	0.7	1	1.4	2	2.1	2.8	3	3.5	4	4.9
$-45°$	1	2	1	2		1							
$0°$					2		3			1		1	
$45°$						2		1	1		1		2
$90°$			1		2					3		2	

실제로 이 배열은 매우 크고 하나의 영상으로 디스플레이할 수 있다. 이 예에서 가장 큰 값은 2개이고 $(r, \theta) = (2, 0°)$와 $(r, \theta) = (3, 90°)$에서 발생하였다. 따라서 직선은

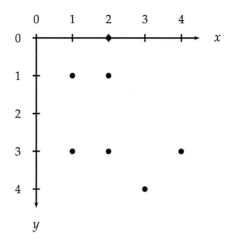

그림 9.35 ● 작은 영상.

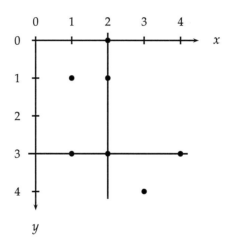

그림 9.36 ● 허프 변환으로 찾은 직선들.

아래와 같거나, 혹은 $x = 2$이다.

$$x \cos 0° + y \sin 0° = 2$$

또 하나의 직선은 아래와 같거나 $y = 3$이다.

$$x \cos 90° + y \sin 90° = 3$$

이 직선들을 그림 9.36에 나타내었다.

9.11 >> MATLAB에서 허프 변환 구현하기

영상처리 Toolbox는 허프 변환 함수를 실제로 가지고 있다. 그러나, 자기 자신의 함수를 작성한다는 것은 즐거운 프로그래밍 연습이다. 위에서 대략 설명한 절차를 따르면 그 과정은 아래와 같다.

1. 사용할 θ와 r 값의 이산적인 집합을 결정한다.
2. 영상에 있는 모든 전경(foreground) 화소 (x, y)에 대해서, 선택한 θ의 모든 값에 대하여 $r = x \cos \theta + y \sin \theta$의 값을 계산한다.
3. 누산기 배열을 생성한다. 이 배열의 크기는 단계 1에서 선택한 이산화에 의해서 결정되는 각도 θ의 개수와 r의 값이다.
4. 앞에서 구한 모든 r 값들을 사용해서 누산기 배열을 갱신한다.

아래에서 이런 각 단계를 순서대로 설명할 것이다.

9.11.1 r과 θ의 이산화

특정한 (r, θ) 쌍이 하나의 직선에만 대응할지라도 하나의 직선을 다른 방법으로 파라미터화를 할 수 있다. 예를 들면, 직선 $x + y = -3$은 그림 9.37(a)에 나타낸 것과 같이 $\theta = 5\pi/4$와 $r = 3\sqrt{2}$를 사용하여 파라미터화를 할 수 있다.

그러나, 같은 직선을 $\theta = \pi/4$와 $r = -3\sqrt{2}$를 사용하여 파라미터화를 할 수 있다. 여기서 독자는 선택할 수 있다. θ의 값을 $-\pi/2 < \theta \leq \pi/2$의 범위로 제한하고, r이 양과 음의 값을 가질 수 있게 하거나, 또는 θ의 값을 $0 \leq \theta < 2\pi$의 범위로 선택하고 r이 음의 값이 되지 않도록 제한할 수 있다. θ와 r의 값을 누산기 배열의 인덱스(index)로 사용할 것이기 때문에, 두 번째 방법을 사용하는 것이 더 간단하다. 그러나 x와 y의 방향을 매트릭스의 열과 행의 인덱스로 사용할 것을 고려하여 그림 9.37(a)를 약간 변형하여 다시 그린 그림 9.37(b)를 생각해 보자. 영상에서 x와 y는 양의 값을 가질 것이고, 따라서 독자가 처리할 영상은 오른쪽 아랫부분(역자주: 4사분면)에 위치하기 때문에 $-90 \leq \theta \leq 180$에 대해서만 r이 양의 값을 가지게 된다. 만일 θ가 해당 범위를 벗어나면 직선의 직교선의 방향은 2사분면(왼쪽-위쪽)이 되며, 만일 직선이 영상과 만나게 되면 r은 음의 값을 필요로 한다.

독자는 독자가 좋아하는 어떤 이산 집합을 선택하여도 되지만, 주어진 범위 내에서 정수(integer) 각도만을 사용할 것이고, 계산을 하기 위하여 라디안(radian)으로 변환하는 것은 아래와 같이 하면 된다.

```
>> angles=[-90:180]*pi/180;
```

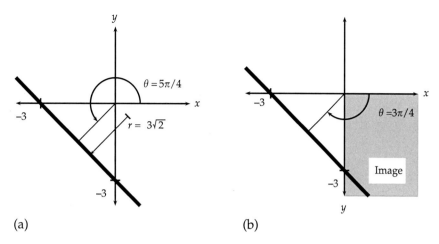

그림 9.37 • r과 θ로 파라미터화된 직선. (a) 일반 카테시안(Cartesian) 축 사용. (b) 매트릭스 축 사용.

9.11.2 r값 계산하기

영상이 2진 영상이라고 가정하자. 그러면 find 함수를 간단하게 사용하면 모든 전경 화소들의 위치를 구할 수 있으며, 이는 아래와 같이 하면 된다.

```
>> [x,y]=find(im);
```

만일 영상이 2진 영상이 아니면, edge 함수를 사용하여 2진 에지 영상을 만들면 된다. 그러면 하나의 간단한 명령으로 모든 r값들을 계산할 수 있으며 이는 아래와 같이 하면 된다.

```
>> r=floor(x*cos(angles)+y*sin(angles));
```

여기서 단지 정수 값들만 얻도록 floor 함수를 사용하였다.

9.11.3 누산기 배열을 생성하기

영상의 크기가 $m \times n$ 화소이고 그런 후에 왼쪽 위 코너(corner)를 원점이라고 가정하면, r의 최대값은 $\sqrt{m^2 + n^2}$이 된다. 따라서 누산기 배열의 크기를 $\sqrt{m^2 + n^2} \times 270$으로 설정할 수 있다. 그러나 독자는 r이 양의 값인 경우에만 관심이 있다. 독자가 선택한 θ의 범위가 주어지면, 음의 값은 버릴 수 있다. 먼저 r의 가장 큰 양의 값을 구하고,

```
function res=hough2(image)

%
% HOUGH(IMAGE) creates the Hough transform corresponding to the image IMAGE
%

if ~isbw(image)
  edges=edge(image,'canny');
else
  edges=image;
end;
[x,y]=find(edges);
angles=[-90:180]*pi/180;
r=floor(x*cos(angles)+y*sin(angles));
rmax=max(r(find(r>0)));
acc=zeros(rmax+1,270);
for i=1:length(x),
  for j=1:270,
    if r(i,j)>=0
      acc(r(i,j)+1,j)=acc(r(i,j)+1,j)+1;
    end;
  end;
end;
res=acc;
```

그림 9.38 ● 허프 변환을 구현하기 위한 간단한 MATLAB 함수.

이 값을 배열 차원의 한 값으로 사용한다. 이를 구현하면 아래와 같다.

```
>> rmax=max(r(find(r>0)));
>> acc=zeros(rmax+1,270);
```

$r = 0$인 값을 허용하기 위해서 rmax+1을 사용하였다.

9.11.4 누산기 배열을 갱신하기

이 단계에서 r 값들의 배열을 사용해서 처리해야 하는데, 각 (r, θ)의 값에 대해서 대응하는 누산기 값을 1씩 증가시키는 것이다. 위에서 정의한 바와 같이 배열 r의 크기는 $N \times 360$이고, N은 전경 화소들의 개수임을 주목하라. 따라서 r과 acc 배열의 두 번째 인덱스는 각도에 대응한다.

이 단계는 중첩 반복문(nested loop)을 사용하면 처리할 수 있는데, 그 중심 부분에 있는 핵심적인 명령은 아래와 같다.

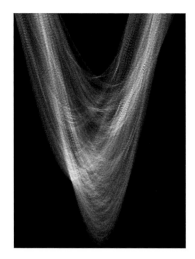

그림 9.39 ● Hough2 변환의 결과.

```
if r(i,j)>=0, acc(r(i,j)+1,j)=acc(r(i,j)+1,j)+1;
```

위 명령은 누산기 배열을 갱신하는 효과적인 방법이 아니지만, 설명한 이론을 근접하게 구현한 장점을 가지고 있다. 전체 프로그램을 그림 9.38에 나타내었다.

예제 Cameraman 영상을 읽고, 그 영상에 허프 변환 절차를 아래와 같이 적용해 보자.

```
>> c=imread('cameraman.tif');
>> hc=hough2(c);
```

위의 마지막 명령은 비효율적인 중첩 반복문으로 구현되었기 때문에 약간 시간이 걸릴 수 있다. 독자가 할 수 있는 첫 번째 일은 그 결과를 보는 것이고, 이는 아래와 같이 하면 된다.

```
>> imshow(mat2gray(hc)*1.5)
```

여기서 끝에 있는 추가적인 상수 1.5는 영상을 밝게 하기 위한 것이다. 이 결과를 그림 9.39에 나타내었다.

여기서 독자가 보고 있는 것은 누산기 배열이다. 독자가 정말로 기대하고 있는 것은 최대로 교차하는 부분을 나타내는 몇 개의 밝은 점들을 가진 곡선들의 집합이다. 변환을 할 때에 sine과 cosine을 사용하였기 때문에 독자는 곡선들이 정현파의 성질을 가진다는 것을 기대할 수 있다.

다음은 무엇을 할 수 있나? 아래와 같이 변환의 최대값을 구해 보자:

```
>> max(hc(:))

ans =

    91
```

그러면 최대값에 대응하는 r과 θ를 아래와 같이 구할 수 있다.

```
>> [r,theta]=find(hc==91)

r =

    138

theta =

    181
```

그러나, hough2 함수는 화소의 좌표를 카테시안 좌표로 사용하고 있기 때문에 x축과 y축이 시계방향으로 90° 회전되어 있다(역자주: [x, y]=find(edges); 소스 참조). 그래서 독자는 영상에서 왼쪽 수직 에지로부터 반시계방향으로 θ를 측정하고 있다. 이렇게 처리하고 있는 방법을 그림 9.40에 나타내었다.

원점에서부터 직선까지 직교 거리와 x축과 직선의 직교선과의 각도가 주어지면, 직선을 그릴 수 있는 작은 함수를 직접 쉽게 작성할 수 있다. 이에 대한 도구는 line 함수이고, 이의 사용 형식은 아래와 같다.

```
>> line([x1,x2],[y1,y2])
```

이 함수는 현재 영상 위에 좌표 (x1, y1)과 (x2, y2) 사이에 직선을 그린다. 여기서 유일하게 어려운 것은 line 함수는 x축이 위쪽에 있고, y축이 왼쪽에 있는 좌표계를

그림 9.40 • Hough2 변환에 의한 직선.

```
function houghline(image,r,theta)
%
% Draws a line at perpendicular distance R from the upper left corner of the
% current figure, with perpendicular angle THETA to the left vertical axis.
% THETA is assumed to be in degrees.
%
[x,y]=size(image);
angle=pi*(181-theta)/180;
X=[1:x];
if sin(angle)==0
  line([r r],[0,x],'Color','black')
else
  line([0,y],[r/sin(angle),(r-y*cos(angle))/sin(angle)],'Color','black')
end;
```

그림 9.41 • 영상 위에 라인을 그리는 단순한 MATLAB 함수.

사용한다는 것이다[그림 9.37(b) 참조]. 이는 θ를 $\pi/2 - \theta$로 치환하면 쉽게 해결할 수
있다(역자주: 이는 직선의 직교선과의 각도이고 직선과의 각도는 $\pi - \theta$ 이다). 직선을
그리는 간단한 함수를 그림 9.41에 나타내었다.

(a)   (b)

그림 9.42 • houghline 함수를 사용한 예.

소스 라인에서 181-theta 표현식을 주목하라.

```
angle=pi*(181-theta)/180;
```

이를 $180 + 1 - \theta$로 해석할 수 있다. 초기값 180은 카테시안 좌표와 매트릭스 좌표 간의 변환을 하는 것이고, 여분의 1은 hough2.m 함수에서 누산기의 $r+1$을 고려한 것과 같은 것이다.

독자는 위 함수를 다음과 같이 사용할 수 있다.

```
>> c2=imadd(imdivide(c,4),192);
>> imshow(c2)
>> houghline(c2,r,theta)
```

위에서 c2를 사용하는 아이디어는 직선을 보다 선명하게 나타내기 위해서 영상을 밝게 하는 것이다. 이 결과를 그림 9.42에 나타낸다. 또 다른 직선들을 그리기 위해서는 변환으로부터 몇 개의 점들을 추출할 수 있으며, 사용하는 예는 아래와 같다.

```
>> [r,theta]=find(hc>80)
r =
    148
    138
    131
     85
     90
```

```
theta =

   169
   181
   182
   204
   204
```

따라서 아래의 명령을 사용하면 그림 9.42(b)의 오른쪽에 보여준 것과 같은 직선을 얻을 수 있다.

```
>> houghline(c,r(1),theta(1))
```

분명하게도 독자는 이 함수들을 사용하면 원하는 어떤 직선도 검출할 수 있다.

허프 변환은 영상에서 다른 형상, 예를 들면 원이나 타원을 검출하기 위해서 일반화를 할 수 있다. 이런 일반화(또한 기본적인 허프 변환에 대한 좋은 토론)에 관심이 있는 독자들은 Leavers[21]와 Sonka et al.[35]을 참조하라.

 습문제

문턱치 처리

1. 하나의 영상을 값 t_1에서 문턱치 처리하고, 그 결과를 다시 문턱치 t_2로 처리하였다고 가정하자. 아래의 조건 하에서 그 결과를 설명하라.

   a. $t_1 > t_2$
   b. $t_1 < t_2$

2. 다음의 명령들을 사용해서 간단한 영상을 만들어라.

```
>> [x,y]=meshgrid(1:256,1:256);
>> z=sqrt((x-128).^2+(y-128).^2);
>> z2=1-mat2gray(z);
```

im2bw 함수를 사용해서, z2를 여러 가지 다른 값에서 문턱치 처리를 하고, 그 결과를 설명하라. 문턱치를 증가시키면 흰색의 양이 어떻게 되는가? 독자는 일반적인 결과를 서술하고 증명할 수 있는가?

3. cameraman.tif 영상을 사용해서 문제 2를 반복하라.

4. 독자는 어떤 하나의 값에서 문턱치 처리를 하면 곱하기(X) 모양이 되고, 또 다른 하나의 값에서 문턱치 처리를 하면 십자가(+) 모양이 되는 작은 영상을 만들 수 있는가? 만일 불가능하다면 그 이유는?

5. cameraman.tif 영상에 text.tif 영상을 아래와 같이 처리하여 중첩시켜라.

```
>> t=imread('text.tif');}
>> c=imread('cameraman.tif');}
>> m=uint8(double(c)+255*double(t));}
```

그대는 이 새로운 영상 m을 문턱치 처리하여 text를 분리할 수 있는가?

6. 영상 m을 아래와 같이 정의하고, 5번 문제를 다시 풀어라.

```
>> m=uint8(double(c).*double(~t));
```

7. 아래와 같이 처리하여 원(circle) 영상을 생성하라.

```
>> t=imread('circles.tif');
>> [x,y]=meshgrid(1:256,1:256);
>> t2=double(t).*((x+y)/2+64)+x+y;
>> t3=uint8(255*mat2gray(t2));
```

적응 문턱치 처리와 blkproc 함수를 사용하여 원(circle) 영상 부분만 얻을 수 있게 영상 t3를 문턱치 처리하라. 어떤 크기의 블록이 가장 좋은 결과를 주는가?

에지 검출

8. MATLAB에서 아래의 매트릭스를 읽어라.

201	195	203	203	199	200	204	190	198	203
201	204	209	197	210	202	205	195	202	199
205	198	46	60	53	37	50	51	194	205
208	203	54	50	51	50	55	48	193	194
200	193	50	56	42	53	55	49	196	211
200	198	203	49	51	60	51	205	207	198
205	196	202	53	52	34	46	202	199	193
199	202	194	47	51	55	48	191	190	197
194	206	198	212	195	196	204	204	199	200
201	189	203	200	191	196	207	203	193	204

그리고 이 영상에 Robert, Prewitt, Sobel, Laplacian 및 영교차 에지 검출 방법을 적용하기 위해서 `imfilter` 함수를 사용하라. 2개의 필터(Robert, Prewitt, 혹은 Sobel)를 적용하는 경우에 각 필터를 분리 적용한 후에 그 결과들을 결합하라.

에지만을 보여주는 2진 영상을 얻기 위해 필요하다면 문턱치 처리를 적용하라. 어느 방법이 가장 좋은 결과를 보여주는가?

9. 8번 문제에 있는 매트릭스에 대해서, 모든 가능한 매개변수를 사용해서 `edge` 함수를 적용하라. 어느 방법이 가장 좋은 결과를 보여주는가?

10. MATLAB에서 `cameraman.tif` 영상을 읽어라. 그리고 아래에 나열한 에지 검출 기술들을 하나씩 적용해 보라.

   a. Roberts
   b. Prewitt
   c. Sobel
   d. Laplacian
   e. Zero-crossings of Laplacian
   f. the Marr-Hildreth method
   g. Canny

11. `tire.tif` 영상을 사용해서 10번 문제를 다시 풀어라.

12. 아래의 명령을 사용해서 그레이스케일 꽃 영상을 생성하라.

```
f1=imread('flowers.tif');
f=im2uint8(rgb2gray(f1));
```

그런 후에 10번 문제를 다시 풀어라.

13. 그레이스케일 영상을 읽고, 그 영상에 약간의 잡음을 추가하라. 말하자면 아래와 같이 하면 된다.

```
c=imread('cameraman.tif');
c1=imnoise(c,'salt & pepper',0.1);
c2=imnoise(c,'gaussian',0,0.02);
```

그런 후에 잡음이 있는 영상 c1과 c2의 각각에 대해서 에지 검출 기법들을 적용해 보라.

어느 기법이 아래와 같은 결과를 주는가 ?

a. 잡음이 있는 경우에 가장 좋은 결과는?

b. 잡음이 있는 경우에 가장 나쁜 결과는?

허프 변환

14. 직선 $y = x - 1$, $y = 1 - x/2$들을 (r, θ)형식으로 표현하라.

15. 아래에 나타낸 2진 영상에 대해서 가장 강한 직선을 검출하기 위해서 허프 변환을 사용하라.

x

	−3	−2	−1	0	1	2	3
−3	0	0	0	0	0	1	0
−2	0	0	0	0	0	0	0
−1	0	0	0	1	0	1	0
0	0	0	1	0	0	0	0
1	0	0	0	0	0	0	0
2	1	0	0	0	0	1	0
3	0	0	0	0	0	0	0

(y labels the rows)

16. 아래에 있는 영상에 대해서 15번 문제를 다시 풀어라.

x

	−3	−2	−1	0	1	2	3
−3	0	0	0	0	1	0	0
−2	0	0	0	0	0	0	0
−1	0	0	1	1	0	0	1
0	0	1	0	0	1	0	0
1	1	0	0	0	0	0	1
2	0	0	0	0	1	1	0
3	0	0	0	1	1	0	0

(y labels the rows)

x

	−3	−2	−1	0	1	2	3
−3	0	0	0	1	0	0	0
−2	1	0	0	0	1	0	0
−1	0	0	0	0	0	0	0
0	0	0	1	0	0	1	0
1	0	1	0	1	0	0	0
2	1	0	0	0	0	0	1
3	0	0	1	0	0	1	0

(y labels the rows)

17. cameraman 영상에서 몇 개의 직선들을 추가적으로 찾고, `houghline` 함수를 사용해서 그 직선들을 그려라.

18. `alumgrns.tif` 영상을 읽고 디스플레이를 하라.

    a. 가장 강한 직선이 나타날 곳은 어디가 될 것인가?

    b. `hough`와 `houghline` 함수를 사용해서 5개의 강한 직선들을 그려라.

19. `hough` 함수에서 초기 에지 검출 방법을 변경하여 2개의 함수로 실험하라. 이는 허프 변환에 의해서 검출한 직선들에 영향을 미칠 수 있는가? (역자주: `edges = edge(image, 'canny')`; 라인을 다른 방법으로 변경하고, `hough`와 `houghline` 함수를 사용하여 실험한다.)

10 영상의 형태적 처리

10.1 >> 서론

수학적 형태학, 또는 형태학은 영상에서 형태를 해석하기 위한 영상처리의 특정 부분에 해당한다. 2진 영상의 조사에 대한 형태학적 기본 Tool을 개발하고 이들 Tool을 그레이 영상으로 확장하는 방법을 보인다. MATLAB에는 영상처리 Toolbox에서 2진 형태학에 대한 많은 Tool이 있고, 그레이스케일 형태학에 대해서도 사용할 수 있다.

10.2 >> 기본 개념

수학적 형태학의 이론은 여러 가지 방법으로 설명할 수 있다. 점들의 집합으로 연산되는 한 가지의 표준 방법을 채택한다. 상세한 설명은 Haralick과 Shapiro[11]의 참고문헌을 참조하기 바란다.

10.2.1 이동(translation)

A가 2진 영상에서 화소들의 집합이고, $w = (x,y)$가 특정 좌표의 점이라고 가정하자. 그러면 A_w는 방향 (x,y)만큼 이동된 집합 A이다. 즉 아래와 같이 표현할 수 있다.

$$A_w = \{(a,b) + (x,y) : (a,b) \in A\}.$$

예를 들면 그림 10.1에서 A는 교차형의 집합이고, $w = (2,2)$이다. 집합 A는 w에 주어

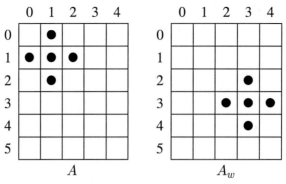

그림 10.1 ● 이동(translation).

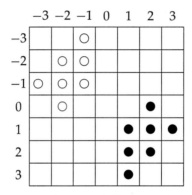

그림 10.2 ● 반사(reflection).

진 값만큼 x와 y방향으로 이동된 것이다. 여기서는 직각좌표계가 아니라 매트릭스 좌표를 이용한다. 그러므로 원점은 왼쪽 위에 있고, x는 세로방향, y는 가로방향으로 나타낸다.

10.2.2 반사(reflection)

A가 화소들의 집합이면, 그 반사는 $\hat{A}$로 표시하고 원점에 대하여 A를 반사시켜 아래와 같이 얻는다.

$$\hat{A} = \{(-x, -y) : (x, y) \in A\}.$$

예를 들면 그림 10.2에서 흰 원과 검은 원이 서로의 반사를 나타내는 집합이다.

10.3 >> 팽창(Dilation)과 침식(Erosion)

팽창과 침식은 여러 가지 연산들이 이들 2가지의 결합으로 이루어지는 형태학의 기본 연산이다.

10.3.1 팽창

A와 B는 화소들의 집합이고, B에 의한 A의 팽창은 $A \oplus B$로 표시하고 아래와 같이 정의한다.

$$A \oplus B = \bigcup_{x \in B} A_x.$$

이것은 x의 모든 점은 B의 원소이고, 그 좌표만큼 A를 이동시키며 그 후에 이들 모든 이동결과를 합한다는 의미이다. 등가적 표현은 아래와 같다.

$$A \oplus B = \{(x, y) + (u, v) : (x, y) \in A, (u, v) \in B\}.$$

이 정의로부터 팽창은 아래와 같이 교환법칙이 성립된다.

$$A \oplus B = B \oplus A.$$

팽창의 예는 그림 10.3에 보였다. 이동의 다이어그램에서, 그레이 값의 사각형은 물체의 원점을 나타낸다. 물론, $A_{(0,0)}$는 A의 자신이다. 이 예에서 B의 좌표는 아래와 같고, A를 b의 각각의 좌표만큼 이동시킨다.

$$B = \{(0, 0), (1, 1), (-1, 1), (1, -1), (-1, -1)\}.$$

일반적으로 $A \oplus B$는 A에 있는 모든 점 (x,y)를 B에 대한 사본으로 치환하고, (x,y)에서 B의 $(0,0)$으로 넣어서 구해질 수 있다. 다시 말하면, A의 사본을 B의 모든 점 (u,v)에 치환할 수 있다.

팽창은 또한 **Minkowski addition**으로 알려져 있고, 더욱 자세한 내용은 전문서적을 참조하기 바란다.

그림 10.3과 같이 팽창은 물체의 크기를 증가시키는 효과를 가진다. 그러나 원래의 물체 A가 그 팽창인 $A \oplus B$의 내부에 반드시 놓여져야 할 필요는 없다. B의 좌표에 따라서 $A \oplus B$는 A에서 멀리 떨어지는 경우도 있다. 그림 10.4는 이를 보여주는 예이다. 그림에서와 같이 B는 같은 모양을 가지지만, 위치가 다르다. 이 그림에서 B의 위치는 아래와 같다.

$$B = \{(7, 3), (6, 2), (6, 4), (8, 2), (8, 4)\}.$$

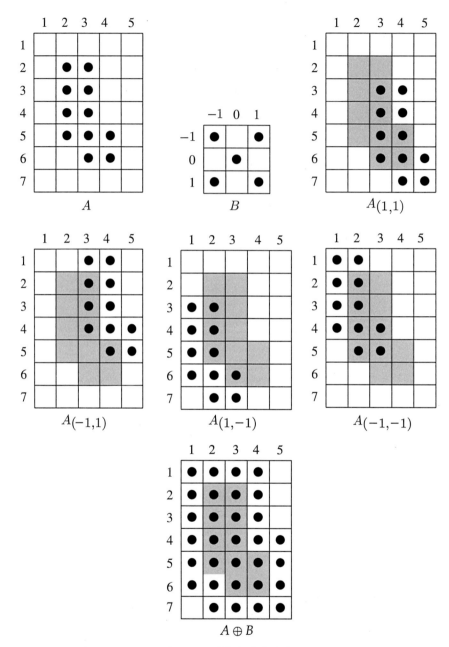

그림 10.3 ● 팽창의 연산 과정.

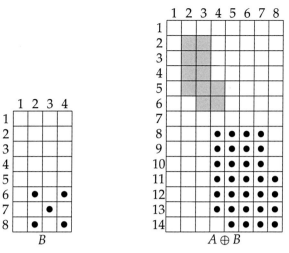

그림 10.4 • $A \nsubseteq A \oplus B$인 팽창의 예.

그러므로 팽창의 결과는 아래와 같다.

$$A \oplus B = A_{(7,3)} \cup A_{(6,2)} \cup A_{(6,4)} \cup A_{(8,2)} \cup A_{(8,4)}.$$

팽창에 대하여 일반적으로 A는 처리될 영상이고, B는 화소들의 작은 집합으로 간주한다. 이 경우에 B는 **구조적 요소** 혹은 **커널(kernel)**에 해당한다.

MATLAB에서 팽창은 다음 명령으로 수행할 수 있다.

```
>> imdilate(image,kernel)
```

팽창에 대한 예를 보기 위해 아래의 명령을 실행한다.

```
>> t=imread('text.tif');
>> sq=ones(3,3);
>> td=imdilate(t,sq);
>> subplot(1,2,1),imshow(t)
>> subplot(1,2,2),imshow(td)
```

이 결과는 그림 10.5(b)와 같다. 영상이 두터워진 결과를 알 수 있다. 이 두터워지는 현상은 팽창의 의미를 보여주는 것이다.

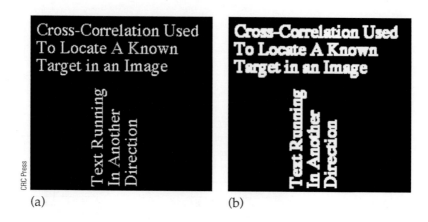

(a)   (b)

그림 10.5 • 2진 영상의 팽창. (a) Text 영상. (b) 팽창 결과.

10.3.2 침식(erosion)

주어진 집합 A와 B에 대하여 B에 의한 A의 침식은 $A \ominus B$로 표시하며 아래와 같이 정의된다.

$$A \ominus B = \{w : B_w \subseteq A\}.$$

바꾸어 말하면 B에 의한 A의 침식은 B_w가 A에 포함되는 $w = (x, y)$의 모든 점으로 구성된다. 침식을 실행하기 위하여 B를 A에 걸쳐서 이동시키면서 B가 A의 내부에 완전히 속할 때 B의 (0,0)점에 대응하는 점을 표시한다. 이렇게 얻어진 모든 점들의 집합을 구하면 침식의 결과이다.

침식의 예는 그림 10.6에 보였다.

이 예에서 침식 $A \ominus B$는 A의 부분집합이 된다. 이것은 반드시 그럴 필요는 없다. B의 원점의 위치에 따라 다르다. 만일 B가 원점을 포함한다면(그림 10.6), 침식은 원 물체의 부분집합이 된다.

그림 10.7은 B가 원점을 포함하지 않는 예이다. 그림 10.7(b)에서 흰 원이 침식의 결과이다.

그림 10.7에서 침식의 모양은 그림 10.6에서와 같다. 그러나 그 위치는 다르다. 그림 10.7에서 B의 원점이 그림 10.6의 위치에서 $(-5, -3)$만큼 이동되어 있다. 우리는 침식이 그 해당 양만큼 이동된다는 것을 알 수 있다. 그림 10.6과 10.7을 비교하면, 두 번째 침식은 처음보다 $(-5, -3)$만큼 실제로 이동됨을 볼 수 있다.

팽창과 마찬가지로 침식에 대하여, 일반적으로 A는 처리될 영상이고, B는 화소의 작은 집합으로 구조적 요소 혹은 커널(kernel)에 해당 한다.

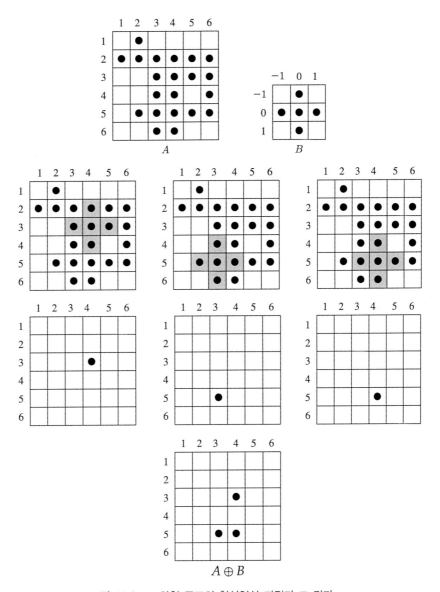

그림 10.6 • 교차형 구조의 침식연산 과정과 그 결과.

침식은 **Minkowski subtraction**에 관련되고, 다음과 같이 정의 된다.

$$A - B = \bigcap_{b \in B} A_b.$$

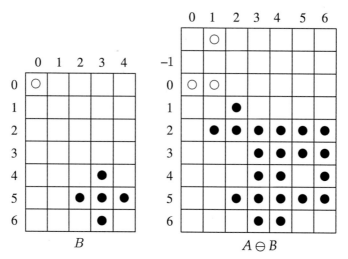

그림 10.7 • 원점을 포함하지 않는 구조(B)에 대한 침식연산 결과.

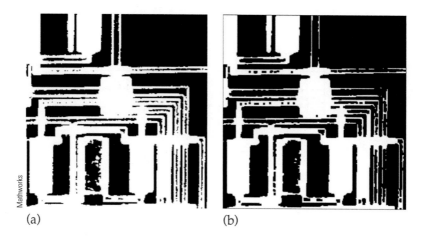

그림 10.8 • 2진 영상의 침식연산. (a) 원 영상. (b) 침식결과.

MATLAB에서 침식은 다음의 명령으로 실행할 수 있다.

```
>> imerode(image,kernel)
```

하나의 예로서, 하나의 다른 2진 영상을 이용하여 다음과 같이 적용한다.

```
>> c=imread('circbw.tif');
>> ce=imerode(c,sq);
>> subplot(1,2,1),imshow(c)
>> subplot(1,2,2),imshow(ce)
```

이 결과는 그림 10.8(b)에 보였다. 여기서 영상이 얇아짐을 알 수 있다. 이것은 말 그대로 침식의 결과를 준다. 만일 영상을 계속하여 침식을 적용하면 결국에는 완전히 빈 영상으로 남을 것이다.

침식과 팽창과의 관계　　침침식과 팽창이 서로 반대의 연산임을 알 수 있다. 특히 침식에 대한 전체의 보수(complement)는 아래와 같이 각 보수(complement)에 대한 팽창과 등가이다.

$$\overline{A \ominus B} = \overline{A} \oplus \hat{B}.$$

이의 증명은 전문서적을 참조하기 바란다.

이와 유사하게 침식과 팽창을 서로 교환하여도 아래와 같이 성립한다.

$$\overline{A \oplus B} = \overline{A} \ominus \hat{B}.$$

MATLAB 명령을 이용하여 이것이 성립함을 증명할 수 있다. 여기서 알아야 할 것은 2진 영상 b의 보수이고 아래와 같이 얻는다.

```
>> ~b
```

그리고 주어진 2개의 영상 a와 b에서 그들이 등가임을 아래와 같이 결정한다.

```
>> all(a(:)==b(:))
```

$$\overline{A \ominus B} = \overline{A} \oplus \hat{B},$$

이 식이 등가임을 증명하기 위해 text 영상과 구조적 요소(커널)를 지정한다. 방정식의 왼쪽에 대하여 다음과 같이 표현하고,

```
>> lhs=~imerode(t,sq);
```

식의 오른쪽에 대하여는 다음과 같이 적용하여,

```
>> rhs=imdilate(~t,sq);
```

최종적으로 다음의 명령으로 1을 return하면 구해진다.

```
>> all(lhs(:)==rhs(:))
```

10.3.3 응용: 경계선 검출(boundary detection)

A는 영상이고, B는 원점에 대칭적인 점들로 구성되는 구조적 요소(커널)라고 하면, 다음과 같은 방법으로 A의 경계를 정의할 수 있다.

(i) $A - (A \ominus B)$ internal boundary
(ii) $(A \oplus B) - A$ external boundary
(iii) $(A \oplus B) - (A \ominus B)$ morphological gradient

각 정의에서 $-$부호는 집합의 차분에 해당한다. 그림 10.9와 같이, 몇 가지의 예에서 내부 경계는 A의 내부에 있는 화소들로 구성되는데 이들은 에지가 되고, 외부의 경계는 A의 바깥쪽 화소들로서 내부 경계와 바로 이웃하고 있다. 형태학적 기울기는 내부 및 외부 경계의 결합이다.

몇 가지 예를 보기 위해 영상을 rice.tif를 선택하고 2진 영상을 얻기 위해 아래와 같이 문턱치 처리를 한다.

```
>> rice=imread('rice.tif');
>> r=rice>110;
```

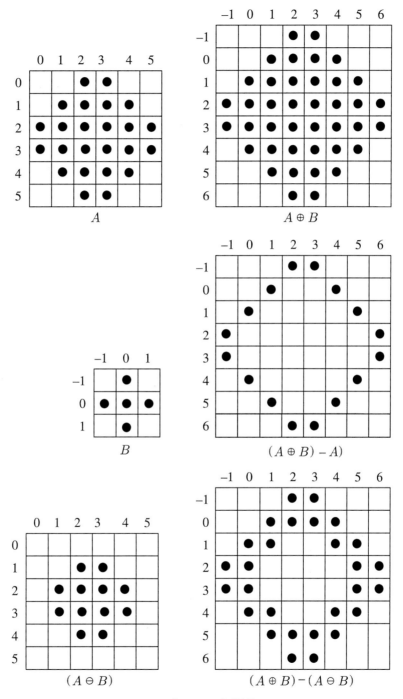

그림 10.9 • 경계추출.

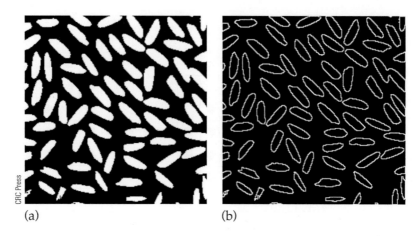

(a)   (b)

그림 10.10   형태학적 에지검출. (a) rice 영상. (b) 내부 경계.

다음으로 내부 경계를 얻기 위해 아래와 같이 처리한다.

```
>> re=imerode(r,sq);
>> r_int=r&~re;
>> subplot(1,2,1),imshow(r)
>> subplot(1,2,2),imshow(r_int)
```

이 결과는 그림 10.10(b)와 같다. 유사하게 외부 경계와 형태학적 기울기는 아래와 같이 얻는다.

```
>> rd=imdilate(r,sq);
>> r_ext=rd&~r;
>> r_grad=rd&~re;
>> subplot(1,2,1),imshow(r_ext)
>> subplot(1,2,2),imshow(r_grad)
```

이 결과는 그림 10.11과 같다.

외부 경계는 내부의 경계보다 더 크다. 왜냐하면 내부의 경계는 영상 물체의 외면을 나타내고, 이에 비해서 외부의 경계는 영상의 물체 부분이 아닌 바깥쪽의 화소로 에지와 이웃하는 배경 부분이기 때문이다. 형태학적 기울기는 실제로 이들의 합집합으로서 두껍게 표현된다.

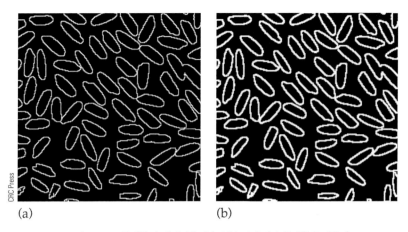

(a)　　　　　　　　　　　(b)

그림 10.11 ● 형태학적 에지검출. (a) 외부 경계. (b) 형태학적 기울기.

10.4 >> 열림(Opening)과 닫힘(Closing)

이들 연산은 팽창과 침식의 기본 연산으로 2차적 연산으로 실행한다. 이들은 또한 수학적으로 더 좋은 특성을 가짐을 알 수 있다.

10.4.1 열림 연산(opening)

주어진 A와 구조적 커널 B에 대하여 B에 의한 A의 열림 연산은 $A \circ B$로 표기하고, 아래와 같이 정의 한다.

$$A \circ B = (A \ominus B) \oplus B.$$

따라서 침식 연산 후에 팽창 연산으로 구성된다. 그 등가 표현으로 아래와 같이 표현할 수 있다.

$$A \circ B = \cup \{B_w : B_w \subseteq A\}.$$

즉, $A \circ B$는 완전히 A의 내부에 포개지는 모든 B의 이동을 조합하는 것이다. 침식 연산과의 차이점은 침식 연산은 B를 이동하면서 A의 내부에 완전히 포개지는 상태에서 B의 (0,0)점에서만 구성되는 것이지만, 열림 연산은 (0,0)점을 포함하고 또 좌우 및 아래 위에 있는 B의 성분으로 이동시킨 A의 전체 조합하는 것이다. 그림 10.12에 이 열림 연산의 예를 보였다.

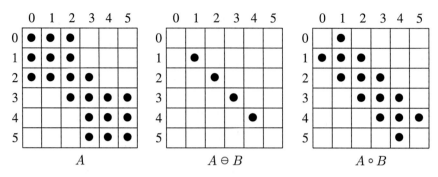

그림 10.12 ● 열림 연산의 예.

열림 연산은 다음과 같은 성질을 만족한다.

1. $(A \circ B) \subseteq A$. 이는 침식 연산의 경우와 다르다. 앞에서와 같이 침식은 부분집합일 필요는 없다.
2. $(A \circ B) \circ B = A \circ B$. 즉, 열림 연산은 1회 이상 처리할 필요가 없다. 이 성질은 **idempotence**(제곱한 것과 같은 값)라는 특성을 가진다. 이러한 점이 침식과 다르다. 침식 연산은 연속 적용하여 영상이 없어질 때까지 반복 적용할 수 있다.
3. $A \subseteq C$ 이면, $(A \circ B) \subseteq (C \circ B)$ 이다.
4. 열림 연산은 영상을 스므딩하는 경향이 있고, 좁은 연결점을 끊으며, 돌출부분을 제거하는 성질을 가진다.

10.4.2 닫힘 연산(closing)

열림 연산과 유사하게 **닫힘** 연산은 팽창 연산 후에 침식 연산으로 이루어지며, $A \bullet B$ 로 표시하고 아래와 같이 정의한다.

$$A \bullet B = (A \oplus B) \ominus B.$$

닫힘 연산의 또 다른 정의는, x를 포함하는 모든 이동성분 B_w가 A와의 교집합에서 공집합(원소가 없는 집합)이 아니면 $x \in (A \bullet B)$이다. 그림 10.13은 닫힘 연산의 예를 나타낸다. 닫힘 연산은 다음과 같은 성질을 가진다.

1. $A \subseteq (A \bullet B)$.
2. $(A \bullet B) \bullet B = A \bullet B$이다. 즉 닫힘 연산은 열림 연산과 같이 idempotence(제곱한 것과 같은 값)이다.

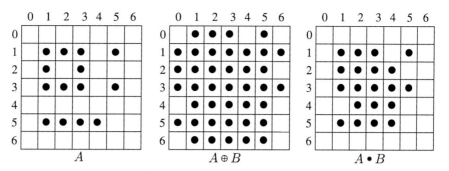

그림 10.13 • 닫힘 연산 과정 및 그 결과.

3. $A \subseteq C$이면, $(A \cdot B) \subseteq (C \cdot B)$이다.

4. 닫힘 연산은 영상을 스므싱하지만, 좁은 연결점을 융합하고 갈라진 틈을 좁히며 작은 홀을 제거한다.

열림 연산과 닫힘 연산은 imopen과 imclose 함수로 각각 구현한다. 단순한 영상에 대하여 정방형 및 교차형 구조적 커널을 이용하여 그 효과를 볼 수 있다.

```
>> cr=[0 1 0;1 1 1;0 1 0];
>> >> test=zeros(10,10);test(2:6,2:4)=1;test(3:5,6:9)=1;
      test(8:9,4:8)=1;test(4,5)=1
test =
     0     0     0     0     0     0     0     0     0     0
     0     1     1     1     0     0     0     0     0     0
     0     1     1     1     0     1     1     1     1     0
     0     1     1     1     1     1     1     1     1     0
     0     1     1     1     0     1     1     1     1     0
     0     1     1     1     0     0     0     0     0     0
     0     0     0     0     0     0     0     0     0     0
     0     0     0     1     1     1     1     1     0     0
     0     0     0     1     1     1     1     1     0     0
     0     0     0     0     0     0     0     0     0     0

>> imopen(test,sq)
ans =
     0     0     0     0     0     0     0     0     0     0
     0     1     1     1     0     0     0     0     0     0
     0     1     1     1     0     1     1     1     1     0
     0     1     1     1     0     1     1     1     1     0
     0     1     1     1     0     1     1     1     1     0
     0     1     1     1     0     0     0     0     0     0
     0     0     0     0     0     0     0     0     0     0
     0     0     0     0     0     0     0     0     0     0
     0     0     0     0     0     0     0     0     0     0
     0     0     0     0     0     0     0     0     0     0
```

```
>> imopen(test,cr)
ans =
     0     0     0     0     0     0     0     0     0     0
     0     0     1     0     0     0     0     0     0     0
     0     1     1     1     0     1     1     1     0     0
     0     1     1     1     1     1     1     1     1     0
     0     1     1     1     0     1     1     1     0     0
     0     0     1     0     0     0     0     0     0     0
     0     0     0     0     0     0     0     0     0     0
     0     0     0     0     0     0     0     0     0     0
     0     0     0     0     0     0     0     0     0     0
     0     0     0     0     0     0     0     0     0     0
```

각 경우에서 영상은 성분들로 분리되고 아래쪽 부분은 완전히 제거됨을 알 수 있다.

```
>> imclose(test,sq)

ans =

     1     1     1     1     0     0     0     0     0     0
     1     1     1     1     0     0     0     0     0     0
     1     1     1     1     1     1     1     1     1     1
     1     1     1     1     1     1     1     1     1     1
     1     1     1     1     1     1     1     1     1     1
     1     1     1     1     1     1     1     1     0     0
     0     0     0     1     1     1     1     1     0     0
     0     0     0     1     1     1     1     1     0     0
     0     0     0     1     1     1     1     1     0     0
     0     0     0     1     1     1     1     1     0     0

>> imclose(test,cr)

ans =

     0     0     1     0     0     0     0     0     0     0
     0     1     1     1     0     0     0     0     0     0
     1     1     1     1     1     1     1     1     1     0
     1     1     1     1     1     1     1     1     1     1
     1     1     1     1     1     1     1     1     1     0
     0     1     1     1     1     1     1     1     0     0
     0     0     1     1     1     1     1     0     0     0
     0     0     0     1     1     1     1     1     0     0
     0     0     0     1     1     1     1     1     0     0
     0     0     0     0     1     1     1     0     0     0
```

닫힘에서는 영상이 완전히 연결되는데, 대각 구조의 커널을 이용하여 텍스트 영상에서 연결되는 효과를 얻을 수 있다.

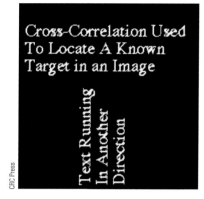

그림 10.14 • 닫힘 연산의 예.

```
>> diag=[0 0 1;0 1 0;1 0 0]

diag =

     0     0     1
     0     1     0
     1     0     0

>> tc=imclose(t,diag);
>> imshow(tc)
```

이 결과는 그림 10.14와 같다.

응용: 잡음제거 A가 임펄스잡음이 첨가된 2진 영상(흰색 화소의 일부가 흑색이고, 흑색 화소의 일부가 흰색으로 나타남)이라고 가정하자. 그림 10.15를 참조할 것. $A \ominus B$는 한 점의 흑색 화소를 제거하지만, 구멍을 크게 한다. 이를 아래와 같이 2회의 팽창 연산으로 구멍을 채울 수 있다.

$$((A \ominus B) \oplus B) \oplus B.$$

첫 번째 팽창연산은 구멍들을 원래 크기로 돌려 놓으며, 두 번째 팽창은 그것들을 제거하는 역할을 한다. 그렇지만, 이것은 영상 내의 물체를 확대한다. 이들을 원래의 정확한 크기대로 줄이기 위해서는 다음과 같이 마지막에 침식연산을 수행한다.

$$(((A \ominus B) \oplus B) \oplus B) \ominus B.$$

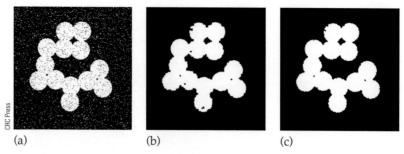

그림 10.15 • 잡음이 있는 2진 영상과 형태학적 필터링을 적용한 결과. (a) 2진 영상. (b) 구형 커널 적용 결과. (c) 교차형 커널을 적용한 결과.

내부의 2개 연산은 열림 연산이고 바깥쪽 연산은 닫힘 연산이다. 그러므로 사실상 잡음 제거 방법은 다음과 같이 닫힘 연산에 의해 이루어진다.

$$((A \circ B) \bullet B).$$

이것이 소위 **형태학적 필터링**이다.

하나의 영상을 택하고, 여기에 10%의 shot 잡음을 아래와 같이 가한다.

```
>> c=imread('circles.tif');
>> x=rand(size(c));
>> d1=find(x<=0.05);
>> d2=find(x>=0.95);
>> c(d1)=0;
>> c(d2)=1;
>> imshow(c)
```

이 결과는 그림 10.15(a)에 보였다. 필터링 과정은 아래와 같이 구현할 수 있다.

```
>> cf1=imclose(imopen(c,sq),sq);
>> figure,imshow(cf1)
>> cf2=imclose(imopen(c,cr),cr);
>> figure,imshow(cf2)
```

이 결과는 그림 10.15(b)와 (c)에 보였다. 교차형 구조 커널에서 더욱 적게 나타나지만, 결과에 약간의 블록화 현상을 볼 수 있다.

열림과 닫힘 연산의 관계   열림 연산과 닫힘 연산은 침식 연산과 팽창 연산의 관계와 유사한 관계를 공유한다. 열림의 전체에 대한 보수(complement)는 각 보수의 닫힘 연산과 같고, 닫힘에 대한 전체의 보수는 각 보수의 열림 연산과 아래와 같이 서로 같다. 특히

$$\overline{A \bullet B} = \overline{A} \circ \hat{B}$$

$$\overline{A \circ B} = \overline{A} \bullet \hat{B}.$$

이에 대한 증명도 전문서적을 참조하기 바란다.

10.5 >> Hit-or-Miss 변환

Hit-or-Miss 변환은 영상에서 형태를 찾기 위한 하나의 강력한 방법이다. 다른 모든 형태학적 알고리즘과 마찬가지로, 전적으로 팽창과 침식 연산으로 정의될 수 있고, 이 경우에는 침식으로만 정의될 수 있다.

그림 10.16에서 영상 A의 중심에 3×3 정방형 모양을 위치시킨다고 가정한다. 정방형 구조적 커널인 B로서 침식 연산 $A \ominus B$를 실행한다면 그림 10.17의 결과를 얻게 된다. 이 결과는 2개의 화소를 포함한다. 왜냐하면 A에 B를 이동시켜서 완전히 포개지는

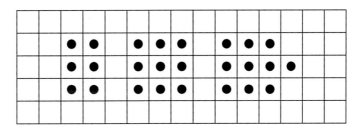

그림 10.16 • 얻어야 할 형상을 포한한 영상 *A*.

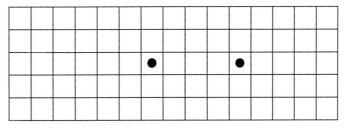

그림 10.17 • 침식 연산 *A* ⊖ *B*의 결과.

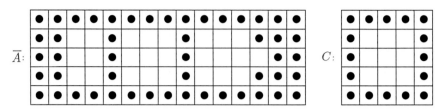

그림 10.18 영상 *A*의 보수와 2번째 구조적 커널 *C*.

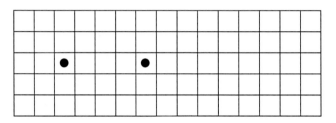

그림 10.19 ● 침식 연산 $\overline{A} \ominus C$의 결과.

위치가 2곳 밖에 없기 때문이다. 또 구조적 커널 *C*를 *A*의 보수에 침식시킨다고 가정한다. 여기서 *C*는 정방형 3 × 3의 외곽형 구조적 커널이다. $\overline{A}$와 *C*는 그림 10.18과 같다 [*C*의 중심은 (0,0)이라 가정].

침식 연산 $\overline{A} \ominus C$을 실행하면 그림 10.19의 결과를 얻는다.

2개의 침식 연산의 교집합은 *A*에서 3 × 3 정방형의 중심의 위치에서 단 1개의 화소가 구해진다. 이것이 우리가 원하는 바로 그것이다. 만일 *A*가 1개 이상의 정방형을 포함한다면 최종 결과는 각 중심의 위치에 1개의 화소가 얻어질 것이다. 이 침식들의 결합이 hit-or-miss 변환이다.

일반적으로 영상에서 특별한 형상을 찾고자 한다면 2개의 구조적 커널을 고안해야 하는데, B_1은 동일한 모양이고, B_2는 외곽형 커널이다. hit-or-miss 변환을 $B = (B_1, B_2)$와 아래의 식으로 쓸 수 있다.

$$A \circledast B = (A \ominus B_1) \cap (\overline{A} \ominus B_2)$$

예를 들면, 그림 10.5의 text 영상에서, "Cross-Correlation"에 있는 − (hyphen)을 구해보기로 한다. 사실 이것은 화소길이가 6인 라인이다. 그래서 2개의 구조적 커널을 다음과 같이 구한다.

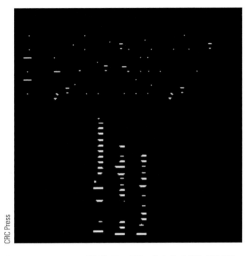

CRC Press

그림 10.20 • hyphen 모양의 구조적 커널에 의한 침식된 text 영상.

```
>> b1=ones(1,6);
>> b2=[1 1 1 1 1 1 1 1;1 0 0 0 0 0 0 1; 1 1 1 1 1 1 1 1];
>> tb1=imerode(t,b1);
>> tb2=imerode(~t,b2);
>> hit_or_miss=tb1&tb2;
>> [x,y]=find(hit_or_miss==1)
```

그 후에 이를 (41,76)의 좌표로 return한다. 이 좌표는 바로 hyphen의 중심 좌표이다. 아래의 명령은 충분하지는 않다. 왜냐하면 이 영상에서 길이가 6인 직선이 여러 개가 존재하기 때문이다.

```
>> tb1=erode(t,b1);
```

그림 10.20에 주어진 영상 tb1을 보면 이를 알 수 있다.

10.6 >> 여러 가지의 형태적 알고리즘

이 절에서는 앞 절에서 논의한 몇 가지 형태학적 기술을 이용한 여러 가지 간단한 알고리즘들을 소개하기로 한다.

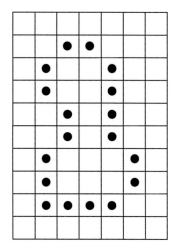

그림 10.21 ● 채워질 영역의 8-연결 경계.

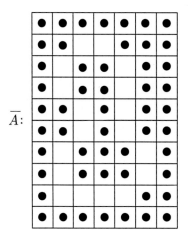

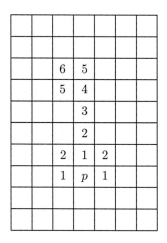

그림 10.22 ● 영역의 채우기 과정.

10.6.1 영역 채우기(region filling)

영상에서 8-연결 경계에 의해 그림 10.21과 같이 영역경계를 가진다고 가정한다. 그 영역 내에 화소 p가 주어지면, 전체 영역에 걸쳐서 채우기를 한다. 이렇게 하기 위해, p에서 출발하여 교차형 구조적 커널 B로서 필요한 만큼의 팽창을 한다(그림 10.6에서 사용한 것과 같이). 이를 계속 반복하기 전에, 각각의 팽창 연산 후에 $\overline{A}$와 교집합을 취하면서 팽창 연산을 반복한다.

이렇게 하여 아래와 같은 집합의 수열을 만든다.

$$\{p\} = X_0, X_1, X_2, \ . \ . \ . \ , X_k = X_{k+1}.$$

이 과정에서 X_n은 아래와 같이 계산된다.

$$X_n = (X_{n-1} \oplus B) \cap \overline{A}.$$

최종적으로 $X_k \cup A$는 채워진 영역이다. 그림 10.22는 이를 보여준다. 그림 10.22(b)에서 아래와 같이 영역을 채워 나간다.

$$X_0 = \{p\}, \quad X_1 = \{p, 1\}, \quad X_2 = \{p, 1, 2\}, \ . \ . \ .$$

교차형 구조의 커널을 이용하는 것은 대각형 경계는 제외하는 것을 의미한다.

10.6.2 연결 성분

연결된 성분을 채우기 위해 매우 유사한 알고리즘을 사용한다. 4-연결 성분을 위해 교차형 구조의 커널을 이용하고, 8-연결 성분을 위해 정방형 구조의 커널을 사용한다. 화소 p에서 시작하면, 집합의 수열을 만들면서 해당 성분의 나머지를 아래와 같이 채운다.

$$X_0 = \{p\}, X_1, X_2, \ . \ . \ . \ ,$$

이때 X_n은 아래와 같이 계산되며, $X_k = X_{k-1}$이 될 때까지 계산된다.

$$X_n = (X_{n-1} \oplus B) \cap A$$

그림 10.23은 이 예를 나타낸다. 각 경우에 왼쪽 아래에서 정방형의 중심에서 시작한다. 왜냐하면 정방형은 자신이 4-연결 성분이고, 교차형 커널은 이를 건널 수 없기 때문이다.

이들 2개의 알고리즘은 MATLAB 함수로 쉽게 구현될 수 있다. 영역 채우기를 구현

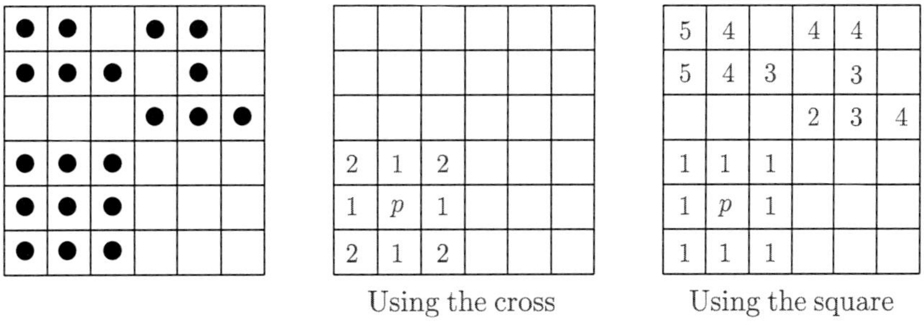

2 1 2
1 p 1
2 1 2
Using the cross
5 4 4 4
5 4 3 3
2 3 4
1 1 1
1 p 1
1 1 1
Using the square

그림 10.23 • 연결 성분 채우기.

```
function out=regfill(im,pos,kernel)
% REGFILL(IM,POS,KERNEL) performs region filling of binary
% image IMAGE,with kernel KERNEL, starting at point with
% coordinates given by POS.
% Example:
%            n=imread('nicework.tif');
%            nb=n&~imerode(n,ones(3,3));
%            nr=regfill(nb,[74,52],ones(3,3));
%
current=zeros(size(im));
last=zeros(size(im));
last(pos(1),pos(2))=1;
current=imdilate(last,kernel)&~im;
while any(current(:)~=last(:)),
  last=current;
  current=imdilate(last,kernel)&~im;
end;
out=current;
```

그림 10.24 • 영역 채우기를 위한 간단한 프로그램 list.

하기 위해, 아래의 list와 같이 2개의 변수 current와 last에 영상을 기억하고, 이 들 사이에 차분이 없으면 정지한다. 해당 영역에서 단일 점 p를 last로 하고, current를 팽창 연산 $(p \oplus B) \cap \overline{A}$로 하여 시작한다. 다음 단계로 아래와 같이 셋팅 한다.

$$\text{last} \leftarrow \text{current,}$$

$$\text{current} \leftarrow (\text{current} \oplus B) \cap \overline{A}.$$

B가 주어지면 MATLAB으로 마지막 단계를 아래와 같이 구현한다.

```
imdilate(current,B)&~A.
```

이 함수는 그림 10.24와 같다. 우리는 경계를 따라 특정한 영역의 윤곽을 채우기 위해 이것을 아래와 같이 사용할 수 있다.

```
>> n=imread('nicework.tif');
>> imshow(n),pixval on
>> nb=n&~imerode(n,sq);
>> figure,imshow(nb)
```

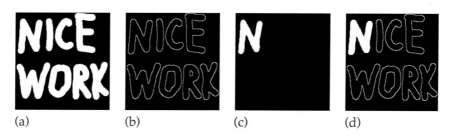

(a)　　　　　(b)　　　　　(c)　　　　　(d)

그림 10.25 • 영역 채우기 과정.

```
>> nf=regfill(nb,[74,52],sq);
>> figure,imshow(nf)
```

이 결과는 그림 10.25에 보였다. 그림 (a)는 원 영상이고, (b)는 경계이며, (c)는 영역 채우기의 결과를 그리고 (d)는 영역 채우기의 변화 과정인데 모든 경계를 포함하고 있다. 이는 아래의 과정에서 얻어졌다.

```
>> figure,imshow(nf|nb)
```

연결 성분에 대한 함수는 영역 채우기와 거의 정확하게 같다. 단지 서로 다른 점은 영역 채우기에서는 영상의 보수와 교집합을 취하였고, 연결 성분에서는 영상 그 자체와 교집합을 취하는 것이었다. 따라서 1개의 라인이 변화만 필요하고 그 결과의 함수는 그림 10.26

```
function out=components(im,pos,kernel)
% COMPONENTS(IM,POS,KERNEL) produces the connected component
% of binary image IMAGE which nicludes the point with coordinates given
% by POS, using kernel KERNEL.
%
% Example:
%          n=imread('nicework.tif');
%          nc=components(nb,[74,52],ones(3,3));
%
current=zeros(size(im));
last=zeros(size(im));
last(pos(1),pos(2))=1;
current=imdilate(last,kernel)&im;
while any(current(:)~=last(:)),
  last=current;
  current=imdilate(last,kernel)&im;
end;
out=current;
```

그림 10.26 • 연결 성분에 대한 간단한 프로그램 list.

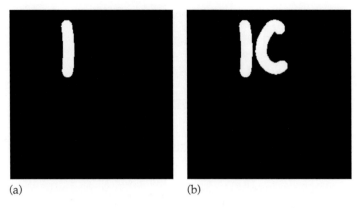

(a)   (b)

그림 10.27 • 연결 성분. (a) 3 × 3 정방형. (b) 11 × 11 정방형.

에 보였다. 우리는 "nice work"의 영상에 대하여 이 함수를 아래와 같이 실험하였다. 여기서는 비교적 큰 11 × 11 사이즈의 정방형 커널을 사용하였다.

```
>> sq2=ones(11,11);
>> nc=components(n,[57,97],sq);
>> imshow(nc)
>> nc2=components(n,[57,97],sq2);
>> figure,imshow(nc2)
```

이 결과는 그림 10.27에 보였다. 그림 (a)는 3 × 3 정방형을, (b)는 11 × 11의 정방형을 각각 사용한 결과이다.

10.6.3 골격화 처리(skeletonization)

2진 영상에서 물체의 골격은 그 물체의 사이즈와 모양을 캡슐로 보호하는 라인과 곡선들의 모임이다. 하나의 주어진 물체에 대하여 골격을 정의하는 방법은 사실상 여러 가지 방법이 있는데 많은 다른 골격이 존재한다. 우리는 제11장에서 몇 가지 살펴볼 것이다. 그러나 골격은 형태학적 방법을 이용하여 아주 간단하게 얻을 수 있다.

다음의 표 10.1과 같이 연산표를 생각하자.

표 10.1 골격을 구성하는 데 사용되는 연산

Erosions	Openings	Set differences
A	$A \circ B$	$A - (A \circ B)$
$A \ominus B$	$(A \ominus B) \circ B$	$(A \ominus B) - ((A \ominus B) \circ B)$
$A \ominus 2B$	$(A \ominus 2B) \circ B$	$(A \ominus 2B) - ((A \ominus 2B) \circ B)$
$A \ominus 3B$	$(A \ominus 3B) \circ B$	$(A \ominus 3B) - ((A \ominus 3B) \circ B)$
$\vdots$	$\vdots$	$\vdots$
$A \ominus kB$	$(A \ominus kB) \circ B$	$(A \ominus kB) - ((A \ominus kB) \circ B)$

여기서 동일한 구조적 커널 B를 사용하는 k배의 침식 연산을 $A \ominus kB$로 사용하는 것이 좋다. $(A \ominus kB) \circ B$가 공집합이 될 때까지 표를 계속 연산한다. 그 후에 골격은 모든 집합의 차분들의 합집합을 취하여 얻는다. 예로서 교차형 구조 커널을 이용한 그림 10.28을 얻을 수 있다.

$(A \ominus 2B) \circ B$가 공집합이므로 여기서 정지한다. 골격은 3번째 열에서 모든 집합들의 합집합이다. 이것을 그림 10.29에 나타내었다. 이 골격화의 방법을 **Lantuéjuol's method**라 한다.

이 프로그램은 그림 10.30과 같이 함수를 이용하면 매우 쉽게 구현될 수 있다. "nice work" 영상을 실험한 것이다.

```
>> nk=imskel(n,sq);
>> imshow(nk)
>> nk2=imskel(n,cr);
>> figure,imshow(nk2)
```

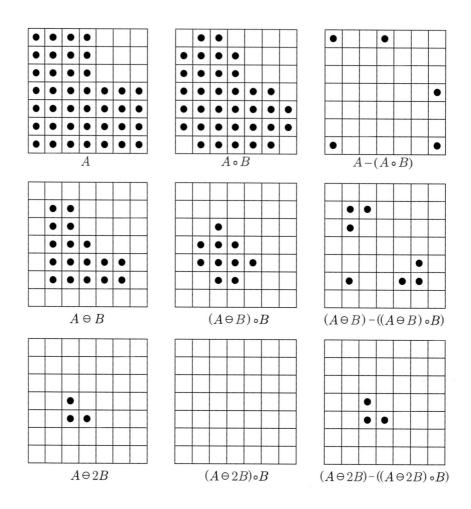

그림 10.28 • 골격화 처리 과정.

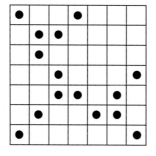

그림 10.29 • 골격화 처리 결과.

```
function skel = imskel(image,str)
% IMSKEL(IMAGE,STR) - Calculates the skeleton of binary image IMAGE using
% structuring element STR.  This function uses Lantejoul's algorithm.
%
skel=zeros(size(image));
e=image;
while (any(e(:))),
    o=imopen(e,str);
    skel=skel | (e&~o);
    e=imerode(e,str);
end
```

그림 10.30   골격화 계산의 간단한 프로그램 list.

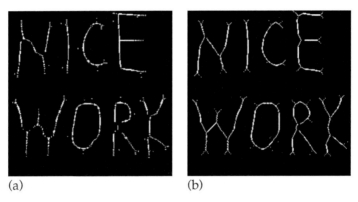

(a)   (b)

그림 10.31 • 2진 영상의 골격화 처리 결과.

이 결과는 그림 10.31에 보였다. 그림 (a)는 정방형 구조의 커널을, (b)는 교차형 구조의 커널을 이용한 결과이다.

10.7 >> MATLAB의 bwmorph 함수에 대한 설명

지금까지 개발된 형태학의 이론은 그 정의가 일반적인 구성 요소들을 포함하기 때문에 때때로 **일반화된 침식과 팽창(generalized erosion and dilation)**으로 불리는 침식과 팽창의 버전을 개발하였다. 이것은 imerode와 imdilate 함수에서 사용된 방법이다. 그러나, bwmorph 함수는 사실상 룩업 테이블에 근거해서, 형태학을 위한 다른 접근법을 사용한다. 우리는 11장에서 2진 연산에 대한 룩업 테이블의 사용을 논의할 것이다. 그들은 형태학적 알고리즘을 구현하는 데 쉽게 적용될 수 있다.

아이디어는 단순하다. 3 × 3 이웃 화소를 고려하자. 이웃에 있는 각 화소는 두 값들만을 가질 수 있기 때문에, $2^9 = 512$개의 다른 값을 갖는 가능한 이웃들이 존재한다. 우리는 이러한 이웃들을 값 0과 1로 사상하는 함수로 형태학적 연산을 정의한다. 각각의 가능한 이웃의 상태는 0(모든 화소들이 값 0을 갖는다)에서 511(모든 화소들이 값 1을 갖는다)까지의 수치 값과 관계가 있을 수 있다. 따라서 룩업 테이블은 길이 512인 2진 벡터이다. 그것의 k번째 요소는 상태 k에 대한 함수의 값이다.

이 접근법을 이용하여, 우리는 다음과 같이 팽창을 정의할 수 있다. 만약 8개의 이웃 화소들 중 최소한 하나가 검정색이고 값 1을 가지면 0의 값을 갖는 화소는 1로 변환된다. 역으로, 8개의 이웃 화소들 중 최소한 하나가 값 0을 가지면 우리는 1의 값을 갖는 화소를 0으로 변환시킴으로써 침식을 정의할 수 있다.

많은 다른 연산들이 이 방법에 의해 정의될 수 있다(bwmorph에 대한 **help** 파일 참조). 이 방법의 장점은 룩업 테이블을 나열함으로써 임의의 연산이 매우 쉽고 단순하게 구현될 수 있다는 것이다. 더욱이, 룩업 테이블의 사용은 주어진 요구사항을 만족시킬 수 있다. 예를 들어, 골격화는 연결되어진 정확히 한 화소의 두께를 가질 수 있도록 할 수 있다. 이것은 10.6.3절에서 제시된 알고리즘에 대해 반드시 성립되는 것은 아니다. 룩업 테이블의 단점은 3 × 3 이웃들을 사용하도록 제약된다는 것이다. 더 상세한 것은 Patt[26]을 참조하라

10.8 >> 그레이스케일 영상의 형태적 처리

침식 및 팽창 연산은 그레이스케일 영상에 적용하기 위해 일반화될 수 있다. 그러나 그 전에 2진 영상의 침식과 팽창을 다시 고려한다. 2진 영상의 침식 연산을 $A \ominus B$로 정의하였다. $B_x \sqsubseteq A$에 대하여 모든 이동 B_x의 (0,0) 위치들의 합집합으로 구하였다.

모두가 0으로 구성되는 3 × 3 정방형의 B를 가정하자. 그림 10.32와 같이 영상을

```
0 0 0 0 0 0 0 0
0 1 1 1 1 0 0 0
0 1 1 1 1 1 0 0
0 1 1 1 1 1 1 0
0 1 1 1 1 1 1 0              0 0 0
0 0 1 1 1 1 1 0              0 0 0
0 0 0 1 1 1 1 0              0 0 0
0 0 0 0 0 0 0 0
          A                    B
```

그림 10.32 • 침식 연산의 예.

A로 한다. 여기서 영상 A에 걸쳐서 이동한다고 가정하고, 각 점 p에 대하여 다음의 단계를 수행한다.

1. p의 3 × 3 이웃 화소 N_p를 구한다.
2. 매트릭스 $N_p - B$를 계산한다.
3. 이 결과의 최소치를 구한다.

B가 모두 0으로 구성되므로, 2번째 및 3번째 항은 N_p의 최소치를 구하면 된다. 그러나 일반화를 위해 이것의 확장형으로 하는 것이 보다 적합하다. 이 단계의 즉각적인 결론은 이웃 화소가 최소한 하나의 0을 포함하면 그 출력이 0이 된다는 것이다. 이웃 화소들이 모두 1이 되는 경우에만 그 출력이 1이 된다. 예를 들면 아래와 같은 경우이다.

$$
\begin{array}{ccc}
0 & 0 & 0 \\
0 & 1 & 1 \\
0 & 1 & 1
\end{array} \quad \longrightarrow \quad 0
$$

따라서 그림 10.32를 이 연산을 적용하면 아래와 같은 결과를 얻는다.

$$
\begin{array}{ccccccc}
0 & 0 & 0 & 0 & 0 & 0 & 0 \\
0 & 0 & 0 & 0 & 0 & 0 & 0 \\
0 & 0 & 1 & 1 & 0 & 0 & 0 \\
0 & 0 & 1 & 1 & 1 & 0 & 0 \\
0 & 0 & 0 & 1 & 1 & 1 & 0 \\
0 & 0 & 0 & 1 & 1 & 0 & 0 \\
0 & 0 & 0 & 0 & 0 & 0 & 0 \\
0 & 0 & 0 & 0 & 0 & 0 & 0
\end{array}
$$

이는 정확히 침식 연산 $A \ominus B$와 같음을 확인할 수 있다.

팽창 연산에 대하여 침식 연산과 매우 유사하게 아래와 같이 일련의 단계로 수행할 수 있다.

1. p의 3 × 3 이웃 화소 N_p를 구한다.
2. 매트릭스 $N_p + B$를 계산한다.
3. 그 결과의 최대치를 구한다.

다시 B가 모두 0으로 구성되므로 2번째 및 3번째 항은 N_p의 최대치만 구하는 것으로 간결해진다. 만일 이웃 화소가 적어도 하나가 1을 포함하면 그 출력은 1이 된다. 이웃 화소들이 모두 0이면 그 출력은 0이다.

A가 0으로 둘러싸인다고 가정하면 이웃 화소들이 위의 A에서 모든 점들이 정의된다. 이들 단계를 적용하면 다음의 결과를 얻는다.

```
1  1  1  1  1  1  0  0
1  1  1  1  1  1  1  0
1  1  1  1  1  1  1  1
1  1  1  1  1  1  1  1
1  1  1  1  1  1  1  1
1  1  1  1  1  1  1  1
0  1  1  1  1  1  1  1
0  0  1  1  1  1  1  1
```

이것은 팽창 연산 $A \oplus B$가 됨을 확인할 수 있다.

만일 A가 그레이스케일 영상이고, B가 정수의 배열인 구조적 커널이라면 영상에서 각 화소 p에 대하여 위의 단계를 이용하여 그레이스케일 침식 연산을 아래와 같이 정의한다.

1. p에 (0,0)이 놓이도록 B를 위치시킨다.
2. B의 모양에 대응하는 p의 이웃화소 N_p를 구한다.
3. $\min(N_p - B)$를 구한다.

B가 어떤 특정한 모양 혹은 사이즈 또는 B의 요소가 양이 되도록 하는 정의는 존재하지 않는다. 2진 팽창에서와 같이 B는 원점 (0,0)을 포함하지 않는다.

우리는 이것을 더욱 형식적으로 정의할 수 있다. B가 관련되는 값을 가지는 점들의 집합이라 하자. 예를 들면 0으로 된 정방형에 대하여 아래와 같이 구성된다고 한다.

Point	Value
$(-1,-1)$	0
$(-1,0)$	0
$(-1,1)$	0
$(0,-1)$	0
$(0,0)$	0
$(0,1)$	0
$(1,-1)$	0
$(1,0)$	0
$(1,1)$	0

B를 형성하는 점들의 집합을 B의 영역이라 하고 D_B로 표현한다. 그러면 아래와 같이 정의할 수 있다.

$$(A \ominus B)(x, y) = \min\{A(x + s, y + t) - B(s, t), (s, t) \in D_B\},$$

	y				
	1	2	3	4	5
1	10	20	20	20	30
2	20	30	30	40	50
x 3	20	30	30	50	60
4	20	40	50	50	60
5	30	50	60	60	70

	t		
	−1	0	1
−1	1	2	3
s 0	4	5	6
1	7	8	9

A $\qquad\qquad\qquad\qquad$ B

그림 10.33 • 그레이스케일에 대한 침식 및 팽창 연산의 예.

$$(A \oplus B)(x, y) = \max\{A(x + s, y + t) + B(s, t), (s, t) \in D_B\}.$$

우리는 $x + s$와 $y + t$ 대신에 $s - x$와 $t - y$를 사용한다. 이것은 구조적 커널이 $180°$ 회전을 필요로 한다.

■ 예제

그림 10.33과 같이 A와 B를 가정한다. 이 예에서 $(0,0) \in D_B$이다. $(A \ominus B)(1,1)$을 생각하자. 정의로부터 아래와 같이 표현할 수 있다.

$$(A \ominus B)(1, 1) = \min\{A(1 + s, 1 + t) - B(s, t), (s, t) \in D_B\}.$$

$D_B = \{(s,t): -1 \le s \le 1; -1 \le t \le 1\}$이므로, 아래와 같이 쓸 수 있다.

$$(A \ominus B)(1, 1) = \min\{A(1 + s, 1 + t) - B(s, t) : -1 \le s \le 1; -1 \le t \le 1\}.$$

매트릭스의 index(지표)들이 A의 외부를 이동할 필요가 없다는 것을 확인하기 위하여, 구조적 커널의 요소들을 A의 내부로 제한하도록 절단한다.

$A(1 + s, 1 + t) - B(s,t)$의 값들이 매트릭스 연산에 의해 아래와 같이 얻어질 수 있고 이 결과의 최소치는 5이다.

$$\begin{bmatrix} 10 & 20 \\ 20 & 30 \end{bmatrix} - \begin{bmatrix} 5 & 6 \\ 8 & 9 \end{bmatrix} = \begin{bmatrix} 5 & 14 \\ 12 & 21 \end{bmatrix}$$

B의 $(0,0)$의 점이 A의 현재 점, 이 경우에 $(1,1)$의 점 위에 놓인다는 것을 확인할 매트릭스들을 만든다는 점을 유의하라. 또 하나의 예를 들면 다음과 같다.

$$(A \ominus B)(3,4) = \min \left\{ \begin{bmatrix} 30 & 40 & 50 \\ 30 & 50 & 60 \\ 50 & 50 & 60 \end{bmatrix} - \begin{bmatrix} 1 & 2 & 3 \\ 4 & 5 & 6 \\ 7 & 8 & 9 \end{bmatrix} \right\}$$

$$= \min \left\{ \begin{bmatrix} 29 & 38 & 47 \\ 26 & 45 & 54 \\ 43 & 42 & 51 \end{bmatrix} \right\} = 26.$$

최종적으로 아래의 결과를 얻는다.

$$A \ominus B = \begin{matrix} 5 & 6 & 14 & 15 & 16 \\ 8 & 9 & 17 & 18 & 19 \\ 12 & 13 & 25 & 26 & 39 \\ 15 & 16 & 28 & 29 & 46 \\ 18 & 19 & 39 & 48 & 49 \end{matrix}$$

팽창 연산은 B를 더하고 그 결과의 최대치를 취하는 것을 제외하고 침식 연산과 매우 유사하다. 침식과 같이 구조적 커널을 A의 외부로 가지 않도록 제한한다. 예를 들면 아래와 같이 계산된다.

$$(A \oplus B)(1,1) = \max \left\{ \begin{bmatrix} 10 & 20 \\ 20 & 30 \end{bmatrix} + \begin{bmatrix} 5 & 6 \\ 8 & 9 \end{bmatrix} \right\} = \max \left\{ \begin{bmatrix} 15 & 26 \\ 28 & 39 \end{bmatrix} \right\} = 39,$$

$$(A \oplus B)(3,4) = \max \left\{ \begin{bmatrix} 30 & 40 & 50 \\ 30 & 50 & 60 \\ 50 & 50 & 60 \end{bmatrix} + \begin{bmatrix} 1 & 2 & 3 \\ 4 & 5 & 6 \\ 7 & 8 & 9 \end{bmatrix} \right\}$$

$$= \max \left\{ \begin{bmatrix} 31 & 42 & 53 \\ 34 & 55 & 66 \\ 57 & 58 & 69 \end{bmatrix} \right\} = 69.$$

계산이 끝난 후에 아래의 결과를 얻는다.

$$A \oplus B = \begin{matrix} 39 & 39 & 49 & 59 & 58 \\ 39 & 39 & 59 & 69 & 68 \\ 49 & 59 & 59 & 69 & 68 \\ 59 & 69 & 69 & 79 & 78 \\ 56 & 66 & 66 & 76 & 75 \end{matrix}$$

침식 연산에서 음의 값들을 포함할 수도 있고 또 팽창 연산에서 255보다 큰 값을 포함할 수 있다. 이 결과를 적당하게 디스플레이 조정하기 위해 공간필터링을 선택할 수 있고, 선형변환을 적용할 수도 있으며 값들을 절단할 수도 있다.

일반적으로, 예제들에서 본 바와 같이 침식은 영상에서 물체를 축소시키고 또 어둡게 하는 성질이 있으며, 팽창은 물체를 확장시키고 밝게 하는 성질이 있다.

그레이스케일 침식과 팽창의 관계　　우리가 취하는 최소치 및 최대치의 정의에 따라 X와 Y가 2개의 매트릭스라면, 아래의 관계가 성립한다.

$$\max\{X + Y\} = -\min\{-X - Y\}.$$

$\max\{X + Y\}$는 $A \oplus B$에 대응하고, $\min\{X - Y\}$는 $A \ominus B$에 대응하므로 아래와 같이 나타낼 수 있다.

$$A \oplus B = -(-A \ominus B)$$
$$A \ominus B = -(-A \oplus B)$$
$$-(A \oplus B) = -A \ominus B$$
$$-(A \ominus B) = -A \oplus B.$$

imerode와 imdilate 함수를 적용하여 그레이스케일 침식 및 팽창 연산을 할 수 있지만, 구조적 커널에 보다 주의해야 한다. 그레이스케일 형태학에 적용할 구조적 커널을 만들기 위해 이웃 화소들 D_B와 그 값들을 준비해야 한다. 이를 위해 strel 함수를 사용할 필요가 있다.

예를 들면, MATLAB을 적용하여 이전의 예를 구현할 수 있다. 먼저 아래와 같이 구조적 커널을 만드는 것이 필요하다.

```
>> str=strel('arbitrary',ones(3,3),[1 2 3;4 5 6;7 8 9])

str =

Nonflat STREL object containing 9 neighbors.

Neighborhood:
    1    1    1
    1    1    1
    1    1    1

Height:
    1    2    3
    4    5    6
    7    8    9
```

여기서 strel의 임의의 파라미터를 사용한다. 이것은 우리가 좋아하는 어떤 값을 포함하는 구조적 커널을 만들 수 있도록 해준다. 첫 번째 매트릭스인 (3,3)은 이웃 화소들을 준비하고, 2번째 매트릭스는 그 값들을 준비한다. 그러면 이를 아래와 같이 시험할 수 있다.

```
>> A=[10 20 20 20 30;20 30 30 40 50;20 30 30 50 60;20 40 50 50 60;30 50 60 60 70];
>> imerode(A,str)

ans =

     5      6     14     15     16
     8      9     17     18     19
    12     13     25     26     39
    15     16     28     29     46
    18     19     39     48     49
```

팽창에 대하여 MATLAB은 구조적 커널이 180° 회전하기 좋도록 구현할 수 있다. 그러므로 위와 같은 결과를 얻기 위해 str2를 얻기 위해 str을 아래와 같이 회전할 필요가 있다.

```
>> str2=strel('arbitrary',ones(3,3),[9 8 7;6 5 4;3 2 1])
str2 =
Nonflat STREL object containing 9 neighbors.

Neighborhood:
     1      1      1
     1      1      1
     1      1      1

Height:
     9      8      7
     6      5      4
     3      2      1

>> imdilate(A,str2)

ans =

    39     39     49     59     58
    39     39     59     69     68
    49     59     59     69     68
    59     69     69     79     78
    56     66     66     76     75
```

(a)   (b)

그림 10.34 ● 형태학적 처리. (a) 팽창 결과. (b) 침식 결과.

그러면 하나의 영상을 시험해 보기로 한다. 영상에서 팽창은 밝은 영역을 증가시킬 것으로 예상되고, 침식은 그들을 감소시킬 것으로 예상된다.

```
>> c=imread('caribou.tif');
>> str=strel('square',5)

str =

Flat STREL object containing 25 neighbors.
Decomposition: 2 STREL objects containing a total of 10 neighbors

Neighborhood:
    1     1     1     1     1
    1     1     1     1     1
    1     1     1     1     1
    1     1     1     1     1
    1     1     1     1     1


>> cd=imdilate(c,str);
>> ce=imerode(c,str);
>> imshow(cd),figure,imshow(ce)
```

이 결과는 그림 10.34와 같다. 그림 (a)는 팽창, (b)는 침식의 결과이다.

열림(opening)과 닫힘(closing)   열림과 닫힘은 2진 형태학으로 정확히 정의된다. 팽창처리 후에 침식처리이고, 닫힘은 침식처리 후 팽창처리이다. 구조적 커널이

Capt. Budd Christman/NOAA Corps.

(a)   (b)

그림 10.35 ● 그레이스케일 영상의 열림과 닫힘. (a) 열림. (b) 닫힘.

strel로 만들어지는 경우에 imopen과 imclose 함수로 그레이스케일 영상에 적용할 수 있다.

"caribou" 영상과 위에서와 같이 5 × 5 정방형 커널을 이용하여 아래와 같이 적용하면

```
>> co=imopen(c,str);
>> cc=imclose(c,str);
>> imshow(co),figure,imshow(cc)
```

그림 10.35의 결과를 얻을 수 있다. 그림 10.35(a)는 열림을 그림 10.35(b)는 닫힘처리 후의 결과이다.

10.9 >> 그레이스케일 형태학의 응용

2진 영상에 대한 대부분의 응용은 직접 그레이스케일 영상을 통해 수행할 수 있다.

10.9.1 에지검출

우리는 그레이스케일 에지검출을 위해 형태학적 기울기를 아래와 같이 이용할 수 있다.

$$(A \oplus B) - (A \ominus B)$$

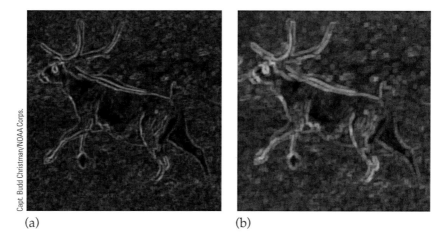

(a)   (b)

그림 10.36 • 형태학적 기울기의 적용.

서로 다른 두 가지의 구조적 커널을 아래와 같이 시도할 수 있다.

```
>> str1=strel('square',3);
>> str2=strel('square',5);
>> ce1=imerode(c,str1);
>> ce2=imerode(c,str2);
>> cd1=imdilate(c,str1);
>> cd2=imdilate(c,str2);
>> cg1=imsubtract(cd1,ce1);
>> cg2=imsubtract(cd2,ce2);
>> imshow(cg1),figure,imshow(cg2)
```

이 결과를 그림 10.36에 보였는데, (a)는 3 × 3 정방형, (b)는 5 × 5의 정방형 커널을
적용한 것이다.

10.9.2 잡음 제거

앞에서와 같이, 닫힘 처리 후에 열림 처리로서 형태학적 필터링으로 잡음 제거를 아래
와 같이 시도할 수 있다.

```
>> cn=imnoise(c,'salt & pepper');
>> cf=imclose(imopen(cn,str),str);
>> imshow(cn),figure,imshow(cf)
```

(a) (b)

그림 10.37 ● 잡음 제거를 위한 형태학적 필터링의 적용 결과.

이 결과는 그림 10.37과 같다. 만일 약간의 흐림 현상이 있으면 이 결과는 합리적 결과이다. 형태학적 필터링은 가우시안 잡음에서는 특별하게 좋은 결과를 나타내지 못한다.

연습문제

1. 다음의 영상 A와 구조적 요소인 B에 대하여,

$A =$

```
0 0 0 0 0 0 0 0      0 0 0 0 0 0 0 0      0 0 0 0 0 0 0 0
0 0 0 1 1 1 1 0      0 1 1 1 1 1 1 0      0 0 0 0 0 1 1 0
0 0 0 1 1 1 1 0      0 1 1 1 1 1 1 0      0 1 1 1 0 1 1 0
0 1 1 1 1 1 1 0      0 1 1 0 0 1 1 0      0 1 1 1 0 1 1 0
0 1 1 1 1 1 1 0      0 1 1 0 0 1 1 0      0 1 1 1 0 1 1 0
0 1 1 1 0 0 0 0      0 1 1 1 1 1 1 0      0 1 1 1 0 0 0 0
0 1 1 1 0 0 0 0      0 1 1 1 1 1 1 0      0 1 1 1 0 0 0 0
0 0 0 0 0 0 0 0      0 0 0 0 0 0 0 0      0 0 0 0 0 0 0 0
```

$B =$

```
0 1 0    1 1 1    1 0 0
1 1 1    1 1 1    0 0 0
0 1 0    1 1 1    0 0 1
```

침식 연산 $A \ominus B$, 팽창 연산 $A \oplus B$, 열림 연산 $A \circ B$ 및 닫힘 연산 $A \bullet B$를 계산하라.

MATLAB으로 이 결과를 확인하라.

2. 정사각형의 물체가 그 크기의 1/4의 반경을 가지는 원으로 침식 연산이 된다고 가정한다. 이 결과를 그림으로 나타내어라.

3. 문제 2에서 팽창 연산을 반복하라.

4. 2진 영상 circbw.tif, circles.tif, circlesm.tif를 이용하여 구형(정사각형)의 구조 및 크로스 구조요소로 침식연산 및 팽창연산을 수행하라. 어떤 차이를 볼 수 있는가?

5. circlesm.tif 영상을 입력하라.
   a. 이 영상이 불연속 성분으로 분리되기 시작할 때까지 증가하는 사이즈의 사각형으로 침식하라.
   b. pixval on을 이용하여 그 성분 중의 하나에 대한 화소의 좌표를 구하라.
   c. 이 특정한 성분을 분리하기 위해 component 함수를 이용하라.

6. a. 문제 5의 불연속 영상에서 경계를 계산하라.
   b. 다시 pixval on으로 경계영역의 하나에 대한 1화소 내부의 점을 구하라.
   c. regfill 함수를 이용하여 그 영역 채우기를 시도하라.
   d. 그 영역의 하나가 채워진 경계로서 이 영상을 디스플레이하라.

7. 3 × 3 구조적 원소를 이용하여 아래의 골격화(skeletons)를 계산하라.
   a. A7 정방형
   b. A5 × 9 사각형
   c. 8 × 8 정방형으로 구성된 L자 형의 그림에서 모서리에서 취해지는 3 × 3 정방형
   d. 15 × 15 정방형으로 구성된 H자 형의 그림에서 위−아래의 중심에서 취해지는 5 × 5 정방형
   e. 11 × 11 정방형으로 구성된 십자가(cross) 형태의 그림에서 각 모서리에서 취해지는 3 × 3 정방형
   각각의 경우에 MATLAB에 의한 해를 확인하라.

8. 십자가(cross) 형태의 구조적 원소를 이용하여 문제 7을 반복하라.

9. 문제 4에 리스트된 영상에 대하여 bwmorph 함수와 그림 10.30에 주어진 함수를 이용하여 그들의 골격화를 구하라. 어느 방법이 더 좋은 결과를 얻을 수 있는가?

10. hit-or-miss 변환을 사용하여 text.tif 영상의 단어 *in*에 있는 *i* 상의 점(dot)

를 찾아라.

11. 아래의 MATLAB 명령으로 얻어지는 매트릭스를 A라 하자.

```
>> A=magic(6)
```

손으로 계산하여, 아래의 구조적 원소를 가지고 그레이스케일 침식 및 팽창을 계산하라.

$B =$

10	10	10		5	20	5
10	10	10		20	5	20
10	10	10		5	20	5

각 경우를 MATLAB에 의한 결과와 비교하라.

12. 위의 구조적 원소를 이용하여 cameraman 영상의 그레이스케일 침식, 팽창, 열림 및 닫힘을 실행하라.

13. a. 제8장에서 사용한 것과 같이 twins 영상의 그레이스케일 영상을 구하라.
    b. 이 영상에 소금&후추 잡음을 적용하라.
    c. 형태학적 처리를 적용하여 잡음을 제거하라.
    d. 이를 미디언필터링의 결과와 비교하라.

14. 가우시안 잡음을 이용하여 문제 13를 반복하라.

15. ic.tif 영상의 에지를 구하기 위해 형태학적 방법을 사용하라. 이를 위해 아래의 2가지 방법을 사용하라.

    a. 먼저 문턱치처리를 하고, 2진 형태학적 방법을 적용하라.
    b. 먼저 그레이스케일 형태학적 방법을 적용하고, 문턱치처리를 하라.
    어느 것이 더 좋은 방법인가?

16. 문제 15의 결과와 표준 에지검출의 결과를 비교하라.

11 영상의 위상기하적 처리

11.1 >> 서론

우리는 종종 한 영상의 아주 기본적 모양에만 관심을 가지는 경우가 있는데, 영상에 구멍(hole) 등 특정 물체의 수 또는 존재 여부에 관심을 가지는 경우이다. 한 영상의 이들 기본적 성질의 조사를 **디지털위상기하학(digital topology) 혹은 영상위상기하학(image topology)**이라 하고 이 장에서 이 주제를 위한 더욱 기본적 모양을 몇 가지 조사해 보기로 한다.

예를 들면 blob들의 모임을 보이기 위해, 영상의 문턱치 처리와 형태학적 열림 처리로서 깔끔한 처리를 아래와 같이 고려해 보자.

```
>> n=imread('nodules1.tif');
>> nt=~im2bw(e,0.5);
>> n2=imopen(nt,strel('disk',5));
```

영상 n2를 그림 11.1에 보였다. blob들의 수는 형태학적 방법으로 결정될 수 있다. 그러나 영상의 위성기하학적 처리는 이와는 다른 분야이고, 물체의 수를 세는 것에 매우

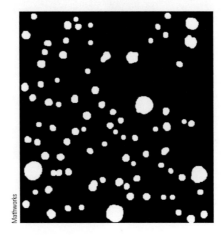

그림 11.1 ● blob의 수는 몇 개?

강력한 방법이다. 보는 바와 같이 골격화는 위상기하학적 방법을 이용하여 매우 효과적으로 실행될 수 있다.

11.2 >> 이웃화소(Neighbors)와 인접화소(Adjacency)

먼저 인접의 개념을 정의하면, 이것은 하나의 화소에 대하여 한 화소를 건너서 존재하는 것은 무시하는 조건이다. 이 장에서는 2진 영상만을 대상으로 하고, 화소의 위치만 다루게 된다.

하나의 화소 P는 아래와 같이 각각 4개의 이웃과 8개의 이웃을 가지고 있다.

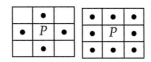

화소 P가 4개의 이웃이 있는 경우는 4-인접이고, 8개의 이웃이 있는 경우는 8-인접이다.

11.3 >> 경로(Path)와 성분(Components)

P와 Q는 어떤 2개의 화소(서로 인접할 필요는 없음)이고, P와 Q는 아래와 같이 화소들의 수열로 연결될 수 있다고 가정한다.

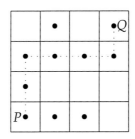

위 다이어그램에서 경로로서 단지 4-인접 화소로만 구성한다면 P와 Q는 **4-연결** 형태이다. 만일 8-인접 화소로 경로를 구성하면 **8-연결** 형태로도 가능하다. 다음 그림은 8-연결 화소의 예를 나타낸다.

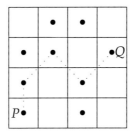

서로 4-연결된 모든 화소들의 집합을 **4-성분**이라 한다. 만일 모든 화소들이 8-연결이면 그 집합은 8-성분이라 한다.

예를 들면 다음의 영상은 2개의 4-성분(하나의 성분은 왼쪽 2개의 열에 있는 모든 화소들이고, 또 하나는 오른쪽 2개의 열에 있는 모든 화소들이다) 그러나 전체가 하나의 8-성분이 된다.

![4x4 격자의 화소 배열]

아래와 같이 보다 형식적으로 **경로(path)**를 정의할 수 있다.

P에서 Q까지 4-경로는 화소들의 수열이다.

$$P = p_0, p_1, p_2, \ldots, p_n = Q$$

각 $i = 0,1,2,3, \ldots, n-1$에 대하여 화소 p_i는 화소 $p_i + 1$까지 4-인접이다. 8-경로는 P와 Q를 연결하는 수열에서 화소들은 8-인접인 경우이다.

11.4 >> 등가 관계

2개의 화소 사이의 관계 $x \sim y$는 그 관계가 아래와 같으면 등가관계이다.

1. 모든 x에 대하여, $x \sim x$는 **반사적 관계**이다.
2. 모든 x와 y에 대하여, $x \sim y \Leftrightarrow y \sim x$는 **대칭적 관계**이다.
3. 모든 x, y 및 z에 대하여, $x \sim y$ 및 $y \sim z$이면 $x \sim z$는 **이행적(transitive)관계**이다.

몇 가지의 예로서 다음을 살펴보자.

1. 수치적 equality: x와 y가 2개의 수로서 $x = y$이면, $x \sim y$이다.
2. divisors: x와 y가 2개의 수로서 7로 나눌 때 동일한 나머지를 가지면 $x \sim y$이다.
3. 집합의 cardinality: S와 T가 같은 수치의 원소를 가지는 집합이면 $S \sim T$이다.
4. Connectedness: P와 Q가 연결된 2개의 화소이면 $P \sim Q$이다.

여기에 등가 관계가 아닌 관계를 몇 가지 나타내면 아래와 같다.

1. 개인적 관계: x와 y가 서로 관계있는 두 사람이면 $x \sim y$를 정의한다. 이것은 등가 관계가 아니다. 그것은 반사적(한 사람이 확실하게 그 자신과 관계있음)이고 대칭적이지만, 이행성이 없다.
2. 화소 인접: 이것은 이행성이 없다.
3. 부분집합 관계: $S \subseteq T$이면 $S \sim T$를 정의한다. 이것은 반사적(하나의 집합이 그 자신의 부분집합) 관계와 이행성 관계이지만, 반사적 관계가 아니다. $S \subseteq T$이면 $T \subseteq S$가 참일 필요는 없다.

등가 관계의 개념이 중요한 것은 연결 관계를 다루는 데 매우 적절한 방법을 주게 된다. 또 다른 하나의 정의가 필요하다. **등가분류(equivalence class)**는 서로 등가인 모든 물체의 집합이다.

연결성 등가관계의 등가분류로 되는 2진 영상의 연결을 정의할 수 있다.

11.5 >> 성분의 라벨링

이 절에서는 2진 영상의 모든 4-성분을 라벨링하는 알고리즘을 다룬다. 이때 처리는 좌측 위에서 우측으로, 위에서 아래로 진행한다. 만일 p가 현재 화소이면 아래와 같이 u가 위쪽 4-이웃이고, l이 좌측 4-이웃이라고 하자.

좌측에서 우측으로 움직이면서 1행씩 영상을 스캔한다. 영상에서 화소들에 라벨을 부여하고, 이들 라벨들에 영상의 성분들의 수치를 붙인다.

기술을 간결하게 하기 위해서, 영상에 존재하는 화소는 **foreground(목적) 화소**로 처리하고, 영상에 없는 화소는 **background(배경) 화소**로 처리한다. 알고리즘은 아래와 같이 설명할 수 있다.

1. p의 상태를 확인하라. 만일 p가 배경화소이면 다음 스캔의 위치로 이동하라. 목적화소이면 u와 l을 확인하라. 만일 그들(u와 l)이 모두 배경화소들이면 p에 새로운 라벨을 부여하라. (이것은 새로운 연결성분이 생성되는 경우이다.)

- u와 l 중의 하나가 목적화소이면 p의 라벨을 부여하라.
- u와 l이 모두 목적화소이고, 같은 라벨을 가지면 p에 그 라벨을 부여하라.
- u와 l이 모두 목적화소이지만, 다른 라벨이면 그들 라벨 중의 하나를 p에 부여하고 그들 2개의 라벨이 서로 등가로 만들어라(u와 l이 p에서 동일한 4-연결이 되기 때문이다).

2. 스캔의 마지막에서 모든 목적화소들은 라벨링이 되었지만, 몇 개의 라벨이 등가일 수도 있다. 그 라벨들을 등가분류로 분류하고 각 분류에 다른 라벨을 부여한다.

3. 각 목적화소에 있는 라벨을 이전 단계에서 등가분류로 부여된 라벨을 치환하면서 영상을 통해 두 번째로 처리를 하라.

실제로 이 알고리즘의 예를 보면, 다음 그림과 같이 2개의 4-성분을 가지는 2진 영상에서 왼쪽 위에 3개의 화소들과 오른쪽 아래에 5개의 화소들이 있는 경우이다.

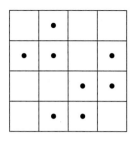

단계 1: 위를 따라 움직이기 시작한다. 첫 번째 목적화소는 두 번째 칸에 있고, 이것의
   왼쪽과 위쪽의 이웃에는 배경화소와 존재하지 않는 화소이므로 라벨−1을 아래와
   같이 부여한다.

두 번째 행에서, 첫째 목적화소는 역시 왼쪽 및 위쪽의 이웃이 배경 및 무화소이므로
새로운 라벨−2를 아래와 같이 부여한다.

현재 두 번째 행에서 두 번째 (목적)화소는 위쪽과 왼쪽에 목적화소가 될 이웃이 존재
한다. 그러나 이들은 서로 다른 라벨을 가진다. 따라서 두 번째 화소에 이들 중의 하나
를 부여하고, 라벨1과 2는 등가로 다음과 같이 처리한다.

	•1		
•2	•1		•
		•	•
	•	•	

두 번째 행에서 세 번째 목적화소는 위와 왼쪽에 모두 배경화소인 이웃을 가지므로 새로운 라벨−3을 아래와 같이 부여한다.

	•1		
•2	•1		•3
		•	•
	•	•	

세 번째 행에서, 첫째 목적화소는 위와 왼쪽에 배경화소가 있으므로 새로운 라벨−4를 부여한다. 세 번째 행에서 두 번째 목적화소는 위와 왼쪽에 모두 목적화소가 있고 라벨이 다르므로 라벨−3 또는 라벨−4 중 하나로 부여하고 위와 같이 아래와 같이 등가로 처리한다.

	•1		
•2	•1		•3
		•4	•3
	•	•	

네 번째 행에서 첫째 목적화소는 위와 왼쪽에 배경화소만 있으므로 새로운 라벨−5를 부여한다. 네 번째 행의 두 번째 목적화소는 위와 왼쪽에 목적화소가 있으므로 라벨−4 또는 라벨−5 중의 하나를 부여하고, 라벨−4와 라벨−5를 다음과 같이 등가로 처리한다.

이렇게 해서 단계 1이 완성된다.

단계 2. 다음 라벨들의 등가분류를 처리한다.

{1,2} 및 {3,4,5}.

첫째 분류에 라벨−1을 부여하고 두 번째 분류에 라벨−2를 부여하라.

단계 3. 단계 1로부터 라벨1과 2를 가진 각 화소에 라벨1을 부여하고, 라벨3, 4, 5를 가진 각 화소에 라벨2를 아래와 같이 부여한다.

이로서 알고리즘의 실행이 끝난다.

이 알고리즘은 영상의 8-성분으로 수정될 수 있지만, 단계 1에서 아래와 같이 p의 대각요소를 고려할 필요가 있다.

d	u	e
l	p	

이 알고리즘은 앞의 것과 유사하다. 단계 1이 아래와 같이 다르다.

단계 1. 만일 p가 배경화소이면 다음 스캔 위치로 이동하라. 만일 p가 목적화소이면 d, u, e 및 l을 확인하라. 만일 그들이 모두 배경화소들이면 p에 새로운 라벨을 부여하라. 만일 하나의 화소라도 목적화소가 있으면 p에 그 라벨을 부여하라. 만일 두

개 이상의 목적화소가 있으면 그둘 중 어느 하나를 부여하고 그들의 모든 화소들을 등가로 처리한다.

단계 2와 3은 이전과 동일하다.

이 알고리즘은 bwlabel 함수로 구현된다. 작은 영상으로 아래와 같이 예를 들어보기로 한다.

```
>> i=zeros(8,8);
>> i(2:4,3:6)=1;
>> i(5:7,2)=1;
>> i(6:7,5:8)=1;
>> i(8,4:5)=1;
>> i
```

이 결과는 아래와 같다.

```
0   0   0   0   0   0   0   0
0   0   1   1   1   1   0   0
0   0   1   1   1   1   0   0
0   0   1   1   1   1   0   0
0   1   0   0   0   0   0   0
0   1   0   0   1   1   1   1
0   1   0   0   1   1   1   1
0   0   0   1   1   0   0   0
```

이 영상은 두 가지의 8-성분과 4-성분을 볼 수 있다. 이를 보기 위해 아래와 같이 처리하면 4-성분에 대한 결과를 아래와 같이 얻을 수 있다

```
>> bwlabel(i,4)
```

```
0   0   0   0   0   0   0   0
0   0   2   2   2   2   0   0
0   0   2   2   2   2   0   0
0   0   2   2   2   2   0   0
0   1   0   0   0   0   0   0
0   1   0   0   3   3   3   3
0   1   0   0   3   3   3   3
0   0   0   3   3   0   0   0
```

같은 방법으로 아래와 같이 처리하면 8-성분의 결과를 아래와 같이 얻는다.

```
>> bwlabel(i,8)
```

```
0    0    0    0    0    0    0    0
0    0    1    1    1    1    0    0
0    0    1    1    1    1    0    0
0    0    1    1    1    1    0    0
0    1    0    0    0    0    0    0
0    1    0    0    2    2    2    2
0    1    0    0    2    2    2    2
0    0    0    2    2    0    0    0
```

실제 영상을 실험하기 위해, `bacteria.tif`의 영상에서 박테리아의 수를 계산해 보자. 먼저 박테리아만 볼 수 있는 2진 영상을 얻기 위해 문턱치 처리를 해야 하고, 그 후에 그 결과에 `bwlabel`을 적용한다. 여기서 만들어진 가장 큰 라벨을 간단히 아래와 같이 구하여 물체들의 수를 구할 수 있다.

```
>> b=imread('bacteria.tif');
>> bt=b<100;
>> bl=bwlabel(bt);
>> max(bl(:))
```

이렇게 하여 필요한 수의 결과를 아래와 같이 얻을 수 있다.

```
>> 21
```

11.6 >> Look-Up 테이블

Look-Up 테이블은 2진 영상처리에서 매우 적절하고 효과적인 방법이다. 화소의 3×3 이웃을 생각하자. 9개의 이웃 화소들이 존재하므로 서로 다른 상태의 조합으로 표시할 수 있는 모든 경우의 수는 $2^9 = 512$개이다. 2진 연산의 출력은 0이 아니면 1이므로 look-up 테이블은 대응하는 이웃들로부터 출력을 표현하는 각 요소는 길이가 512인 벡터이다. 이것은 3.4절에서 설명한 look-up 테이블과 약간 다르다. 4.4 절에서의 look-up 테이블은 단일 화소 값에 적용되었지만, 여기서는 이웃 화소들에 적용된다.

이웃 화소들과 출력 화소들 사이에 1대1 대응이 되도록 모든 이웃 화소들을 정렬하는 일종의 속임수이다. 이것은 이웃 화소의 각 화소에 아래와 같이 가중치를 준다.

1	8	64
2	16	128
4	32	256

이웃 화소의 값은 하나의 값을 가진 화소들의 가중치를 더해서 얻어진다. 그래서 그 값은 look-up 테이블에 index(지표)이다. 예를 들면 다음은 이웃 화소와 그들의 값들을 나타낸다.

0	1	0
1	1	0
0	0	1

$Value = 2 + 8 + 16 + 256 = 282$

1	0	0
0	1	1
1	1	1

$Value = 1 + 4 + 16 + 32 + 128 + 256 = 437$

look-up 테이블을 적용하기 위해 먼저 테이블을 만들어야 한다. 각 요소를 하나씩 look-up 테이블을 만들기가 귀찮은 일이다. 그래서 규칙에 따라 look-up 테이블을 정의하는 `makelut` 함수를 이용한다. 이의 구문은 아래와 같다.

```
makelut(function, n, P1, P2, ...)
```

여기서 `function`은 MATLAB의 매트릭스 함수를 정의하는 문자열이고, n은 2 혹은 3 이며, p1, p2... 등은 그 함수를 pass하게 될 선택적인 파라미터이다. `makelut`은 2×2 이웃 화소들에 대한 look-up 테이블을 허용한다. 이 경우에 look-up 테이블은 단지 2^4 = 16 요소들을 가진다.

우리는 한 영상의 4-경계를 구한다고 가정하자. 하나의 배경화소에 4-인접하는 목적화소이면 경계화소로 정의한다. 그래서 `makelut`로 사용될 함수는 3×3 이웃의 중앙의 화소가 경계화소이면 아래와 같이 1을 return한다.

```
>> f=inline('x(5)&~(x(2)*x(4)*x(6)*x(8))');
```

이 함수에 대하여 x(5)는 3×3 매트릭스 x의 중심화소이고, x(2), x(4), x(6), x(8)

은 중심에 4-인접 화소들이 되도록 하는 단일 값의 매트릭스 인덱싱 구조이다.
이제 look-up 테이블을 아래와 같이 만들 수 있다.

```
>> lut=makelut(f,3);
```

여기서 영상을 아래와 같이 적용하면, 그림 11.2를 얻을 수 있다.

```
>> c=imread('circles.tif');
>> cw=applylut(c,lut);
>> imshow(c),figure,imshow(cw)
```

또, 8-경계의 화소들을 구하기 위해 아래와 같이 이 함수를 쉽게 조정할 수 있는데
목적화소들은 배경화소들에 8-인접이 된다.

```
>> f8=inline('x(5)&~(x(1)*x(2)*x(3)*x(4)*x(6)*x(7)*x(8)*x(9))');
>> lut=makelut(f8,3);
>> cw=applylut(c,lut);
>> imshow(cw)
```

이 결과는 그림 11.3과 같다. 이 방법은 보다 많은 화소들이 경계화소로 분류되므로
더욱 강력한 경계를 검출할 수 있다. 11.8절에서 언급하겠지만, look-up 테이블은 골
격화를 실행하는 데 우수한 특성을 보인다.

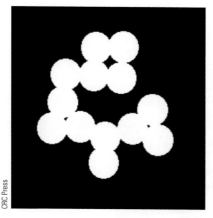

그림 11.2 • circle 영상과 그 경계검출 결과.

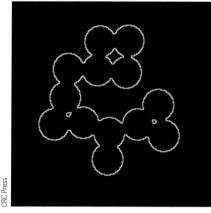

그림 11.3 • circle 영상의 8-경계검출 결과.

11.7 >> 거리(Distance)

격자모양에서 2점 x와 y 사이의 거리를 측정하는 함수의 정의가 필요하다. 거리함수 $d(x,y)$는 다음을 만족하는 경우에 거리척도라고 한다.

1. $d(x,y) = d(y,x)$ (symmetry).
2. $d(x,y) \geq 0$ and $d(x,y) = 0$ if and only if $x = y$ (positivity).
3. $d(x,y) + d(y,z) \geq d(x,z)$ (the triangle inequality).

metric 표준 거리는 $x = (x_1, x_2)$와 $y = (y_1, y_2)$인 경우 **Euclidian distance**로 나타내고, 아래와 같이 표현된다.

$$d(x,y) = \sqrt{(x_1 - y_1)^2 + (x_2 - y_2)^2}.$$

이것은 x와 y 사이의 직선의 길이이다. 위 1과 2는 미터법에 의해 쉽게 만족됨을 알 수 있고, 이것은 항상 양(positive)이며, $x_1 = y_1$과 $x_2 = y_2$일 때만, 즉 $x = y$일 때 0이다. 위 3번의 성질은 쉽게 증명할 수 있는데 3개의 점 x, y, z가 주어지면 x에서 z까지 가는데 y를 통해서 가는 것보다 직접 가는 편이 가깝다.

그러나 격자에 제한 조건이 있으면 유클리드 거리는 응용이 불가능하다. 그림 11.4는 유클리드 척도법의 최단거리와 4-연결(쇄선) 및 8-연결(점선) 경로를 나타내었다. 이 그림에서 유클리드 거리는 $\sqrt{5^2 + 2^2} \approx 5.39$이고, 4-경로와 8-경로의 길이는 각각 7과 5이다.

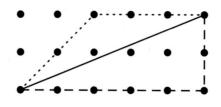

그림 11.4 ● 세 가지 거리척도법 표현.

4-경로 및 8-경로에 의한 거리의 척도법은 다음의 함수로 주어진다.

$$d_4(x, y) = |x_1 - y_1| + |x_2 - y_2|$$
$$d_8(x, y) = \max\{|x_1 - y_1|, |x_2 - y_2|\}$$

유클리드 거리와 마찬가지로 첫 2개의 성질은 삼각형 부등식으로 증명될 수 있고, 척도법 $d4$는 가끔 **taxicab metric**으로 알려져 있다.

11.7.1 거리 변환

여러 응용에서 영역 R에서 모든 화소의 거리를 구할 필요가 있다. 거리를 구하는 것은 위에서 정의한 유클리드 거리를 이용할 수 있다. 그러나 이것은 R에서 (x,y)의 거리를 계산하고, R에서 (x,y)에서 화소들까지 모든 가능한 거리를 결정할 필요가 있으며 가장 작은 값을 택한다. 이것은 계산이 비효율적이다. R이 크다면 많은 제곱의 평방근을 계산해야 한다. 이를 줄이기 위해 다음과 같이 최소거리를 구할 수 있다. 왜냐하면 제곱의 평방근 함수가 증가하기 때문이다.

$$md(x, y) = \sqrt{\min_{(p, q) \in R} \left((x - p)^2 + (y - q)^2 \right)}.$$

여기서는 하나의 제곱과 평방근을 포함한다. 그러나 이 정의는 계산이 느리다. 계산할 연산의 수와 최소값을 구하는 데 많은 시간이 소요된다.

　거리 변환은 이러한 거리를 구하는 데 계산적으로 효과적인 방법이다. 아래의 일련의 단계로 설명한다.

단계 1 영상에서 R로부터 각 화소 (x,y)까지의 거리를 나타내는 라벨 $d(x,y)$를 붙여라. R에서 각 화소가 0인 라벨을 붙여서 시작하고, R에 존재하지 않으면 ∞를 붙여라.

단계 2 영상을 통해 1화소씩 이동한다. 각 화소 (x,y)에 대하여 아래와 같이 $\infty + 1 = \infty$를 이용하여 해당하는 라벨로 치환한다.

$$\min\{d(x,y), d(x+1,y)+1, d(x-1,y)+1, d(x,y-1)+1, d(x,y+1)+1\}$$

단계 3 모든 화소들이 ∞ 값으로 변환될 때까지 단계 2를 반복하라.

단계 2의 몇 가지 예를 보기위해 아래와 같이 이들의 이웃 화소들을 가진다고 가정하자.

$$\begin{array}{ccc} \infty & \infty & \infty \\ 2 & \infty & \infty \\ \infty & 3 & \infty \end{array}$$

우리는 중심 화소(그 라벨이 변화하는 것)와 4개의 화소들, 위, 아래, 왼쪽 및 오른쪽 화소에만 관심을 가진다. 이들 4개의 화소들에 대하여 아래와 같이 1을 더한다.

$$\begin{array}{ccc} & \infty & \\ 3 & \infty & \infty \\ & 4 & \end{array}$$

이들 5개의 최소값은 3이고, 따라서 이것은 중심 화소에 대하여 새로운 라벨이다.
여기서 또 아래와 같은 이웃을 가진다고 가정하자.

$$\begin{array}{ccc} 2 & \infty & \infty \\ \infty & \infty & \infty \\ 3 & \infty & 5 \end{array}$$

다시, 4개의 각 화소, 위, 아래, 좌, 우측에 1을 더하고 중심 화소 값은 아래와 같이 그대로 유지한다.

$$\begin{array}{ccc} & \infty & \\ \infty & \infty & \infty \\ & \infty & \end{array}$$

이들 값의 최소값은 ∞이고, 이 단계에서 화소의 라벨은 변하지 않는다.
단계 1의 처리 후에 영상의 라벨이 다음과 같다고 가정하자.

```
∞ ∞ ∞ ∞ ∞ ∞      ∞ ∞ 1 1 ∞ ∞      ∞ 2 1 1 2 ∞
∞ ∞ 0 0 ∞ ∞      ∞ 1 0 0 1 ∞      2 1 0 0 1 2
∞ ∞ ∞ 0 ∞ ∞      ∞ ∞ 1 0 1 ∞      ∞ 2 1 0 1 2
∞ ∞ ∞ 0 ∞ ∞      ∞ ∞ 1 0 1 ∞      ∞ 2 1 0 1 2
∞ ∞ ∞ 0 0 ∞      ∞ ∞ 1 0 0 1      ∞ 2 1 0 0 1
∞ ∞ ∞ ∞ ∞ ∞      ∞ ∞ ∞ 1 1 ∞      ∞ ∞ 2 1 1 2
      Step 1         Step 2 (first pass)    Step 2 (second pass)
```

```
3 2 1 1 2 3      3 2 1 1 2 3
2 1 0 0 1 2      2 1 0 0 1 2
3 2 1 0 1 2      3 2 1 0 1 2
3 2 1 0 1 2      3 2 1 0 1 2
3 2 1 0 0 1      3 2 1 0 0 1
∞ 3 2 1 1 2      4 3 2 1 1 2
  Step 2 (third pass)   Step 2 (final pass)
```

이 단계에서 정지한다. 왜냐하면 모든 라벨 값들이 유한 값이기 때문이다.

얼핏 보기에도 주어진 거리 값들은 사실 실제 거리의 좋은 근사가 되지 못한다는 것을 알 수 있다. 보다 정확성을 기하기 위하여 위 변환을 일반화할 필요가 있다. 이의 한 가지 방법은 마스크의 개념을 이용하는 것이다. 위 내용에 사용한 마스크는 아래와 같다.

```
    1
1   0   1
    1
```

변환에서 단계 2는 이웃하는 화소들에 대응하는 마스크 요소의 값을 더하고, 최소값을 선택한다. 간단한 연산으로 정확성을 얻기 위해 마스크는 일반적으로 정수의 값들로 구성하지만, 최종 결과는 스케일링을 요구한다.

아래의 마스크를 생각하자.

```
4   3   4
3   0   3
4   3   4
```

위의 영상을 적용하면 단계 1은 위와 같고, 단계 2에서 아래와 같이 처리하여 모든 화소의 값이 유한이면 정지한다.

```
∞ 4 3 3 4 ∞      7 4 3 3 4 7      7 4 3 3 4 7
∞ 3 0 0 3 ∞      6 3 0 0 3 6      6 3 0 0 3 6
∞ 4 3 0 3 ∞      7 4 3 0 3 6      7 4 3 0 3 6
∞ ∞ 3 0 3 4      8 6 3 0 3 4      8 6 3 0 3 4
∞ ∞ 3 0 0 3      ∞ 6 3 0 0 3      9 6 3 0 0 3
∞ ∞ 4 3 3 4      ∞ 7 4 3 3 4      10 7 4 3 3 4
  Step 2 (first pass)    Step 2 (second)      Step 2 (third)
```

여기서 모든 화소 값들을 3으로 나누면 아래와 같다.

```
2.3   1.3    1     1    1.3   2.3
 2     1     0     0     1     2
2.3   1.3    1     0     1     2
2.7    2     1     0     1     2
 3     2     1     0     0     1
3.3   2.3   1.3    1     1    1.3
```

이들 값들은 처음에 설명한 변환으로 얻어진 것보다 훨씬 유클리드 거리에 가깝다.
아래의 마스크를 이용하면 더욱 정확한 특성을 얻을 수 있다.

```
        11          11
  11     7     5     7    11
         5     0     5
  11     7     5     7    11
        11          11
```

이 결과를 5로 나누어서 최종 결과를 아래와 같이 얻을 수 있다.

```
11    7    5    5    7   11          2.2   1.4    1     1    1.4   2.2
10    5    0    0    5   10           2     1     0     0     1     2
11    7    5    0    5   10          2.2   1.4    1     0     1     2
14   10    5    0    5    7          2.8    2     1     0     1    1.4
16   10    5    0    0    5          3.2    2     1     0     0     1
16   11    7    5    5    7          3.2   2.2   1.4    1     1    1.4
      Result of transform                   After division by 5
```

사실, 이와 같이 처리하는 방법은 속도가 느리다. 큰 영상에 대하여 모든 거리 라벨이 무한대가 되기 전에 많은 통과(생략)를 필요로 한다. 보다 빠른 방법은 2개의 통과를 요구하는데, 첫 통과는 영상의 좌측 위에서 출발하여 우측 아래로 이동한다. 두 번째 통과는 영상의 우측 아래에서 출발하여 우에서 좌로 이동하면서 아래쪽에서 위쪽으로 이동한다. 이 방법에서 영상을 반으로 나누어서 그중 하나는 좌측 위에서 출발하는 부분(첫 번째 통과)의 값들만을 조사하고, 나머지 반은 우측 아래에서 출발하는 부분(두 번째 통과)의 값들만을 조사한다.

마스크의 쌍은 그림 11.5와 같고, 굵은 선은 원래의 마스크가 2개의 반으로 나누어지는 모양을 나타낸다.

우리는 이들 마스크를 다음과 같이 적용한다. 먼저 0이 아닌 값들을 가지는 영상(공간필터링과 같은)의 둘레에 영상의 에지에서 마스크들이 처리할 값들을 가지도록 마스

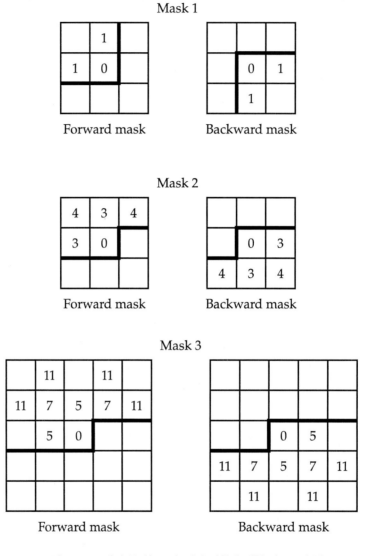

그림 11.5 • 2개의 통과(pass) 거리 변환에 대한 마스크의 쌍.

크를 적용한다. 순방향 pass에 대하여 위치 (i, j)에서 각 화소에다 그 이웃들을 순방향 마스크에서 주어진 값들을 더하라. 최소값을 취하여 현재의 라벨을 치환하라. 역방향 마스크를 이용하고, 오른쪽 아래에서 출발하는 것을 제외하고는 역방향 pass에서도 같은 과정으로 처리한다.

영상에 순방향마스크 1과 2를 적용하면 순방향 pass의 결과는 다음과 같다.

∞	∞	∞	∞	∞	∞
∞	∞	0	0	1	2
∞	∞	1	0	1	2
∞	∞	2	0	1	2
∞	∞	3	0	0	1
∞	∞	4	1	1	2

Use of mask 1

∞	∞	∞	∞	∞	∞
∞	∞	0	0	3	6
∞	4	3	0	3	6
8	7	4	0	3	6
11	8	4	0	0	3
12	8	4	3	3	4

Use of mask 2

역방향 마스크의 적용 후에 위와 같이 거리변환을 얻는다.

MATLAB에서의 구현　우리는 위에서와 같이 두 번째 방법을 적용하여 거리변환을 쉽게 수행할 수 있다. 함수는 아래와 같이 변환을 구현한다.

1. 마스크의 사이즈를 이용하여 적당히 0으로 영상을 채운다.
2. 각 0을 ∞로 바꾸고, 각 1을 0으로 바꾼다.
3. 순방향 및 역방향 마스크를 만든다.
4. 순방향 pass를 실행한다. 각 라벨을 그 이웃들의 최소값과 순방향 마스크를 더한 값으로 치환한다.
5. 역방향 pass를 실행한다. 각 라벨을 그 이웃들의 최소값과 역방향 마스크를 더한 값으로 치환한다.

이들 각 단계를 다음과 같이 구분하여 생각하자.

1. 영상은 $r \times c$이고, 마스크는 $r_m \times c_m$이라고 가정한다. 여기서 2개의 마스크는 차수가 홀수이다. 영상의 각 측면에다 열의 수를 $(c_m - 1)/2$과 같게 더하고, 영상의 위와 아래의 양측에다 행의 수를 $(r_m - 1)/2$과 같게 더할 필요가 있다. 바꾸어 말하면 더 큰 배열의 사이즈 $(r + r_m - 1) \times (c + c_m - 1)$에 영상을 아래와 같이 덮을 수 있다.

```
>> [r,c]=size(image);
>> [mr,mc]=size(mask);
>> nr=(mr-1)/2;
>> nc=(mc-1)/2;
>> image2=zeros(r+mr-1,c+mc-1);
>> image2(nr+1:r+nr,nc+1:c+nc)=image;
```

2. 이것은 find 함수를 이용하여 쉽게 처리할 수 있다. 먼저, 모든 0들을 ∞로 바꾸어라. 다음에 모든 1들을 0들로 아래와 같이 바꾸어라.

```
>> image2(find(image2)==0)=Inf;
>> image2(find(image2)==1)=0;
```

3. 순방향 마스크가 주어진다고 가정하자. 우리는 그림 11.5에 보인 마스크에서 모든 빈 자리(blank entry)에 ∞를 넣어서 가장 간단하게 이를 처리할 수 있다. 즉 이것은 이들 위치에 있는 화소들이 최종의 최소화에 전혀 영향을 미치지 않는다는 것을 의미한다. 역방향 마스크는 2회의 90° 회전으로 얻을 수 있다. 예를 들면 아래와 같다.

```
>> mask1=[Inf 1 Inf;1 0 Inf;Inf Inf Inf];
>> backmask=rot90(rot90(mask1));
```

4. 우리는 아래와 같은 2단계의 루프로서 순방향 마스크를 구현할 수 있다.

```
>> for i=nr+1:r+nr,
     for j=nc+1:c+nc,
       image2(i,j)=min(min(image2(i-nr:i+nr,j-nc:j+nc)+mask));
     end;
   end;
```

5. 역방향 패스는 아래와 유사하게 처리할 수 있다.

```
>> for i=r+nr:-1:nr+1,
     for j=c+nc:-1:nc+1,
       image2(i,j)=min(min(image2(i-nr:i+nr,j-nc:j+nc)+backmask));
     end;
   end;
```

완전한 함수는 그림 11.6에 보였다.

이를 시도해 보기로 한다. 먼저 영상과 아래와 같이 3개의 마스크를 만든다.

```
>> im=[0 0 0 0 0 0;...
0 0 1 1 0 0;...
0 0 0 1 0 0;...
0 0 0 1 0 0;...
0 0 0 1 1 0;...
0 0 0 0 0 0]

im =

     0     0     0     0     0     0
     0     0     1     1     0     0
     0     0     0     1     0     0
     0     0     0     1     0     0
     0     0     0     1     1     0
     0     0     0     0     0     0
```

```
function res=disttrans(image,mask)
%
% This function implements the distance transform by
% applying MASK to IMAGE, using the two step algorithm
% with "forward" and "backwards" masks.
backmask=rot90(rot90(mask));
[mr,mc]=size(mask);
if ((floor(mr/2)==ceil(mr/2))|(floor(mc/2)==ceil(mc/2)))then
    error('The mask must have odd dimensions.')
    end;
[r,c]=size(image);
nr=(mr-1)/2;
nc=(mc-1)/2;
image2=zeros(r+mr-1,c+mc-1);
image2(nr+1:r+nr,nc+1:c+nc)=image;
%
% This is the first step; replacing R values with 0 and other
% values with infinity
%
image2(find(image2==0))=Inf;
image2(find(image2==1))=0;
%
% Forward pass
%
for i=nr+1:r+nr,
  for j=nc+1:c+nc,
    image2(i,j)=min(min(image2(i-nr:i+nr,j-nc:j+nc)+mask));
  end;
end;
%
% Backward pass
%
for i=r+nr:-1:nr+1,
  for j=c+nc:-1:nc+1,
    image2(i,j)=min(min(image2(i-nr:i+nr,j-nc:j+nc)+backmask));
  end;
end;

res=image2(nr+1:r+nr,nc+1:c+nc);
```

그림 11.6 • 거리변환을 계산하기 위한 함수.

```
>> mask1=[Inf 1 Inf;1 0 Inf;Inf Inf Inf]

mask1 =

   Inf     1    Inf
     1     0    Inf
   Inf   Inf    Inf

>> mask2=[4 3 4;3 0 Inf;Inf Inf Inf]
```

```
mask2 =

     4     3     4
     3     0   Inf
   Inf   Inf   Inf

>> mask3=[Inf 11 Inf 11 Inf;...
11 7 5 7 11;...
Inf 5 0 Inf Inf;...
Inf Inf Inf Inf Inf;...
Inf Inf Inf Inf Inf]

mask3 =

   Inf    11   Inf    11   Inf
    11     7     5     7    11
   Inf     5     0   Inf   Inf
   Inf   Inf   Inf   Inf   Inf
   Inf   Inf   Inf   Inf   Inf
```

여기서 우리는 아래와 같이 변환을 적용할 수 있다.

```
>> disttrans(im,mask1)

ans =

     3     2     1     1     2     3
     2     1     0     0     1     2
     3     2     1     0     1     2
     3     2     1     0     1     2
     3     2     1     0     0     1
     4     3     2     1     1     2

>> disttrans(im,mask2)

ans =

     7     4     3     3     4     7
     6     3     0     0     3     6
     7     4     3     0     3     6
     8     6     3     0     3     4
     9     6     3     0     0     3
    10     7     4     3     3     4

>> disttrans(im,mask3)
```

```
ans =

    11     7     5     5     7    11
    10     5     0     0     5    10
    11     7     5     0     5    10
    14    10     5     0     5     7
    15    10     5     0     0     5
    16    11     7     5     5     7
```

여기서 마스크 2와 마스크 3을 이용한 변환의 결과들은 실제의 거리에 대한 근사치를 얻기 위해 적당한 값들로 나누어야 한다.

물론, 아래와 같이 `circles.tif`와 같은 큰 영상에 대한 거리변환을 적용할 수 있다.

```
>> c=~imread('circles.tif');
>> imshow(c)
>> cd=disttrans(c,mask1);
>> figure,imshow(mat2gray(cd))
```

우리는 흰색 배경에 흑색 원을 만들기 위해 원(circle) 영상을 반전시킨다. 이것은 변환이 원래(original) 영상의 내부로 향하는 거리를 구하는 것을 의미한다. 이렇게 하는 이유는 결과 영상을 만들기가 더욱 쉽기 때문이다. 원(circle) 영상을 그림 11.7(a)에 보였고, 거리변환은 그림 11.7(b)에 보였다.

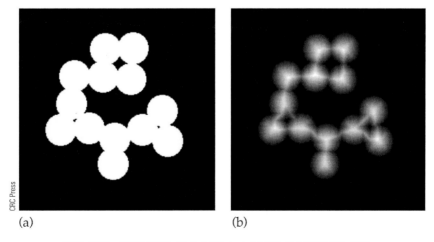

CRC Press

(a)   (b)

그림 11.7 ● 거리변환의 예. (a) 원(circle) 영상. (b) 거리변환 결과.

11.8 >> 골격화 처리(Skeletonization)

10장에서 간단히 언급한 바와 같이 골격은 물체의 사이즈와 모양에 관한 정보를 제공하는 라인과 곡선들로 구성된다. 그림 11.8은 몇 가지의 예를 나타낸다. 이 절에서는 처리해야 할 골격의 몇 가지 성질들을 알아보고, 하나의 화소가 물체의 골격에 속하는지 어떤지를 결정하는 정규적 방법들을 알아보기로 한다. 우리는 골격을 얻기 위한 방법을 논의할 것이다.

골격화의 한 가지 문제는 하나의 물체에 대한 매우 작은 변화가 골격에 큰 변화를 야기할 수 있다는 점이다. 그림 11.9는 그림 11.8의 가운데 영상의 일부분을 빼거나 더한 것을 보였다.

골격을 정의하는 데 매우 폭넓게 이용하는 방법은 물체의 중심축에 의한 방법이다. 골격의 후보 화소는 물체의 경계에서 적어도 2개의 화소로부터 등거리에 있는 중심에 존재한다. 직접 이 정의를 구현하기 위해 근사적 거리를 구하는 빠르고 효과적인 방법을 요구한다. 한 가지 방법은 거리변환을 이용하는 것이다. 중심축을 구하는 다른 방법은 아래와 같다.

- 경계로부터 일정한 비율로 불꽃이 타들어가는 물체를 상상하라. 2개 라인의 불꽃이 중심축에서 만나는 위치이다.

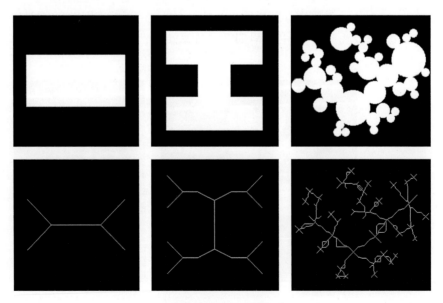

그림 11.8 • 골격화의 예.

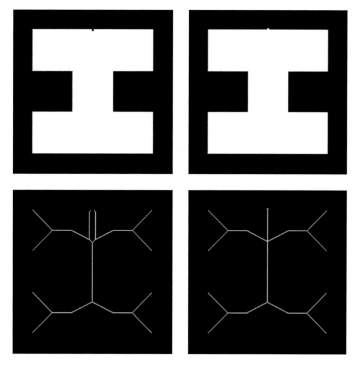

그림 11.9 ● 물체의 작은 변화에 대한 골격의 예.

● 경계에서 최소 2개의 점들이 접촉하는 물체 내부에 모든 원들의 집합을 생각하라. 중심축으로부터 이러한 모든 원들의 중심이 그 위치이다. 그림 11.10은 이를 나타낸다.

중심축(일반적인 골격화에서의)에 대한 자세한 설명은 Parker[24]를 참조하기 바란다.

최종 골격을 얻기 위해 지워져야 할 화소들을 직접 정의할 수 있기 때문에 위상기하학적(topological) 방법은 골격화의 몇 가지 강력한 방법을 제공한다. 일반적으로,

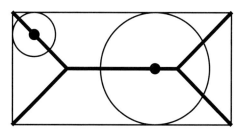

그림 11.10 ● 물체의 중심축의 예.

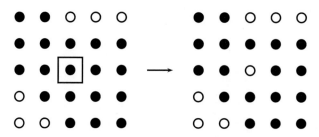

그림 11.11 • 삭제할 수 없는 화소는 하나의 구멍을 만든다.

한 물체의 **연결성**을 변화 없이 삭제할 수 있고, 성분들의 수를 변화시키지 않으며, 구멍의 수를 변화시키거나 물체들과 구멍들의 관계를 변화시키는 화소들을 삭제하기를 원한다. 예를 들면 그림 11.11은 제거할 수 없는 화소를 나타낸다.

중심(사각형) 화소의 삭제는 해당 물체에 하나의 구멍을 형성한다. 그림 11.12에서 또 다른 하나의 삭제 불가능한 화소의 예를 보였다. 이 경우에 삭제는 하나의 구멍을 제거하는데, 이는 해당 구멍과 그 바깥 면이 접속되기 때문이다. 그림 11.13에 또 하나의 바깥 면이 접속되는 예를 보였다. 이 경우에, 삭제는 물체를 2개로 분리하게 된다.

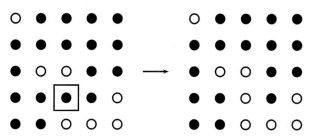

그림 11.12 • 삭제할 수 없는 화소는 구멍을 제거한다.

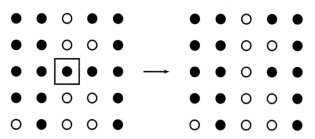

그림 11.13 • 삭제할 수 없는 화소는 물체를 분리한다.

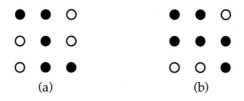

그림 11.14 • simple 점

가끔 물체가 4-연결 혹은 8-연결인지를 고려할 필요가 있다. 앞의 예에서는 이것이 문제가 되지 않았다. 그러나 그림 11.14의 예를 보라. 그림 11.14(a)는 중심점이 4-연결과 8-연결의 두 가지 변화 없이 삭제될 수 없다. 그림 11.14(b)에서 중심 화소의 삭제는 4-연결을 변화시키지만, 8-연결은 변화시키지 않는다. 물체의 4-연결을 변화시키지 않고 삭제할 수 있는 화소를 **4-simple**이라고 한다. 이와 유사하게 물체의 8-연결을 변화시키지 않고 삭제할 수 있는 화소를 **8-simple**이라고 한다. 그러므로 그림 11.14(a)에서 중심 화소는 4-simple도 아니고 8-simple도 아니지만, 그림 11.14(b)의 중심 화소는 8-simple이지만 4-simple은 아니다.

하나의 화소는 해당 3×3 이웃화소의 확인에 의해 삭제 가능에 대한 시험을 할 수 있다. 그림 11.14(a)를 보라. 중심 화소가 삭제된다고 가정하자. 여기에 아래와 같이 두 가지의 선택이 존재한다.

1. 해당 물체를 분리하는 효과에서, 위의 2개 화소와 아래의 2개 화소들이 분리된다.
2. 위의 2개 화소와 아래의 2개 화소들이 3×3 이웃화소들의 바깥 화소들과 체인으로 결합된다. 이 경우에 모든 화소들이 하나의 구멍을 둘러싸고, 중심 화소는 그림 11.12와 같이 그 구멍을 제거한다.

하나의 화소가 4-연결 혹은 8-연결인지 확인하기 위해 하나의 목적화소 p의 이웃화소들과 관련된 몇 개의 수들을 지정한다. 먼저 p의 3×3 이웃이 되는 N_p와 p를 제외하는 3×3 이웃이 되는 N_p^*를 정의한다. 그 후에 아래와 같이 정의한다.

$A(p) = N_p^*$에서 4-연결의 수
$C(p) = N_p^*$에서 8-연결의 수
$B(p) = N_p^*$에서 목적화소들의 수

예를 들면 그림 11.14(a)에서는 아래와 같은 값을 가진다.

$A(p) = 2$
$C(p) = 2$
$B(p) = 4$

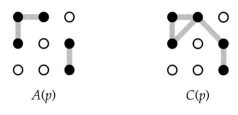

$A(p)$ $\qquad\qquad$ $C(p)$

그림 11.15 • N_p의 성분들.

그리고 그림 11.14(b)에서는 아래와 같은 값을 가진다.

$A(p) = 2$

$C(p) = 1$

$B(p) = 5$

우리는 중심 화소를 삭제하고 나머지 목적화소들의 성분들을 열거하는 최근의 예를 볼 수 있다. 이것을 그림 11.15에 보였다. 삭제를 위한 simple 점들의 중요성은 아래와 같이 설명될 수 있다.

> 하나의 목적화소 p는 오직 $A(p) = 1$일 때만이 4-simple이고, $C(p) = 1$일 때만이 8-simple이다

그림 11.14로 돌아가서 $C(p) = 1$이므로 중심 화소 p는 8-simple이고, 그러므로 해당 물체의 8-연결에 영향을 주지 않고 삭제될 수 있다. 그러나 $A(p) = 2$이므로 중심 화소 p는 4-simple이 아니고, 그러므로 해당 물체의 4-연결에 영향을 주지 않으면서 삭제될 수 없다. 이 예를 그림 11.15에 보였다.

11.8.1 $A(p)$와 $C(p)$의 계산

$A(p)$와 $C(p)$의 값들을 포함하는 알고리즘을 구현하기 위하여 그들을 계산하는 효과적인 방법이 필요하다. $A(p)$에 대하여 우리는 $A(p) = 1$인 경우에만 관심을 가지며, 이것은 아래와 같이 하나의 목적화소의 **교차수(crossing number)** $X(p)$를 계산하여 결정할 수 있다.

> 목적화소 p의 교차수 $X(p)$는 시계방향으로 p의 8-이웃들을 회전할 때 0 다음에 1이 따라 나오는 횟수로 정의한다.

아래와 같이 p의 이웃들을 라벨링한다고 가정하자.

$$
\begin{array}{ccc}
p_1 & p_2 & p_3 \\
p_8 & p & p_4 \\
p_7 & p_6 & p_5
\end{array}
$$

이에 대하여 아래와 같이 수열을 고려한다.

$$
p_1, \quad p_2, \quad p_3, \quad p_4, \quad p_5, \quad p_6, \quad p_7, \quad p_8, \quad p_1.
$$

이 수열에서 발생하는

```
0, 1
```

로 변하는 횟수가 그 교차수이다. 교차수의 중요성은 아래와 같다.

1. 계산하기 쉽다.
2. $X(p) = 1$이면 $A(p) = 1$이고, 그러면 p는 4-simple이다.

그림 11.14에서 이웃들을 고려해 보자. 그러나 이번에는 배경과 목적화소들에 대하여 아래와 같이 0과 1을 이용한다.

$$
\begin{array}{ccc}
1 & 1 & 0 \\
0 & p & 0 \\
0 & 1 & 1
\end{array}
\qquad\qquad
\begin{array}{ccc}
1 & 1 & 0 \\
1 & p & 1 \\
0 & 0 & 1
\end{array}
$$

왼쪽에 있는 이웃들로부터 p의 이웃들을 읽으면 아래와 같다.
여기서 연속적으로 0, 1은 2회 일어나고, 그래서 $X(p) = 2$이다.

$$
1, \quad 1, \quad 0, \quad 0, \quad 1, \quad 1, \quad 0, \quad 0, \quad 1.
$$

오른쪽 이웃들에 대하여 아래와 같은 수열을 얻는다.

$$
1, \quad 1, \quad 0, \quad 1, \quad 1, \quad 0, \quad 0, \quad 1, \quad 1.
$$

여기서도 연속적인 0, 1은 2회 발생되므로 $X(p) = 2$ 이다.
다른 두 가지의 이웃들을 아래에 나타내었다.

$$
\begin{array}{ccc}
1 & 1 & 1 \\
1 & p & 1 \\
1 & 0 & 0
\end{array}
\qquad\qquad
\begin{array}{ccc}
1 & 1 & 0 \\
0 & p & 0 \\
1 & 0 & 1
\end{array}
$$

왼쪽 이웃들에 대한 수열은 아래와 같다.

$$1, \quad 1, \quad 1, \quad 1, \quad 0, \quad 0, \quad 1, \quad 1, \quad 1.$$

여기서 연속적인 0, 1은 1회이므로 $X(p) = 1$이다.

오른쪽 이웃들에 대한 수열은 아래와 같다.

$$1, \quad 1, \quad 0, \quad 0, \quad 1, \quad 0, \quad 1, \quad 0, \quad 1.$$

여기서 연속적인 0, 1의 횟수는 3회이므로 $X(p) = 3$이다.

MATLAB에서 교차수를 구현하기 위하여 먼저 MATLAB에서 아래와 같은 단일 인덱싱을 이용하여 인덱스화될 수 있는 3×3 매트릭스 a를 만든다.

```
a(1)   a(4)   a(7)
a(2)   a(5)   a(8)
a(3)   a(6)   a(9)
```

여기서 우리는 두 가지의 수열을 만들 수 있다. 즉 아래와 같이 시계방향의 순서로 이웃화소들을 나타낸다.

```
>> p=[a(1) a(4) a(7) a(8) a(9) a(6) a(3) a(2)];
```

그리고 이웃하는 화소들을 a(4)에서 시작하면 아래와 같이 처리한다.

```
>> pp=[p(2:8) p(1)];
```

그러므로 pp(i)=p(i+1)로 처리하여 pp(8)=p(1)이 된다. $1 \le i \le 8$에 대하여 어떤 i의 계산은 p(i) = 0과 pp(i)5 =1일 때 계산된다. 이것은

```
(1-p(i))*pp(i)
```

만이 1이 된다.

여기서 우리는 아래와 같이 그 합으로서 교차수를 계산할 수 있다.

```
>> crossnum=sum((1-p).*pp)
```

$C(p)$의 계산은 이 간단한 함수로 아래와 같이 처리할 수 있다.

$$C(p) = [\overline{p_2} \wedge (p_3 \vee p_4)] + [\overline{p_4} \wedge (p_5 \vee p_6)] + [\overline{p_7} \wedge (p_8 \vee p_9)] + [\overline{p_8} \wedge (p_1 \vee p_2)]$$

여기서 $\overline{p_i}$는 p_i의 보수로서 $(1 - p_i)$이고, $\wedge$와 $\vee$는 각각 일반적인 불 대수 AND, OR 이며, +는 연산의 더하기를 나타낸다.

다시 0과 1로서 주어진 그림 11.14에서 이웃화소들을 보자. 왼쪽 이웃들에 대하여 우리는 아래와 같이 계산할 수 있다.

$$\begin{aligned}
C(p) &= [\overline{1} \wedge (0 \vee 0)] + [\overline{0} \wedge (1 \vee 1)] + [\overline{1} \wedge (0 \vee 0)] + [\overline{0} \wedge (1 \vee 1)] \\
&= [0 \wedge 0] + [1 \wedge 1] + [0 \wedge 0] + [1 \wedge 1] \\
&= 0 + 1 + 0 + 1 \\
&= 2
\end{aligned}$$

그리고 이것은 실제로 N_p^*에서 8-성분들의 수이다. 오른쪽 이웃들에 대하여(그림 11.15), 아래와 같이 계산할 수 있다.

$$\begin{aligned}
C(p) &= [\overline{1} \wedge (0 \vee 1)] + [\overline{1} \wedge (1 \vee 0)] + [\overline{0} \wedge (0 \vee 1)] + [\overline{1} \wedge (1 \vee 1)] \\
&= [0 \wedge 1] + [0 \wedge 1] + [1 \wedge 1] + [0 \wedge 1] \\
&= 0 + 0 + 0 + 1 \\
&= 1,
\end{aligned}$$

이것은 N_p^*에서 8-성분들의 수이다.

11.8.2 골격화 처리가 되지 않는 경우

여기서 하나의 화소가 해당 물체의 연결성에 영향을 주지 않고 삭제할 수 있는지 여부를 확인하는 방법을 알아보기로 한다. 일반적으로, 골격화 알고리즘은 반복과정을 통해서 처리하는데, 각 단계에서 삭제 가능한 화소들을 확인하면서 그들을 삭제한다. 해당 알고리즘은 삭제가 더 이상 가능하지 않을 때까지 계속한다.

화소들을 삭제하는 한 가지 방법은 아래와 같다.

각 단계에서 4-simple인 모든 목적화소들을 구하고 그들을 삭제한다. 옳은 것인가? 아래와 같이 2×4 사이즈의 작은 사각형에 이를 시도해 보자.

$$\begin{array}{cccccc}
0 & 0 & 0 & 0 & 0 & 0 \\
0 & 1 & 1 & 1 & 1 & 0 \\
0 & 1 & 1 & 1 & 1 & 0 \\
0 & 0 & 0 & 0 & 0 & 0
\end{array}$$

이 물체에서 해당 화소들을 조심스레 확인하면 그들은 모두 4-simple임을 알 수 있다. 그러므로 이들을 모두 삭제하면 물체를 완전히 제거하게 되어 원하지 않는 결과를 얻게 된다. 확실히 우리는 삭제할 수 있는 화소들에 대하여 더욱 조심스럽게 처리할 필요가 있다. 우리가 너무 많은 화소들을 삭제하지 않도록 삭제성에 대한 여분의 시험을 해볼 필요가 있다.

여기서 우리는 아래와 같이 두 가지의 선택이 가능하다.

1. 단계적으로 알고리즘을 실행할 수 있고, 각 단계에서 삭제에 대한 시험을 바꿀 수 있다.
2. 영상의 격자에 화소가 놓여있는 위치에 따라서 삭제에 대한 다른 시험을 적용할 수 있다.

위의 첫째 선택에 따라 처리되는 알고리즘을 **subiteration 알고리즘**이라 하고, 두 번째 선택에 따라 처리되는 알고리즘을 **subfield 알고리즘**이라 한다.

11.8.3 Zhang-Suen 골격화 알고리즘

이 알고리즘은 현대적 우수성을 달성하였는데, 몇 가지 결점을 가진다. 그러나 일반적으로 빠른 처리가 가능하고 대부분이 수용 가능한 결과를 얻을 수 있다. 아래의 내용은 해당 알고리즘의 다른 단계에 대하여 약간의 다른 삭제의 시험을 적용하는 sub-iteration의 한 예이다.

단계 N

아래 조건에 대하여 삭제할 목적화소 $p = 1$에 사각형 표시를 한다.

1. $2 \leq B(p) \leq 6$,
2. $X(p) = 1$,
3. N이 기수이면 아래와 같고,

$$p_2 \cdot p_4 \cdot p_6 = 0$$
$$p_4 \cdot p_6 \cdot p_8 = 0.$$

N이 우수이면, 아래와 같다.

$$p_2 \cdot p_4 \cdot p_8 = 0$$
$$p_2 \cdot p_6 \cdot p_8 = 0.$$

위 3번 항을 다음과 같이 다르게 적용할 수도 있다.

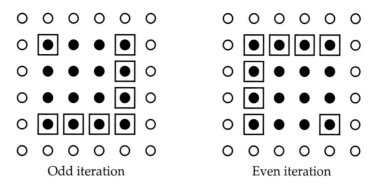

Odd iteration   Even iteration

그림 11.16 • Zhang-Suen 알고리즘에서의 삭제.

N이 기수이면 아래와 같고,

$$p_4 = 0, \quad \text{or} \quad p_6 = 0, \quad \text{or} \quad p_2 = p_8 = 0$$

N이 우수이면 아래와 같다.

$$p_2 = 0, \quad \text{or} \quad p_8 = 0, \quad \text{or} \quad p_4 = p_6 = 0.$$

만일 목적화소 p의 이웃들에 대한 다이어그램을 확인하면, 이 항을 다음과 같이 고쳐 말할 수 있다.

- 홀수 번째 반복에 대하여 물체의 우측면, 바닥면 및 왼쪽 위 모서리 부분의 화소 들만을 삭제한다.
- 짝수 번째 반복에 대하여 물체의 좌측면, 윗면 및 오른쪽 아래 모서리 부분의 화 소들만을 삭제한다.

그림 11.16은 다른(홀수와 짝수) 반복처리에서 삭제 가능한 화소들을 나타내었다. 이 알고리즘에서 1항은 단 하나의 이웃 혹은 7개 이상의 이웃들을 가지고 있으면 화소들 을 삭제할 수 없다. 만일 하나의 화소가 하나의 이웃만을 가진다면, 이것은 골격화 라인 의 끝에 있다는 것으로서 삭제할 화소가 아니다. 하나의 화소가 7개의 이웃들을 가진다 면 화소의 삭제는 물체의 모양으로 수용 불가능한 침식을 시작한다. 이 항은 물체의 기 본적인 모양 골격에 의해 유지된다. 2항은 표준 연결조건이다.

이 알고리즘의 주 결점은 완전히 삭제되는 물체들이 존재한다는 것이다. 아래와 같 은 2×2 정방형을 생각하자.

$$
\begin{matrix}
0 & 0 & 0 & 0 \\
0 & 1 & 1 & 0 \\
0 & 1 & 1 & 0 \\
0 & 0 & 0 & 0
\end{matrix}
$$

각각의 모든 화소가 홀수 및 짝수의 모든 항에서 만족되는 것을 확인할 수 있고, 그래서 모든 화소가 삭제된다.

■ **예제**

그림 11.17에 보인 L자 모양의 물체를 고려해 보자. 여기서 모두 0인 부분(배경)을 점으로 표시한 것을 쉽게 볼 수 있다. 사각형 표시된 화소들은 이 알고리즘의 1단계 및 2단계로 삭제되는 것을 나타낸다. 그림 11.18은 골격화의 3단계 및 4단계를 보여준다. 4단계

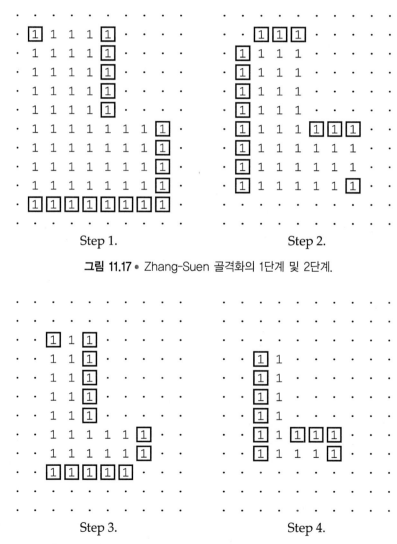

그림 **11.17** • Zhang-Suen 골격화의 1단계 및 2단계.

그림 **11.18** • Zhang-Suen 골격화의 3단계 및 4단계.

후에는 더 이상의 삭제는 없고, 따라서 골격은 그림 11.18의 오른쪽 다이어그램에서 사각형 표시가 없는 목적화소들로 구성된다. 골격은 원래 물체의 모서리들을 포함하지 않는다.

MATLAB으로 이 알고리즘을 쉽게 구현할 수 있다. 우리는 홀수 번째 반복과 짝수 번째 반복의 룩업테이블을 사용한다. 그 후에 우리는 2번의 연속적인 반복에서 영상의 변화가 없을 때까지 교대로 룩업테이블을 적용한다. 우리는 주어진 시간에서 3개의 영상, 즉 현재 영상, 이전 영상 및 마지막(이전 영상의 앞 영상) 영상을 유지하면서 관리한다. 만일 현재와 마지막 영상이 서로 같으면 정지한다. 그렇지 않으면 이 영상들을 뒤로 돌리는데, 이전 영상은 마지막이 되고 현재 영상은 이전 영상이 된다. 그러면 룩업테이블은 새로운 현재 영상을 만들기 위해 현재 영상에 적합한 것이 어느 것이든지 아래와 같이 적용한다.

$$last \leftarrow previous$$
$$previous \leftarrow current$$
$$current \leftarrow \texttt{applylut}(current, \texttt{lut})$$

```
function out=zsodd(nbhd);
s=sum(nbhd(:))-nbhd(5);
temp1=(2<=s)&(s<=6);
p=[nbhd(1) nbhd(4) nbhd(7) nbhd(8) nbhd(9) nbhd(6) nbhd(3) nbhd(2)];
pp=[p(2:8) p(1)];
xp=sum((1-p).*pp);
temp2=(xp==1);
prod1=nbhd(4)*nbhd(8)*nbhd(6);
prod2=nbhd(8)*nbhd(6)*nbhd(2);
temp3=(prod1==0)&(prod2==0);
if temp1&temp2&temp3&nbhd(5)==1
  out=0;
else
  out=nbhd(5);
end;
```

그림 11.19 • Zhang-Suen 골격화의 홀수 번째 반복에 대한 MATLAB 함수.

```
function out=zseven(nbhd);
s=sum(nbhd(:))-nbhd(5);
temp1=(2<=s)&(s<=6);
p=[nbhd(1) nbhd(4) nbhd(7) nbhd(8) nbhd(9) nbhd(6) nbhd(3) nbhd(2)];
pp=[p(2:8) p(1)];
xp=sum((1-p).*pp);
temp2=(xp==1);
prod1=nbhd(4)*nbhd(8)*nbhd(2);
prod2=nbhd(4)*nbhd(6)*nbhd(2);
temp3=(prod1==0)&(prod2==0);
if temp1&temp2&temp3&nbhd(5)==1
  out=0;
else
  out=nbhd(5);
end;
```

그림 11.20 • Zhang-Suen 골격화의 짝수 번째 반복에 대한 MATLAB 함수.

```
function out=zs(im)
%
% ZS(IM) applises the Zhang-Suen skeletonization algorithm to image IM.  IM
% must be binary.
%
luteven=makelut('zseven',3);
lutodd=makelut('zsodd',3);
done=0;
N=2;
last=im;
previous=applylut(last,lutodd);
current=applylut(previous,luteven);
while done==0,
  if all(current(:)==last(:)),
    done=1;
  end;
  N=N+1;
  last=previous;
  previous=current;
  if mod(N,2)==0,
    current=applylut(current,luteven);
  else
    current=applylut(current,lutodd);
  end;
end;

out=current;
```

그림 11.21 Zhang-Suen 골격화의 대한 MATLAB 함수.

룩업테이블을 만들기 위한 함수들은 그림 11.19와 그림 11.20으로 주어진다.

여기서 위에서 설명한 것과 같이 적용되는 함수를 만든다. 이것은 그림 11.21에 보였다. 위의 L자 모양에서 우선 이를 아래와 같이 시험할 수 있다.

```
>> L=zeros(12,10);L(2:11,2:6)=1;L(7:11,7:9)=1
L =

     0     0     0     0     0     0     0     0     0     0
     0     1     1     1     1     1     0     0     0     0
     0     1     1     1     1     1     0     0     0     0
     0     1     1     1     1     1     0     0     0     0
     0     1     1     1     1     1     0     0     0     0
     0     1     1     1     1     1     0     0     0     0
     0     1     1     1     1     1     1     1     1     0
     0     1     1     1     1     1     1     1     1     0
     0     1     1     1     1     1     1     1     1     0
     0     1     1     1     1     1     1     1     1     0
     0     1     1     1     1     1     1     1     1     0
     0     0     0     0     0     0     0     0     0     0

>> Ls=zs(L)

Ls =

     0     0     0     0     0     0     0     0     0     0
     0     0     0     0     0     0     0     0     0     0
     0     0     0     0     0     0     0     0     0     0
```

0	0	0	0	0	0	0	0	0	0
0	0	0	1	0	0	0	0	0	0
0	0	0	1	0	0	0	0	0	0
0	0	0	1	0	0	0	0	0	0
0	0	0	1	0	0	0	0	0	0
0	0	0	1	0	0	0	0	0	0
0	0	0	1	1	1	0	0	0	0
0	0	0	0	0	0	0	0	0	0
0	0	0	0	0	0	0	0	0	0

이 결과는 이전에 얻은 결과와 정확히 일치한다.

우리는 두 가지의 예를 들어 보기로 한다. 원의 영상과 "nice work" 영상을 적용한다. 이들 영상과 이들의 골격화 결과는 그림 11.22에 보였다.

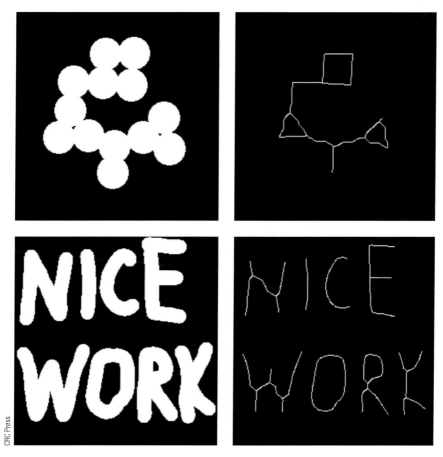

그림 11.22 • Zhang-Suen 골격화의 예.

11.8.4 Guo-Hall 골격화 알고리즘

사실상 많은 Guo-Hall 알고리즘들이 있다. 설명하기가 간단하고, 구현하기 쉽고 처리시간이 빠르며 좋은 결과를 주는 장점을 가지는 한 가지를 공부하기로 한다.

Guo-Hall 알고리즘은 subfield 알고리즘의 한 예이다. 아래와 같이 바둑판 형태에서 1과 2로 라벨링된 영상의 격자를 생각하자.

$$
\begin{array}{ccccc}
1 & 2 & 1 & 2 & \cdots \\
2 & 1 & 2 & 1 & \cdots \\
1 & 2 & 1 & 2 & \cdots \\
2 & 1 & 2 & 1 & \cdots \\
\vdots & \vdots & \vdots & \vdots & \ddots
\end{array}
$$

1단계에서 우리는 라벨이 1인 목적화소들만을 고려한다. 2단계서 라벨이 2인 목적화소들만을 고려한다. 더 이상의 삭제가 되지 않을 때까지 단계적으로 라벨이 1과 2로 된 화소들 사이를 교대로 계속 적용한다. 이 알고리즘은 아래와 같이 적용할 수 있다.

- $C(p) = 1$이고, $B(p) > 1$이면 삭제 가능하도록 목적화소 p를 사각형 처리하고, 그 후에 사각형 처리된 모든 화소들을 삭제한다. 이와 병행하여 2개의 subfield 의 각각에 대하여 교대로 반복처리를 한다. 두 가지의 연속적인 반복처리에서 더 이상의 삭제가 되지 않을 때까지 계속한다.

위와 같이 L자 모양의 영상을 생각하자. 먼저 바둑판 모양의 영상에 1과 2를 첨가한다. 1단계에서 1로 표시된 것만 고려한다. 1단계는 그림 11.23의 첫째 단계이고, 우리는 Guo-Hall 삭제의 조건들을 만족하는 1들만을 삭제한다. 이 화소들은 사각형으로 표시되어 있다. 그들을 삭제하고 난 후에, 2들만을 고려하며, 삭제 가능한 2들은 두 번째 단계에 보였다.

3단계와 4단계를 계속하는데, 4단계에 의해 더 이상의 삭제가 되지 않으면 처리를 끝낸다. 우리는 Zhang-Suen 알고리즘과 비교하면 Guo-Hall 알고리즘은 아래와 같은 두 가지 모양의 알 수 있다.

1. 각 단계에서 더 많은 화소들이 삭제되고, 그래서 이 알고리즘이 처리속도가 빠르다.
2. 최종 결과는 Zhang-Suen 알고리즘보다 더 많은 모서리 정보를 포함한다.

우리는 MATLAB에서 Zhang-Suen 알고리즘의 구현과 매우 비슷한 의미로 이를 구현할 수 있다. 우리는 zs.m과 거의 같은 기본 프로그램을 가지고 있다. 이것은 두 가지의 반복 후에 더 이상의 삭제가 되지 않을 때까지 홀수와 짝수의 반복을 적용한다.

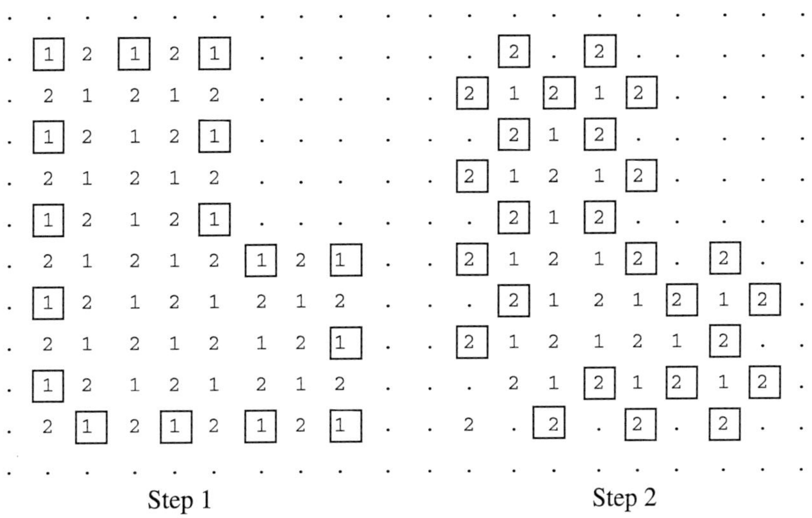

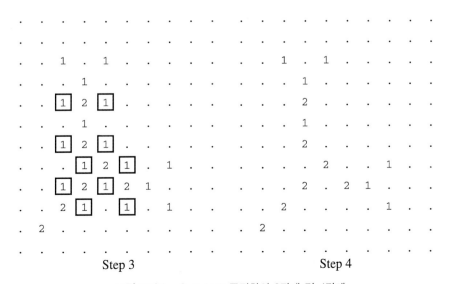

그림 11.23 ● Guo-Hall 골격화의 1단계 및 2단계.

우리는 세 가지의 추가적인 프로그램을 요구하는데, 이것은 각각 홀수 번째 반복에 서의 삭제, 짝수 번째 반복에서의 삭제 및 $C(p)$를 계산하는 프로그램이다. 삭제를 수행하기 위해 먼저 영상을 바둑판 모양의 패턴으로 치환한다. 홀수 번째 반복에 대하여 우리는 화소단위로 영상에 걸쳐서 이동한다. 만일 해당 화소가 값이 1이면 삭제 대상이

그림 11.24 ● Guo-Hall 골격화의 3단계 및 4단계.

```
function out=gh(a)

a1=ceil(size(a,1)/2);
a2=ceil(size(a,2)/2);
aa=repmat([1 2;2 1],a1,a2);
aa=aa(1:size(a,1),1:size(a,2)).*a;

done=0;
N=2;
last=aa;
previous=gh_odd(last);
current=gh_even(previous);
while done==0,
  if all(current(:)==last(:)),
    done=1;
  end;
  N=N+1;
  last=previous;
  previous=current;
  if mod(N,2)==0,
    current=gh_even(current);
  else
    current=gh_odd(current);
  end;
end;

current(find(current>0))=1;
out=current;
```

그림 11.25 • Guo-Hall 골격화를 위한 MATLAB 함수.

되고, 삭제 가능하다면 이 값을 3으로 치환한다. 이것은 이웃화소들의 삭제 가능성을 변화시키지 않는다. 우리는 모든 화소들을 시험한 후에 모든 3을 0으로 바꾼다. 짝수 번째 반복은, 삭제 가능성에 대하여 그 값이 2인 화소들만을 확인하는 것을 제외하고는 홀수 번째와 유사하다.

그림 11.25는 기본 프로그램을 나타내었고, 그림 11.26과 그림 11.27은 각각 홀수와 짝수의 반복을 다루는 프로그램이다. 그림 11.28은 $C(p) = 1$을 시험하는 프로그램이다.

먼저 L자 모양의 영상에 이 알고리즘을 적용해 보면 아래와 같은 결과를 얻을 수 있다.

```
function out=gh_odd(a)

height=size(a,1);
width=size(a,2);
out=a;

for i=2:height-1,
  for j=2:width-1,
    if a(i,j)==1,
      nbhd=a(i-1:i+1,j-1:j+1);
      nbhd(find(nbhd>0))=1;
      b=sum(nbhd(:))-1;
      if eight_comps(nbhd)==1 & b>1,
        out(i,j)=3;
      end;
    end;
  end;
end;

out(find(out==3))=0;
```

그림 11.26 • Guo-Hall의 홀수 번째 반복에 대한 MATLAB 함수.

```
function out=gh_even(a)

height=size(a,1);
width=size(a,2);
out=a;

for i=2:height-1,
  for j=2:width-1,
    if a(i,j)==2,
      nbhd=a(i-1:i+1,j-1:j+1);
      nbhd(find(nbhd>0))=1;
      b=sum(nbhd(:))-1;
      if eight_comps(nbhd)==1 & b>1,
        out(i,j)=3;
      end;
    end;
  end;
end;

out(find(out==3))=0;
```

그림 11.27 • Guo-Hall의 짝수 번째 반복에 대한 Matlab 함수.

```
function out=eight_comps(a)

out=min(1-a(4),max(a(7),a(8)))+...
    min(1-a(8),max(a(9),a(6)))+...
    min(1-a(6),max(a(3),a(2)))+...
    min(1-a(2),max(a(1),a(4)));
```

그림 11.28 • $C(p)$ = 1을 시험하기 위한 MATLAB 함수.

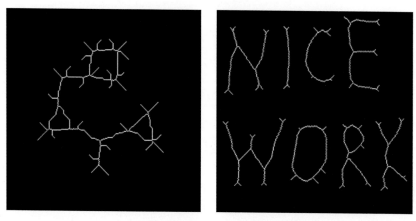

그림 11.29 • Guo-Hall 골격화의 예.

```
>> gh(L)

ans =

     0     0     0     0     0     0     0     0     0     0
     0     0     0     0     0     0     0     0     0     0
     0     0     1     0     1     0     0     0     0     0
     0     0     0     1     0     0     0     0     0     0
     0     0     0     1     0     0     0     0     0     0
     0     0     0     1     0     0     0     0     0     0
     0     0     0     1     0     0     0     0     0     0
     0     0     0     0     1     0     0     1     0     0
     0     0     0     1     0     1     1     0     0     0
     0     0     1     0     0     0     0     1     0     0
     0     1     0     0     0     0     0     0     0     0
     0     0     0     0     0     0     0     0     0     0
```

그리고 원의 영상과 "nice work" 영상에 적용한 결과를 그림 11.29에 보였다. 여기서
우리는 그림 11.22에 Zhang-Suen 알고리즘의 결과와 여기서 얻은 골격 사이의 차이
를 알 수 있다.

비록 Guo-Hall 알고리즘이 Zhang-Suen보다 더 빠르지만, 사실상 우리가 구현하기에는 더 느리다. 이것은 우리의 프로그램 zs.m에서 룩업테이블을 사용할 수 있기 때문에 느리지만, subfield의 성질은 gh.m에 대한 룩업테이블의 이용을 허용하지 않는다.

11.8.5 거리변환을 이용한 골격화 처리

거리변환은 영역 R의 골격을 구하는 데 이용될 수 있다. 우리는 이전에 원의 영상에서 처리한 것과 같이 음(negative)의 영상에 마스크 1을 이용하여 거리변환을 적용한다. 그 후에 골격은 아래에 대한 화소들 (i, j)로 구성된다.

$$d(i, j) \geq \max\{d(i-1, j), d(i+1, j), d(i, j-1), d(i, j+1)\}.$$

예를 들면 하나의 사각형으로 구성되는 작은 영역을 취한다고 가정하고, 아래와 같이 그 음(negative)의 거리변환을 구한다.

```
>> c=zeros(7,9);c(2:6,2:8)=1
c =
     0     0     0     0     0     0     0     0     0
     0     1     1     1     1     1     1     1     0
     0     1     1     1     1     1     1     1     0
     0     1     1     1     1     1     1     1     0
     0     1     1     1     1     1     1     1     0
     0     1     1     1     1     1     1     1     0
     0     0     0     0     0     0     0     0     0
>> mask1=[lnf 1 lnf; 1 0 lnf; lnf lnf lnf];
>> cd = disttrans(~c, mask1)


cd =
     0     0     0     0     0     0     0     0     0
     0     1     1     1     1     1     1     1     0
     0     1     2     2     2     2     2     1     0
     0     1     2     3     3     3     2     1     0
     0     1     2     2     2     2     2     1     0
     0     1     1     1     1     1     1     1     0
     0     0     0     0     0     0     0     0     0
```

우리는 아래와 같이 2중 루프를 이용하여 골격을 얻을 수 있다.

```
>> skel=zeros(size(c));
>> for i=2:6,
     for j=2:8,
       if cd(i,j)>=max([cd(i-1,j),cd(i+1,j),cd(i,j-1),cd(i,j+1)])
         skel(i,j)=1;
       end;
     end;
   end;

>> skel

skel =

     0     0     0     0     0     0     0     0     0
     0     1     0     0     0     0     0     1     0
     0     0     1     0     0     0     1     0     0
     0     0     0     1     1     1     0     0     0
     0     0     1     0     0     0     1     0     0
     0     1     0     0     0     0     0     1     0
     0     0     0     0     0     0     0     0     0
```

실제로 우리는 5장에서 언급한 MATLAB 함수 ordfilt2 함수를 이용하여 보다 효과적으로 골격을 만들 수 있다. 이것은 이웃화소들에서 가장 큰 값을 구하는 데 사용될 수 있고, 해당 이웃들은 아래와 같이 매우 정밀하게 정의될 수 있다.

```
>> cd2=ordfilt2(cd,5,[0 1 0;1 1 1;0 1 0])

cd2 =

     0     1     1     1     1     1     1     1     0
     1     1     2     2     2     2     2     1     1
     1     2     2     3     3     3     2     2     1
     1     2     3     3     3     3     3     2     1
     1     2     2     3     3     3     2     2     1
     1     1     2     2     2     2     2     1     1
     0     1     1     1     1     1     1     1     0

>> cd2<=cd

ans =

     1     0     0     0     0     0     0     0     1
     0     1     0     0     0     0     0     1     0
     0     0     1     0     0     0     1     0     0
     0     0     0     1     1     1     0     0     0
     0     0     1     0     0     0     1     0     0
     0     1     0     0     0     0     0     1     0
     1     0     0     0     0     0     0     0     1
```

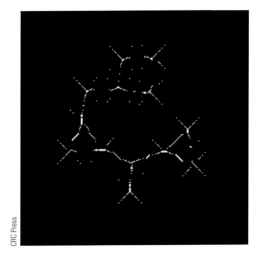

CRC Press

그림 11.30 • 거리변환을 이용한 골격화.

　우리는 그 결과의 모서리들에서 여분의 1들을 얻지 않도록 해당 영상을 쉽게 제한할 수 있다. 아래와 같이 원의 영상에서 이를 시도해 보자.

```
>> c=imread('circles.tif');
>> cd=disttrans(c,mask1);
>> cd2=ordfilt2(cd,5,[0 1 0;1 1 1;0 1 0]);
>> imshow((cd2<=cd)&~c)
```

　이 결과는 그림 11.30에 보였다. 명령 (cd2<=cd)&~c의 이용은 골격이 좌측이 되도록 원의 외부를 블록으로 처리한다. 우리는 10장에서 이 골격을 두껍게 하는 방법과 다른 방법으로 골격을 구하는 것을 보았다.

연습문제

1. 화소 (i,j)의 4-이웃들의 좌표들은 무엇인가? 또 8-이웃들의 좌표들은 무엇인가?

2. 아래의 a, b, c로부터 최단거리 4-경로의 길이를 구하라.
   a. 화소 (1,1)에서 화소 (5,4)
   b. 화소 (3,1)에서 화소 (1,6)

c. 화소 (i, j)에서 화소 (l, m)

이 질문에 대하여 화소들의 수로서 경로의 길이를 정의하라.

3. 문제 2에서 각 쌍의 화소들 사이에 최단거리 8-경로들을 구하라.

4. 아래 2개의 영상을 고려하라.

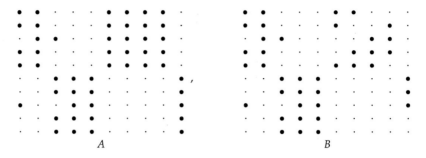

각 영상의 4-성분들과 8-성분들을 구하라.

5. 위 매트릭스들은 아래의 MATLAB 명령으로 얻어졌다.

```
>> A=magic(10)>50
>> B=magic(10)>60
```

bwlabel 함수로 문제 4에 대한 답을 확인하라.

6. 화소들의 좌표가 $(x + 1, y)$, $(x - 1, y)$, $(x, y + 1)$, $(x, y - 1)$, $(x + 1, y + 1)$ 및 $(x - 1, y - 1)$이 되는 좌표들을 가지는 화소 p의 6-이웃들을 정의할 수 있다. 하나의 화소의 6-이웃들을 나타내는 다이어그램을 구려라.

7. 유클리드거리의 미터법과 4-경로 및 8-경로 거리척도의 d_4 및 d_8에 대한 삼각부등식을 증명하라.

8. 아래의 내용에 대한 6-연결성의 관계를 정의하라.

p는 각 $I = 1, 2, \ldots, n - 1$에 대하여 경로 $p = p_1, p_2, p_3, \ldots p_n = q$이면 p는 q에 6-연결이 되고, p_i는 $p_i + 1$에 6-이웃이 된다. 이것이 등가관계임을 밝혀라.

9. 아래의 좌표를 가지는 화소들 사이에 최단거리 6-경로의 길이를 구하라.

a. (0,0)과 (2,2)

b. (1,2)와 (5,4)

c. (2,1)과 (6,8)

d. (3,1)과 (7,4)

6-경로 미터법에 대한 표현을 할 수 있는가?

10.2진 영상의 6-성분들을 라벨링하기 위한 알고리즘을 개선하는 방법을 보여라.

11. 아래의 영상에 대하여 문제 10에서 구한 알고리즘으로 6-성분들을 라벨링하라.

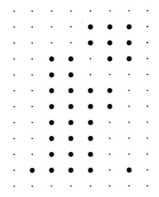

12. 이 장의 시작에서 주어진 예제에서 얼룩의 수를 결정하기 위해 `bwlabel` 함수를 이용하라. 4-인접과 8-인접을 이용한 결과 사이에 어떤 차이점이 있는가?

13. 문제 4에서 주어진 영상 A와 B의 6-성분들을 구하라.

14. 아래 영상을 C라 하자.

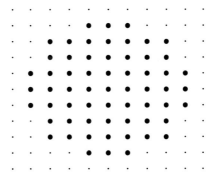

이 영상의 4-경계와 8-경계를 구하라.

15. 문제 14의 영상이 아래와 같은 Matlab 명령으로 얻어졌다.

```
>> [x,y]=meshgrid(-5:5,-5:5);
>> C=(x.^2+y.^2)<20
```

bwperim 함수를 사용하여 문제 14의 해를 확인하라.

16. 아래의 목적화소들에 대한 a와 b를 각각 구하라.
   a. 4-smple
   b. 8-simple

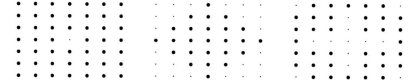

17. 문제 16에서 각 그림에 대한 $C_S(p)$를 계산하고, 이 결과가 각 경우에 $C(p)$와 같음을 보여라.

18. 아래의 각 a, b, c에 대하여 p의 주위 화소들의 형태(configuration)를 구하라.
   a. $C(p) = A(p) - 2$
   b. $C(p) = A(p) - 3$
   c. $C(p) = A(p) - 4$

19. 모든 화소들의 형태(configuration)에 대하여 $C(p) \leq A(p)$임을 밝혀라.

20. 아래의 세 가지 영상에 대하여 a와 b의 알고리즘으로 골격화의 결과를 구하라.
   a. Zhang-Suen 알고리즘
   b. Guo-Hall 알고리즘

21. 11 × 11 정방형으로 시작하고 각 모서리에서 3 × 3 정방형을 제거하여 만들어지는 십자가 형태를 고려하라. 다음에 각 알고리즘(Zhang-Suen 및 Guo-Hall)으로 이를 골격화하라.

22. 문제 20과 21에 대한 답을 MATLAB으로 확인하라.

23. 어느 알고리즘이 반복횟수를 최소화하고 각 단계에서 가장 많은 화소 수를 제거하여 가장 빠른 처리를 할 수 있는가?

24. 아래 a와 b의 골격을 스케치하라.
    a. 2 × 1의 사각형
    b. 삼각형

25. circbw.tif의 영상에 두 가지 알고리즘을 적용하라.
    a. 어느 것이 처리속도가 빠른가?
    b. 어느 것이 더 좋은 결과를 주는가?

26. 다른 몇 가지의 2진 영상에서 문제 25를 반복하라.

27. 아래 영상에 대하여,

0	0	0	0	0	0	0	0
0	0	0	0	1	0	0	0
0	1	1	1	1	0	0	0
0	0	1	1	1	1	0	0
0	0	0	1	1	1	1	1
0	1	1	1	1	0	0	0
0	0	0	0	1	0	0	0
0	0	0	0	0	0	0	0

0	0	0	0	0	0	0	0
0	1	1	1	1	1	1	0
0	1	0	0	0	0	1	0
0	1	0	0	0	0	1	0
0	1	0	0	0	0	1	0
0	1	0	0	0	0	1	0
0	1	1	1	1	1	1	0
0	0	0	0	0	0	0	0

0	0	0	0	0	0	0	0
0	0	0	1	1	0	0	0
0	0	0	1	1	0	0	0
0	0	1	1	1	1	0	0
0	1	1	1	1	1	1	0
0	1	0	0	0	0	1	0
0	1	0	0	0	0	1	0
0	0	0	0	0	0	0	0

아래의 각 마스크를 이용하여, 영상에서 1들을 포함하는 영역으로부터 모든 다른 화소들까지 거리를 근사화하기 위해 거리변환을 적용하라.

		1			1	1	1			4	3	4
a.	1	0	1	b.	1	0	1	c.	3	0	3
		1			1	1	1			4	3	4

		11		11		
	11	7	5	7	11	
d.		5	0	5		
	11	7	5	7	11	
		11		11		

그리고 마지막에 스케일링이 필요하면 적용하라.

28. `circlesm.tif` 및 `nicework.tif` 영상에서 골격화를 구하기 위해 거리변환을 적용하라.

29. 문제 28번에서 Zhang-Suen 및 Guo-Hall의 결과를 비교하라. 어떤 방법이 시각적으로 가장 좋은 결과를 내는가? 어떤 방법이 빠른가?

12 영상의 형상과 경계

12.1 >> 서론

이 장에서는 영상의 형상을 추출하는 방법을 살펴보기로 한다. 몇 가지 방법을 10장에서 논의한 바 있는데, 여기서는 물체의 모양을 추출하는 특정 방법을 살펴본다. 우리는 다음과 같은 것을 포함하는 형상에 관하여 의문을 가질 수 있다.

- 2개의 물체가 같은 모양인지를 어떻게 설명할 것인가?
- 형상을 어떻게 분류할 것인가?
- 물체의 형상을 어떻게 묘사할 것인가?

물체를 설명하는 형식적인 의미는 **shape desciptions(형상 묘사기)**라고 한다. 형상 묘사기는 사이즈, 대칭 관계 및 주변의 길이를 포함한다. 효과적인 면에서 정확한 형상의 정밀한 정의는 **형상표현(shape representation)**이다.

이 장에서 물체들의 경계에 관련된 내용을 다루게 된다. 경계는 영상의 국부적인 성질인 에지와는 다르며, 경계는 전체 영상의 성질이다.

12.2 >> 체인코드(Chain Code)와 형상의 수

체인코드의 기본 개념은 아주 간단한데, 이는 우리가 한 물체의 경계를 따라서 걸을 때 방향을 표시하면서 걷는 것으로 생각할 수 있다. 이 결과의 표가 체인코드이다.

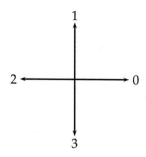 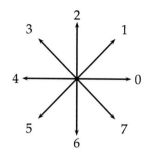

Directions for 4-connectedness   Directions for 8-connectedness

그림 12.1 • 체인코드에 대한 방향성.

0	1	1	1	0
0	1	1	1	1
0	1	1	1	1
1	1	1	1	1
1	1	1	1	1
1	1	1	1	0

그림 12.2 • 4-연결의 물체와 그 경계.

두 가지 형식의 경계를 생각할 수 있는데, 4-연결과 8-연결이 그것(11장)이다. 만일 경계가 4-연결이면 걷는 방향은 네 가지이다. 경계가 8-연결이면 방향은 여덟 가지가 가능하다. 이들 방향은 그림 12.1과 같다.

어떻게 걸을 것인가를 보기 위해 그림 12.2의 물체와 그 경계를 생각하자.

그림 12.2로부터 첫째 열의 위에서 시작하여 반시계방향으로 걸으면서 표를 만들면 그림 12.3과 같다.

따라서 체인코드는 아래와 같이 표현될 수 있다.

3 3 3 2 3 3 0 0 0 1 0 1 1 1 2 1 2 2

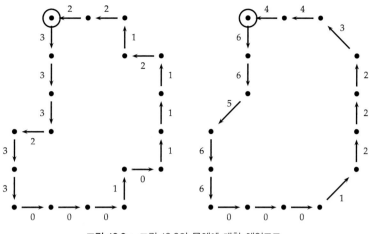

그림 12.3 • 그림 12.2의 물체에 대한 체인코드.

만일 이를 8-연결로 처리한다면 그 결과는 아래와 같고, 이 결과는 그림 12.3의 우축과 같다.

$$6\ 6\ 5\ 6\ 6\ 0\ 0\ 0\ 1\ 2\ 2\ 2\ 3\ 4\ 4$$

MATLAB에서 체인코드를 얻기 위해 처리할 작은 함수를 출력해야 한다. 먼저 물체의 경계를 추적할 수 있어야 하고, 일단 그런 다음에 체인코드를 형성할 방향을 출력해 낼 수 있다. 간단히 경계 따라가기 알고리즘은 Sonka 등이 제시하였다. 간단히 하기 위해 아래와 같이 4-연결 경계를 살펴보기로 한다.

단계 1 첫째 행에서 가장 왼쪽에 있는 물체의 화소를 찾아서 시작하는데, 이를 P_0라 한다. 변수 dir(direction)을 정의하고, 그것을 3으로 셋팅한다(P_0가 물체에서 가장 위의 왼쪽에 있고, 다음 화소로 가는 방향이 3이라야 한다).

단계 2 현재 화소에서 반시계방향으로 탐색을 시작하면서 3 × 3 마스크를 가로질러서 진행한다.

```
dir + 3 (mod 4)
```

이것은 간단히 dir로부터 현재의 방향을 첫 번째 반시계방향으로 아래와 같이 셋트한다.

dir		0	1	2	3
dir + 3 (mod 4)		3	0	1	2

첫째 목적화소는 새로운 경계요소가 될 것이다. dir을 갱신(update)하라.

단계 3 현재 경계요소 P_n이 두 번째 요소 P_1과 같고, 이전 경계요소 P_{n-1}이 첫째 경계요소 P_0와 같으면 정지한다.

단일 물체로 구성된 2진 영상 im을 생각하자. 다음의 명령으로 위의 왼쪽 화소를 찾을 수 있다. 첫째 명령은 모든 목적화소들의 좌표를 간단히 구하는 것이다. 두 번째 명령은 최소치를 찾는다.

```
>> [x,y]=find(im==1);
>> x=min(x)
>> imx=im(x,:);
>> y=min(find(imx==1));
```

따라서 x는 물체의 위쪽의 행에 있고, 세 번째 명령은 이 위쪽 행을 분리하고, 최종 명령은 가장 왼쪽 열을 찾는다.

현재 화소의 지표 x와 y 및 그 방향이 주어지면 단계 2를 어떻게 구현할 것인가? 그림 12.4와 같이 간단한 예를 보기로 한다. 이런 특별한 예에서 현재 화소의 dir이 0이라 생각하고, 아래와 같이 처리한다.

$$dir + 3 \pmod 4 = 3.$$

점선의 화살표는 가로지르는 방향을 표시하고(P_k에서 방향 3으로 출발한다), 새로운 목적화소 P_{k+1}에 도달할 때까지 진행한다.

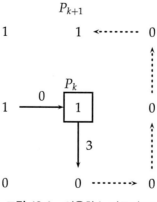

그림 12.4 ● 이웃화소 가로지르기.

하나의 화소의 4-이웃에 행과 열의 증분을 붙이지 않고 아래와 같이 출발한다.

$$-1 \quad 0$$

$$0 \quad -1 \qquad 0 \quad 0 \qquad 0 \quad 1$$

$$1 \quad 0$$

4-연결 경계를 찾기 때문에 이들은 요구하는 이웃들이다. 이들을 아래와 같이 첫째 행이 방향 0로 증분을 가지는 매트릭스로 둘 수 있다.

```
>> n=[0 1;-1 0;0 -1;1 0]
```

이것은 n(j, :)에서 지표가 j-1 방향으로 증분에 대응하는 것을 의미한다. 따라서 방향 dir이 주어지면 아래의 내용을 입력할 수 있다.

```
>> newdir=mod(dir+3,4);
>> for i=0:3,j=mod(newdir+i,4)+1;im(x+n(j,1),y+n(j,2)),end
```

이것은 수정된 방향을 출발하여 위치 (x,y)에서 영상 im의 이웃을 가로지르기를 한다. 다음과 같이 세트한다.

```
>> j=mod(newdir+i,4)+1;
```

여분의 +1은 modulus 함수가 0, 1, 2, 3의 값들을 return하지만, n의 행들은 1, 2, 3, 4이다. 이웃 화소들을 가로지르기를 함에 따라 모든 값들은 아래와 같이 작은 벡터 tt에 배치될 것이다.

```
>> tt(i+1)=image(x+n(j,1),y+n(j,2));
```

그러면 쉽게 첫 번째 0이 아닌 값을 아래와 같이 찾을 수 있다.

```
>> d=min(find(tt==1));
```

이제 현재 화소의 dir과 위치를 아래와 같이 갱신(update)할 수 있다.

```
>> dir=mod(newdir+d-1,4);
>> x=x+n(dir+1,1);y=y+n(dir+1,2);
```

이렇게 하면 최종 체인코드가 될 벡터에 dir의 최근 값을 넣게 된다.

그림 12.5에 보인 이 함수는 한 번의 변화를 가지는 위 알고리즘에 대한 완전한 코드이며 원래의 화소에 도달할 때 정지한다. 이는 그림 12.2의 모양을 아래와 같이 시험할 수 있다(영상을 0으로 둘러싼 부분). 이것을 앞에서 주어진 코드와 비교하면 실제로 이 함수는 정확한 체인코드를 출력한다.

```
function out=chaincode4(image)

n=[0 1;-1 0;0 -1;1 0];

flag=1;
cc=[];
[x y]=find(image==1);
x=min(x);
imx=image(x,:);
y=min(find(imx==1));
first=[x y];
dir=3;

while flag==1,
  tt=zeros(1,4);
  newdir=mod(dir+3,4);
  for i=0:3,
    j=mod(newdir+i,4)+1;
    tt(i+1)=image(x+n(j,1),y+n(j,2));
  end
  d=min(find(tt==1));
  dir=mod(newdir+d-1,4);
  cc=[cc,dir];
  x=x+n(dir+1,1);y=y+n(dir+1,2);
  if x==first(1) & y==first(2)
    flag=0;
  end;
end;

out=cc;
```

그림 12.5 • 4-연결 물체의 체인코드를 구하기 위한 MATLAB 함수.

```
>> test=[0 0 0 0 0 0 0;...
         0 0 1 1 1 0 0;...
         0 0 1 1 1 1 0;...
         0 0 1 1 1 1 0;...
         0 1 1 1 1 1 0;...
         0 1 1 1 1 1 0;...
         0 1 1 1 1 0 0;...
         0 0 0 0 0 0 0];

>> chaincode4(test)

   ans =

     Columns 1 through 12

       3  3  3  2  3  3  0  0  0  1  0  1

     Columns 13 through 18

       1  1  2  1  2  2
```

우리는 이 프로그램을 8-연결 경계에 대한 체인코드를 위해 쉽게 수정할 수 있다. 위 알고리즘은 약간 변화시켜야 한다.

단계 1 물체에서 위쪽 첫 행의 가장 왼쪽에 있는 화소를 찾는 것으로 시작하고, 이를 P_0라 한다. 변수 dir(방향)을 정의하고 그것을 7로 셋트한다(P_0는 물체에서 왼쪽 위에 있으므로 다음 화소를 향하는 방향은 7이 되어야 한다).

단계 2 현재 화소를 탐색하면서 반시계방향으로 3×3 이웃을 아래와 같이 가로지르기 한다.

        dir + 7 (mod 8) if dir is even
        dir + 6 (mod 8) if dir is odd.

현재 화소를 dir에서 첫 반시계방향으로 간단히 아래와 같이 셋트하라.

dir	0	1	2	3	4	5	6	7
dir + 7 (mod 8)	7	0	1	2	3	4	5	6
dir + 6 (mod 8)	6	7	0	1	2	3	4	5

첫 목적 화소가 새로운 경계요소가 될 것이다. dir을 갱신하라.

단계 3 현재의 경계요소 P_n이 두 번째 요소 P_1과 같고, 이전 경계화소 P_{n-1}이 처음 경계요소 P_0와 같을 때 정지하라.

단계 2에서 출발하는 방향의 선택은 아래의 내용과 같이 구현된다.

```
>> newdir=mod(dir+7-mod(dir,2),8);
```

이것은 dir이 짝수이면 dir + 7을, dir이 홀수이면 dir + 6을 만든다. 이와 같이 하나의 화소에서 모든 가능한 방향으로 간주해야 한다. 지표의 증분은 아래와 같다.

$$
\begin{array}{cc} -1 & -1 \\ 0 & -1 \\ 1 & -1 \end{array} \qquad \begin{array}{cc} -1 & 0 \\ 0 & 0 \\ 1 & 0 \end{array} \qquad \begin{array}{cc} -1 & 1 \\ 0 & 1 \\ 1 & 1 \end{array}
$$

이들은 모두 아래와 같이 배열 n에 넣게 된다.

```
>> n=[0 1;-1 1;-1 0;-1 -1;0 -1;1 -1;1 0;1 1];
```

앞에서와 같이 방향 0는 n의 행 1에 대응한다.
이의 프로그램은 그림 12.6과 같다. 이것은 시험영상 test로 아래와 같이 시험할 수 있다.

```
>> chaincode8(test)

  ans =

    Columns 1 through 12

       6    6    5    6    6    0    0    0    1    2    2    2

    Columns 13 through 15

       3    4    4
```

해답은 실제로 물체의 주위를 따라 화살표로 앞에서 얻은 코드이다.

```
function out=chaincode8(image)

n=[0 1;-1 1;-1 0;-1 -1;0 -1;1 -1;1 0;1 1];

flag=1;
cc=[];
[x y]=find(image==1);
x=min(x);
imx=image(x,:);
y=min(find(imx==1));
first=[x y];
dir=7;

while flag==1,
  tt=zeros(1,8);
  newdir=mod(dir+7-mod(dir,2),8);
  for i=0:7,
    j=mod(newdir+i,8)+1;
    tt(i+1)=image(x+n(j,1),y+n(j,2));
  end
  d=min(find(tt==1));
  dir=mod(newdir+d-1,8);
  cc=[cc,dir];
  x=x+n(dir+1,1);y=y+n(dir+1,2);
  if x==first(1) & y==first(2)
    flag=0;
  end;
end;

out=cc;
```

그림 12.6 ● 8-연결 물체의 체인코드를 구하기 위한 Matlab 함수.

12.2.1 체인코드의 정규화

앞 절과 같이 주어지는 체인코드의 정의는 아래와 같이 두 가지의 문제점이 있다.

1. 체인코드는 출발하는 화소에 종속적이다.
2. 체인코드는 물체의 자세에 종속적이다.

여기서 첫 번째 문제점을 살펴보면 그 개념은 다음과 같이 체인코드를 정규화하는 것이다. 원의 에지를 따라 코드를 만든다고 생각한다. 읽을 때 코드가 가장 작은 정수가 되는 위치를 시작점으로 선택한다. 그 결과는 물체에 대한 **정규화된 체인코드**이다.

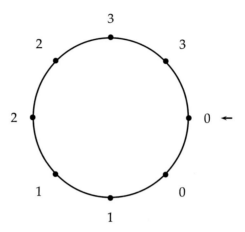

그림 12.7 ● 원형으로 표현된 체인코드.

예를 들면 아래와 같이 3×3 정방형 마스크로 구성되는 물체를 아래와 같이 고려하자.

```
>> a=zeros(5,5);a(2:4,2:4)=1

    0    0    0    0    0
    0    1    1    1    0
    0    1    1    1    0
    0    1    1    1    0
    0    0    0    0    0

>> c=chaincode4(a)

c =

    3    3    0    0    1    1    2    2
```

그림 12.7과 같이 원주 위에 이들 코드를 해보기로 한다. 오른쪽의 화살표는 가장 낮은 정수를 얻기 위해 코드를 읽기 시작하는 곳을 나타낸다. 이 경우에 아래와 같이 시계방향으로 회전하는 것을 알 수 있다.

```
0 0 1 1 2 2 3 3
```

그러나 MATLAB에서 쉽게 이를 처리할 수 있다. 원형 매트릭스를 만들고, 위쪽 행의 체인코드이며, 모든 행을 원주의 출발점이 가능하도록 구성한다. 이것은 하나의 행에서 다음 행으로 진행될 수 있고, 이동할 때마다 최종 요소에서 시작 요소로 진행한다. 위의 체인코드에 대해서 아래와 같은 결과를 얻는다.

```
>> m=c;
>> for i=2:8,m=[m;[m(i-1,8),m(i-1,1:7)]];end
>> m

m =

     3     3     0     0     1     1     2     2
     2     3     3     0     0     1     1     2
     2     2     3     3     0     0     1     1
     1     2     2     3     3     0     0     1
     1     1     2     2     3     3     0     0
     0     1     1     2     2     3     3     0
     0     0     1     1     2     2     3     3
     3     0     0     1     1     2     2     3
```

최소 정수를 포함하는 랭을 구하기 위해 적절한 sortrow 함수를 사용하는데, 이것은 행을 사전(辭典)의 편집 형식으로 올림차순으로 정렬하여 첫 번째 요소를 먼저하고 다음에 두 번째 순으로 아래와 같이 처리한다.

```
>> ms=sortrows(m)

ms =

     0     0     1     1     2     2     3     3
     0     1     1     2     2     3     3     0
     1     1     2     2     3     3     0     0
     1     2     2     3     3     0     0     1
     2     2     3     3     0     0     1     1
     2     3     3     0     0     1     1     2
     3     0     0     1     1     2     2     3
     3     3     0     0     1     1     2     2
```

현재 정규화된 체인코드는 첫 번째 행을 구하면 아래와 같다.

```
>> ms(1,:)

ans =

     0     0     1     1     2     2     3     3
```

```
function out=normalize(c)
%
% NORMALIZE returns the vector which is the least integer of all cyclic
% shifts of V.
%
m=c;
lc=length(c);
for i=2:lc,m=[m;[m(i-1,lc),m(i-1,1:lc-1)]];end
ms=sortrows(m);
out=ms(1,:);
```

그림 12.8 • 체인코드를 정규하하는 MATLAB 함수.

조금 더 큰 예를 들어보면 그림 12.2를 시도하면 아래와 같은 결과를 얻는다.

```
>> c=chaincode4(test);
>> lc=length(c);
>> m=c;
>> for i=2:lc,m=[m;[m(i-1,lc),m(i-1,1:lc-1)]];end
>> ms=sortrows(m);
>> ms(1,:)

ans =

  Columns 1 through 11

     0   0   0   1   0   1   1   1   2   1   2

  Columns 12 through 18

     2   3   3   3   2   3   3
```

이 명령의 리스트와 이전의 방법 사이에 차이점은 1c와 1c−1을 가진 8과 7을 치환한 것이다. 이들 명령은 쉽게 그림 12.8과 같이 하나의 함수로 처리할 수 있다.

12.2.2 형상의 수

물체의 자세에 독립적인 체인코드를 정의하는 문제를 생각하자. 예를 들어 간단한 L자 모양을 아래와 같이 만들어 보자.

```
>> L=zeros(7,6);L(2:6,2:3)=1;L(5:6,4:5)=1

L =

     0     0     0     0     0     0
     0     1     1     0     0     0
     0     1     1     0     0     0
     0     1     1     0     0     0
     0     1     1     1     1     0
     0     1     1     1     1     0
     0     0     0     0     0     0
```

이에 대한 체인코드를 아래와 같이 구할 수 있다.

```
>> c=chaincode4(L)

c =

  Columns 1 through 11

     3     3     3     3     0     0     0     1     2     2     1

  Columns 12 through 14

     1     1     2
```

이를 정규화하면 아래와 같다.

```
>> normalize(c)

  Columns 1 through 11

     0     0     0     1     2     2     1     1     1     2     3

  Columns 12 through 14

     3     3     3
```

우리는 다음과 같이 다른 자세(rot90 함수를 이용하여 매트릭스를 90° 회전시킴)로 모양을 회전시킨다고 생각하자.

```
>> L2=rot90(L)

L2 =

     0     0     0     0     0     0     0
     0     0     0     0     1     1     0
     0     0     0     0     1     1     0
     0     1     1     1     1     1     0
     0     1     1     1     1     1     0
     0     0     0     0     0     0     0
```

이 새로운 자세에 대한 정규화 체인코드를 아래와 같이 구할 수 있다.

```
>> c2=chaincode4(L2)

c2 =

  Columns 1 through 11

     3     3     2     2     2     3     0     0     0     0     1

  Columns 12 through 14

     1     1     2
>> normalize(c2)

ans =

  Columns 1 through 11

     0     0     0     0     1     1     1     2     3     3     2

  Columns 12 through 14

     2     2     3
```

정규화할 때 그 체인코드는 다르다.

이를 극복하기 위해 이 체인코드의 차분을 구한다. 2개의 연속적인 요소들 C_i와 C_{i+1}에 대해 이들의 차분은 다음과 같이 정의된다.

$$c_{i+1} - c_i \quad (\mathrm{mod}\ 4).$$

(만일 8-연결 경계를 구한다면 mod 8의 차분을 취해야 한다.) 예를 들면 그림 12.9에와 같이 L자 모양을 처리하면 그 체인코드는 보여지는 점에서 쉽게 시작할 수 있는데, 이는 다음과 같다.

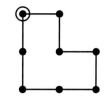

그림 12.9 ● 간단한 L자 모양.

3 3 0 0 1 2 1 2.

차분을 적용하기 위해 끝에서 처음 체인코드의 수를 반복하고, 그 코드의 전체 길이를 따라 차분을 아래와 같이 구한다.

	3	3		0		0		1		2		1		2		3
	0		−3		0		1		1		−1		1		1	
	0		1		0		1		1		3		1		1	

첫째 행이 바로 그 체인코드이고, 첫 요소가 끝에서 반복된다. 두 번째 행은 그 차분을 포함하고, 세 번째 행은 mod 4의 차분이다. 이들 차분의 정규화 변형(여기서는 마지막 행)은 L자형에 대한 **형상의 수**이다.

이 형상이 그림 12.10과 같은 모양을 얻기 위하여 90° 회전된다고 가정하자. 이 모양에 대한 체인코드는 아래와 같다.

3 2 3 0 0 1 1 2.

정규화되면, 그 결과는 원래의 자세에서 이 모양에 대한 체인코드와 같지 않다. 그러나 그 차분이 얻어진다면, 아래와 같다.

	3		2		3		0		0		1		1		2		3
		−1		1		−3		0		1		0		1		1	
		3		1		1		0		1		0		1		1	

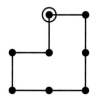

그림 12.10 ● 그림 12.9를 회전한 모양.

그러면 정규화된 세 번째 행은 아래와 같게 된다.

$$0 \quad 1 \quad 0 \quad 1 \quad 1 \quad 3 \quad 1 \quad 1,$$

이것은 정확히 위에서 얻어진 것과 같다.

이것은 MATLAB에서 쉽게 얻어질 수 있다. 체인코드 c가 주어지면 첫 요소를 끝으로 이동시키면서 주기적으로 시프트시키는 코드를 아래와 같이 만든다.

```
>> c=chaincode4(a)
c =
     3     3     0     0     1     1     2     2
>> c1=[c(2:8) c(1)]
c1 =
     3     0     0     1     1     2     2     3
```

여기서 mod 4로 2개의 차이를 아래와 같이 구한다.

```
>> mod(c1-c,4)

ans =

     0     1     0     1     0     1     0     1
```

이 코드의 정규화 버전은 물체 형상의 수이다. 이것을 L자형과 그 회전을 시도해 보자.

```
>> c=chaincode4(L);
>> lc=length(c);
>> c1=[c(2:lc) c(1)];
>> mod(c1-c,4)

ans =

  Columns 1 through 11

     0     0     0     1     0     0     1     1     0     3     0

  Columns 12 through 14

     0     1     1
```

이것은 이미 정규화되었다. 또 L2에 대하여 시도하면 아래와 같다.

```
>> c=chaincode4(L2);
>> lc=length(c);
>> c1=[c(2:lc) c(1)];
>> mod(c1-c,4)

ans =

  Columns 1 through 11

    0   3   0   0   1   1   0   0   0   1   0

  Columns 12 through 14

    0   1   1
```

이것을 아래와 같이 정규화할 필요가 있다.

```
>> normalize(ans)

  Columns 1 through 11

    0   0   0   1   0   0   1   1   0   3   0

  Columns 12 through 14

    0   1   1
```

이것은 L자에 대하여 얻은 결과와 정확히 일치한다.

12.3 >> 푸리에 기술자(Descriptors)

이 개념은 다음과 같다. 우리는 물체의 주위를 따라 걷는다고 가정하자. 방향성을 표시하지 않고 그 경계의 좌표를 표시한다. (x,y) 좌표의 최종 리스트 복소수 $z = x + yi$의 리스트로 전환할 수 있다. 이 리스트의 수치들의 푸리에변환은 물체의 **푸리에 기술자**이다.

푸리에 기술자의 장점은 변환의 시작에서 단지 몇 개의 항만으로 물체를 구별하거나 그들을 분류할 수 있다는 것이다.

우리는 함수 chaincode4.m을 boundary4.m으로 해당 라인을 치환하여 쉽게 아래와 같이 수정할 수 있다.

```
cc=[cc,dir];
x=x+n(dir+1,1);y=y+n(dir+1,2);
```

즉, 위의 내용을 아래와 같이 바꾸게 된다.

```
x=x+n(dir+1,1);y=y+n(dir+1,2);
cc=[cc;x y];
```

그러므로 변수 cc는 경계의 화소들의 리스트를 포함한다. 예를 들어, 함수를 아래와 같이 만들었다고 가정하자.

```
>> a=zeros(5,5);a(2:4,2:4)=1

a =

     0     0     0     0     0
     0     1     1     1     0
     0     1     1     1     0
     0     1     1     1     0
     0     0     0     0     0

>> b=boundary4(a)

b =

     3     2
     4     2
     4     3
     4     4
     3     4
     2     4
     2     3
     2     2
```

이들을 쉽게 복소수로 바꾸면 다음과 같다.

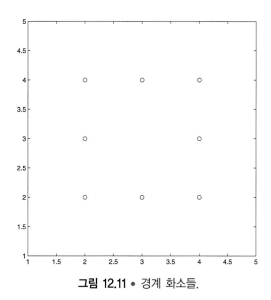

그림 12.11 ● 경계 화소들.

```
>> c=complex(b(:,1),b(:,2))

c =

   3.0000 + 2.0000i
   4.0000 + 2.0000i
   4.0000 + 3.0000i
   4.0000 + 4.0000i
   3.0000 + 4.0000i
   2.0000 + 4.0000i
   2.0000 + 3.0000i
   2.0000 + 2.0000i
```

이것을 아래와 같이 그래프를 그리면 그림 12.11과 같다.

```
>> plot(c,'o'),axis([1,5,1,5]),axis equal
```

이를 푸리에변환을 구하고 이로부터 몇 개의 항만을 다음과 같이 추출한다고 가정한다.

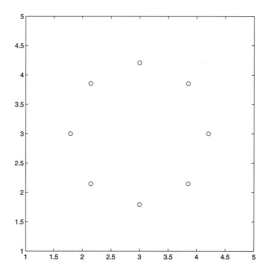

그림 12.12 • 경계치 근사에 대한 푸리에 기술자의 적용.

```
>> f=fft(c)

f =

  24.0000 +24.0000i
        0 - 9.6569i
        0
        0
        0
        0 + 1.6569i
        0
        0

>> f1=zeros(size(f));
>> f1(1:2)=f(1:2);
>> plot(ifft(f1),'o'),axis([1.0,5.0,1.0,5.0]),axis square
```

이 결과는 그림 12.12와 같다. 이에 대한 몇 가지의 점을 표현한다.

1. C의 푸리에변환은 3개의 0이 아닌 항들을 포함한다.
2. 그 변환의 2개 항만으로 그 물체의 모양, 사이즈 및 대칭성을 얻는 데 충분하다.

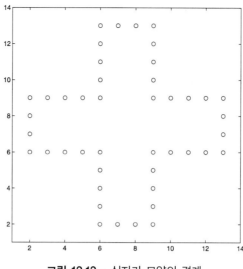

그림 12.13 • 십자가 모양의 경계.

3. 그 모양 자체가 많이 변한다고 해도─사각형이 원으로─많은 모양의 기술자는
   여전히 별로 변하지 않는다(사이즈 및 대칭성).

보다 약간 실질적인 예를 보기 위해, 십자가 모양을 만들고, 이를 아래와 같이 실험해
보기로 한다.

```
>> a=zeros(14,14);a(6:9,2:13)=1;a(2:13,6:9)=1;
>> b=boundary4(a);
>> c=complex(b(:,1),b(:,2));
>> plot(c,'o'),axis([1,14,1,14]),axis square
```

이것은 그림 12.13과 같다. 여기서 푸리에변환을 구하고 이로부터 아래와 같이 다른 요
소들을 추출하여 시험한다.

```
>> f=fft(c);
>> f1=zeros(size(f));
>> f1(1:2)=f(1:2);
>> plot(ifft(f1),'o'),axis([1,14,1,14]),axis square
```

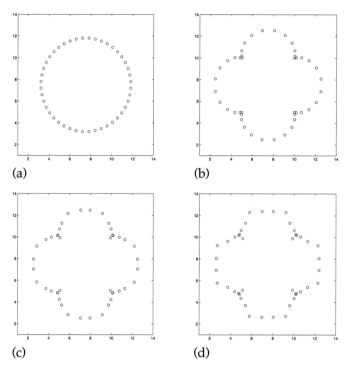

(a)   (b)

(c)   (d)

그림 12.14 ● 경계의 푸리에변환에서 다른 요소들을 추출한 결과. (a) 변환의 2개 항 적용. (b) 8개 항 적용. (c) 24개 항 적용. (d) 36개 항 적용.

이는 그림 12.14(a)에 보였다. 8개 항들을 취하면 아래와 같고, 이것은 그림 12.14(b)에 보였다.

```
>> f1(1:8)=f(1:8);
>> plot(ifft(f1),'o'),axis([1,14,1,14]),axis square
```

이 변환으로부터 24개 및 36개의 요소들을 취하면 각각 그림 12.14의 (c) 및 (d)와 같다.
물론, 변환의 모든 항들을 취할 때까지는 정확한 경계를 얻을 수는 없지만, 44개의
항 중에 8개만 취하여도 그 모양과 사이즈의 대략적인 개념은 얻을 수 있다.

1. 아래의 각 4-연결 형상에 대하여 체인코드, 정규화 체인코드 및 형상의 수를 구하라.

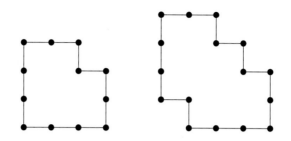

2. 문제 1의 형상에서 모든 가능한 반사와 회전에 대하여 문제 1을 반복하라.

3. 아래의 8-연결 모양에 대하여 문제 1과 문제 2를 반복하라.

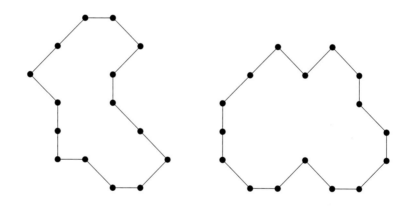

4. Matlab으로 이전의 문제들을 확인하라.

5. 아래의 4-연결 체인코드를 형상화하라.

   a. 3 3 3 0 0 0 0 1 1 2 2 1 2 2
   b. 3 3 3 0 3 0 0 1 0 1 1 2 2 1 2 2

6. 아래의 8-연결 체인코드를 형상화하라.

   a. 5 6 7 6 0 0 1 2 2 4 3 4
   b. 5 6 7 7 1 7 1 2 2 3 5 3 4

7. 문제 5와 6에서 모든 형상에 대한 정규화 체인코드 및 형상의 수를 구하라. 또 이를 MATLAB으로 확인하라.

8. T자 모양을 발생하기 위해 MATLAB을 이용하고, 그 푸리에 기술자(descriptor)를 구하라. 아래의 각 a, b 및 c를 구하는 데 얼마나 많은 항들이 요구되는가?
   a. 물체의 대칭?
   b. 물체의 사이즈?
   c. 물체의 형상?

9. X자 모양을 이용하여 위 문제 8을 반복하라.

10. 본문 12.3절에서 논의한 십자가 모양의 결과로서 문제 8과 9의 결과를 비교하라. 3개의 물체에서 아래의 a, b 및 c를 구별하기 위해 얼마나 많은 항들이 요구되는가?
    a. 대칭들
    b. 사이즈들
    c. 형상들

11. 물체의 사이즈가 그 푸리에 기술자에 어떤 영향을 미치는가? 6×4의 사각형과 12×8 사각형으로 실험하고 이 결과를 이용하여 일반화하라.

13

영상의 컬러 처리

인간에게 있어서, 색상은 우리 주위의 실세계를 기술하는 가장 중요한 수단이다. 인간의 시각시스템은 특히 두 가지 부분, 즉 에지와 색상에 적절히 대응한다. 인간의 시각시스템은 특히 그레이 값에 대한 미묘한 변화를 잘 인식하지 못한다는 점을 언급하였다. 이 절에서 개략적인 컬러에 대하여 알아보고 컬러 영상처리의 몇 가지 방법을 논의한다.

13.1 >> 컬러란 무엇인가?

컬러는 아래와 같이 구성된다.

1. 컬러를 만드는 빛의 물리적 성질
2. 인간의 눈의 특성과 컬러를 검출하는 방법
3. 뇌에서의 인간 시각특성과 눈에서의 신호가 컬러로 인지되는 과정

13.1.1 컬러의 물리적 양상

1장에서 언급하였듯이 가시광선은 전자기파 스펙트럼의 일부이다. 파란색, 녹색 및 빨간색의 파장에 대한 값들은 1931년에 컬러의 표준을 위한 조직 CIE(Commission Internationale d'Eclairage)에서 규정되었다.

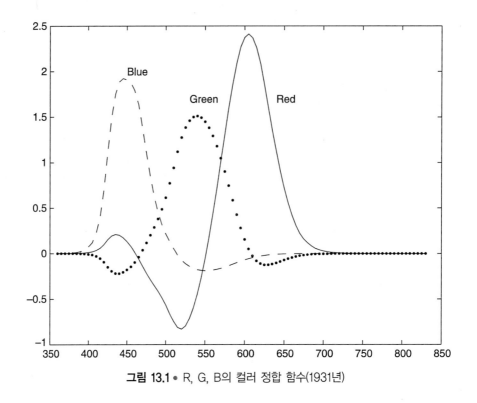

그림 13.1 • R, G, B의 컬러 정합 함수(1931년)

13.1.2 컬러의 인지 양상

인간의 시각시스템은 R(빨강), G(녹색) 및 B(파랑)의 변화하는 양으로서 컬러를 인지하는 성질을 가진다. 즉 인간의 시각은 이들 컬러에 민감하다. 이것은 눈의 망막에서 원추체 세포의 함수이다. 이들 값은 **1차요소(primary)** 컬러이다. 만일 어떤 두개의 주요소 컬러를 합하면 아래와 같이 **2차요소(seconda**ry**)** 컬러를 얻는다.

$$magenta\ (purple) = red + blue,$$
$$cyan = green + blue,$$
$$yellow = red + green.$$

주어진 컬러를 형성하는 R, G, B의 양은 컬러 정합시험에 의해서 결정된다. 이러한 시험에서, 사람은 1차요소인 R, G, B를 다르게 부가하여 주어진 컬러를 정합하게 된다. 이러한 시험은 1931년에 CIE에서 수행되었고, 그림 13.1에 그 결과를 보였다. 약간의 파장에서 R, G, B의 여러 값들이 음의 값을 가짐을 알 수 있다. 이것은 물리적으로 불가능하지만, 컬러의 정합을 유지하기 위해 컬러의 소스에 대한 1차 빔의 합으로 설명될 수 있다.

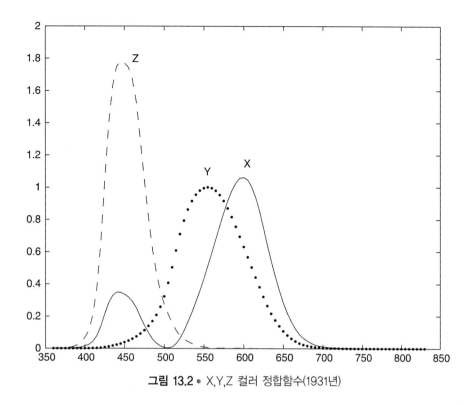

그림 13.2 • X,Y,Z 컬러 정합함수(1931년)

컬러 정보로부터 음의 값을 제거하기 위해 CIE는 XYZ의 컬러 모델을 제안하였다. X, Y 및 Z의 값들은 아래와 같이 선형변환으로 R, G, B 값들을 대응시켜 얻을 수 있다.

$$\begin{bmatrix} X \\ Y \\ Z \end{bmatrix} = \begin{bmatrix} 0.431 & 0.342 & 0.178 \\ 0.222 & 0.707 & 0.071 \\ 0.020 & 0.130 & 0.939 \end{bmatrix} \begin{bmatrix} R \\ G \\ B \end{bmatrix}.$$

그 역변환은 아래와 같이 쉽게 역 매트릭스를 구하여 얻을 수 있다.

$$\begin{bmatrix} R \\ G \\ B \end{bmatrix} = \begin{bmatrix} 3.063 & -1.393 & -0.476 \\ -0.969 & 1.876 & 0.042 \\ 0.068 & -0.229 & 1.069 \end{bmatrix} \begin{bmatrix} X \\ Y \\ Z \end{bmatrix}.$$

그림 13.1의 R, G, B 곡선들에 대응하는 X,Y,Z 컬러 정합함수는 그림 13.2에 보였다. 주어진 매트릭스는 고정이 아니고, 다른 매트릭스들은 흰색의 정의에 대응하여 정의될 수 있다. 흰색의 다른 정의는 다른 변환 매트릭스를 유도할 수 있다.

CIE는 **휘도**에 대응되는 Y성분 또는 컬러의 밝기를 인지하는 것을 요구한다. 그것은 첫째 매트릭스에서 Y에 대응하는 행의 합이 왜 1이 되는지, 그리고 그림 13.2에서 Y가 가시광선 스펙트럼의 중심에 대해 왜 대칭이 되는가 하는 것이다.

일반적으로, 어떤 특정한 컬러를 형성하는 데 필요한 X, Y 및 Z의 값들이 Tristimulus 값이라 한다. 특정 컬러에 대응하는 값들은 공식적인 표로써 얻어질 수 있다. 휘도에 독립적인 컬러를 논의하기 위해 **Tristimulus 값**들은 $X + Y + Z$로 나누어서 아래와 같이 정규화될 수 있다.

$$x = \frac{X}{X + Y + Z}$$
$$y = \frac{Y}{X + Y + Z}$$
$$z = \frac{Z}{X + Y + Z}$$

여기서 $x + y + z = 1$이다. 그러므로 컬러는 x와 y만으로 규정화될 수 있고, 이를 **chromaticity 좌표**라 한다. x, y 및 Y가 주어지면 위 방정식을 역으로 계산하여 Tristimulus 값들 X와 Z를 아래와 같이 얻을 수 있다.

$$X = \frac{x}{y}Y$$
$$Z = \frac{1 - x - y}{y}Y.$$

XYZ 값들의 파일인 `ciexyz31.txt`를 아래와 같이 이용하여 컬러 다이어그램을 그릴 수 있다.

```
>> wxyz=load('ciexyz31.txt');
>> xyz=wxyz(:,2:4)';
>> xy=xyz'./(sum(xyz)'*[1 1 1]);
>> x=xy(:,1)';
>> y=xy(:,2)';
>> figure,plot([x x(1)],[y y(1)]),xlabel('x'),ylabel('y'),axis square
```

여기서 매트릭스 `xyz`는 데이터의 두 번째, 세 번째 및 네 번째 열로 구성되고, `plot`은 x와 y벡터로부터 취해진 마디를 가지는 다각형을 그리는 함수이다. 여분의 `x(1`과 `y(1)`은 다각형을 결합한다. 이 결과는 그림 13.3과 같다. 그림 13.3에서 말굽모양 내에 놓인 x와 y 값들은 물리적으로 합당한 컬러에 대응하는 값들을 표현한다.

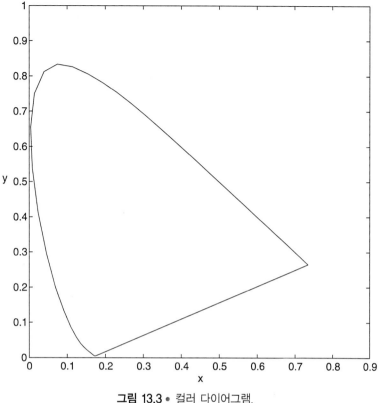

그림 13.3 ● 컬러 다이어그램.

13.2 >> 컬러 모델

컬러 모델은 표준형태로 컬러를 규정하는 방법이다. 그것은 일반적으로 3차원 좌표시스템과 각 색상이 1개의 점으로 표현되는 공간시스템으로 구성된다. 여기서 3차원 공간시스템을 아래와 같이 알아보기로 한다.

13.2.1 R, G, B

이 모델에서, 각 색상은 컬러를 만드는 빨강, 초록 및 파랑색의 양을 나타내는 R, G 및 B의 세 가지의 값들로 표현된다. 이 모델은 컴퓨터 스크린에 디스플레이하는 데 이용되고 있는데, 모니터는 각 컬러의 빨강, 초록 및 파랑색의 독립적인 전자총을 가진다. 이 모델은 앞의 2장에서 논의한 바 있다.

```
function res=gamut()

global cg;
x2r=[3.063 -1.393 -0.476;-0.969 1.876 0.042;0.068 -0.229 1.069];
cg=zeros(100,100,3);
for i=1:100,
  for j=1:100,
    cg(i,j,:)=x2r*[j/100 i/100 1-i/100-j/100]';
    if min(cg(i,j,:))<0,
      cg(i,j,:)=[1 1 1];
    end;
  end;
end;
res=cg;
```

그림 13.4 • RGB 대역의 계산 리스트.

그림 13.1에서 어떤 색상은 *R, G, B*의 음수 값을 요구하는 것을 알 수 있다. 이들 컬러는 단지 양의 값만이 가능한 컴퓨터 모니터나 TV 수상기에는 적절하지 않다. 컬러는 **RGB 대역**에서 양의 값에 대응한다. 일반적으로 컬러대역은 모든 컬러들을 특정 컬러 모델로 실현할 수 있어야 한다. 우리는 위에서 얻은 xy 좌표를 이용하여 컬러 다이어그램으로 RGB **대역**을 그릴 수 있다. 대역을 정의하기 위해 $100 \times 100 \times 3$의 배열과 그 배열에서 각 점 (i,j)를 만들고, $(i/100, j/100, 1-i/100-i/100)$으로 정의되는 XYZ의 3점을 연결시킨다. 그 후에 대응하는 RGB 3점을 계산할 수 있는데, 만일 RGB의 어느 하나라도 음이 되면 출력을 흰색으로 만들 수 있다. 이것은 그림 13.4와 같이 간단한 함수로 쉽게 할 수 있다.

우리는 아래의 함수를 적용하여 컬러영역 내에 대역을 디스플레이할 수 있다.

```
>> imshow(cG),line([x' x(1)],[y' y(1)]),axis square,axis xy,axis on
```

이 결과는 그림 13.5와 같다.

13.2.2 Hue(색도), Saturation(채도), Value(명암)

색도, 채도 및 명암을 줄여서 HSV라 한다. 이들은 다음과 같은 의미를 가진다.

Hue(색도): 실제적인 컬러(빨간색, 초록색, 파란색, 오렌지색, 노랑색 등).

Saturation(채도): 컬러에 흰색으로 묽게 하는 양. 컬러에 흰색을 많이 섞을수록 채도

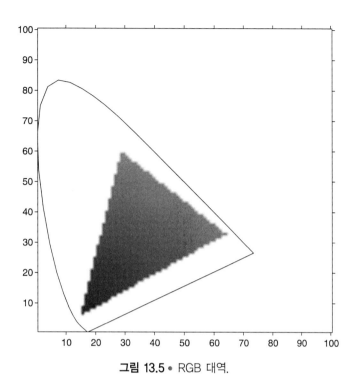

그림 13.5 ● RGB 대역.

는 낮아진다. 그러므로 짙은 붉은색은 채도가 높고, 밝게 붉은색은 채도가 낮다.

Value(명암): 밝기의 정도. 밝은 컬러는 휘도가 높고, 어두운 컬러는 휘도가 낮다.

이것은 컬러를 묘사하는 직관적인 방법인데, 휘도성분은 컬러정보에 독립적이기 때문이며, 또한 영상처리에 대하여 매우 유용한 모델이다. 우리는 그림 13.6과 같이 하나의 원뿔형의 이 모델을 가시화할 수 있다.

컬러영역의 표면 위에 어떠한 점을 순수한 컬러의 채도로 표현한다. 그러므로 채도는 그 구조의 중심축에서 표면까지의 상대적인 거리로 주어진다. 색도는 미리 정해진 축으로부터의 각도로 정의된다.

13.2.3 RGB와 HSV 간의 변환

컬러를 RGB로 규정된다고 생각하자. 만일 3개의 값 모두가 같으면 컬러는 그레이스케일, 즉 흰색의 밝기가 된다. 이러한 흰색을 포함한 컬러는 0의 채도를 가진다. 역으로 RGB값들이 다르면 높은 채도를 가지는 컬러를 기대할 수 있다. 특히 RGB의 하나 또는 2개의 값이 0이면 채도는 1이 되어 가장 높은 값이 될 것이다.

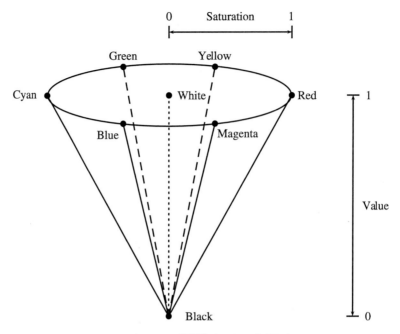

그림 13.6 ● 원뿔형의 HSV 컬러공간.

색도(hue)는 빨간색에서 출발하여 원주를 따라 분수형태로 정의되고, 이것은 0의 색도를 가진다. 그림 13.6에서 원주를 읽으면 다음 표와 같이 표현된다.

Color	Hue
Red	0
Yellow	0.1667
Green	0.3333
Cyan	0.5
Blue	0.6667
Magenta	0.8333

주어진 3개의 R, G, B 값들을 가정하고, 이들은 0과 1 사이 값이 된다고 생각한다. 만일 그들이 0과 255 사이라면 먼저 각 값을 255로 나눈다. 그래서 다음과 같이 정의한다.

$$V = \max\{R, G, B\}$$
$$\delta = V - \min\{R, G, B\}$$
$$S = \frac{\delta}{V}$$

색도에 대한 값을 구하기 위해 아래와 같이 여러 경우를 고려한다.

1. If $R = V$ then $H = \dfrac{1}{6}\dfrac{G - B}{\delta}$,

2. If $G = V$ then $H = \dfrac{1}{6}\left(2 + \dfrac{B - R}{\delta}\right)$,

3. If $B = V$ then $H = \dfrac{1}{6}\left(4 + \dfrac{R - G}{\delta}\right)$.

만일 H가 음의 값으로 끝나면 1을 더한다. 특별한 경우 $V = \delta = 0$에 대하여 $(R,G,B) = (0, 0, 0)$이면 $(H, S, V) = (0, 0, 0)$으로 정의한다.

예를 들면 $(R,G,B) = (0.2, 0.4, 0.6)$이라 하자. 그러면 결과는 아래와 같다.

$$V = \max\{0.2, 0.4, 0.6\} = 0.6$$

$$\delta = V - \min\{0.2, 0.4, 0.6\} = 0.6 - 0.2 = 0.4$$

$$S = \frac{0.4}{0.6} = 0.6667$$

$B = V$이므로 H는 아래와 같이 계산할 수 있다.

$$H = \frac{1}{6}\left(4 + \frac{0.2 - 0.4}{0.4}\right) = 0.5833.$$

이 방향에서 변환은 `rgb2hsv` 함수로 구현된다. 물론 이것은 $m \times n \times 3$의 배열에서 사용되도록 설계되어 있지만, 이전의 예를 아래와 같이 실험해 보자.

```
>> rgb2hsv([0.2 0.4 0.6])

ans =

    0.5833    0.6667    0.6000
```

이들은 바로 계산될 HSV 값들이다.
RGB로 변환하기 위해 다음의 정의로 시작한다.

$$H' = \lfloor 6H \rfloor$$
$$F = 6H - H'$$
$$P = V(1 - S)$$
$$Q = V(1 - SF)$$
$$T = V(1 - S(1 - F)).$$

H'이 0과 5 사이의 정수이므로 아래와 같이 여섯 가지의 경우로 생각할 수 있다.

H'	R	G	B
0	V	T	P
1	Q	V	P
2	P	V	T
3	P	Q	V
4	T	P	V
5	V	P	Q

위에서 계산한 HSV 값들을 사용하면 아래와 같은 값들을 얻는다.

$$H' = \lfloor 6(0.5833) \rfloor = 3$$
$$F = 6(0.5833) - 3 = 0.5$$
$$P = 0.6(1 - 0.6667) = 0.2$$
$$Q = 0.6(1 - (0.6667)(0.5)) = 0.4$$
$$T = 0.6(1 - 0.6667(1 - 0.5)) = 0.4.$$

H'의 값이 3이므로 HSV에서 RGB의 변환은 `hsv2rgb` 함수로 아래와 같이 구현된다.

$$(R, G, B) = (P, Q, V) = (0.2, 0.4, 0.6).$$

13.2.4 YIQ

이 컬러공간은 NTSC와 PAL 방식을 사용하는 국가들이 TV 및 비디오에 사용된다. 이 규격에서 Y는 휘도정보이고, I와 Q는 컬러정보이다. RGB 사이에 변환은 아래와 같이 직접 변환할 수 있다.

$$\begin{bmatrix} Y \\ I \\ Q \end{bmatrix} = \begin{bmatrix} 0.299 & 0.587 & 0.114 \\ 0.596 & -0.274 & -0.322 \\ 0.211 & -0.523 & 0.312 \end{bmatrix} \begin{bmatrix} R \\ G \\ B \end{bmatrix}$$

$$\begin{bmatrix} R \\ G \\ B \end{bmatrix} = \begin{bmatrix} 1.000 & 0.956 & 0.621 \\ 1.000 & -0.272 & -0.647 \\ 1.000 & -1.106 & 1.703 \end{bmatrix} \begin{bmatrix} Y \\ I \\ Q \end{bmatrix}$$

이 2개의 변환 매트릭스는 물론 서로 역으로 구성된다. Y와 V의 차이는 아래와 같다.

$$Y = 0.299R + 0.587G + 0.114B$$
$$V = \max\{R, G, B\}.$$

인간의 시각시스템은 영상에서 빨간색과 파란색보다 초록색 성분을 강하게 느끼는 사실을 반영한다. 우리는 여기서 다른 변환인 RGB를 HSV로 변환하는 것은 아래와 같다.

$$V = 0.333R + 0.333G + 0.333B$$

여기서 휘도는 제1차 값(RGB)의 단순한 평균이다. YIQ의 Y는 XYZ의 Y와 다르며, 두 가지 모두 명암을 나타내는 것은 비슷하다.

　　YIQ는 RGB의 선형변환이므로, Y축이 중심 $(0, 0, 0)$에서 RGB의 $(1, 1, 1)$ 라인에 따라서 놓이도록 하는 평형 육면체를(사각형 상자가 각 방향으로 기울어진 상태) YIQ로 그림 13.7과 같이 그릴 수 있다.

　　이 변환은 선형이고, 쉽게 처리할 수 있으며 컬러 영상처리에 적합하다. RGB와 YIQ 사이의 변환은 MATLAB 함수 rgb2ntsc와 ntsc2rgb로 구현된다.

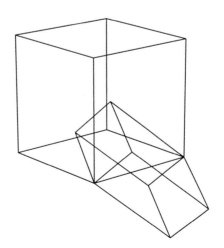

그림 13.7 • RGB 공간과 그 YIQ 공간의 관계.

13.3 >> MATLAB에서의 컬러 영상

컬러 영상은 각 화소에 대하여 정보를 3개의 항으로 분리할 필요가 있으므로(실제) $m \times n$ 사이즈의 컬러 영상은 $m \times n \times 3$의 3차원 배열로 MATLAB에서 표현된다. 이러한 배열을 수직으로 정렬된 3개의 분리 매트릭스로 구성되는 단일의 실재물로 생각할 수 있다. 그림 13.8은 이 개념을 보여주는 다이어그램이다. 아래와 같이 RGB 영상을 읽는다고 생각하자.

```
>> x=imread('lily.tif');
>> size(x)

ans =

   186   230     3
```

colon(:) 연산에 의한 각 컬러성분을 다음과 같이 분리할 수 있다.

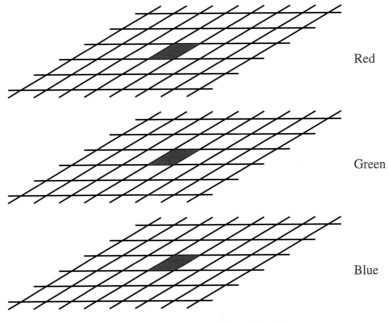

Red

Green

Blue

그림 13.8 ● RGB 영상에 대한 3차원 배열.

$x(:,:,1)$ is the first, or red component.
$x(:,:,2)$ is the second, or green component.
$x(:,:,3)$ is the third, or blue component.

컬러성분은 아래와 같이 처리하여 `imshow`로 모두 볼 수 있다.

```
>> figure,imshow(x(:,:,1))
>> figure,imshow(x(:,:,2))
>> figure,imshow(x(:,:,3))
```

그림 13.9는 이들 모두를 보여준다. 특정한 색도(hue)가 각 성분들에서 높은 휘도로 어떻게 나타내는가를 보인다. 각 사진의 위의 오른쪽에 있는 장미와 각 사진의 아래의 왼쪽에 있는 꽃에 대하여, 양쪽 모두 붉은색이 우세하고 붉은 성분은 이들 두 가지의 꽃에서 매우 높은 휘도(intensity)를 보여준다. 초록과 파란색은 낮은 휘도를 나타낸다. 이와 유사하게 사진에서 위의 왼쪽과 아래의 오른쪽에 있는 초록색 잎들은 다른 2개보다 초록색 성분이 더 높은 휘도를 보인다.

다시 YIQ 또는 HSV로 변환하고 각 성분을 보려면 아래와 같이 처리한다.

```
>> xh=rgb2hsv(x);
>> imshow(xh(:,:,1))
>> figure,imshow(xh(:,:,2))
>> figure,imshow(xh(:,:,3))
```

이들은 그림 13.10과 같다. 우리는 YIQ 컬러공간에 대하여 같은 모양으로 아래와 같이 정밀하게 처리할 수 있다.

Red component   Green component   Blue component

그림 13.9 • RGB 컬러 영상의 세 가지 성분.

Hue   Saturation   Value

그림 13.10 • HSV 성분.

Y   I   Q

그림 13.11 • YIQ 성분.

```
>> xn=rgb2ntsc(x);
>> imshow(xn(:,:,1))
>> figure,imshow(xn(:,:,2))
>> figure,imshow(xn(:,:,3))
```

이들은 그림 13.11에 보였다. YIQ의 Y성분은 HSV의 값보다 영상의 더 나은 그레이 스케일 영역을 제공한다. 특히 위 오른쪽 장미는 그림 13.10(휘도)에서 아주 깨끗하지만, 그림 13.11(Y)에서보다 좋은 대비(contrast)를 보인다.

아래에 어떻게 3개의 매트릭스를 취해서 분리된 성분들의 연산을 구하며 디스플레이를 위해 하나의 3차원 배열로 돌아가는지를 볼 것이다.

13.4 >> 의사컬러링(Pseudocoloring)

의사컬러는 시각적인 설명(이해)을 통하여 보다 효과적인 영상의 어떤 모양을 만들기 위하여 그레이 영상을 컬러로 지정하는 것을 의미한다. 예를 들면 의료용(medical) 영상이다. 의사컬러링은 여러 가지 다른 방법들이 있다.

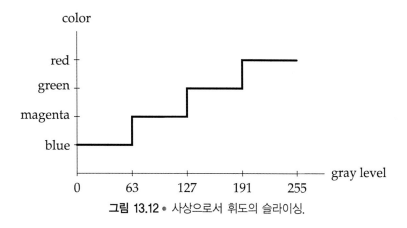

그림 13.12 • 사상으로서 휘도의 슬라이싱.

13.4.1 휘도 슬라이싱

이 방법에서, 영상을 여러 가지 그레이레벨 범위로 분리한다. 각 영역에 다른 컬러를 간단히 지정한다. 예를 들면 아래와 같이 구분할 수 있다.

gray level:	0–63	64–127	128–191	192–255
color:	blue	magenta	green	red

그림 13.12와 같이 이것을 사상시키는 것으로 간주할 수 있다.

13.4.2 그레이 레벨의 컬러 변환

세 가지의 함수 $f_R(x), f_G(x), f_B(x)$로서 각 그레이 레벨 x를 R, G, B로 지정한다. 이들 값(필요하면 적당한 스케일링)들은 디스플레이에 사용된다. 함수들을 적절히 이용하면 훨씬 효과적인 그레이 영상의 결과들을 강조할 수 있다.

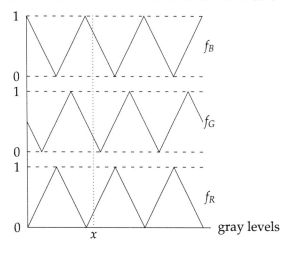

다이어그램에서 그레이레벨 x는 각각 0.375, 0.125 , 0.75의 R, G, B의 값으로 사상된다.

MATLAB에서 덧칠해진 영상을 보기 위한 방법은 여분의 colormap 파라미터로 imshow를 이용한다. 예를 들면 blocks.tif 영상을 고려해 보자. colormap 함수로서 컬러 맵을 더할 수 있는데, 선택 가능한 컬러 맵이 여러 가지 존재한다. 영상에 컬러 맵을 더하는 하나의 예는 아래와 같다.

```
>> b=imread('blocks.tif');
>> imshow(b,colormap(jet(256))
```

그러나 컬러 맵의 나쁜 선택은 영상을 더럽힌다. 이의 예는 vga 컬러맵을 블록 영상에 적용하는 것이다. 이 컬러 맵은 단지 16개의 행만을 가지므로 영상에서 그레이스케일의 수를 16개로 축소할 필요가 있다. 이것은 아래와 같이 grayslice 함수로 처리할 수 있다.

```
>> b16=grayslice(b,16);
>> figure,imshow(b16,colormap(vga))
```

만일 이들 명령의 출력을 본다면 비록 부정할 수는 없지만, 그 결과는 원 영상을 개선하지 못함을 알 것이다. 유용한 컬러 맵은 아래와 같이 graph3d에 대한 도움파일에 리스트되어 있다.

```
hsv        - Hue-saturation-value color map.
hot        - Black-red-yellow-white color map.
gray       - Linear grayscale color map.
bone       - Grayscale with tinge of blue color map.
copper     - Linear copper-tone color map.
pink       - Pastel shades of pink color map.
white      - All white color map.
flag       - Alternating red, white, blue, and black color map.
lines      - Color map with the line colors.
colorcube  - Enhanced color-cube color map.
vga        - Windows color map for 16 colors.
jet        - Variant of HSV.
prism      - Prism color map.
cool       - Shades of cyan and magenta color map.
autumn     - Shades of red and yellow color map.
spring     - Shades of magenta and yellow color map.
winter     - Shades of blue and green color map.
summer     - Shades of green and yellow color map.
```

이들 컬러 맵의 각각에 대하여 아래와 같이 도움파일들이 있다.

```
>> help hsv
```

위 명령은 hsv 컬러 맵에 대한 몇 가지 정보를 제공한다.

우리는 쉽게 컬러 맵을 만들 수 있다. 그것은 3개의 열 매트릭스를 이용하여 만들어야 하는데, 이들의 각 행은 0.0과 1.0 사이의 RGB 값으로 구성된다. 그림 13.12와 같이 파랑색(B), 자홍색(M), 초록색(G), 빨강색(R) 맵을 만든다고 생각하자. RGB 값은 아래와 같다.

Color	Red	Green	Blue
Blue	0	0	1
Magenta	1	0	1
Green	0	1	0
Red	1	0	0

아래와 같이 컬러 맵을 만들 수 있다.

```
>> mycolormap=[0 0 1;1 0 1;0 1 0;1 0 0];
```

이것을 블록 영상으로 적용하기 전에 4개의 아래와 같이 그레이스케일 0, 1, 2, 3이 되도록 영상을 척도변환(scale)할 필요가 있다.

```
>> b4=grayslice(b,4);
>> imshow(b4,mycolormap)
```

13.5 >> 컬러 영상처리

우리는 아래와 같이 두 가지 방법을 이용할 수 있다.

1. 각 매트릭스를 분리하여 처리할 수 있다.
2. 휘도가 컬러정보로 부터 분리되고, 휘도성분만 처리하도록 컬러공간을 변환할 수 있다.

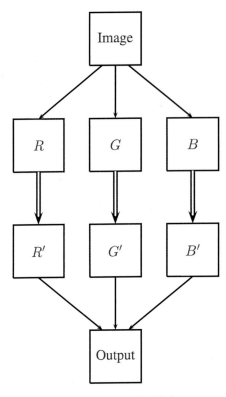

그림 13.13 • RGB 처리

이에 대한 블록도는 그림 13.13과 그림 13.14에 나타내었다.

　　우리는 다양한 영상처리 태스크를 고려할 것인데, 컬러영상의 경우에는 위의 두 가지 방법 중 선택하여 적용할 것이다.

13.5.1 대비(contrast) 강조

대비의 강조는 휘도성분을 최적으로 처리할 수 있다. indexed 컬러 영상인 `cat.tif`로 시작하고, 이를 실제 컬러(RGB) 영상으로 아래와 같이 변환한다.

```
>> [x,map]=imread('cat.tif');
>> c=ind2rgb(x,map);
```

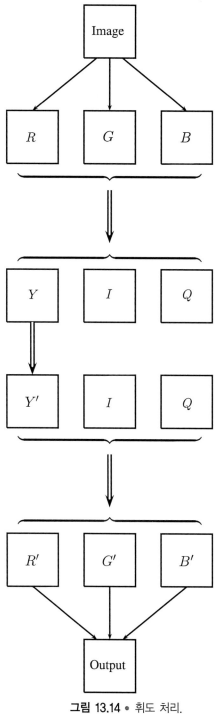

그림 13.14 ● 휘도 처리.

여기서 휘도성분을 분리할 수 있도록 RGB를 YIQ로 아래와 같이 변환한다.

```
>> cn=rgb2ntsc(c);
```

그리고 휘도성분을 히스토그램 평활화하고 디스플레이를 위해 다시 RGB로 아래와 같이 변환한다.

```
>> cn(:,:,1)=histeq(cn(:,:,1));
>> c2=ntsc2rgb(cn);
>> imshow(c2)
```

이 결과를 보면 대비가 강조됨을 볼 수 있다. 이것이 개선되는지는 의심스럽지만, 대비가 강조되는 것은 사실이다.

그러나 RGB의 각 성분들을 히스토그램 평활화를 아래와 같이 해보기로 하자.

```
>> cr=histeq(c(:,:,1));
>> cg=histeq(c(:,:,2));
>> cb=histeq(c(:,:,3));
```

여기서 imshow를 이용하여 단일의 3차원 배열로 모두 되돌려야 한다. cat은 아래와 같이 사용하고자 하는 함수이다.

```
>> c3=cat(3,cr,cg,cb);
>> imshow(c3)
```

cat의 첫째 변수는 배열이 결합되기를 원하는 것의 차원이다. 이들 연산의 결과는 받아들이기가 어렵다. 결과 영상을 보게 되면 약간 이상한 컬러가 입력됨을 알 수 있는데, 고양이의 모피부분이 일종의 자주색으로 되고, 잔디색은 색이 약간 바랜 것처럼 보인다.

13.5.2 공간 필터링

사용하는 구조는 필터에 따라 다르다. 블러링필터라고 하는 저역통과 필터에 대하여 각 RGB 성분에 대해 필터를 다음과 같이 적용할 수 있다.

Low pass filtering   High pass filtering

그림 13.15 ● 컬러 영상의 공간필터링(그레이 영상).

```
>> a15=fspecial('average',15);
>> cr=filter2(a15,c(:,:,1));
>> cg=filter2(a15,c(:,:,2));
>> cb=filter2(a15,c(:,:,3));
>> blur=cat(3,cr,cg,cb);
>> imshow(blur)
```

그레이스케일에 대한 이 결과는 그림 13.15와 같다. 휘도성분만 필터에 적용하여 비슷한 효과를 얻을 수 있다. 그러나 고역통과 필터에서 예를 들어 unsharp masking 필터에 대하여 아래와 같이 휘도성분만 처리하여도 좋은 결과를 얻을 수 있다.

```
>> cn=rgb2ntsc(c);
>> a=fspecial('unsharp');
>> cn(:,:,1)=filter2(a,cn(:,:,1));
>> cu=ntsc2rgb(cn);
>> imshow(cu)
```

그레이스케일에 대한 결과를 그림 13.15에 보였다. 일반적으로 휘도성분만 이용하여 합리적인 결과를 얻는다. 비록 가끔 RGB 성분들의 각각을 필터에 적용할 수 있지만, 위에서 블러링의 예에서 알 수 있듯이 그렇게 좋은 결과를 얻을 수 없다. 문제는 어떠한 필터라도 화소들의 값을 변화시키게 되어서 원하지 않는 컬러로 변한다는 것이다.

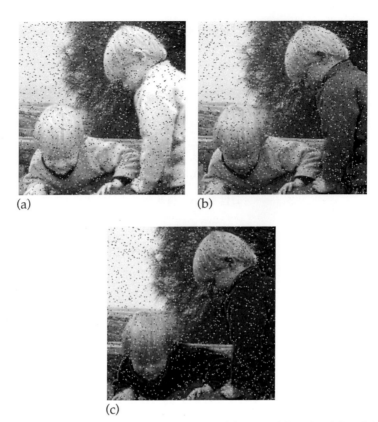

(a)   (b)

(c)

그림 13.16 • 잡음이 첨가된 컬러 영상의 성분. (a) R성분. (b) G성분. (c) B성분.

13.5.3 잡음 제거

8장에서와 같이 `twins.tif`의 영상을 여기서는 완전한 컬러로 아래와 같이 사용해 보기로 한다.

```
>> tw=imread('twins.tif');
```

잡음을 첨가하여 잡음 영상과 그 RGB 성분을 아래와 같이 보기로 한다.

```
>> tn=imnoise(tw,'salt & pepper');
>> figure,imshow(tn(:,:,1))
>> figure,imshow(tn(:,:,2))
>> figure,imshow(tn(:,:,3))
```

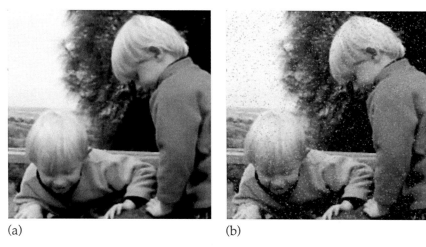

(a)   (b)

그림 13.17 ● 컬러 영상의 잡음제거 시도. (a) 각 RGB 성분의 제거. (b) Y만 제거.

이들은 그림 13.16과 같다. 그것은 RGB 성분의 각각을 median(중간치) 필터를 적용한 것이다. 이것은 아래와 같이 쉽게 처리된다.

```
>> trm=medfilt2(tn(:,:,1));
>> tgm=medfilt2(tn(:,:,2));
>> tbm=medfilt2(tn(:,:,3));
>> tm=cat(3,trm,tgm,tbm);
>> imshow(tm)
```

그레이스케일 처리의 결과는 그림 13.17(a)와 같다. 여기서 휘도성분에만 median(중간치)필터를 적용할 수 없다. 왜냐하면 RGB에서 YIQ로의 변환은 잡음이 YIQ 성분의 전체에 퍼지기 때문이다. 만일 Y에서만 아래와 같이 잡음을 제거하면 그림 13.17(b)와 같이 여전히 잡음이 남아 있다.

```
>> tnn=rgb2ntsc(tn);
>> tnn(:,:,1)=medfilt2(tnn(:,:,1));
>> tm2=ntsc2rgb(tnn);
>> imshow(tm2)
```

만일 잡음이 RGB 중 하나에만 가해진다면 이 성분에만 제거기술을 효과적으로 적용할 수 있을 것이다.

fe1: Edges after `rgb2gray`   fe2: Edges of each RGB component

그림 13.18 • 컬러 영상의 에지 검출 결과.

잡음제거 방법이 잡음의 발생에 따라 다르다는 것에 유의해야 한다. 위의 예에서 우리는 이 잡음이 영상을 획득하여 RGB로 저장한 후에 발생되었다고 가정한 것이다. 그러나 잡음은 영상을 획득하는 과정에서 발생하기 때문에 잡음은 영상의 명암(휘도)에만 영향을 준다고 가정하는 것이 합당하다. 이러한 경우에 YIQ의 Y성분의 잡음제거는 좋은 결과를 얻을 것이다.

13.5.4 에지 검출

에지 영상은 입력의 에지를 포함하는 2진영상이다. 우리는 아래와 같이 두 가지 방법으로 에지영상을 얻을 수 있다.

1. 휘도성분만을 취하여 `edge` 함수를 그것에 적용한다.
2. RGB 성분의 각각에 `edge` 함수를 적용하여 이들을 결합한다.

첫 번째 방법을 구현하기 위해 아래와 같이 `rgb2gray` 함수로 출발한다.

```
>> fg=rgb2gray(f);
>> fe1=edge(fg);
>> imshow(fe1)
```

파라미터가 없는 Sobel 에지 검출을 구현함을 기억하라. 이 결과는 그림 13.18에 보였다. 두 번째 방법에서 논리적 "or"로 이 결과들을 다음과 같이 결합할 수 있다.

```
>> f1=edge(f(:,:,1));
>> f2=edge(f(:,:,2));
>> f3=edge(f(:,:,3));
>> fe2=f1 | f2 | f3;
>> figure,imshow(fe2)
```

그림 13.18에 이것을 보였다. 에지 영상 fe2는 훨씬 완전한 에지 영상이다. 여기서 장미의 에지가 선명함을 알 수 있고, 반면에 fe1의 영상은 fe2에 비해 선명하지 못하다. fe2의 왼쪽 아래에 있는 몇 개의 잎에 대한 에지들이 존재하지만, fe1에서는 검출되지 않음을 알 수 있다. 이 방법의 성공은 에지 함수의 선택에 의존하는데, 예를 들어 적용되는 문턱치에 따라 달라진다. 앞의 예에서의 에지 함수는 기본으로 제공되는 문턱치를 이용하였다.

연습문제

1. 이 장에 있는 모든 예제들을 복습하고 연산의 각 수열의 출력을 주목하라.

2. 다음 영상의 포화(saturation) 및 휘도(intensity) 성분들을 손으로 결정하라. 여기서 RGB 값들은 아래에 주어졌다.

(0,1,1)	(1,2,3)	(7,7,7)	(5,1,2)	(1,1,7)
(2,1,2)	(1,7,7)	(2,0,2)	(3,3,2)	(5,5,0)
(4,4,4)	(4,6,7)	(4,5,6)	(1,5,7)	(3,6,7)
(3,0,3)	(5,2,2)	(1,1,1)	(6,6,0)	(2,2,2)
(1,2,1)	(0,4,4)	(3,1,6)	(3,3,3)	(2,4,6)

3. HSV 영상의 휘도성분이 2개의 값으로 문턱치 처리되었다고 가정한다. 영상의 겉보기에 어떤 영향을 주는가?

4. 아래의 값들에 대하여 RGB 및 HSV 혹은 YIQ 사이의 변환을 손으로 구하라.

R	G	B	H	S	V
0.5	0.5	0			
0	0.7	0.7			
0.5	0	0.5			
			0.33	0.5	1
			0.67	0.7	0.7
			0	0.2	0.8

R	G	B	Y	I	Q
0.3	0.3	0.7			
0.7	0.9	0			
0.8	0.8	0.7			
			1	0.3	0.3
			0.5	0.5	0.5
			0	1	1

이 결과를 RGB 값으로 변환활 필요가 있다.

5. Matlab 함수, rgb2hsv, hsv2rgb, rgb2ntsc 및 ntsc2rgb를 이용하여 연습문제 3에서 구한 답을 점검하시오.

6. flowers.tif의 컬러영상의 휘도성분을 문턱치 처리하라. 그리고 이 결과를 위 문제 2에서 구한 것에 동의하는가?

7. 영상 spine.tif는 인덱스화된 컬러영상이다. 그러나 컬러들은 모두 그레이의 그림자와 매우 유사하다. 길이 64의 컬러 맵을 변화시켜서 이 영상의 인덱스 매트릭스를 imshow 함수를 이용하여 실험하라.
어느 컬러 맵이 최적의 결과를 주는가? 어느 컬러 맵이 가장 나쁜가?

8. autum.tif 영상을 디스플레이하라. 아래 a와 b에서 히스토그램 평활화 실험을 하라.
   a. HSV의 휘도성분
   b. YIQ의 휘도성분
   어느 것이 좋은 결과를 만드는가?

9. 아래의 명령을 이용하여 불규칙한 쪽모음 편집(patchwork quilt)을 만들어서 보라.

```
>> r=uint8(floor(256*rand(16,16,3)));
>> r=imresize(r,16);
>> imshow(r),pixval on
```

어떤 RGB 값들이 다음 a와 b를 만드는가?

a. 밝은 갈색?

b. 어두운 갈색?

이들 갈색을 HSV로 변환하고, 원(circle) 위에 색도(hue)를 표시하라.

10. 꽃 영상을 이용하여 그림 13.18에 있는 fe2 영상에 가능한 가깝도록 휘도성분으로부터 에지영상을 구할 수 있는지 살펴보라. edge 함수에 사용한 파라미터가 무엇인가? fe2에 가깝게 어떻게 얻었는가?

11. 아래와 같이 처리하여 RGB 컬러영상 x에 가우시안 잡음을 첨가하라.

```
>> xn=imnoise(x,'gaussian');
```

잡음영상을 보라. 그리고 각각 아래와 같이 처리하여 잡음을 제거하라.

a. 각 RGB 성분에서 평균필터링

b. 각 RGB 성분에서 위너필터링

12. Twins 영상을 입력하여 휘도성분에 깨소금잡음을 첨가하라. 이는 아래와 같이 처리 될 수 있다.

```
>> ty=rgb2ntsc(tw);
>> tn=imnoise(ty(:,:,1).'salt & pepper');
>> ty(:,:,1)=tn;
```

여기서 디스플레이를 위해 RGB로 다시 변환하라.

a. 그림 13.16에서와 같이 각 RGB 성분에 적용되어 나타나는 깨소금잡음과 이 잡음의 모양을 비교하라. 그 차이점을 알 수 있는가?

b. 휘도성분에 대하여 미디언필터를 적용하여 잡음을 제거하라.

c. 각 RGB 성분들에 미디언필터를 적용하라.

d. 어느 것이 최적의 결과를 주는가?

e. 많은 양의 잡음을 실험하라.

f. 가우시안잡음으로 실험하라.

14

영상부호화 및 압축

14.1 >> 무손실 및 손실 압축

우리는 영상의 파일들이 매우 클 수 있다는 것을 알고 있다. 그래서 파일을 저장하거나 전송하기 위해 가능하면 파일의 사이즈를 작게 하는 것이 중요하다. 1.9절에서 압축의 경향에 대한 간략한 설명을 하였고, 이 절에서 몇 가지의 표준 압축방법을 알아보기로 한다. 두 가지 압축방법의 차이를 구별할 필요가 있는데, **무손실 압축**은 모든 정보가 유지되는 방식이며, **손실 압축**은 약간의 정보가 제거되는 방식이다.

무손실 압축은 법률, 과학, 정치적 중요성을 가지는 영상, 즉 비록 겉보기에는 심각하지 않아도 데이터의 손실이 심각한 결과를 초래하는 분야에서 선호된다. 그러나 불행히도 이것은 높은 압축비를 가져다 주진 않는다. 그렇지만, 손실 압축은 많은 중요한 표준 영상 포맷의 일부로 사용된다.

14.2 >> 허프만 부호화

허프만 부호화의 개념은 간단하다. 영상에서 그레이 값들을 표현하는 데 고정길이 코드 (8비트)를 사용하지 않고 가변길이 코드를 사용하는데, 영상 내에서 그레이 값들이 확률적으로 자주 나오는 값일수록 보다 짧은 코드를 사용하는 것이다.

예를 들면 네 가지의 그레이 값들, 0, 1, 2 및 3을 가지는 2비트 그레이스케일 영상을 가정하고, 그 값들의 출현 확률이 각각 0.2, 0.4, 0.3 및 0.1이라 한다. 즉 영상 내에서 화소의 20%는 그레이 값 50을 가지고, 40%는 그레이 값 100을 가지는 등이다. 아래의 표는 영상에서 고정길이와 가변길이 코드를 보였다.

Gray value	Probability	Fixed code	Variable code
0	0.2	00	000
1	0.4	01	1
2	0.3	10	01
3	0.1	11	001

이 영상이 어떻게 압축되었는지 살펴보자. 각 그레이 값은 그 자신의 유일한 코드를 가진다. 화소당 평균 비트 수는 기대값으로 쉽게 아래와 같이 계산될 수 있다(확률적인 방법).

$$(0.2 \times 3) + (0.4 \times 1) + (0.3 \times 2) + (0.1 \times 3) = 1.9.$$

여기서 가장 긴 코드워드는 가장 낮은 확률을 가지는 것을 알 수 있다. 이 평균은 실제로 2보다 더 작다.

이것은 **엔트로피(entropy)**의 개념으로 더 정밀하게 만들 수 있는데, 이는 정보의 양을 측정하는 것이다. 특히 영상의 엔트로피 H는 정보의 손실이 없이 영상을 부호화하는 데 요구되는 화소당 이론적 최소의 비트 수이다. 이것은 아래와 같이 정의된다.

$$H = -\sum_{i=0}^{L-1} p_i \log_2(p_i),$$

여기서 인덱스 i는 영상의 전체 그레이스케일에 대한 값이고, p_i는 영상에서 발생되는 그레이 레벨 i의 확률이다. 위의 예에서 엔트로피는 아래와 같다.

$$H = -(0.2 \log_2(0.2) + 0.4 \log_2(0.4) + 0.3 \log_2(0.3) + 0.1 \log_2(0.1)) = 1.8464.$$

비록 이 값이 부호화에 사용된다 하더라도, 화소당 1.8464비트 이하로는 결코 사용할 수 없다는 의미이다. 이러한 기초에서, 위의 허프만 부호화의 구조는 화소당 평균 비트 수가 이 이론적인 최소값에 근접하는 2가 매우 좋은 결과를 줄 수 있다.

주어진 영상에 대하여 허프만 부호를 구하기 위해 아래와 같은 과정으로 진행한다.

1. 영상에서 각 그레이 값의 확률을 구한다.
2. 2진 트리로부터 가장 낮은 확률을 취하여 더한다.

3. 그 꼭지점에서 트리의 각 가지에 임의로 0과 1을 할당한다.

4. 위에서 아래로 부호(코드)를 읽는다.

이 과정을 보기 위해 아래의 확률을 가지는 3비트(0~7의 그레이 값) 그레이스케일 영상을 생각하자

gray value	0	1	2	3	4	5	6	7
probability	0.19	0.25	0.21	0.16	0.08	0.06	0.03	0.02

이들 확률에 대하여 엔트로피는 2.6508로 계산될 수 있다. 그림 14.1과 같이 한 번에 2개의 확률을 결합할 수 있다. 이때 우리는 임의로 확률을 선택할 수 있다. 두 번째 단계는 방금 얻어진 트리의 각 가지에 0과 1을 임의로 할당한다. 그림 14.2에 이를 보였다.

각 그레이 값에 대한 부호를 얻기 위해 오른쪽 위의 1에서 시작하여 왼쪽 아래로 되돌아오면서 지나는 0 혹은 1의 부호를 읽는다. 이 과정은 아래와 같다.

Gray value	Huffman code
0	00
1	10
2	01
3	110
4	1110
5	11110
6	111110
7	111111

위와 같이, 기대값으로 화소당 평균 비트 수를 아래와 같이 계산할 수 있다.

$$(0.19 \times 2) + (0.25 \times 2) + (0.21 \times 2) + (0.16 \times 3)$$
$$+ (0.08 \times 4) + (0.06 \times 5) + (0.03 \times 6) + (0.02 \times 6) = 2.7,$$

이것은 화소당 3비트 이상의 현저한 개선이 있고, 엔트로피에 의해서 2.6508의 이론적 최소값에 매우 근접한다.

허프만부호화는 유일하게 복호될 수 있고, 일방통행으로 문자열이 복호될 수 있다. 예를 들면 아래와 같은 수열을 고려해 보자

1 1 0 1 1 1 1 0 0 0 0 0 0 1 0 0 1 1 1 1 1 1 0

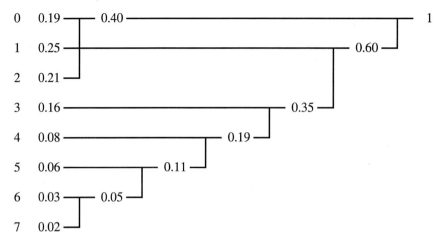

그림 14.1 • 허프만 부호의 형성.

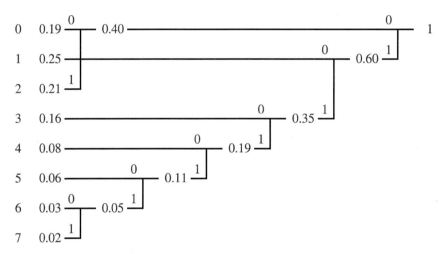

그림 14.2 • 각 가지의 0과 1의 할당.

위에서 만들어진 허프만부호로 복호할 수 있다. 부호워드 1 혹은 11은 없고, 첫 3비트는 그레이 값이 3으로서 110이다. 이 수열로 시작하는 부호워드가 없음을 주의하라. 그다음 몇 개의 비트에 대하여 1110은 하나의 부호워드이며 이 수열로 시작하는 다른 것은 없고 더 작은 수열의 부호워드도 없다. 따라서 이 수열을 그레이 레벨 4로서 복호할 수 있다. 이 방법을 계속하여 아래와 같이 복호할 수 있다.

허프만 보호화에 대해서 보다 자세한 정보 및 한계점과 일반화에 대해서 알고 싶으면 Gonzalez와 Woods[7] 책이나 Rabbani와 Jones[27] 책을 참조하시오.

14.3 >> 줄길이 부호화(Run-length coding)

줄길이 부호화(RLE)는 간단한 아이디어에 기초한다. 각 수열에서 반복되는 0과 1을 부호화하는 것이다. RLE는 팩스전송에서 표준으로 사용되고 있다. 2진 영상에 대하여 여러 가지 다른 RLE의 구현방법이 있다. 한 가지 방법은 0의 수로 시작하면서 각 라인을 분리하여 부호화한다. 아래의 영상을 부호화한다고 생각하자.

```
0 1 1 0 0 0
0 0 1 1 1 0
1 1 1 0 0 1
0 1 1 1 1 0
0 0 0 1 1 1
1 0 0 0 1 1
```

이는 아래와 같이 부호화된다.

(123)(231)(0321)(141)(33)(0132)

또 다른 방법은 수의 묶음을 각 행으로 부호화하는데, 각 묶음에서 첫째의 수는 1의 위치이고 두 번째 수는 그 1의 길이이다. 따라서 위의 2진 영상은 아래와 같이 부호화된다.

(22)(33)(1361)(24)(43)(1152)

그레이스케일 영상은 3장에서 설명한 비트평면으로 분리하여 부호화할 수 있다. 간단한 예를 들면 다음의 4비트 영상을 고려하고, 2진 표현을 하면 아래와 같다.

```
10  7  8  9        1010  0111  1000  1001
11  8  7  6   →    1011  1000  0111  0110
 9  7  5  4        1001  0111  0101  0100
10 11  2  1        1010  1011  0010  0001
```

이를 비트평면으로 분리하면 아래와 같다.

```
0 1 0 1      1 1 0 0      0 1 0 0      1 0 1 1
1 0 1 0      1 0 1 1      0 0 1 1      1 1 0 0
1 1 1 0      0 1 0 0      0 1 1 1      1 0 0 0
0 1 0 1      1 1 1 0      0 0 0 0      1 1 0 0
 0th plane    1st plane    2nd plane    3rd plane
```

이들 각 평면은 선택한 RLE의 구현방법으로 분리하여 부호화할 수 있다.

그러나 비트평면에는 문제점이 있는데, 이는 그레이 값의 작은 변화가 비트에서 큰 변화를 일으킬 수 있다. 예를 들면 7에서 8로의 변화는 2진 수열 0111에서 1000로 변화를 의미하므로 4비트 전체의 변화의 원인이 된다. 당연히 이 문제는 8비트 영상을 악화시킨다. RLE를 효과적으로 하기 위하여 매우 비슷한 그레이 값들의 길이가 길면 압축률이 높은 부호화를 기대할 수 있다. 그러나 이런 경우만 있는 것이 아니다. 불규칙하게 7과 8의 값으로 구성되는 4비트 영상 비트평면에 상관이 적고, 효과적인 압축이 되지 못한다.

이 난점을 극복하기 위하여 2진 **그레이부호(Gray codes)**로 그레이 값들을 부호화할 수 있다. 그레이부호는 하나의 수열과 다음 수열 사이에 단지 하나의 비트만 변화하도록 주어진 길이의 모든 2진 수열을 순서화하는 것이다. 따라서 그레이부호는 아래와 같다.

15	1 0 0 0
14	1 0 0 1
13	1 0 1 1
12	1 0 1 0
11	1 1 1 0
10	1 1 1 1
9	1 1 1 0
8	1 1 0 0
7	0 1 0 0
6	0 1 0 1
5	0 1 1 1
4	0 1 1 0
3	0 0 1 0
2	0 0 1 1
1	0 0 0 1
0	0 0 0 0

이것의 장점을 보기 위해 다음과 같이 4비트 영상의 2진부호와 그레이부호를 생각하자.

```
8 8 7 8      1000 1000 0111 1000    1100 1100 0100 1100
8 7 8 7  →   1000 0111 1000 0111    1100 0100 1100 0100
7 7 8 7      0111 0111 1000 0111    0100 0100 1100 0100
7 8 7 7      0111 1000 0111 0111    0100 1100 0100 0100
```

여기서 첫 2진 배열은 표준 2진부호화란 것이고, 두 번째 열은 그레이부호로 부호화한 것이다. 이의 2진 비트평면은 다음과 같다.

```
0  0  1  0        0  0  1  0        0  0  1  0        1  1  0  1
0  1  0  1        0  1  0  1        0  1  0  1        1  0  1  0
1  1  0  1        1  1  0  1        1  1  0  1        0  0  1  0
1  0  1  1        1  0  1  1        1  0  1  1        0  1  0  0
   0th plane         1st plane         2nd plane         3rd plane
```

그레이부호에 대응하는 부호는 아래와 같다.

```
0  0  0  0        0  0  0  0        1  1  1  1        1  1  0  1
0  0  0  0        0  0  0  0        1  1  1  1        1  0  1  0
0  0  0  0        0  0  0  0        1  1  1  1        0  0  1  0
0  0  0  0        0  0  0  0        1  1  1  1        0  1  0  0
   0th plane         1st plane         2nd plane         3rd plane
```

그레이부호 평면은 하나의 비트평면을 제외하고는 높은 상관을 가진다. 여기서 모든 2진 비트평면은 무상관을 가진다.

14.3.1 MATLAB에서의 줄-길이 부호화

우리는 이것을 구현하기 위해 간단한 함수를 써 넣음으로써 RLE를 실험할 수 있다. 이것을 쉽게 만들기 위해, 우리는 단일한 2진 영상들을 가지고 계속할 것이다. 우리의 출력은 행별로 영상 사이를 번갈아 나오는 0들과 1들의 개수를 제공하는 단일 벡터가 된다. 먼저 영상을 단일 행으로 놓음으로써 시작한다. 2진 영상 im에 대해, 이것은 2개의 명령으로 수행될 수 있다.

```
L=prod(size(im));
im=reshape(im',1,L);
```

초기 0들의 개수를 구하기 위해, 첫 번째 1의 위치를 획득하며, 따라서 다음과 같다.

```
min(find(1m==1))
```

출력 벡터에 위에서 구한 값보다 1 적은 값을 추가한다. 더 이상 1이 없으면, 파일의 끝에 도달한 경우가 되며, 이럴 경우 출력 벡터에 영상의 현재 길이를 추가함으로써 멈춘다. 이제 다음 0의 위치를 구하기 위해 변경한다. 즉 우리는 다시 min(find) 명령을 사용할 수 있지만, 우리는 이미 구한 0의 개수를 이용하여 영상을 먼저 줄인다.

　　다음의 테이블은 우리가 어떻게 RLE를 구현할 수 있는가를 나타낸다.

Image	Looking for	Place	RLE output
			[]
[0 0 1 1 1 0 0 0 1]	1	3	[2]
[1 1 1 0 0 0 1]	0	4	[2 3]
[0 0 0 1]	1	4	[2 3 3]
[1]	0	Not found	[2 3 3 1]

```
function out=rle(image)
%
% RLE(IMAGE) produces a vector containing the run-length encoding of
% IMGE, which should be a binary image.  the imge is set out as a long
% row, and the conde contains the number of zeros, followed by the number
% of ones, alternating
%
% Example:
%
%    rle([1 1 1 0 0;0 0 1 1 1;1 1 0 0 0])
%
%    ans =
%
%        0    3    4    5    3
%
L=prod(size(image));
im=reshape(image',1,L);
x=1;
out=[];
while L ~= 0,
  temp=min(find(im == x));
  if isempty(temp),
    out=[out L];
    break
  end;
  out=[out temp-1];
  x=1-x;
  im=im(temp:L);
  L=L-temp+1;
end;
```

그림 14.3 • 2진 영상의 줄-길이 부호를 얻기 위한 MATLAB 함수.

여기에 한 예제가 더 있다.

Image	Looking for	Place	RLE output
[1 1 1 0 0 0 0 1 1]	1	1	[]
[1 1 1 0 0 0 0 1 1]	0	4	[0]
[0 0 0 1 1]	1	4	[0 3]
[1 1]	0	Not found	[0 3 4]
			[0 3 4 2]

이 두 번째 예제에서, 0의 초기 줄의 길이는 0으로 구해졌기 때문에, 우리는 다음 단계에서 영상의 길이를 줄일 수 없음에 주목하라.

그림 14.3은 MATLAB에서 이 알고리즘의 구현을 나타낸다. 이제 우리는 몇몇 영상에 대해 이것을 시험할 수 있다.

```
>> c=imread('circles.tif');
>> c=rle(c);
>> whos c cr
   Name        Size              Bytes  Class
   c         256x256            65536   uint8 array (logical)
   cr          1x693             5544   double array
```

우리는 테이터 형식 uint16(부호 없는 16비트 정수)을 사용하여 이것을 저장함으로써 출력의 크기를 줄일 수 있다.

```
>> c=unint16(cr);
>> whos cr
   Name        Size              Bytes  Class

   cr          1x693             1386   unint16 array
```

원래의 원형 영상이 화소당 1비트 또는 바이트당 8화소로 저장되었다 하더라도, 총 바이트는 다음과 같으며,

$$\frac{65,536}{8} = 8,192 \text{ 바이트,}$$

따라서 줄-길이 부호화보다 크기가 크다. 이 예제에서 RLE는 합당한 양의 압축비를 제공한다.

```
>> t=imread('text.tif');
>> tr=rle(t);
>> whos t tr
   Name        Size              Bytes  Class

   t         256x256            65536   uint8 array (logical)
   tr         1x2923            23384   double array
```

다시, 데이터 형식을 바꿈으로써 더 좋은 압축비를 얻을 수 있다.

```
>> tr=unint16(tr);
>> whos tr
  Name      Size              Bytes  Class

  tr        1x2923             5846  unint16 array
```

이 압축은 이전 영상에 대한 압축비가 좋지 않다 하더라도, 그것은 아직 원 영상의 최소 8,192바이트보다는 여전히 더 작은 저장공간을 필요로 한다.

14.4 >> JPEG 알고리즘

손실압축은 압축률을 높이기 위해 데이터 일부의 손실을 허용한다. 가능한 많은 압축방법 중에서 Joint Photographic Expert Group (JPEG)에서 개발한 알고리즘이 가장 널리 사용되고 있다. 이것은 영상의 화소값 자체가 부호화되지 않고 **변환부호화(transform coding)**를 이용한다.

이 알고리즘의 핵심은 **이산코사인변환**(DCT)이고, 그 정의는 푸리에 변환과 유사하다. 어떤 사이즈의 배열도 적용할 수 있지만, JPEG 알고리즘은 오로지 8 × 8 블록을 적용한다. 만일 $f(i,j)$가 하나의 블록이면, 순방향 2차원 DCT의 정의는 아래와 같다.

$$F(u,v) = \frac{C(u)C(v)}{4} \sum_{j=0}^{7} \sum_{k=0}^{7} f(j,k) \cos\left(\frac{(2j+1)u\pi}{16}\right) \cos\left(\frac{(2k+1)v\pi}{16}\right)$$

이의 역방향 변환 IDCT의 정의는 아래와 같이 표현된다.

$$f(i,j) = \sum_{u=0}^{7} \sum_{v=0}^{7} f(u,v)C(u)c(v) \cos\left(\frac{(2j+1)u\pi}{16}\right) \cos\left(\frac{(2k+1)v\pi}{16}\right),$$

여기서 $C(w)$는 아래와 같이 정의된다.

$$C(w) = \begin{cases} \frac{1}{\sqrt{2}} & \text{if } w = 0 \\ 1 & \text{otherwise.} \end{cases}$$

DCT는 특히 압축에 적합한 여러 가지 성질을 가지는데 이는 아래와 같다.

1. 복잡한 복소수를 필요로 하지 않고 실수의 값을 가진다.

2. 이는 작은 수의 계수로 많은 정보량을 묶을 수 있기 때문에 높은 정보의 묶음을 가진다.

3. 하드웨어 구현에 매우 효과적이다.

4. FFT와 같이 최대의 효율을 가지는 변환이 가능하다.

5. 기저값(basis values)은 데이터에 무관하다.

2차원 FFT와 같이 2차원 DCT는 분리 가능하고, 1차원 DCT의 수열로 계산할 수 있다. 먼저, 가로방향으로 1차원 DCT를 적용한 후에 그 결과를 세로방향으로 변환할 수 있다.

정보의 묶음에 대한 능력을 보기 위해 예를 들어 보면, 아래와 같이 간단한 선형 수열을 고려한다.

```
>> a=[10:15:115]

a =

    10    25    40    55    70    85   100   115
```

이 수열에 대하여 FFT와 DCT를 적용한다. 이 결과의 반을 제거하고 나머지를 반전시킨다. 먼저 아래와 같이 FFT를 적용한다.

```
>> fa=fft(a);
>> fa(5:8)=0;
>> round(abs(ifft(fa)))

ans =

    49    41    56    57    71    70    85    90
```

다음으로 DCT를 아래와 같이 적용한다.

```
>> da=dct(a);
>> da(5:8)=0;
>> round(idct(da))
```

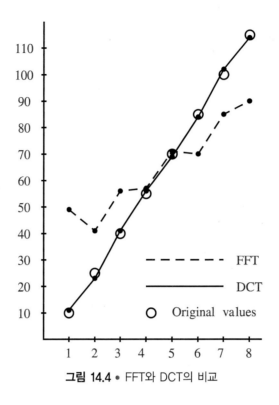

그림 14.4 ● FFT와 DCT의 비교

```
ans =

    11    23    41    56    69    84   102   114
```

변환에서 정보의 손실이 있음에도 불구하고 DCT의 결과가 훨씬 원 데이터에 가깝다는 것을 알 수 있다. 이 예는 그림 14.4에 보였다.

　　JPEG의 기본적 압축구조는 다음과 같이 적용된다.

1. 영상을 8×8 블록으로 나누고 각 블록을 변환하며 압축은 블록단위로 이루어진다.
2. 주어진 블록에 대하여, 해당 값들은 각 값에서 128을 빼서 시프트된다.
3. DCT는 이 시프트된 블록에서 적용된다.
4. DCT 값들을 정규화 매트릭스 Q로 나누어서 정규화된다. 이 정규화 값들은 해당 블록 내 대부분의 요소들이 0이 되어서 압축이 된다.

5. 이 매트릭스는 아래의 그림과 같이 지그재그 순서로 왼쪽 위에서 모두 0이 아닌 값
   들을 벡터로 간주한다.

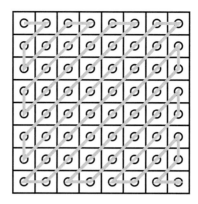

6. 각 벡터의 첫째 계수는 각 벡터에서 가장 큰 값이고, 이는 DC 계수이며, 각 값과 이
   전 블록에서의 값의 차이를 리스트에 의해 부호화된다. 이것은 모든 값들(첫 번째
   블록 제외)은 작은 값을 유지한다.
7. 이들 값은 RLE를 이용하여 다시 압축된다.
8. 모든 나머지 값들(AC 계수들)은 허프만부호화를 이용하여 압축된다.

손실압축의 정보량은 위 단계 4의 정규화 매트릭스 Q의 스케일링에 따라 변화될 수 있다.
압축을 풀기 위해 위의 단계들을 역으로 적용하는데, 허프만부호화와 RLE는 정보의 손
실이 없이 복원될 수 있다. 복원하는 과정에서 다음과 같은 처리가 실행된다.

1. 벡터는 8×8 매트릭스로 돌아가서 읽혀진다.
2. 이 매트릭스는 정규화 매트릭스와 곱해진다.
3. 이 결과에 역 DCT가 적용된다.
4. 이 결과는 원래의 영상을 얻기 위해 128까지 되돌려서 시프트된다.

JPEG 그룹에서 사용되어온 정규화 매트릭스는 아래와 같다.

$$\begin{bmatrix} 16 & 11 & 10 & 16 & 24 & 40 & 51 & 61 \\ 12 & 12 & 14 & 19 & 26 & 58 & 60 & 55 \\ 14 & 13 & 16 & 24 & 40 & 57 & 69 & 56 \\ 14 & 17 & 22 & 29 & 51 & 87 & 80 & 62 \\ 18 & 22 & 37 & 56 & 68 & 109 & 103 & 77 \\ 24 & 35 & 55 & 64 & 81 & 104 & 113 & 92 \\ 49 & 64 & 78 & 87 & 103 & 121 & 120 & 101 \\ 72 & 92 & 95 & 98 & 112 & 100 & 103 & 99 \end{bmatrix}$$

우리는 MATLAB의 함수를 이용하여 DCT와 양자화의 실험을 할 수 있다. 2차원 DCT와 역 DCT는 각각 함수 dct2와 idc2로 구현될 수 있다.

이러한 과정을 보기 위해 하나의 영상에서 임의의 8 × 8 블록의 값을 아래와 같이 입력한다.

```
>> c=imread('caribou.tif');
>> x=151;y=90;
>> block=c(x:x+7,y:y+7)

block =

    87    95    92    73    59    57    57    55
    74    71    68    59    54    54    51    57
    64    58    57    55    58    65    66    65
    57    63    68    66    74    89    98   104
    95   109   117   114   119   134   145   140
   128   139   146   139   140   148   151   143
   137   135   125   118   137   156   154   132
   122   119   113   110   128   144   140   142
```

여기서 이 블록의 각 값에서 128을 아래와 같이 뺀다.

```
>> b=double(block)-128
b =
   -41   -33   -36   -55   -69   -71   -71   -73
   -54   -57   -60   -69   -74   -74   -77   -71
   -64   -70   -71   -73   -70   -63   -62   -63
   -71   -65   -60   -62   -54   -39   -30   -24
   -33   -19   -11   -14    -9     6    17    12
     0    11    18    11    12    20    23    15
     9     7    -3   -10     9    28    26     4
    -6    -9   -15   -18     0    16    12    14
```

이를 아래와 같이 DCT 처리한다.

```
>> bd=dct2(b)
bd =
 -225.3750  -30.7580   17.3864    5.6543  -22.3750   -1.8591    3.7575    1.7196
 -241.5333   52.0722    0.8745  -21.2434    8.1434    1.8639    0.9420   -1.3369
   -2.5427   50.9316    5.0847    9.1573    1.5820   -3.8454    1.5706   -0.6043
```

```
   102.5557    23.3927   -11.5151   -12.7655   -10.6629     2.8179    -3.6743     1.2462
    -2.3750   -20.7081     3.5090   -10.3182    -1.3750    -2.4723     0.3054    -0.7308
   -12.7510     1.5740     2.7664     8.1034    -5.2779     1.0922    -1.6694     1.0561
     6.6005     7.8668    -4.9294    -7.0092     2.1860     0.8872     0.6653    -0.1783
    10.6630     0.4486    -0.1019     7.9728    -4.0241     2.4364    -2.3823     0.6011
```

여기서 정규화 매트릭스 Q를 읽어서 DCT의 결과를 Q로 아래와 같이 나누기 처리한다.

```
>> q = [16 11 10 16 24 40 51 61;...
12 12 14 19 26 58 60 55;...
14 13 16 24 40 57 69 56;...
14 17 22 29 51 87 80 62;...
18 22 37 56 68 109 103 77;...
24 35 55 64 81 104 113 92;...
49 64 78 87 103 121 120   101;...
72 92 95 98 112 100 103 99];
>> bq=round(bd./q)

bq =

   -14    -3     2     0    -1     0     0     0
   -20     4     0    -1     0     0     0     0
     0     4     0     0     0     0     0     0
     7     1    -1     0     0     0     0     0
     0    -1     0     0     0     0     0     0
    -1     0     0     0     0     0     0     0
     0     0     0     0     0     0     0     0
     0     0     0     0     0     0     0     0
```

이 단계에서 블록의 내부에는 대부분의 값들이 0으로 바뀐다. 이 블록에 벡터를 출력하면 아래와 같이 처리된다.

```
-14 -3 -20 0 4 2 0 0 4 7 0 1 0 -1 -1 0 0 0 -1 0 -1 EOB
```

여기서 EOB는 블록의 끝을 나타낸다. 이 단계까지가 8×8 블록 단위의 처리로서 작은 값들을 포함하는 길이 21의 벡터로 축소된다.

압축을 풀기 위해 이 벡터를 위의 매트릭스 bq 형태로 각 요소의 값들을 재현한다. 그 후에 정규화 매트릭스 Q를 다음과 같이 곱하기 처리한다.

```
>> bq2=bq.*q

bq2 =

  -224    -33     20      0    -24      0      0      0
  -240     48      0    -19      0      0      0      0
     0     52      0      0      0      0      0      0
    98     17    -22      0      0      0      0      0
     0    -22      0      0      0      0      0      0
   -24      0      0      0      0      0      0      0
     0      0      0      0      0      0      0      0
     0      0      0      0      0      0      0      0
```

여기서 아래와 같이 역 DCT 처리한다.

```
>> bd2=idct2(bq2)

bd2 =

  -48.1431  -39.4257  -39.8246  -53.5852  -65.6253  -68.5089  -70.4960  -74.9017
  -52.5762  -46.8345  -50.6187  -65.1825  -74.3228  -71.8983  -68.6282  -69.8981
  -70.6699  -66.1335  -69.6750  -80.0362  -81.2435  -69.9392  -59.8115  -57.6095
  -68.4457  -61.8134  -60.1283  -62.2478  -54.7898  -37.7751  -26.0007  -24.2342
  -29.6526  -21.6215  -16.7263  -14.7648   -5.2632    9.2177   14.8476   11.3981
    1.6297    7.3329    9.2805    8.8036   15.4106   24.9217   24.0240   15.7152
    3.0533    4.5797    1.2799   -2.1680    4.6076   15.8252   16.2949    8.4867
   -2.8366   -4.0640  -10.3394  -14.0550   -3.8001   13.2610   19.3977   14.9470
```

마지막으로 이 결과에 128을 더하여 아래와 같이 정수화 처리한다.

```
>> b2=round(bd2+128)

b2 =

    80     89     88     74     62     59     58     53
    75     81     77     63     54     56     59     58
    57     62     58     48     47     58     68     70
    60     66     68     66     73     90    102    104
    98    106    111    113    123    137    143    139
   130    135    137    137    143    153    152    144
   131    133    129    126    133    144    144    136
   125    124    118    114    124    141    147    143
```

```
function out=jpg_in(x,n)
q=[16 11 10 16 24 40 51 61;...
   12 12 14 19 26 58 60 55;...
   14 13 16 24 40 57 69 56;...
   14 17 22 29 51 87 80 62;...
   18 22 37 56 68 109 103 77;...
   24 35 55 64 81 104 113 92;...
   49 64 78 87 103 121 120 101;...
   72 92 95 98 112 100 103 99];
bd=dct2(double(x)-128);
out=round(bd./(q*n));
```

```
function out=jpg_out(x,n)
q=[16 11 10 16 24 40 51 61;...
   12 12 14 19 26 58 60 55;...
   14 13 16 24 40 57 69 56;...
   14 17 22 29 51 87 80 62;...
   18 22 37 56 68 109 103 77;...
   24 35 55 64 81 104 113 92;...
   49 64 78 87 103 121 120 101;...
   72 92 95 98 112 100 103 99];
out=round(idct2(x.*q*n)+128);
```

그림 14.5 • JPEG 압축을 실험하기 위한 MATLAB 함수.

이들 값들은 원래 블록의 값들과 매우 비슷함을 볼 수 있다. 원 데이터와 복원 데이터의 값들의 차이는 아래와 같다.

```
>> double(block)-double(b2)

ans =

    7    6    4   -1   -3   -2   -1    2
   -1  -10   -9   -4    0   -2   -8   -1
    7   -4   -1    7   11    7   -2   -5
   -3   -3    0    0    1   -1   -4    0
   -3    3    6    1   -4   -3    2    1
   -2    4    9    2   -3   -5   -1   -1
    6    2   -4   -8    4   12   10   -4
   -3   -5   -5   -4    4    3   -7   -1
```

이 알고리즘은 저주파영역에서 정밀하게 처리되며, 이 경우에 원래 블록이 매우 적은 오차범위 내에서 복원될 수 있다.

우리는 JPEG 압축을 `blkpro` 함수를 이용하여 실험할 수 있고, 이 함수는 영상에서 각 블록 단위로 함수를 적용하며, `blkproc` 함수는 파라미터로서 주어지는 블록 사이즈로 처리된다. 우리는 두 가지의 함수로 설계하는데, `jpg_in`은 각각 8×8 블록으로 압축하고 `jpg_out`은 복원하는 것으로서 압축의 역순으로 처리한다. 각 함수에 대하여 구체적인 파라미터 n을 포함하는데 이것은 정규화 매트릭스를 스케일하는 데 사용된다. 이 함수들을 그림 14.5에 보였다. 여기서 **caribou**(사슴) 영상에 이를 적용해 보기로 한다.

```
>> cj1=blkproc(c,[8,8],'jpg_in',1);
>> length(find(cj1==0))

ans =

     51940
```

우리는 해당 영상의 각 8×8 블록으로 압축과정을 적용한다. 여기서 양자화 매트릭스로 나누고 정수화까지 처리한다. 두 번째 명령의 초점은 이 단계에서 얼마나 많은 정보가 제거되지를 보는 것이다. 원 영상은 0과 128 사이에 65,536가지의 다른 정보(화소 값)를 포함하고 있다. 그러나 여기서는 단지 65,536 − 51,940 = 13,596가지의 정보만 남게 되고, 이들의 최대 및 최소값은 각각 아래와 같다.

```
>> max(cj1(:)),min(cj1(:))

ans =

    60


ans =

   -45
```

그러므로 정보는 수뿐만이 아니라 범위도 훨씬 적게 된다. 여기서 우리는 아래와 같이 그 역과정을 처리해 보자.

```
>> c1=jpg_out(cj1,2);
>> c1=uint8(c1);
```

원 영상과 그 결과 c2를 그림 14.6에 보였다. 원 영상과 복원 영상 사이에 보이는 차이는 느낄 수 없다. 그러나 이들 간에는 다음과 같이 서로 같지 않다.

(a)   (b)

그림 14.6 • JPEG 압축. (a) 원 영상. (b) 압축 및 복원 후 영상.

```
>> max(double(c(:))-double(c1(:)))

ans =

    31

>> min(double(c(:))-double(c1(:)))

ans =

   -26
```

우리는 아래와 같이 그 차이를 그림 14.7에서 볼 수 있다.

```
>> imshow(mat2gray(double(c)-double(c1)))
```

우리는 양자화의 다른 레벨을 실험해 볼 수 있다. 여분의 파라미터 n을 2로 가정해 보자. 이것은 정규화 매트릭스에서 각 값들을 2배하는 효과를 가진다. 그러므로 DCT 계수들이 다음과 같이 더 많이 0으로 된다.

그림 14.7 • 원 영상과 복원 영상의 차분 영상.

```
>> cj2=blkproc(c,[8,8],'jpg_in',2);
>> length(find(cj2==0))

ans =

    56729
```

이것은 단지 8,807개의 값만이 0이 아니라는 것을 의미한다. 이때 cj의 최대값과 최소값이 각각 30과 −22를 구할 수 있다. 여기서 압축을 풀어서 그 결과를 디스플레이할 수 있고, 위와 같이 같은 명령에서 그 차이를 볼 수 있다. 이 결과를 그림 14.8에 보였다. 다시 스케일 값 n을 5로 아래와 같이 시도해 보자.

```
>> cj5=blkproc(c,[8,8],'jpg_in',5);
>> length(find(c5==0))

ans =

    61512
```

(a)　　　　　　　　　　　　　(b)

그림 14.8 ● 스케일 2에 의한 복원 영상(a)와 원 영상과의 차분 영상(b).

(a)　　　　　　　　　　　　　(b)

그림 14.9 ● 스케일 5에 의한 복원 영상(a)와 차분 영상(b).

그 결과는 그림 14.9과 같다. 이 단계에서 얼마간의 섬세한 정보를 잃게 되지만, 영상은 여전히 화질이 좋은 편이다. 스케일 계수를 증가시키면 양자화 후 값의 범위는 감소한다. 위의 매트릭스 `cj`에 대하여 최대와 최소값은 각각 12와 −9이다.

　　마지막으로 스케일 계수를 10으로 시도하면 다음과 같다.

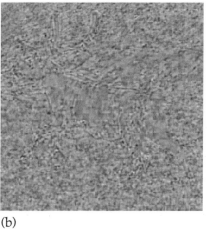

(a) (b)

그림 14.10 • 스케일 계수 10일 때의 JPEG 알고리즘.

```
>> cj10=blkproc(c,[8,8],'jpg_in',10);
>> length(find(cj10==0))

ans =

      63684
```

최대 및 최소값은 각각 6과 −4이고, 정보는 단지 1,852개로 된다. 이 결과는 그림 14.10 과 같다. 이 영상은 확실히 열화가 생김을 볼 수 있다. 그러나 동물은 여전이 깨끗하게 보인다.

우리는 이 영상을 자세히 들여다보면서 JPEG 압축 및 복원의 결과를 볼 수 있다. 여기서 동물의 머리 부분을 살펴보려면 아래와 같이 처리할 수 있다.

```
>> imshow(imresize(c(68-31:68+32,56-31:56+32),4))
```

이를 그림 14.11에 보였다. 같은 영역에서 스케일 계수를 각각 1과 2를 적용한 것이 그림 14.12와 같다. 또 5와 10을 적용한 결과는 그림 14.13에 보였다. 스케일 계수가 증가할수록 블록화 현상이 심해진다는 것을 알 수 있다. 이 블록화 현상은 각 8×8 블록이 다른 블록의 값들과는 완전히 독립적이기 때문에 이 알고리즘의 처리에 기인된다.

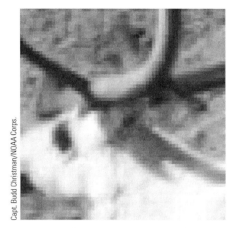

그림 14.11 • close-up 영상.

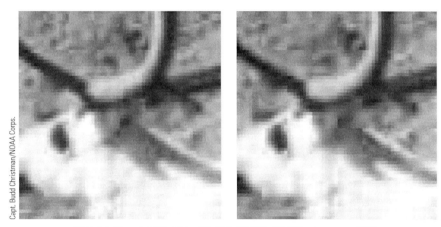

그림 14.12 • 스케일 계수 1과 2를 적용한 결과의 close-up 영상.

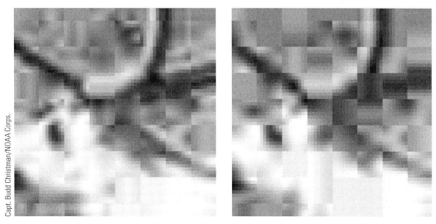

그림 14.13 • 스케일 계수 5와 10을 적용한 결과의 close-up 영상.

이 과정은 출력에서 불연속이 생기는 경향이 있고, 이는 높은 레벨의 압축에 대한 JPEG 알고리즘의 단점이다. 15장에서 우리는 이 단점을 웨이블릿을 이용하여 극복할 수 있다.

여기서 압축비의 변화가 출력에 어떤 영향을 미치는가를 보기로 한다. JPEG 알고리즘은 특히 저장을 위해 설계되었다. 예를 들면 caribou 영상에서 원 블록을 입력하여 이를 double형 양자화 매트릭스로 나눈다. 지그재그 순서화 처리 후에 출력은 아래와 같다.

$$7 \quad -1 \quad -1 \, 0 \quad 0 \quad 2 \quad 1 \quad 0 \quad 0 \quad 2 \quad 4 \quad 0 \quad 1 \quad 0 \quad -1 \quad \text{EOB}.$$

그 후에 이 벡터는 허프만부호화된다. 이렇게 하기 위해 해당 벡터의 각 요소(첫 번째는 제외함)는, 즉 각 AC 값은 그 절대값에 따라 특별한 범주 내에 존재하도록 정의된다. 일반적으로 값 0은 범주 0에 주어지고, 범주 k는 아래와 같이 그 절대값을 만족하는 모든 요소 x를 포함한다.

$$2^k \le |x| \le 2^{k+1} - 1.$$

범주들은 첫 번째 (DC)값의 차분에 대해서도 적용된다. 첫 번째 몇 개의 범주들은 아래와 같다.

Range	DC category	AC category
0	0	Not applicable
$-1, 1$	1	1
$-3, -2, 2, 3$	2	2
$-7, \ldots, -4, 4, \ldots, 7$	3	3
$-15, \ldots, -8, 8, \ldots, 15$	4	4

이 벡터를 부호화하기 위해 범주는 앞에 나오는 0의 길이에 따라 모든 0이 아닌 항들에 적용된다. 예를 들면 위의 벡터에서는 아래와 같이 표현될 수 있다.

	Values:	7	-1	10	0	2	1	0	0	2	4	0	1	0	-1
	Category:		1	4		2	1			2	3		1		1
Preceding	zeros:		0	0		1	0			2	0		1		1

각 0이 아닌 AC 값에 대하여 그 특정 범주 및 앞서 나오는 0의 길이에 대하여 허프만부호를 포함하는 2진 벡터가 만들어진다. 이것은 부호비트(0은 음수, 1은 양수)와 범주 k, 그 범주 내에 위치를 나타내는 $k - 1$비트의 길이에 따른다. 허프만부호 표는 JPEG 기

본구조의 표준으로 제공된다. 첫 몇 개의 범주와 길이는 아래와 같다. 그리고 전체의 완전한 표는 전문서적을 참고하기 바란다.

Run	Category	Code
0	0	1010
0	1	00
0	2	01
0	3	100
0	4	1011
1	1	1100
1	2	111001
1	3	1111001
1	4	111110110
2	1	11011
2	2	11111000
2	3	1111110111

위 벡터에서 0이 아닌 AC 값에 대하여 출력 2진 수열은 아래와 같이 얻어진다.

Run	Category	Code	Sign	Position
0	1	00	0	0
0	4	1011	1	011
1	2	111001	1	0
0	1	00	1	1
2	2	11111000	1	0
0	3	100	1	00
1	1	1100	1	0
1	1	1100	0	0

이 블록의 출력 수열의 비트는 DC 계수의 차분에 대한 부호로 구성되며, 아래와 같다.

$$0000/10111011/11100110/0011/1111100010/100100/110010/110000,$$

여기서 이 라인 정보는 각 수열들을 나타낸다. 첫 번째 부호에 대한 8비트라고 가정하면 전체 블록은 단지 60비트로 부호화되어 압축비는 아래와 같이 8.5 이상이다..

$$60/64 \approx 0.94 \text{ bits per pixel},$$

JPEG 알고리즘에 대한 더욱 자세한 내용은 전문서적을 참고하기 바란다.

연습문제

1. a. 데이터 구조(data structure)에 대한 지식이 있다면 허프만부호화 함수를 구현하라. MATLAB에서 트리 구조를 구현할 필요가 있는데, 이를 위한 한 가지 방법은 원소배열의 끼워넣기(nested cell array)이다. 그렇지 않으면 MATLAB의 central file exchange로부터 허프만코드를 다운로드하라.

   b. 여러분이 만든 함수로 14.2절에 주어진 예들을 시험하라.

2. 아래에 주어진 각 확률 표에 대하여 허프만코드를 구성하라.

gray scale		0	1	2	3	4	5	6	7
probability	(a)	.07	.11	.08	.04	.5	.05	.06	.09
	(b)	.13	.12	.13	.13	.12	.12	.12	.13
	(c)	.09	.13	.15	.1	.14	.12	.11	.16

   각 경우에 구해진 부호로서 화소당 평균 비트 수를 결정하라.

3. 문제 1의 결과로부터 허프만부호화를 이용하여 높은 압축비를 제공하는 확률분포의 조건이 무엇이라고 생각하는가?

4. 아래의 각 2진 영상에 대하여 ELE를 이용하여 부호화하라.

a
```
1 0 0 1 1 1
0 1 0 1 1 1
1 0 0 1 1 1
0 1 1 1 0 1
1 0 1 0 1 1
0 1 1 1 1 0
```

b
```
1 0 1 0 0 0
0 0 1 1 0 1
1 1 0 0 0 0
0 0 0 0 1 1
1 1 1 1 0 0
1 1 1 0 0 0
```

5. RLE를 이용하여, 아래의 각 4비트 영상을 부호화하라.

a

1	1	3	3	1	1
1	7	10	10	7	1
6	13	15	15	13	6
6	13	15	15	13	6
1	7	10	10	7	1
1	1	3	3	1	1

b

0	0	0	6	12	12	1	9
1	1	1	6	12	11	9	13
2	2	2	6	11	9	13	13
8	10	15	15	7	5	5	5
14	8	10	15	7	4	4	4
14	14	5	10	7	3	3	3

6. MATLAB으로 문제 4와 5를 확인하라. 3.4절에서 논의한 기술을 이용하여 비트평면을 분리하라.

7. 4비트 그레이코드를 이용하여 위의 영상들을 부호화하라. 그리고 RLE를 적용하여 이 결과를 비트평면으로 표시하라. 그레이코드와 표준 2진 코드를 이용하여 얻은 결과를 비교하라.

8. 줄-길이 부호로부터 2진 영상을 복원하기 위한 MATLAB 함수를 출력하라. 이전 문제에서 영상들과 부호들에 이것을 시험하라.

9. 아래에 나타낸 것은 4×4의 4비트 영상을 RLE를 최대에서 최소 비트까지의 주요 비트평면을 표시한 것이다. 이의 영상을 구성하라.

3	1	2	2	1	4	1	2		
1	2	1	2	1	2	1	2	1	3
2	1	2	1	2	2	1	5		
0	3	1	3	2	3	1	2	1	

10. a. 다음의 주어진 4비트 영상에서, least most significant 비트평면을 제거하여 3비트 영상으로 변환하라. 이 결과에 허프만코드를 구성하고, 이 코드에 사용된 화소당 평균 비트 수를 결정하라.

```
0    4    4    4    4    4    6    7
0    4    5    5    5    4    6    7
1    4    5    5    5    4    6    7
1    4    5    5    5    4    6    7
1    4    4    4    4    4    6    7
2    2    8    8    8   10   10   11
2    2    9    9    9   12   13   13
3    3    9    9    9   15   14   14
```

    b. 여기서 원 영상에 허프만부호화를 적용하고 이 부호에 사용된 화소당 평균 비트 수를 결정하라.

    c. 이 두 가지 중에서 어느 것이 더 좋은 압축비를 얻을 수 있는가?

11. 아래 a, b 및 c로 구성되는 8×8 블록에 JPEG 압축을 적용하라.

    a. 모두 동일한 값

    b. 좌측의 반에 동일한 값, 나머지 반은 다른 값

    c. 0~255의 범위에 균일하게 분포된 불규칙한 값들

    각 경우에서 부호벡터의 길이와 압축을 푼 결과를 비교하라.

12. 영상 engineer.tif를 입력하라. 위에서 설명한 JPEG 명령들을 이용하여 더욱 큰 압축비를 이용하여 압축을 시도하라. 해당 영상을 여전히 인식할 수 있는 정도에 대한 가장 큰 양자화 스케일 계수는 얼마인가? DCT 블록 매트릭스에서 얼마나 많은 0들이 존재하는가?

13. 주어진 JPEG 허프만부호를 아래의 벡터에 적용하라.

```
-14 -3 -7 0 4 2 0 0 4 3 0 1 0 -1 -1 0 0 0 -1 0 -1 EOB
```

그리고 압축비를 결정하라.

15

웨이블릿 변환

15.1 >> 웨이브와 웨이블릿

우리는 7장과 14장에서 이산 푸리에 변환(DFT)과 그 사촌격인 이산 코사인 변환(DCT)이 영상처리와 영상압축에 많이 이용된다는 것을 설명하였다. 특히 푸리에 변환은 영상이 주기적인 사인 혹은 코사인 함수로 분해되는 개념에 기반을 두고 있기 때문에 실제로 이 이론을 적용하기 위해 영상에서 몇 개의 주기성을 가정해야 한다. 이 주기성은 영상이 위쪽, 아래쪽, 왼쪽 및 오른쪽에서 만곡(bent)이 있다고 가정하여 얻어진다. 그러나 이것이 영상에서 불필요한 불연속이 생기고, 이들의 변환 및 이를 적용할 때 영향을 미치게 될 수도 있음을 의미한다.

웨이블릿의 개념은 파형의 개념을 유지하면서 주기성을 없앤다는 것이다. 우리는 하나의 파형의 적은 부분이 되는 **웨이블릿**을 고려하고, 이 파형은 작은 영역에서 0이 아니다. 그림 15.1은 이 개념을 보인 것이다. 그림 15.1(a)는 아래의 사인파의 그래프를 나타낸다.

$$y = \sin(x)$$

$-10 \le x \le 10$에 대하여 그리고 그림 15.1(b)는 같은 구간에서 아래의 식을 나타내는 그래프이다.

$$y = \sin(x)$$

하나의 웨이블릿이 주어진다고 생각하자. 그것을 어떻게 할 것인가? 만일

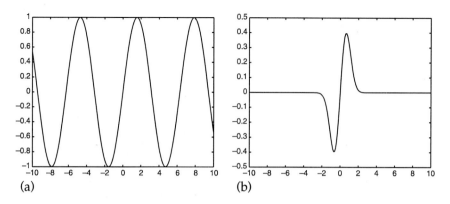

그림 15.1 ● 파형과 웨이블릿의 비교. (a) 파형. (b) 웨이블릿.

$$f = w(x)$$

가 웨이블릿을 만족하는 함수라면 다음과 같이 표현할 수 있다.

- 스케일 계수를 x에 적용하여 팽창시켜라. $f(2x)$는 그 웨이블릿을 압축시키고, $f(x/2)$는 웨이블릿을 확장시킨다.
- x에서 적당한 값을 더하거나 빼기를 하여 이동시켜라. $f(x-2)$는 그 웨이블릿을 오른쪽으로 이동시키고, $f(x-3)$은 그 웨이블릿을 왼쪽으로 이동하게 된다. 그리고
- 그 함수에 상수를 간단하게 곱하여 그 높이를 변화시켜라.

물론 이 과정을 아래와 같이 한 번에 처리할 수 있다.

$$6f(x/2 - 3), \quad \frac{1}{3}f(16x + 17), \quad f(x/128 - 33.5), \ldots$$

아래의 그림 15.1(b)의 웨이블릿 함수를 약간 팽창시키고 시프트시킨 것이 그림 15.2에 보였다.

$$w(x) = \sin(x)e^{-x^2}$$

푸리에 변환 처리의 사전 지식이 주어지면 웨이블릿 $w(x)$를 합리적으로 시작하기에 큰 지장이 없으며 형성된 웨이블릿들의 합으로서 아래와 같이 어떤 함수 $f(x)$를 표현할 수 있다.

$$aw(bx + c).$$

2차원으로 움직이면서, 푸리에 변환에서 사인과 코사인을 적용하는 것과 같은 방법으로

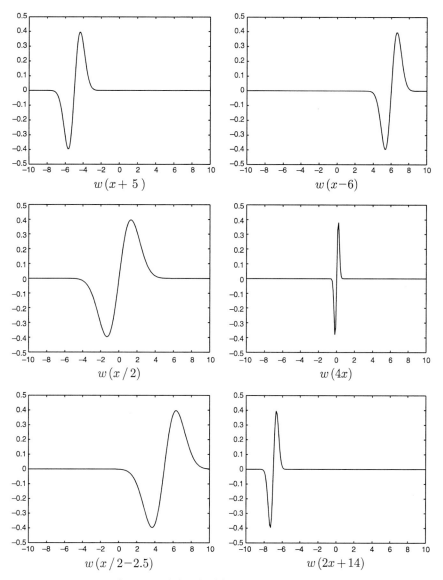

그림 15.2 • 웨이블릿 $w(x)$의 팽창과 시프트 결과.

영상에 웨이블릿들을 적용할 수 있다.

웨이블릿들이 매우 강력한 영상처리 알고리즘들의 새로운 분류로 제공되는 것을 이용하면, 웨이블릿들은 잡음 제거, 에지 검출 및 압축에 이용될 수 있다. 웨이블릿의 이용은 JPEG2000 영상압축 알고리즘에서 영상압축을 위한 DCT 대신에 사용된다.

웨이블릿이 가능한 것은 이미 연구가 많이 된 이론을 가지고, 여러 가지 다른 방향으로 접근할 수 있다는 것이다.

웨이블릿을 설명하는 "자연스런" 방법은 없다. 그것은 이 책을 읽는 사람의 배경 지식과 웨이블릿을 적용하고자 하는 용처에 밀접하게 관련되어 있기 때문이다. 또한 웨이블릿에 대한 대부분의 서술은 매우 빠르게 이론적인 내용으로 빠져드는 경향이 있다.

이 장에서는 웨이블릿의 간단한 예와 영상에 대한 응용을 보기로 한다.

15.1.1 간단한 웨이블릿 변환

웨이블릿 변환의 처리와 성질을 느껴보기 위해 매우 간단한 예를 보기로 하자. 모든 웨이블릿 변환은 입력 값들의 가중평균을 취하고 원래의 입력을 복원할 수 있도록 다른 필요한 정보를 제공하여 처리한다.

예를 들면 두 가지의 연산을 수행하는데, 2개 값의 평균과 차분을 구하는 것이다. 예를 들면 주어진 2개의 수 14와 22를 생각하자. 아래와 같이 이들의 평균을 쉽게 구할 수 있다.

$$\frac{14 + 22}{2} = 18.$$

이 평균으로부터 원래의 두 가지 값을 복원하기 위해 두 번째 값인 차분을 구해야 하는데, 이것은 첫 번째 값에서 평균을 빼면 아래와 같이 구할 수 있다.

$$14 - 18 = -4.$$

평균과 차분으로부터 아래와 같이 차분과 평균을 더한 것과 뺀 값이 각각 원래의 두 가지 수가 된다.

$$18 + (-4) = 14$$
$$18 - (-4) = 22.$$

일반적으로 a와 b가 2개의 수라면 평균 s와 차분 d를 아래와 같이 구할 수 있다.

$$s = \frac{a + b}{2}$$
$$d = a - s.$$

그 후에 두 가지 원래의 수를 아래와 같이 복원할 수 있다.

$$a = s + d$$
$$b = s - d.$$

8개의 원소를 가진 간단한 벡터 v를 취하고 각각 4개의 원소를 가지는 새로운 두 가지 벡터 v_1 및 v_2를 만들어 보자. 벡터 v_1은 v에서 각 쌍의 원소들의 평균으로 구성되고, 벡터 v_2는 v_1의 원소들과 v의 첫 4개의 원소들과의 차분으로 구성된다. 우리는 아래와 같이 시작한다.

$$v = [71, \quad 67, \quad 24, \quad 26, \quad 36, \quad 32, \quad 14, \quad 18].$$

그리고, v_1과 v_2는 각각 아래와 같이 구할 수 있다.

$$v_1 = \left[\frac{71 + 67}{2}, \quad \frac{24 + 26}{2}, \quad \frac{36 + 32}{2}, \quad \frac{14 + 18}{2} \right]$$
$$= [69, \quad 25, \quad 34, \quad 16]$$

$$v_2 = [71 - 69, \quad 24 - 25, \quad 36 - 34, \quad 14 - 16]$$
$$= [2, \quad -1, \quad 2, \quad -2].$$

v_1과 v_2의 연결은 아래와 같이 원래 벡터의 **스케일 1에서의 이산 웨이블릿 변환**이다.

$$d_1 = [69, \quad 25, \quad 34, \quad 16, \quad 2, \quad -1, \quad 2, \quad -2].$$

우리는 이 결과의 첫 4개의 원소들에 대한 동일한 평균과 차분을 수행하여 계속할 수 있다. 이것은 아래와 같이 2개의 원소 각각의 2개 벡터의 연결을 포함한다.

$$v_1 = \left[\frac{69 + 25}{2}, \quad \frac{34 + 16}{2} \right]$$
$$= [47, \quad 25]$$
$$v_2 = [69 - 47, \quad 34 - 25]$$
$$= [22, \quad 9]$$

위의 d_1의 첫 4개의 원소들을 새로운 v_1과 v_2로 치환하면 아래와 같은 결과를 얻는다.

$$d_2 = [47, \quad 25, \quad 22, \quad 9, \quad 2, \quad -1, \quad 2, \quad -2],$$

이것은 원래 벡터의 **스케일 2에서 이산 웨이블릿 변환**이다. 우리는 보다 한 단계 더 진행할 수 있고, 이는 d_2의 첫 2개의 원소들을 그들의 평균과 차분을 아래와 같이 구할 수 있다.

$$d_3 = [36, \quad 11, \quad 22, \quad 9, \quad 2, \quad -1, \quad 2, \quad -2],$$

이것은 원래 벡터의 **스케일 3에서의 이산 웨이블릿 변환**이다.

원래의 벡터를 복원하기 위해 우선 첫 2개의 원소들을 더하기와 빼기를 한 후에 첫 4개를 처리하고 마지막으로 나머지를 처리한다.

$$[36 + 11, \quad 36 - 11, \quad 22, \quad 9, \quad 2, \quad -1, \quad 2, \quad -2]$$
$$= [47, \quad 25, \quad 22, \quad 9, \quad 2, \quad -1, \quad 2, \quad -2]$$
$$[47 + 22, \quad 47 - 22, \quad 25 + 9, \quad 25 - 9, \quad 2, \quad -1, \quad 2, \quad -2]$$
$$= [69, \quad 25, \quad 34, \quad 16, \quad 2, \quad -1, \quad 2, \quad -2]$$
$$[69 + 2, \quad 69 - 2, \quad 25 + (-1), \quad 25 - (-1), \quad 34 + 2, \quad 34 - 2,$$
$$16 + (-2), \quad 16 - (-2)]$$
$$= [71, \quad 67, \quad 24, \quad 26, \quad 36, \quad 32, \quad 14, \quad 18].$$

각 단계에서 평균벡터는 원래 벡터의 낮은 분해능의 영역을 만든다. 웨이블릿 변환은 입력의 낮은 분해능 성분과 역과장에서 필요한 여분의 정보와 혼합성분을 만든다.

차분은 입력 값들 모두 비슷하게 작은 값이 된다. 이것은 압축에 대한 개념을 보이는 것으로서, 변환에서 미리 정해진 값보다 작은 모든 값들을 0으로 처리하는 문턱치 처리를 적용한다. 0의 문턱치를 적용한다고 가정하면, 문턱치 처리 후 d_3는 아래와 같다.

$$d_3' = [36, \quad 11, \quad 22, \quad 9, \quad 2, \quad 0, \quad 2, \quad 0].$$

이로부터 더하기 및 빼기를 위와 같이 처리하면 아래의 결과를 얻는다.

$$v' = [71, \quad 67, \quad 25, \quad 25, \quad 36, \quad 32, \quad 16, \quad 16].$$

이 결과는 변환에서 약간의 정보 손실에도 불구하고 원래의 벡터와 비슷하다는 것을 알 수 있다.

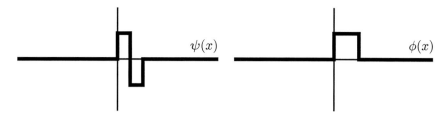

그림 15.3 • Harr 웨이블릿과 펄스함수.

15.2 >> 간단한 웨이블릿: Haar 웨이블릿

Haar 웨이블릿은 오랫동안 폭넓게 **Haar 변환**으로서 영상에 적용되어 왔다. 최근에 와서 Haar 변환은 단순한 웨이블릿 변환으로 비춰지고 있다. 사실 Haar 변환은 가장 간단하고 가능한 웨이블릿이고, 이러한 이유로 입문하기에 적합하다.

Haar 변환은 아래와 같은 함수로 정의되고 그림 15.3과 같다.

$$\psi(x) = \begin{cases} 1 & \text{if } 0 < x < 1/2 \\ -1 & \text{if } 1/2 \le x < 1 \\ 0 & \text{otherwise} \end{cases}$$

웨이블릿 함수 $w(x)$와 같이 이 웨이블릿을 수평 및 수직으로 압축과 신장시킬 수 있고 시프트도 가능하다.

15.2.1 Harr 웨이블릿의 적용

Haar 웨이블릿이 주어지면 웨이블릿 변환에 어떻게 이용할 수 있는가? 아직 웨이블릿 변환이 무엇인가를 정의하지 않았다. 이는 DFT 혹은 DCT와 비슷하게 정의할 수 있다. 이것은 웨이블릿 값들로 곱해진 함수 값들의 합이다. 비교해 보면 DFT는 복소 지수함수 성분들을 함수 값에 곱하고, DCT는 코사인을 함수 값에 곱한다.

이산 웨이블릿 변환(DWT)은 아래와 같이 표현될 수 있다.

$$W_\phi(j_0, k) = \frac{1}{\sqrt{M}} \sum_x f(x)\phi_{j_0,k}x \tag{15.1}$$

$$W_\psi(j, k) = \frac{1}{\sqrt{M}} \sum_x f(x)\psi_{j,k}(x), \tag{15.2}$$

여기서 $\phi(x)$와 $\psi(x)$에서 첨자는 기저함수들의 다른 팽창과 시프트를 표현한다. 그래서 아래와 같이 $f(x)$를 복원할 수 있다.

$$f(x) = \frac{1}{\sqrt{M}} \sum_k W_\phi(j_0, k)\phi_{j_0, k}x + \frac{1}{\sqrt{M}} \sum_{j=j_0}^{\infty} W_\psi(j, k)\psi_{j, k}(x).$$

그러나 이들 표현이 실제로 보여주는 것은 DWT가 DFT와 DCT와 같이 동일한 기저함수를 가진다는 것이다. 각 경우에 특정 부류의 함수들로부터 해당 값들을 입력에 곱하여 그 합으로 이루어진다. 위 방정식들의 형태는 이산 웨이블릿 변환이 DFT에서 보았듯이 하나의 매트릭스의 곱으로 표현될 수 있음을 나타낸다. 이것이 어떻게 처리되는가를 아래에 보였다.

Haar 웨이블릿이 아래와 같이 간단한 펄스함수로 쓸 수 있음에 유의하라.

$$\phi(x) = \begin{cases} 1 & \text{if } 0 \leq x < 1 \\ 0 & \text{otherwise,} \end{cases}$$

이 관계를 이용하여 아래의 식 (15.3)과 같이 표현할 수 있다.

$$\psi(x) = \phi(2x) - \phi(2x - 1). \tag{15.3}$$

우리는 이것이 $\phi(2x)$가 $0 \leq x \leq 1/2$에서 1과 같고, $\phi(2x - 1)$은 $1/2 \leq x \leq 1$에서 1과 같다는 것을 알 수 있다.

펄스함수는 또한 아래의 식 (15.4)를 만족한다.

$$\phi\left(\frac{x}{2}\right) = \phi(x) - \phi(x - 1). \tag{15.4}$$

웨이블릿 이론에서, "starting wavelet"인 경우에 함수 $\psi(x)$를 **mother 웨이블릿**이라 하고, 이에 대응하는 함수 $\phi(x)$를 **스케일링 함수**(가끔 이를 **father 웨이블릿**)라 한다.

여기서 식 (15.4)에서 스케일링 표현을 아래와 같이 표현할 수 있다.

$$\phi(x) = \phi(2x) + \phi(2x - 1). \tag{15.5}$$

식 (15.4)와 (15.5)는 이들 웨이블릿들이 다른 분해능에서 재스케일이 되는 것을 말해주기 때문에 중요하다. 식 (15.5)는 매우 중요한데, 이를 **팽창방정식**이라 한다. 왜냐하면 그것은 그 자신을 팽창영역에 대한 스케일링 함수에 관련되기 때문이다. 이 방정식의 일반화는 아래에서 볼 수 있듯이 Haar 웨이블릿과 다른 웨이블릿을 유도한다. 식 (15.3)은 Haar 웨이블릿에 대한 웨이블릿 방정식이다. 팽창과 **웨이블릿 방정식**들은 부호의 변화를 제외하고 동일하게 오른쪽에 표시된다. 이들은 아래와 같이 표현하여 일반화될 수 있다.

$$\phi(x) = \cdots + h_{-2}\phi(2x+2) + h_{-1}\phi(2x+1) + h_0\phi(2x)$$
$$+ h_1\phi(2x-1) + h_2\phi(2x-2) + h_3\phi(2x-3) + \cdots \tag{15.6}$$

$$\psi(x) = \cdots - h_{-2}\phi(2x-3) + h_{-1}\phi(2x-2) - h_0\phi(2x-1)$$
$$+ h_1\phi(2x) - h_2\phi(2x+1) + h_3\phi(2x+2) - \cdots, \tag{15.7}$$

여기서 값 h_i는 **필터계수** 혹은 웨이블릿의 **탭**이라고 한다. 웨이블릿은 탭에 의해서 완전히 규정된다. 그러므로 Haar 웨이블릿에 대하여 아래의 식으로 표현할 수 있다.

$$\phi(x) = h_0\phi(2x) + h_1\phi(2x-1) \tag{15.8}$$

$$\psi(x) = h_1\phi(2x) - h_0\phi(2x-1), \tag{15.9}$$

여기서 $h_0 = h_1 = 1$이다. 이것은 실제로 DWT의 계산에서 사용하는 h_i 값들이다. 우리는 이들을 아래와 같이 DWT 매트릭스로 둘 수 있다.

$$H_{2^n} = \begin{bmatrix} 1 & 1 & 0 & 0 & 0 & 0 & \cdots & 0 & 0 & 0 & 0 \\ 0 & 0 & 1 & 1 & 0 & 0 & \cdots & 0 & 0 & 0 & 0 \\ 0 & 0 & 0 & 0 & 1 & 1 & \cdots & 0 & 0 & 0 & 0 \\ \vdots & \vdots & \vdots & \vdots & \vdots & & \vdots & \vdots & \vdots & \vdots \\ 0 & 0 & 0 & 0 & 0 & 0 & \cdots & 1 & 1 & 0 & 0 \\ 0 & 0 & 0 & 0 & 0 & 0 & \cdots & 0 & 0 & 1 & 1 \\ 1 & -1 & 0 & 0 & 0 & 0 & \cdots & 0 & 0 & 0 & 0 \\ 0 & 0 & 1 & -1 & 0 & 0 & \cdots & 0 & 0 & 0 & 0 \\ 0 & 0 & 0 & 0 & 1 & -1 & \cdots & 0 & 0 & 0 & 0 \\ \vdots & \vdots & \vdots & \vdots & \vdots & & \vdots & \vdots & \vdots & \vdots \\ 0 & 0 & 0 & 0 & 0 & 0 & \cdots & 1 & -1 & 0 & 0 \\ 0 & 0 & 0 & 0 & 0 & 0 & \cdots & 0 & 0 & 1 & -1 \end{bmatrix}$$

만일 v가 앞에서 논의한 벡터이면 $vH'_8 = d_1$ 이다. d_2와 d_3를 적당한 사이즈의 H 매트릭스로 이 벡터의 첫 값들을 곱하여 얻을 수 있다.

MATLAB에서 이를 아래와 같이 시도해 보자.

```
>> h8=[1 1 0 0 0 0 0 0;0 0 1 1 0 0 0 0;...
       0 0 0 0 1 1 0 0;0 0 0 0 0 0 1 1;...
       1 -1 0 0 0 0 0 0;0 0 1 -1 0 0 0 0;...
       0 0 0 0 1 -1 0 0;0 0 0 0 0 0 1 -1];
>> h4=[1 1 0 0;0 0 1 1;1 -1 0 0;0 0 1 -1];
>> h2=[1 1;1 -1];
>> v=[71 67 24 26 36 32 14 18];
>> d1=v*h8'/2

d1 =

    69    25    34    16     2    -1     2    -2

>> d2=d1;d2(1:4)=d1(1:4)*h4'/2

d2 =

    47    25    22     9     2    -1     2    -2

>> d3=d2;d3(1:2)=d2(1:2)*h2'/2

d3 =

    36    11    22     9     2    -1     2    -2
```

여기서 2로 나눈 것은 Haar 매트릭스가 그들의 평균을 구하는 대신에 2개의 수를 더하였기 때문이고, 차분에 대해서는 동일하게 처리하였다.

앞의 논의에서 단순화를 위해 약간의 수치적 섬세함을 억제하였다. 정밀하게 하려면 Haar 웨이블릿에 대하여 h_0와 h_1의 값들이 아래와 하고, 위에서 주어진 매트릭스 H_{2n}은 그 앞에 $1/\sqrt{2}$이 되어야 한다.

$$h_0 = h_1 = \frac{1}{\sqrt{2}},$$

어떤 웨이블릿 변환은 매트릭스의 곱하기로 계산될 수 있다. 그러나 DFT에서 보았듯이, 이것은 매우 효과적인 것이 아니다. 다행이도 많은 웨이블릿 변환들은 앞에서 본 바와 같이 평균/차분의 형태와 비슷하게 빠른 알고리즘으로 계산될 수 있다. 이들을 우리는 **lifting방법**이라고 한다.

앞에서 예를 든 평균과 차분의 예로 돌아가서, 우리는 저역통과 필터링에 대응하는

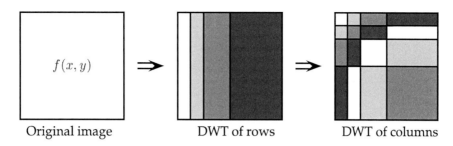

Original image   DWT of rows   DWT of columns

그림 15.4 • 2차원 DWT의 표준적인 분리처리의 예.

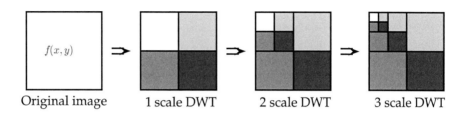

Original image   1 scale DWT   2 scale DWT   3 scale DWT

그림 15.5 • 2차원 DWT의 비표준적 분해 방법의 예.

변환의 평균하는 부분 즉, 입력을 대략적인 처리 혹은 블러링에 해당하는 것을 볼 수 있다. 이와 비슷하게 변환의 차분은 9장에서 에지처리에 관련된 고역통과 필터링에 대응한다. 그러므로 웨이블릿 변환은 그 내부에 입력의 저역통과 및 고역통과 필터 모두를 포함하고, 전적으로 필터로서 웨이블릿 변환을 고려할 수 있다. 이러한 접근은 15.4절에서 논의한다.

15.2.2 2차원 웨이블릿

2차원 웨이블릿 변환은 분리 가능하고, 이는 DFT와 같은 방법으로 영상에서 1차원 웨이블릿 변환을 적용할 수 있음을 의미한다. 우리는 모든 열 방향으로 1차원 DWT를 적용하고, 그 결과를 모든 행 방향으로 1차원 DWT를 적용할 수 있다. 이것을 **standard decomposition**이라 하고 그림 15.4에 보였다.

우리는 직접 웨이블릿 변환을 적용할 수 있다. 열방향으로 영상을 웨이블릿 변환(Haar 웨이블릿)을 적용하고, 그 후에 행 방향으로 적용해 보자. 여기서 1개의 스케일만 변환에 적용한다. 이 기술은 4개의 결과를 만들어 낸다. 왼쪽의 위에 원 영상의 1/4의 사이즈로 나타나고, 나머지 각 1/4의 사이즈에 고역통과 필터 영상들이 위치한다. 그러면 왼쪽 위의 1/4 영상에 1의 스케일을 적용하여 보다 작은 영상을 만든다. 이 방법을 **nonstandard decomposition**이라 하고 그림 15.5에 보였다.

15.3 >> MATLAB에서의 웨이블릿

비록 Mathworks에 의한 웨이블릿 툴박스가 있지만, 이것을 고려하지 않는다고 생각하자. 그러나 수많은 공개된 웨이블릿 툴박스들이 있는데, 완전한 내용을 포함하지는 않지만 우리의 목적에 대한 충분한 함수들을 포함하고 있다.

우리는 스페인 Vigo 대학에서 개발한 UviWave 툴박스를 사용하기로 한다. 이의 홈페이지는 http//www.tsc.uvigo.es/~wavelets/uvi_wave.html이며, 다른 곳에서도 Web을 통해 찾을 수 있다. 이 툴박스를 다운로드하고 인스톨하여 위의 내용을 아래와 같이 동일한 벡터를 이용하여 시도해 보기로 한다.

```
>> >> [h,g,rh,rg]=daub(2)
h =
    0.7071    0.7071
g =
   -0.7071    0.7071

rh =
    0.7071    0.7071
rg =
    0.7071   -0.7071
```

여기서 h와 g는 각각 순방향 변환에 대한 저역통과 및 고역통과 필터의 계수이고, rh와 rg는 역방향 변환에 대한 저역 및 고역통과 필터의 계수이다. daub 함수는 **Daubechies 웨이블릿**이라는 웨이블릿에 대한 필터 계수를 만든다. 이것은 Haar 웨이블릿의 가장 간단한 형이다. 이제 벡터에 대해 DWT를 아래와 같이 적용할 수 있다.

```
>> w=wt(v,h,g,3)

w =

  101.8234  31.1127  44.0000  18.0000  2.8284  -1.4142  2.8284  -2.8284
```

사실, 이것은 스케일링 계수를 제외하면 위의 벡터 d_3와 같다. 여기서 첫 2개의 요소들을 $(\sqrt{2})^3$로 나누고, 그다음 2개의 원소들을 $(\sqrt{2})^2$로 나누고, 마지막 4개의 원소들을 $\sqrt{2}$로 나누면 다음과 같이 d_3를 얻는다.

```
>> w./sqrt(2).^[3 3 2 2 1 1 1 1]

ans =

   36.0000   11.0000   22.0000    9.0000    2.0000   -1.0000    2.0000   -2.0000
```

이로부터 원래의 벡터를 아래와 같이 복원할 수 있다.

```
>> iwt(w,rh,rg,3)

ans =

   71.0000   67.0000   24.0000   26.0000   36.0000   32.0000   14.0000   18.0000
```

우리는 아래와 같이 스케일링 값을 제거하기 위해 h와 g를 조정하여 원래의 d_3를 구성할 수 있다.

```
>> h=[1 1]/2,g=[-1 1]/2
h =
    0.5000    0.5000

g =
   -0.5000    0.5000
>> wt(v,h,g,3)

ans =

    36    11    22     9     2    -1     2    -2
```

영상에서 이를 시도해 보기로 한다. 우리는 1단계와 3단계의 스케일에서 256 × 256 사이즈의 영상을 Haar 웨이블릿을 적용한다. 디스플레이를 위해 다음과 같이 영상의 부분적 스케일링이 필요하다.

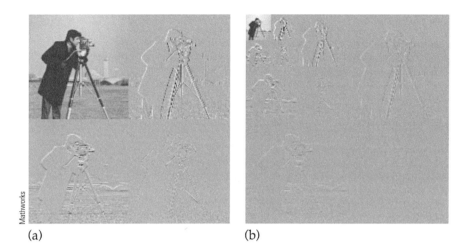

(a)　　　　　　　　　　　　　　(b)

그림 15.6 • 영상에 적용된 다른 스케일의 DWT. (a) 1단계 스케일. (b) 3단계 스케일.

```
>> c=imread('cameraman.tif');
>> [h,g,rh,rg]=daub(2);
>> cw1=wt2d(double(c),h,g,1);
>> m1=2.4*ones(2,2);m1(1,1)=1;m1=imresize(m1,128,'nearest');
>> imshow(mat2gray(cw1).*m1)
>> cw3=wt2d(double(c),h,g,3);
>> m3=2.4*ones(8,8);m3(1,1)=1;m3=imresize(m3,32,'nearest');
>> figure,imshow(mat2gray(cw3).*m3)
```

이 결과를 그림 15.6에 보였다. 이 경우에 스케일링 매트릭스 m1 혹은 m3는 왼쪽 위의 영상에 간단히 1로 하고, 나머지는 2.4로 하였다.

이 웨이블릿 변환은 비표준분해를 이용한 것이다. 표준형 분해를 보기 위해 wt 함수를 이용하는데, 매트릭스를 적용할 때 이것은 모든 행의 DWT를 실행한다. 그 후에 이를 전치시켜서(열의 위치를 행의 위치로 옮겨서 처리) 아래와 같이 wt를 연산한다.

```
>> cw2=wt(wt(double(c),h,g,2)',h,g,2)';
>> m2=2.4*ones(4,4);m2(1,1)=1;m2=imresize(m2,64,'nearest');
>> cw3=wt(wt(double(c),h,g,3)',h,g,3)';
>> imshow(mat2gray(cw2).*m2)
>> figure,imshow(mat2gray(cw3).*m3)
```

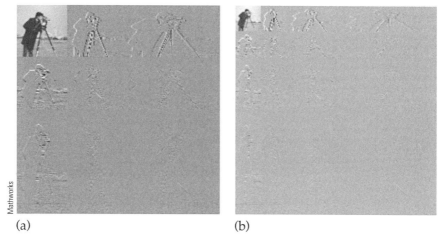

(a)   (b)

그림 15.7 ● 영상에 적용된 다른 스케일의 DWT. (a) 2단계 스케일. (b) 3단계 스케일.

이 결과를 그림 15.7에 보였다. 비록 보기에 쉽지는 않지만, 표준 분해에서 필터링 영상들이 차지하는 것이 비표준에서 그들의 모든 것을 유지하는 것보다 좋다는 것을 알 수 있다.

15.4 >> Daubechies 웨이블릿

우리는 Haar 웨이블릿에 대한 팽창과 웨이블릿 방정식이 일반적인 방정식 (15.6)과 (15.7)의 특정한 예를 보았다. 그러나 이것은 어떤 다른 해에 대해서는 분명하지 않다. ingrid Daubechies가 보급한 많은 웨이블릿 이론 중 하나는 이들 방정식에 대한 해로서 고려되는 전체 부류의 웨이블릿들을 정의한 것이 있다.

Daubechies 4 웨이블릿은 스케일링 함수 $\phi(x)$와 웨이블릿 함수 $\psi(x)$를 가지며, 아래의 방정식을 만족한다.

$$\phi(x) = h_0\phi(2x) + h_1\phi(2x - 1) + h_2\phi(2x - 2) + h_3\phi(2x - 3) \tag{15.10}$$

$$\psi(x) = h_0\phi(2x - 1) - h_1\phi(2x) + h_2\phi(2x + 1) - h_3\phi(2x + 2), \tag{15.11}$$

여기서 필터 계수의 값들은 아래와 같다.

$$
\begin{aligned}
h_0 &= \frac{1 + \sqrt{3}}{4\sqrt{2}} &\approx&\quad 0.48296 \\
h_1 &= \frac{3 + \sqrt{3}}{4\sqrt{2}} &\approx&\quad 0.83652
\end{aligned}
$$

$$h_2 = \frac{3 - \sqrt{3}}{4\sqrt{2}} \approx 0.22414$$

$$h_3 = \frac{1 - \sqrt{3}}{4\sqrt{2}} \approx -0.12941.$$

이들은 UviWave의 daub 함수에서 아래와 같이 얻어질 수 있다.

```
>> [h,g,rh,rg]=daub(4)
h =
   -0.1294    0.2241    0.8365    0.4830
g =
   -0.4830    0.8365   -0.2241   -0.1294
rh =
    0.4830    0.8365    0.2241   -0.1294
rg =
   -0.1294   -0.2241    0.8365   -0.4830
```

4개의 벡터들은 동일 값을 포함하지만, 순서와 부호가 다르다. Haar 웨이블릿과 마찬가지로 하나의 매트릭스의 곱으로 Daubechies 4 웨이블릿을 적용할 수 있고, 길이 8의 벡터에 1-스케일 DWT에 대한 매트릭스는 아래와 같다.

$$\begin{bmatrix} h_0 & h_1 & h_2 & h_3 & 0 & 0 & 0 & 0 \\ 0 & 0 & h_0 & h_1 & h_2 & h_3 & 0 & 0 \\ 0 & 0 & 0 & 0 & h_0 & h_1 & h_2 & h_3 \\ h_2 & h_3 & 0 & 0 & 0 & 0 & h_0 & h_1 \\ h_3 & -h_2 & h_1 & -h_0 & 0 & 0 & 0 & 0 \\ 0 & 0 & h_3 & -h_2 & h_1 & -h_0 & 0 & 0 \\ 0 & 0 & 0 & 0 & h_3 & -h_2 & h_1 & -h_0 \\ h_1 & -h_0 & 0 & 0 & 0 & 0 & h_3 & -h_2 \end{bmatrix}.$$

해당 필터 계수는 행들 사이에 걸쳐 중복되는데, 이것은 Haar 매트릭스 H_{2^n}에 대한 경우는 아니다. 이것은 Daubechies 4 웨이블릿의 이용은 Haar 웨이블릿을 이용하는 것보다 더욱 스무스한 결과를 가진다는 의미이다. 위 매트릭스의 형태는 아래의 1차원 필터의 원형회선(circular convolution)과 비슷하다.

$$\begin{bmatrix} h_0 & h_1 & h_2 & h_3 \end{bmatrix}$$

$$\begin{bmatrix} h_3 & -h_2 & h_1 & -h_0 \end{bmatrix}.$$

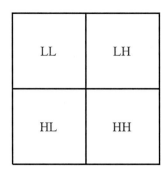

그림 15.8 ● 필터링에 의한 1-스케일 웨이블릿 변환.

이산 웨이블릿 변환은 실제로 필터링으로 접근될 수 있는데, 위 2개의 필터는 각각 저역통과와 고역통과 필터들이다. 1단계 스케일 웨이블릿 변환을 수행하기 위한 과정은 아래와 같이 주어진다.

단계 1. 저역통과 필터로서 해당 영상을 행으로 회선처리(convolution)한다.
단계 2. 저역통과 필터로서 단계 1의 결과를 열방향으로 회선처리하고 이것을 부표본화로 반의 사이즈로 재스케일링한다.
단계 3. 고역통과 필터로서 단계 1의 결과를 회선처리하고, 다시 반 사이즈의 영상을 얻기 위해 부표본화한다.
단계 4. 고역통과 필터로서 원 영상의 행으로 회선처리한다.
단계 5. 저역통과 필터로서 단계 4의결과를 열방향으로 회선처리하고, 부표본화로 그 사이즈의 반으로 이를 재스케일링한다.
단계 6. 고역통과 필터로서 단계 4의 결과를 회선처리하고, 다시 반 사이즈의 영상을 얻기 위해 부표본화한다.

이들 단계의 끝에서 4개의 영상이 얻어지는데, 각 영상은 원 영상의 각 반의 사이즈가 된다. 이들은 각각 아래와 같이 구성된다.

1. 단계 2의 결과로, 저역통과/저역통과 영상(LL)
2. 단계 3의 결과로, 저역통과/고역통과 영상(LH)
3. 단계 5의 결과로, 고역통과/저역통과 영상(HL)
4. 단계 6의 결과로, 고역통과/고역통과 영상(HH)

이 영상들은 그림 15.8과 같이 단일 영상의 격자모양으로 구성된다.

웨이블릿의 필터계수들은 그 변환이 원 영상을 복원하기 위해 정밀하게 반전된다. 필터를 이용하면, 이것은 각 부영상을 얻게 되고, 2배의 영상을 얻기 위해 사이에 0을 채우고, 저역통과 및 고역통과의 역필터들로 회선처리를 한다. 최종적으로 모든 필터링의 결과들이 합해지게 된다. Daubechies 4 웨이블릿에 대하여 저역통과 및 고역통과의 역필터들은 각각 아래와 같다.

$$\begin{bmatrix} h_2 & h_1 & h_0 & h_3 \end{bmatrix}$$
$$\begin{bmatrix} h_3 & -h_0 & h_1 & -h_2 \end{bmatrix},$$

DWT에 대한 더욱 진전된 접근은 필터링을 일반화하는 것으로 생각할 수 있다. 이것은 **lifting**이라는 방법으로 Jensen과 Cour-Harbo에 의해 제안되었다. Lifting은 하나의 수열 $s_j[n]$, $n = 0,...2^j - 1$로 시작하고 2개의 수열, $s_{j-1}[n]$, $n = 0, ...2^{j-1}-1$과 $d_{j-1}[n]$, $n = 0, ...2^{j-1} - 1$을 만든다. 이들은 원 영상에 비해 반의 길이를 가진다. Haar 웨이블릿에 대한 lifting의 내용은 아래와 같이 표현된다.

$$d_{j-1}[n] = s_j[2n+1] - s_j[2n]$$
$$s_{j-1}[n] = s_j[2n] + d_{j-1}[n]/2.$$

Daubechies 4 웨이블릿의 내용은 아래와 같다.

$$s_{j-1}^{(1)}[n] = s_j[2n] + \sqrt{3}s_j][2n+1]$$
$$d_{j-1}^{(1)}[n] = s_j[2n+1] - \frac{1}{4}\sqrt{3}s_{j-1}^{(1)}[n] - \frac{1}{4}\left(\sqrt{3}-2\right)s_{j-1}^{(1)}[n-1]$$
$$s_{j-1}^{(2)} = s_{j-1}^{(1)}[n] - d_{j-1}^{(1)}[n+1]$$
$$s_{j-1}[n] = \frac{\sqrt{3}-1}{\sqrt{2}}s_{j-1}^{(2)}[n]$$
$$d_{j-1}[n] = \frac{\sqrt{3}+1}{\sqrt{2}}d_{j-1}^{(1)}[n].$$

Haar와 Daubechies 4의 내용은 서로 역의 구조이다. 위에서와 같이 lifting은 1-스케일 웨이블릿 변환이다. 고차 스케일의 변환을 만들기 위하여, lifting은 s_{j-2}와 d_{j-2}를 만들기 위해 s_{j-1}에 적용될 수 있다. 그 후에 s_{j-2}와 그 이하를 만들 수 있다. 각 lifting 내용에서, 수열 s_{j-1}은 s_j의 부표본화된 저역통과 영역에 해당되고, 수열 d_{j-1}은 s_j의 부표본화된 고역통과 영역에 해당된다. 그러므로 단일 lifting의 내용은 사실 저역통과 및 고역통과 필터의 결과를 제공한다. 영상에 lifting을 적용하는 것은 먼저 모든 행의 방향

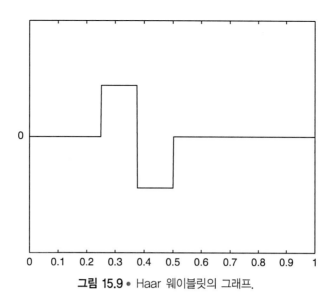

그림 15.9 • Haar 웨이블릿의 그래프.

으로 처리하고 그 결과를 모든 열의 방향으로 처리하는데, 이는 1단계 스케일 웨이블릿 변환을 만든다.

그림 15.3에서와 같이 스케일링과 웨이블릿 함수 $\phi(x)$ 및 $\psi(x)$가 Haar 웨이블릿에 대한 간단한 형태를 가지기 때문에 우리는 Daubechies 4 웨이블릿에서도 성립한다고 생각할 수 있다. 우리는 기저벡터를 반전시켜서 웨이블릿을 그릴 수 있는데, 이것은 1에 대해서는 제외하고 모든 0으로 구성되는 기저벡터를 의미한다. 6개의 원소들이 1인 벡터를 선택한다. 먼저 Haar 웨이블릿으로 아래와 같이 실험하기로 한다.

```
>> [h,g,rh,rg]=daub(2);
>> t=zeros(1,512);t(6)=1;
>> td=iwt(t,rh,rg,9);
>> plot([1:512]/512,td)
```

이 결과는 그림 15.9와 같다. 다른 기저벡터들은 비슷한 결과를 만들지만, 스케일되고 이동된 웨이블릿을 만든다. 선택된 벡터는 가장 좋은 plot을 만들 것이다. Daubechies 4 웨이블릿에 대해서 위의 4개의 명령들을 반복한다. 이는 아래와 같이 시작한다.

```
>> [h,g,rh,rg]=daub(4);
```

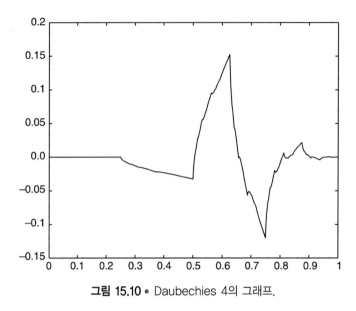

그림 15.10 • Daubechies 4의 그래프.

이 결과는 그림 5.10에 보였다. 이것은 매우 뾰족하고 비정상적인 그래프이다. 사실, 이 것은 Haar 웨이블릿과는 달리 부분적이고, 함수가 단순한 형태로 묘사될 수 없다.

15.5 >> 웨이블릿을 이용한 영상압축

웨이블릿은 영상압축을 위한 가장 강력한 도구로 알려져 있다. 앞에서 기술하였다시피 이것은 JPEG2000 알고리즘에서 사용되는 DCT를 대체하여 사용될 수 있다. 이 단원에 서는 본래의 정보 대부분을 보존하면서 영상의 DWT로부터 어떠한 정보를 제거할 수 있는지를 살펴보고자 한다.

15.5.1 문턱치 처리와 양자화

이 개념은 영상을 DWT를 처리하는 것이고, 주어진 값 d에 대하여 DWT에서 $|x| \le d$ 를 0으로 모든 x값을 둔다. 이것은 JPEG2000 압축의 기본처리이다. Daubechies 4 웨 이블릿과 $d = 10$을 이용하여 이를 아래와 같이 시도한다.

```
>> c=imread('caribou.tif');
>> imshow(c);
>> cw=wt2d(double(c),h,g,8);
>> length(find(abs(cw)<=10))
```

```
ans =

      47427
>> cw(find(abs(cw)<=10))=0;
>> cw=round(cw);
>> ci=iwt2d(cw,rh,rg,8);
>> imshow(mat2gray(ci))
```

이리하여 DWT로부터 3개의 1/4 부분의 정보를 거의 제거한다. 양자화로 이 결과를 더욱 단순화한다. 이 경우에 round 함수를 이용하여 분수를 정수로 변환한다. 그림 5.11 (a)는 원래의 caribou 영상을 나타내고, 그림 (b)는 위 명령의 결과를 보여준다. 이 결과는 원 영상과 구별하기 어려울 정도이다. 우리는 Haar 필터계수들 혹은 Daubechies 6 웨이블릿의 필터계수들을 얻기 위해 daub(2) 혹은 daub(6)를 이용하여 다른 웨이블릿을 사용할 수 있다. 문턱치 처리의 결과는($d = 10$) 그림 15.12(a)와(b)에 보였다. 더 많은 정보를 제거하면 확실히 더 높은 압축을 얻을 수 있다. 이것은 문턱치를 증가시켜서 얻을 수 있다. $d = 30$과 $d = 50$으로 아래와 같이 시도해 보자.

```
>> cw=wt2d(double(c),h,g,8);
>> length(find(abs(cw)<=30))

ans =

      61182

>> cw(find(abs(cw)<=30))=0;
>> cw=round(cw);
>> ci=iwt2d(cw,rh,rg,8);
>> imshow(mat2gray(ci))
>> cw=wt2d(double(c),h,g,8);
>> length(find(abs(cw)<=50))

ans =

      63430

>> cw(find(abs(cw)<=50))=0;
>> cw=round(cw);
>> ci=iwt2d(cw,rh,rg,8);
>> figure,imshow(mat2gray(ci))
```

(a)   (b)

그림 15.11 • 웨이블릿 압축의 예. (a) 원 영상. (b) 문턱치 처리 및 역변환 후 영상.

(a)   (b)

그림 15.12 • 다른 웨이블릿의 이용. (a) Haar 웨이블릿. (b) Daubechies 6 웨이블릿.

그림 15.13 (a)는 $d = 30$의 결과이고, (b)는 $d = 50$일 때의 결과이다. 문턱치가 50인 경우에는 63,430개의 정보를 버리고, 단지 2,106개의 0이 아닌 값만 남는다. 그러나 이 결과는 14장에서 그림 14.10에 보인 JPEG 압축의 결과와 비교할 때 훨씬 좋은 결과이다.

14장에서와 같이 영상의 모양을 확대한 것을 살펴보기로 한다. 그림 15.14(a)는 Haar 웨이블릿과 $d = 10$의 결과이고, 그림 (b)는 Daubechies 6 웨이블릿과 $d = 30$의 결과를 나타낸다. 그림 15.15(a)는 같은 웨이블릿과 $d = 50$일 때의 결과이다. 비록 약간의 섬세한 정보를 잃게 되지만, 그 결과는 JPEG 압축 알고리즘을 이용할 때보다 훨

(a)   (b)

그림 15.13 • 웨이블릿 압축의 예. (a) $d = 30$의 이용. (b) $d = 50$의 이용.

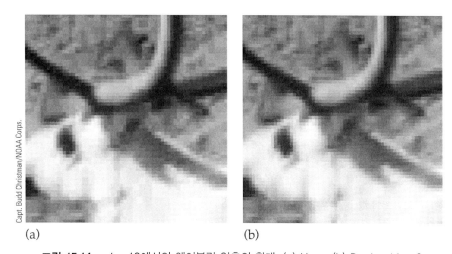

(a)   (b)

그림 15.14 • $d = 10$에서의 웨이블릿 압축의 확대. (a) Haar. (b) Daubechies 6.

씬 우수한 결과를 얻을 수 있음을 볼 수 있다.

15.5.2 추출

여기서 DWT의 일부분의 값들을 컷오프 처리하여 0으로 하고, 나머지를 역변환한다. 이것은 압축의 표준방식이 아니지만, 그런대로 좋은 결과를 준다. 이것은 문턱치 처리와 양자화하는 것보다 더 쉬운 장점을 가진다. 예를 들면 변환에서 아래와 같이 왼쪽 위의 100×100 원소들만큼만 유지한다고 가정하자.

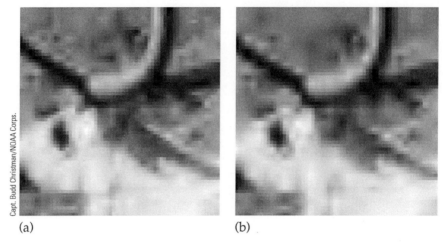

(a)   (b)

그림 15.15 • Daubechies 6 웨이블릿 압축의 확대. (a) $d = 30$. (b) $d = 50$.

그림 15.16 • DWT 추출과 역변환 후의 결과.

```
>> [h,g,rh,rg]=daub(4);
>> cw=wt2d(double(c),h,g,8);
>> temp=zeros(size(c));
>> temp(1:100,1:100)=cw(1:100,1:100);
>> ci=iwt2d(temp,rh,rg,8);
>> imshow(mat2gray(ci))
```

그 결과는 그림 15.16과 같다. 여기서 변환에서 얻은 65,536개의 원소들 중 단지 10,000

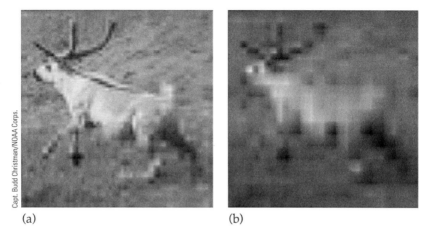

(a)   (b)

그림 15.17 • DWT 추출에 의한 압축. (a) 50 × 50 요소. (b) 20 × 20 요소.

개의 원소들만 처리되는데 —1/6 이하 — 그 출력은 상당히 좋은 결과를 보인다. 그림 15.17(a)는 DWT의 왼쪽 위 50 × 50 원소들을 추출한 후의 결과이고, 그림 (b)는 왼쪽 위 20 × 20개의 원소들을 추출하여 얻은 결과이다. 왼쪽 그림은 기대한 바와 같이 변환의 65,536 원소들 중 2,500개만 사용하므로 블러링이 상당히 심하게 나타난다. 오른쪽 그림은 400개의 원소들만 사용하여 거의 인식이 불가능한 정도이다. 그래도 사이즈나 모양 그레이스케일은 여전히 구별할 수 있다.

15.6 >> 웨이블릿을 이용한 고역통과 필터링

웨이블릿 변환을 보면 왼쪽 위에서 떨어져 있는 나머지 영상은 고주파 정보이다. 왼쪽 위의 모서리에 있는 영상의 모든 정보를 제거하여 0으로 두면 역변환 후의 결과는 원 영상의 고역통과 필터링 처리된 결과가 된다.

Caribou 영상에서 2단계 스케일 분해(Daubechies 4 웨이블릿)를 실행하고, 왼쪽 위의 영상을 아래와 같이 제거한다.

```
>> cw=wt2d(double(c),h,g,2);
>> cw(1:64,1:64)=0;
>> ci=iwt2d(cw,rh,rg,2);
>> imshow(mat2gray(ci))
```

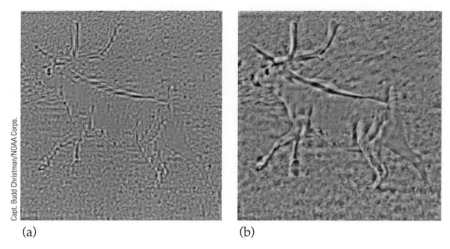

(a)   (b)

그림 15.18 ● 웨이블릿에 의한 고역통과 필터링. (a) 2단계 스케일 분해. (b) 3단계 스케일 분해.

이러한 추출 및 역변환의 결과는 그림 15.18(a)와 같다. 우리는 아래와 같이 3단계 스케일 분해를 이용하여 같은 방법을 처리하면, 이것은 모퉁이에 있는 영상의 사이즈는 반이 될 것이다.

```
>> cw=wt2d(double(c),h,g,3);
>> cw(1:32,1:32)=0;
>> ci=iwt2d(cw,rh,rg,3);
>> imshow(mat2gray(ci))
```

이 결과는 그림 15.18(b)와 같다. 이 영상들은 에지 영상을 만들기 위해 문턱치 처리를 한다.

우리는 변환에서 더욱 특정한 처리를 할 수 있는데, 수평 혹은 수직 에지만 제거 혹은 유지 및 추출을 할 수 있다.

15.7 >> 웨이블릿을 이용한 잡음제거

잡음은 고주파성분으로 분류되므로 어떤 형태의 저역통과 필터링으로 이를 제거할 수 있다. 압축에서 보았듯이, 문턱치 처리로서 이러한 성분을 제거할 수 잇다. 8장에서 얻어진 결과와 비교하기 위해, `double` 형식으로 변환한 twins 영상의 그레이 영역에서 아래와 같이 적용하기로 한다.

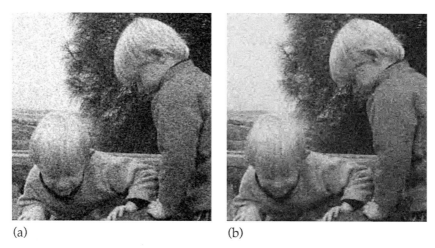

(a)   (b)

그림 15.19 ● 웨이블릿에 의한 잡음제거. (a) 원 잡음영상. (b) 웨이블릿 필터링 결과.

```
>> tw=imread('twins.tif');
>> t=im2double(rgb2gray(tw));
>> tg=imnoise(t,'gaussian');
```

여기서 약간의 잡음제거를 시도한다. 모든 필터계수들은 Daubechies 4 웨이블릿이라 가정하여 아래와 같이 처리한다.

```
>> imshow(tg);
>> tw=wt2d(tg,h,g,4);
>> length(find(abs(tw)<0.1))

ans =

      42384

>> tw(find(abs(tw)<0.15))=0;
>> ti=iwt2d(tw,rh,rg,4);
>> figure,imshow(mat2gray(ti))
```

그림 15.19(a)는 잡음이 첨가된 영상이고, 그림 (b)는 웨이블릿 필터링의 결과이다. 이문턱치의 레벨에서 약간 감소되긴 하였지만, 잡음이 별로 제거되지 못하였다. 그림

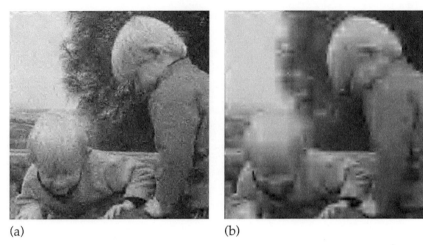

(a)   (b)

그림 15.20 • 다름 문턱치에 의한 잡음제거. (a) 0.2의 이용. (b) 0.5의 이용.

15.20(a)는 문턱치가 0.2일 때의 결과이고, 그림 (b)는 문턱치가 0.5일 때의 결과를 보였다. 이 결과는 8장에서 시도한 것보다 약간 개선되었으나 너무 높은 문턱치를 사용하면 영상에 심각한 블러링을 초래하게 된다.

연습문제

1. 아래에 주어진 각 수열에 대하여 15.1절에서 언급한 간단한 웨이블릿 변환을 1단계 스케일, 2단계 스케일 및 3단계 스케일을 손으로 구하라.

   a. 20 38 6 25 30 29 21 32
   b. 30 11 0 38 0 15 22 32
   c. 7 38 19 11 24 14 32 14

2. 문제 1의 결과를 아래의 필터계수를 적용하여 MATLAB으로 답을 확인하라.

   ```
   >> h=[1 1]/2,g=[-1 1]/2
   ```

3. 문제 1 혹은 2의 변환 결과를 역변환하고 원래의 수열을 구하라.

4. 문제 3에서 계산을 수행하기 위해 필터계수 rh 및 rg를 결정하라.

5. Haar 웨이블릿 변환을 이용하여 MATLAB으로 위 계산을 반복하고, 아래의 명령으로 해당 필터계수를 구하라.

```
>> [h,g,rh,rg]=daub(2)
```

6. 하나의 256 × 256 그레이스케일 영상을 입력하라. 이를 각각 daub(2), daub(4) 및 daub(6)를 이용하여 1스케일, 2스케일 및 3스케일에서 DWT를 구하라. 각 다른 웨이블릿들에 대한 변환의 출력들에서 차이를 관측할 수 있는가?

7. MATLAB 함수 showdwt를 출력하고, 이는 2차원 웨이블릿 변환의 결과를 쉽게 보기 위해 스케일한다.

8. 아래의 그레이스케일 영상을 얻어라.

```
>> f=imread('flowers.tif');
>> fg=rgb2gray(f);
>> f=im2uint8(f(30:285,60:315));
```

Daubechies 4 웨이블릿을 이용하여 8스케일에서 순방향 DWT를 실행하라. 아래의 각 d의 값에 대하여 변환의 모든 원소들의 절대값이 보다 작으면 0으로 처리하라. 이 결과에서 0의 수를 결정하라. floor 혹은 round 함수를 이용하여 이 결과를 양자화하라. 이 결과를 반전시켜서 디스플레이하라.

a. 10
b. 25
c. 50
d. 60

d의 어떤 값에서 결과영상이 열화되었는지 알아볼 수 있는가?

9. 몇 가지의 더 큰 값인 $d = 100, 200, 300, . . .$ 에 대하여 문제 8을 반복하라. d의 어떤 값이 영상을 완전히 인식 불가능하게 만드는가? 이때의 변환에서 얼마나 많은 0들이 존재하는가?

10. Face(얼굴)의 영상에서 문제 8과 9를 반복하라. 얼굴 영상이 없다면 아래와 같이 하여 몇 가지 얼굴 영상을 얻을 수 있다.

```
>> load gatlin.mat
>> g=im2uint8(ind2gray(X(31:286,41:296),map));
```

11. 임의의 256 × 256 그레이스케일 영상을 선택하라. 여기에 평균이 0이고, 표준편차가 각각 0.01, 0.02, 0.05 및 0.1의 가우시안 잡음을 첨가하라. 각 잡음 영상에 대하여 웨이블릿으로 이 잡음 제거를 시도하라. 얼마나 높은 표준편차를 사용하여 이 잡음에 대한 합리적인 결과를 얻을 수 있는가?

16 특수(Pixelated)효과

영상의 모양을 변화시키는 여러 가지 방법들을 보아왔는데, 특별한 변화에 대한 필요성이 이러한 문제에 동기를 부여하고 있다. 우리는 영상에서 무언가(잡음 등)를 제거할 필요가 있거나 영상의 형상을 개선하거나 영상에서 물체 등(사이즈, 위치, 성분의 수 등)을 계산할 필요가 있었다.

그러나 영상처리와 또 다른 측면이 있는데, 영상에 몇 가지의 특수한 효과를 첨가하는 것이 이에 속한다. 우리는 영상을 효과측면이나 재미를 위해 변화시키기를 원하는 경우가 있다. 여러 가지 다른 효과가 가능하고, 이 장에서 그들의 몇 가지를 보기로 한다. 여기서 컴퓨터그래픽 영역으로 들어간다. 그러나 우리의 알고리즘은 화소들의 값 혹은 위치의 변화를 포함하고, 매우 간단한 방법으로 많은 효과를 얻을 수 있다.

16.1 >> 극좌표계

방사형태의 성질을 가지는 많은 특수효과들이 있다. 이들의 모양은 영상의 중심에서 바깥쪽으로 방출하는 형태이다. 이들의 효과를 달성하기 위해 영상을 직각좌표계에서 극좌표계로 변환하고 다시 역으로 변환할 필요가 있다.

원점　rows × cols 사이즈의 영상을 가정하자. 해당 차원이 홀수이면 중심 화소에 원점을 선택할 수 있다. 만일 차원이 짝수이면 오른쪽 아래의 4분면의 왼쪽 모서리에 원점을 선택한다. 그래서 7 × 9 영상에서 원점은 (4,5)의 화소에 있고, 6 × 8 영상은 원점이 (4,4)의 화소이다. 우리는 원점을 원칙적으로 아래와 같이 표현할 수 있다.

$$x_0 = \lceil (r+1)/2 \rceil$$
$$y_0 = \lceil (c+1)/2 \rceil,$$

여기서 r과 c는 각각 행들과 열들의 수이고, $\lceil x \rceil$는 **ceiling 함수**이며, 이것은 x보다 큰 범위에서 가장 작은 수를 출력한다. 물론 하나의 차원이 홀수이고, 나머지가 짝수이면 원점은 홀수 차원의 중심과 짝수 차원의 두 번째 반의 시작점에 있다.

그러므로 원점의 좌표를 아래와 같이 구할 수 있다.

```
>> ox=ceil((rows+1)/2)
>> oy=ceil((cols+1)/2)
```

극좌표   극좌표를 구하기 위해 아래의 일반적인 공식을 적용한다.

$$r = \sqrt{x^2 + y^2}$$
$$\theta = \tan^{-1}(y/x),$$

이것은 meshgrid 함수를 이용하여 하나의 배열로 구현될 수 있다. 여기서 지수들 (indices) 원점의 값들에 의해 아래와 같이 오프셋된다.

```
>> [y,x]=meshgrid([1:cols]-oy,[1:rows]-ox);
>> r=sqrt(x.^2+y.^2);
>> theta=atan2(y,x);
```

우리는 극좌표계 (r,θ)에 대응하는 (x,y) 좌표계가 아래와 같다는 것을 이용하여 쉽게 직교좌표값을 구할 수 있다.

$$x = r \cos \theta$$
$$y = r \sin \theta.$$

그러므로 아래와 같이 처리할 수 있다.

```
>> x2=round(r.*cos(theta))+ox
>> y2=round(r.*sin(theta))+oy
```

이 배열들은 원래의 배열들과 똑같은 지수들(indices)을 포함한다.

■ 예제

우리는 3장에서 영상이 화소들로 표현된다는 것을 설명하였고, 이것은 `imresize` 함수를 이용하여 낮은 분해능의 큰 블록들로 표현된다는 것을 알고 있다. 그러나 mod 함수를 이용하여 같은 효과를 달성할 수 있다. 일반적으로 $\text{mod}(x,n)$은 x가 n으로 나눌 때 그 나머지이다. 예를 들어 다음을 보자.

```
>> x=1:12

x =

      1    2    3    4    5    6    7    8    9   10   11   12

>> mod(x,4)

ans =

      1    2    3    0    1    2    3    0    1    2    3    0
```

만일 x가 4로 나누어지면 나머지는 0이고, mod 함수는 0으로 return한다. 만일 원래의 값에서 mod 값들을 빼면 반복수를 얻는데, 이것은 영상에서 아래와 같은 특수효과를 만들 것이다.

```
>> x-mod(x,4)

ans =

      0    0    0    4    4    4    4    8    8    8    8   12
```

그러므로 방사형 변수에서 mod의 값들을 빼는 것은 방사형의 특수효과를 만들 것이다.

꽃의 영상으로 이를 시도할 수 있다. 간단히 하기 위해 아래와 같이 그레이스케일 영상으로 변환한다.

```
>> f=imread('flowers.tif');
>> fg=rgb2gray(f);
>> [rows cols]=size(fg)
```

```
rows =

   362


cols =

   500

>> ox=ceil((rows+1)/2)

ox =

   182

>> oy=ceil((cols+1)/2)

oy =

   251

>> [y,x]=meshgrid([1:cols]-oy,[1:rows]-ox);
>> r=sqrt(x.^2+y.^2);
>> theta=atan2(y,x);
```

이는 단지 표준 준비작업이고, 특수효과는 아래와 같이 수행된다.

```
>> r2=r-mod(r,5);
>> theta2=theta-mod(theta,0.087);
```

각도는 라디안으로 주어지므로 modulus에서 작은 값을 사용하는데, 여기서 0.087 = 5π/180을 선택한다. 이제 다시 직각좌표계로 아래와 같이 되돌린다.

```
>> x2=r2.*cos(theta2);
>> y2=r2.*sin(theta2);
```

디스플레이를 위한 영상을 얻기 위해 해당 지수들 x2와 y2를 ox와 oy로 더하고, 그들을 rounding off([ ]) 처리하며, 행의 지수가 1과 rows 사이에 있고 열의 지수가 1과 cols 사이에 있도록 다음과 같이 조정해야 한다.

```
>> xx=round(x2)+ox;
>> yy=round(y2)+oy;
>> xx(find(xx>rows))=rows;
>> xx(find(xx<1))=1;
>> yy(find(yy>cols))=cols;
>> yy(find(yy<1))=1;
```

여기서 원래의 꽃 영상 매트릭스로부터 영상을 얻기 위해 이들에 새로운 지수 xx와
yy를 사용한다. 이렇게 하기 위해 아래와 같이 2중 루프를 사용하거나,

```
>> for i=1:rows,...
     for j=1:cols,...
         f2(i,j)=fg(xx(i,j),yy(i,j));...
     end;...
   end;
```

더욱 간단하고 정확히 같은 효과를 내는 sub2ind 함수를 아래와 같이 사용한다.

```
>> f2=fg(sub2ind([rows,cols],xx,yy));
```

여기서 원 영상과 그 결과를 디스플레이할 수 있다. 이 결과를 그림 16.1에 보였다.

16.2 >> 리플효과

우리는 두 가지 다른 리플효과를 알아보기로 한다. 그 하나는 욕실유리의 리플, 이것은
욕실에서 물기 있는 유리를 통해 볼 수 있는 영상의 효과이고, 또 하나는 pond(연못)
리플로서, 이것은 연못의 표면에서 반사되는 효과이다.

Moduli의 빼기는 특수효과를 만든다는 것을 보았다. 욕실의 유리효과는 moduli
를 더하여 아래와 같이 얻을 수 있다.

```
>> x=1:12;
>> x+mod(x,4)

ans =

    2    4    6    4    6    8   10    8   10   12   14   12
```

The original fg

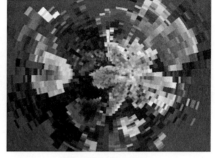

The pixelated f2

그림 16.1 • 방사형 특수효과.

이것은 왼쪽에서 오른쪽으로 그 값들을 증가시킨다는 것을 알 수 있고, 그들은 작은 길이로 중복되는 모양을 보인다. 그 모양은 영상의 전체에 걸쳐 리플로 나타난다. 먼저 직각좌표계를 이용하여 아래와 같이 실험해 보자.

```
>> [y,x]=meshgrid(1:cols,1:rows);
>> y2=y+mod(y,32);
>> y2(find(y2<1))=1;
>> y2(find(y2>cols))=cols;
```

여기서 바로 열에 걸쳐서 moduli를 더한 후에 열방향의 범위에 이 값들이 존재하도록 결과값을 조정한다. 그러면 새로운 영상을 만들기 위해 sub2ind 함수를 아래와 같이 사용할 수 있다.

```
>> ripple1=fg(sub2ind([rows cols],x,y2));
>> imshow(ripple1)
```

물론 행의 방향으로 같은 방법으로 아래와 같이 처리할 수 있다.

```
>> x2=x+mod(x,32);
>> x2(find(x2<1))=1;
>> x2(find(x2>rows))=rows;
>> ripple2=fg(sub2ind([rows cols],x2,y));
>> imshow(ripple2)
```

또는 한 번에 행과 열의 방향으로 동시에 아래와 같이 처리할 수도 있다

```
>> ripple3=fg(sub2ind([rows cols],x2,y2));
>> imshow(ripple3)
```

연못에서의 리플에 대응하는 방사형 리플을 얻기 위해 위에서와 같이 극좌표계 매트릭스 r과 theta(θ)를 만들고, 아래와 같이 처리할 수 있다.

```
>> r2=r+mod(r,10);
>> x2=r2.*cos(theta);
>> y2=r2.*sin(theta);
```

여기서, 위 예의 특수효과와 같이 지수 xx와 yy를 아래와 같이 만든다.

```
>> ripple4=fg(sub2ind([rows,cols],xx,yy));
>> imshow(ripple4)
```

모든 결과는 그림 16.2에 보였다.

연못 리플효과를 얻기 위해 사인파를 이용하여 주위의 화소들을 움직인다. 직각의 효과를 얻기 위해 아래와 같이 사용한다.

```
>> [y,x]=meshgrid(1:cols,1:rows);
>> y2=round(y+3*sin(x/2));
>> x2=round(x+3*sin(y/2));
```

위와 같이 값들 x2와 y2를 행과 열의 경계영역 내에 아래와 같이 고정되었는지 확인한다.

```
>> ripple5=fg(sub2ind([rows cols],x,y2));
>> ripple6=fg(sub2ind([rows cols],x2,y));
>> ripple7=fg(sub2ind([rows cols],x2,y2));
```

ripple1   ripple2

ripple3   Radial ripple: `ripple4`

그림 16.2 ● 꽃 영상의 욕실 유리 리플효과.

방사형 사인파의 리플을 위해 아래와 같이 먼저 r을 조정한다.

```
>> r2=r+sin(r/2)*3;
```

그런 후에 위와 같이 x2와 y2를 만들고, 적당한 경계를 가지는 지수들 xx와 yy로 이들을 아래와 같이 되돌린다.

```
>> ripple8=fg(sub2ind([rows cols],xx,yy));
```

이러한 새로운 리플은 그림 16.3과 같다. 이 효과는 위 명령에서 사인함수의 파라미터를 바꾸어서 변화시킬 수 있다.

ripple5   ripple6

ripple7   ripple8

그림 16.3 • 꽃 영상에 대한 연못 리플효과.

16.3 >> 일반적인 왜곡효과

앞 절에서 리플효과들은 **왜곡(distortion)효과**라고 하는 더욱 일반적인 효과의 예이다. 여기서 이 효과들은 화소들이 그들의 위치에 따라 변화량이 그렇게 많지 않다. 같은 방법으로 많은 왜곡효과들은 단계적인 순서로 묘사할 수 있다. 직각좌표계에서만 포함되는 하나의 효과를 다음과 같이 생각하자.

1. 사이즈가 $m \times n$인 영상 매트릭스 $p(i,j)$로 시작하라.
2. 2개의 새로운 지수형 배열(동일 사이즈의 매트릭스) $x(i,j)$ 및 $y(i,j)$를 만들어라.
3. 새로운 영상 $q(i,j)$를 아래와 같이 만들어라.

$$q(i,j) = p(x(i,j), y(i,j)).$$

우리는 배열 $x(i,j)$와 $y(i,j)$가 분수가 되거나 혹은 영상 매트릭스의 경계들의 바깥에 있는 값들을 만드는 과정에 의해 생성되는 것을 위에서 보았다. 그러므로 우리는 지수형의 배열들이 정수들만을 포함하고, 또 모든 i 및 j가 각각 $1 \leq x(i,j) \leq m$ 및 $1 \leq y(i,j) \leq n$이 됨을 확인할 필요가 있다.

만일 극좌표를 요구하는 효과를 가지면 위의 과정에 대하여 몇 가지의 단계를 아래와 같이 추가한다.

1. 사이즈가 $m \times n$인 영상 매트릭스 $p(i,j)$로 시작하라.
2. 각 위치 (i,j)의 극좌표계를 포함하는 배열 $r(i,j)$ 및 $\theta(i,j)$를 만들어라.
3. r과 θ의 값들을 조정하여 새로운 $\phi(i,j)$와 $s(i,j)$를 만들어라.
4. 이들 새 배열들을 직각좌표계의 지수형 배열들(매트릭스로서 같은 사이즈)을 아래와 같이 출력하라.

$$x(i,j) = s(i,j)\cos(\phi(i,j)) + o_x$$
$$y(i,j) = s(i,j)\sin(\phi(i,j)) + o_y$$

여기서 (o_x, o_y)는 극좌표에서의 원점이다.

5. 새로운 영상 $q(i,j)$를 아래와 같이 만들어라.

$$q(i,j) = p(x(i,j), y(i,j)).$$

위와 같이 지수형 배열들이 정수만을 포함하고 적절한 경계를 가지는지 확인해야 한다.

위리는 위에서 MATLAB에서 여러 가지 왜곡효과들을 구현하는 방법을 보았다. 그래서 지수형 배열들 혹은 극좌표계를 왜곡하는 데 사용된 함수들을 변화시켜서 여러 가지 다른 효과들을 달성할 수 있다.

어안렌즈(fisheye)효과 어안렌즈 효과는 매우 쉽게 극좌표로서 얻을 수 있다. 여기서 적절한 명령은 아래와 같다.

```
>> R=max(r(:));
>> r=r.^2/R;
```

정리하여, 꽃의 매트릭스 fg를 이용하기 위해 전체 명령의 순서를 아래와 같이 리스트한다.

```
>> [rows,cols]=size(fg);
>> ox=ceil((rows+1)/2);
>> oy=ceil((cols+1)/2);
>> [y,x]=meshgrid([1:cols]-oy,[1:rows]-ox);
>> r=sqrt(x.^2+y.^2);
```

fisheye

A twirl with $K=200$

A twirl with $K=100$

A twirl with $K=50$

그림 16.4 ● 어안(fisheye)과 비틀림(twirls).

```
>> theta=atan2(y,x);
>> R=max(r(:));                  % Here is where we implement the fisheye effect
>> s=r.^2/R;
>> x2=round(s.*cos(theta))+ox;   % Now we write out to the indexing arrays...
>> y2=round(s.*sin(theta))+oy;
>> x2(find(x2<1))=1;             % ...and ensure that their bounds are correct
>> x2(find(x2>rows))=rows;
>> y2(find(y2<1))=1;
>> y2(find(y2>cols))=cols;
>> fisheye=fg(sub2ind([rows cols],x2,y2));  % Create the new image...
>> imshow(fisheye)                          % ...and view it
```

그림 16.4에 이 결과를 보였다.

비틀림(twirl)　　커피의 컵 위에서 스푼으로 휘젓는 것과 같이 비틀림 혹은 소용돌이 (swirl) 효과도 매우 쉽게 할 수 있다. 이것도 극좌표 효과이다. 비틀림 효과는 아래 식 으로 얻어진다.

$$s(i,j) = \theta(i,j) + r(i,j)/K,$$

여기서 K는 비틀림의 양을 조정하기 위해 변화될 수 있다. 하나의 작은 값은 더욱 비틀리게 하고, 큰 값은 적게 비틀린다. 그래서 배열들 r, theta 및 K가 주어지면 아래의 명령으로 처리할 수 있다.

```
>> phi=theta+(r/K);
>> x2=round(r.*cos(phi))+ox;
>> y2=round(r.*sin(phi))+oy;
```

그림 16.4는 다른 K의 값을 가진 비틀림 처리의 결과를 나타내었다.

지터(jitter) 지터효과는 이미 설명한 것보다 더 쉽게 구현된다. 이것은 방사형 욕실 유리효과와 비슷하지만, 리플효과를 얻기 위해 r 매트릭스를 조작하는 대신에 우리는 theta 매트릭스를 아래와 같이 조작한다.

```
>> phi=theta+mod(theta,0.1396)-0.0698;
```

여기서 $0.316 = 8\pi/180$, 이고 $0.0698 = 4\pi/180$이다. 그 결과는 그림 16.5에 보였다.

원형 슬라이스 이것은 각도를 조작하여 얻어지는 또 하나의 효과이다. 이것의 구현은 아래와 같이 지터효과와 비슷하다.

```
>> phi=theta+mod(r,6)*pi/180
```

여기서 라디안으로 변환하기 위해 여분의 $\pi/180$ 계수를 포함한다. 이 결과는 리플 모양을 가지며, 그림 16.5에 보였다.

사각형 슬라이스 사각형 슬라이스는 직교좌표 효과이다. 이것은 영상을 작은 사각형으로 잘라서 처리하고, 이들을 약간 혼란시키게 한다. 이것은 부호함수를 사용하고 아래와 같이 정의한다.

$$\text{sign}(x) = \begin{cases} 1 & \text{if } x > 0, \\ 0 & \text{if } x = 0, \\ -1 & \text{if } x < 0. \end{cases}$$

Jitter   Circular slice

그림 16.5 • 지터와 원형 슬라이스.

이것을 아래와 같이 시작한다.

```
>> [y,x]=meshgrid(1:cols,1:rows);
```

그리고 아래와 같이 슬라이스 왜곡을 구현한다.

```
>> K=8;
>> Q=10;
>> x2=round(x+K*sign(cos(y/Q)));
>> y2=round(y+K*sign(cos(x/Q)));
```

여기서 K와 Q는 각각 사각형의 사이즈와 혼란의 양에 영향을 준다. K의 큰 값은 매우 혼란스러운 영상을 만들고, Q의 큰 값은 큰 사각형을 만든다. rounding처리 후에, 경계를 지정하여, 새로운 영상으로 출력한다. 이 결과는 그림 16.6에 보였다.

퍼지효과 이 효과는 그 이웃화소들로부터 불규칙하게 선택된 화소로서 각 화소를 치환하여 얻어진다. 이렇게 하기 위해 지수(index) 매트릭스 x와 y에 불규칙한 값들을 단순히 더한다. 만일 7×7 이웃으로부터 값들을 선택하면, $-3, -2, -1, 0, 1, 2, 3$으로부터 선택된 정수 값들로 지수들을 불규칙하게 처리한다. 아래와 같이 이것을 달성할 수 있다.

```
>> x2=x+floor(7*rand(rows,cols)-3);
>> y2=y+floor(7*rand(rows,cols)-3);
```

K=8;Q=10

K=10;Q=5

K=20;Q=10

K=10;Q=5

그림 16.6 ● 사각형 슬라이스 효과.

$(2N + 1) \times (2N + 1)$의 이웃화소들에 대하여 랜덤화 명령은 아래와 같이 처리할 수 있고,

```
>> x2=x+floor((2*N+1)*rand(rows,cols)-N);
```

y2에 대해서도 유사하게 처리한다. 이 결과는 그림 16.7에 보였다. N의 값이 크면 그 결과는 서리가 내린 유리의 효과로 나타나게 된다.

16.4 >> 화소효과

어떤 면에서 모든 영상은 항상 화소들로 취급되기 때문에 화소효과이다. 그러나 앞 절에서 엄격하게 그레이스케일의 값들을 변화시키지 않았다. 우리는 주로 출력배열에서 그들을 다른 위치에 복사하였다. 그러나 많은 효과들은 화소 값들을 취하여 몇 가지 처리 루틴에 아래와 같이 그들을 적용한다.

5×5   7×7

그림 16.7 • 다른 이웃화소들을 이용한 퍼지효과.

유화효과   이 효과는 매우 널리 이용되고, 대부분의 영상 조작에 포함되며, 사진을 조작하는 소프트웨어에도 많이 쓰이고 있다. 아주 간단한 개념이다. 이것은 비선형 필터로서 처리하는데, 필터의 출력은 그 필터마스크에서 가장 보편적인 화소 값이다.

이웃화소들에서 가장 보편적으로 발생하는 값은 통계적인 값이다. 이를 구현하기 위해 작은 함수를 출력할 필요가 있다. 우리는 이웃화소들에서 각 화소의 빈도수를 나타내는 리스트를 만들기 위해 hist 함수를 사용하여 가장 자주 발생하는 값들을 구한다. 그 후에 하나의 불규칙한 값을 선택한다. 그림 16.8은 이 함수를 나타낸다. 이를 꽃 영상에 적용한다. 예를 들면 아래와 같이 처리할 수 있다.

```
>> fo=nlfilter(double(fg),[5,5],'mode');
>> imshow(uint8(fg))
```

이 결과는 그림 16.9와 같다.

```
function out=mode(mat)
%
% Finds a most commonly occuring value in a matrix
%
h=hist(mat(:),0:255);
temp=find(h==max(h(:)))-1;
n=floor(rand*length(temp))+1;
out=temp(n);
```

그림 16.8 • 모드 계산을 위한 간단한 프로그램.

5×5　　　　　　　　9×9

그림 16.9 ● 다른 필터의 사이즈를 가지는 유화효과.

nlfilter 함수에서 더 큰 블록 사이즈를 선택하면 더욱 큰 유화효과를 얻을 수 있다. nlfilter의 이용은 매우 느리며, MATLAB 컴파일러를 억세스하여 oilify.m이라 는 프로그램을 출력하고 이것을 컴파일해서 보다 빠른 결과를 달성할 수 있다. 이 함수 는 그림 16.10에 주어졌다. nlfilter의 느림에 비해 이 함수를 사용하면 훨씬 빠른 결과를 얻는다.

```
function out=oilify(im,s)
%
% Produces an "oilpaint" effect by taking the pixel value most commonly
% occurring in a (2s+1)x(2s+1) neighbourhood of each pixel.
%
[rows,cols]=size(im);
out=zeros(rows,cols);
la=(2*s+1)^2;
for i=s+1:rows-s,
  for j=s+1:cols-s,
    a=double(im(i-s:i+s,j-s:j+s))+1;
    h=zeros(1,256);
    for k=1:la,
      h(a(k))=h(a(k))+1;
    end;
    [p,q]=sort(h);
    out(i,j)=q(256)-1;
  end
end
if isa(im,'uint8'),
  out=uint8(out);
end;
```

그림 16.10 ● 유화효과를 만드는 MATLAB 함수.

반전현상(solarization) 반전현상은 사진을 현상하기 위해 사용되는 확산광으로부터 얻어지는 사진효과이고, 그 결과는 영상이 일부는 양화이고 일부는 음화가 될 수 있는 약간 신비한 형태이다. 이 효과는 많은 사진작가들에게 사용되고 있지만, 암실에서는 일부러 이런 효과를 내기가 어려우나, 디지털적으로 반전현상 효과를 만들기는 매우 쉽다.

우리는 4장에서 반전효과의 예를 보았고, 여기서 이들이 어떻게 적용되는가를 설명한다.

간단한 반전효과는 영상 $p(i,j)$의 그레이스케일 값들이 128 이하인 모든 화소들의 상보적인 값들을 취하여 아래와 같이 얻어질 수 있다.

$$\text{sol}(i,j) = \begin{cases} p(i,j) & \text{if } p(i,j) > 128, \\ 255 - p(i,j) & \text{if } p(i,j) \leq 128. \end{cases}$$

이것을 아래와 같이 직접 구할 수 있다.

```
>> fgd=double(fg);
>> u=double(fg>128);
>> sol=u.*fgd+(1-u).*(255-fgd);
>> imshow(uint8(sol)),figure,imshow(mat2gray(sol))
```

두 가지 결과를 디스플레이한다. 두 번째 영상은 보다 좋은 대비를 보인다. 이 영상들은 그림 16.11에 보였다. 행과 열에 따라 상보 값을 변화시켜서 더욱 재미있는 반전효과를 만들 수 있다. 우리가 필요한 모든 것은 위의 매트릭스 u를 아래와 같이 변화시키는 것이다.

그림 16.11 • 반전현상 효과

sol1   sol2

그림 16.12 • 더 많은 반전현상 효과

```
>> u1=double(fg > 255*x/(2*rows));
>> sol1=u1.*fgd+(1-u1).*(255-fgd);
>> u2=double(fg > 255*y/(2*cols));
>> sol2=u2.*fgd+(1-u2).*(255-fgd);
>> imshow(uint8(sol1)),figure,imshow(uint8(sol2))
```

이것을 그림 16.12에 보였다.

16.5 >> 컬러 영상

논의한 대부분의 효과들은 컬러 영상에 적용할 때 더욱 드라마틱하게 볼 수 있다. 모든 왜곡효과에 대하여 컬러 영상에 대한 응용은 각각 R, G, B 성분에 분리하여 이 효과를 적용한다. 왜곡효과들은 그들의 위치와 같이 화소들의 값을 변화시키지 않는다. 그러므로 컬러들을 유지하기 위하여 R, G, B 성분들을 시프트시킬 필요가 있다.

이것은 MATLAB 함수로서 쉽게 처리된다. 예제에서와 같이 그림 16.13은 그레이스케일 및 컬러 영상을 조정할 수 있는 함수로 비틀림 처리하는 방법을 보여준다.

유화의 효과는 각 컬러성분들을 분리하여 적용되어진다.

```
function out=twirl(img,K)

% TWIRL(IMG,K) creates a twirl effect on an image IMG, where K provides the
% amount of twirl.  The larger the value of K, the smaller the amount of twirl.
%
% IMG can be an image of type UINT8 or DOUBLE, and greyscale or RGB.
%
%  Example:
%
%     f=imread('flowers.tif');
%     f2=twirl(f,100);
%     imshow(f2)

sf=size(size(img));
if sf(2)==2,
  out=makeTwirl(img,K);
elseif sf(2)==3,
  out=cat(3,makeTwirl(img(:,:,1),K),...
      makeTwirl(img(:,:,2),K),...
      makeTwirl(img(:,:,3),K));
end;

function res=makeTwirl(im,K)
[rows,cols]=size(im);
ox=ceil((rows+1)/2);
oy=ceil((cols+1)/2);
[y,x]=meshgrid([1:cols]-oy,[1:rows]-ox);
r=sqrt(x.^2+y.^2);
theta=atan2(y,x);
phi=theta+(r/K);
x2=round(r.*cos(phi))+ox;
y2=round(r.*sin(phi))+oy;
%
% Now fix the bounds on  x2 and y2 so that
% 1 <= x2 <= rows and 1 <= y2 <= cols.
%
x2(find(x2>rows))=rows;
x2(find(x2<1))=1;
y2(find(y2>cols))=cols;
y2(find(y2<1))=1;
%
% Use x2 and y2 to write out to the new image.
%
res=zeros(size(im));
res=im(sub2ind([rows,cols],x2,y2));
if isa(im,'uint8'),
  res=uint8(res);
end;
```

그림 16.13 ● 일반 비틀림을 수행하기 위한 MATLAB 함수.

연습문제

1. 이 장에서 설명한 특수효과에 대한 파라미터들을 변화시켜서 실험을 하라(예를 들면 아래와 같이 pond 리플효과를 이용할 수 있는 것과 같이).

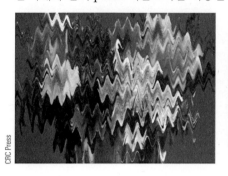

2. 주어진 모든 특수효과들을 구현하기 위한 MATLAB 함수들을 작성하라. 이때 출력을 변화시키는 몇 가지 파라미터들을 포함하라.

3. 컬러 영상들에 적용할 수 있도록 함수들을 확장시켜 보라.

4. Holzmann의 책(Gerad J. Holzmann, Beyond Photography: The Digital Darkroom, Prentice Hall, 1988.)에 여러 가지 특수효과에 관한 설명이 있는데, 예를 들면 다음의 그림은 불규칙한 타일의 효과를 보여주고 있다. 여기서 영상은 정방형 블록으로 분리되어서 불규칙하게 시프트된 상태이다.

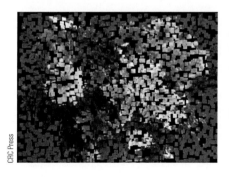

이 효과를 구현하기 위해 하나의 함수를 출력하고, 컬러 영상으로 처리할 수 있도록 함수를 확장하라.

5. (5장에서 설명된) colfilt 명령어와 (유화효과에서 언급된) mode 명령어를 함께 사용할 수 있는지를 살펴보고, nlfilter를 사용하는 경우보다 더 빠른 유화효과 루틴을 만들어보시오.

부록 A

MATLAB 이용의 기초

A.1 >> 서론

MATLAB은 매트릭스와 매트릭스 연산을 위해 강력한 지원체계로 설계된 데이터 해석과 시각화 도구이다. 이와 같이 MATLAB은 우수한 그래픽 능력과 그 자체가 하나의 강력한 프로그래밍 언어라고 할 수 있다. MATLAB이 중요한 툴이 되는 이유 중의 하나는 특정한 처리문제를 지원하기 위해 설계된 MATLAB 프로그램들을 이용할 수 있기 때문이다. 이들 프로그램의 모임을 **toolbox(툴박스)**라 부르는데, 이 중에서 우리가 관심을 가지는 특정한 툴박스는 영상처리 툴박스이다.

여기서는 MATLAB으로 처리 가능한 모든 기능을 설명하기보다 영상처리에 관련되는 것으로 제한하기로 한다. 함수들, 명령들, 기술들을 소개 할 것이다. MATLAB **함수**는 여러 가지 파라미터와 몇 가지 종류의 출력을 만들어 내는 키워드이다. 예를 들면 문자열, 그래프 혹은 그림 등이다. 이런 함수의 예들은 sin, imread 및 imclose이다. MATLAB에는 수 많은 함수들이 있는데, 우리 스스로 출력하기가 매우 쉬운 편이다. **명령**은 함수의 특별한 이용을 의미한다. 명령의 예를 들면 아래와 같다.

```
>> sin(pi/3)
>> c=imread('cameraman.tif');
>> a=imclose(b);
```

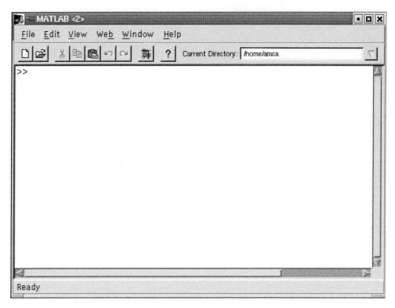

A.1. • 준비된 MATLAB 명령 창(window).

잘 아는 바와 같이, 우리는 함수들과 명령들 혹은 다중 명령들을 하나의 입력 라인에 결합할 수 있다.

MATLAB의 표준 데이터형은 매트릭스이다. 모든 데이터는 몇 가지 종류의 매트릭스들로 표현될 수 있다. 물론 영상들은 그 원소들이 화소들의 그레이 값들(혹은 RGB 값들)이다. 하나의 값은 MATLAB으로 1×1 매트릭스로 될 수 있고, 반면에 문자열은 그 문자의 길이가 n일 경우 주로 $1 \times n$이 된다.

이 부록에서 우리는 더욱 일반적인 MATLAB의 명령들과 각 장에 나오는 영상들을 보기로 한다.

MATLAB을 시작할 때, 명령을 enter하여 Command Window라는 비어 있는 창이 그림 1과 같이 나온다. 이용할 수 있는 방대한 MATLAB 함수들과 다른 파라미터들이 주어지면, 사실 하나의 명령 라인형태 인터페이스가 복잡한 일련의 pull-down 메뉴보다 훨씬 효과적이다.

해당 프롬프트는 아래와 같이 2개의 오른쪽 방향 화살표로 주어진다.

>>

A.2 >> MATLAB 이용의 기초

MATLAB 사용이 처음이면, 몇 가지 간단한 계산을 실험하라. 먼저 MATLAB 명령 라인을 구동시키고, 프롬프트 다음에 타이핑으로 필요한 명령을 입력하라. 아래와 같이 간단한 계산을 해보자.

```
>> 2+2
```

이것의 의미는 프롬프트에서 타이핑한

$$2 + 2$$

이며, Enter키를 눌러라. 이것은 MATLAB 커널에 명령을 보낸다. 이때 아래와 같은 결과가 나오게 된다.

```
ans =

    4
```

물론, MATLAB은 계산기로 사용될 수 있는데, 더하기, 빼기, 곱하기, 나누기 및 지수 계산의 표준 연산이 가능하다. 이들을 아래와 같이 시도해보라.

```
>> 3*4

>> 7-3

>> 11/7

>> 2^5
```

이 결과는 놀라운 일이 아니다. 11/7의 결과에 대하여 몇 개의 10진수 자리까지 나오게 된다. 사실 MATLAB은 그 계산을 내부에서 2배(16)의 정밀도로 처리한다. 그러나 디폴트 디스플레이 규격은 8개의 10진수만 사용한다. 우리는 이것을 format 함수를 이용하여 변화시킬 수 있다. 예를 들면 아래와 같이 처리할 수 있다.

```
>> format long
>> 11/7

ans =

   1.57142857142857
```

format 명령을 입력하면 스스로 디폴트 규격으로 return한다.

　　MATLAB은 아래와 같은 수학적 기능을 가진다.

```
>> sqrt(2)

ans =

    1.4142

>> sin(pi/8)

ans =

    0.3827

>> log(10)

ans =

    2.3026

>> log10(2)

ans =

    0.3010
```

삼각함수들은 모두 라디안 변수를 라디안으로 하고, pi는 특별상수로 취급된다. 함수 log와 log10은 각각 자연대수와 10을 밑으로 하는 상용대수이다.

A.3 >> 변수와 처리공간

어떤 종류의 컴퓨터를 이용할 때, 사항들을 적당한 이름으로 저장할 필요가 있다. MATLAB의 문맥에서 값들을 저장하기 위해 변수들을 사용한다. 여기서 몇 가지의 예를 아래와 같이 들어 보기로 한다.

```
>> a=5^(7/2)

a =

   279.5085

>> b=sin(pi/9)-cos(pi/9)

b =

    -0.5977
```

여기서 비록 a와 b가 short 규격으로 디스플레이되지만, 실제로 MATLAB은 그들의 완전한 값들을 저장한다. 이것을 아래와 같이 볼 수 있다.

```
>> format long;a,format
a =
     2.795084971874737e+02
```

여기서 더 진척된 계산으로 이들 새로운 변수들을 아래와 같이 사용할 수 있다.

```
>> log(a^2)/log(5)
ans =
      7
>> atan(1/b)
ans =
   -1.0321
```

A.3.1 처리공간

우리가 MATLAB의 윈도우즈 버전을 이용한다면, View 메뉴에서 Workspace의 아이템을 찾아야 한다. 이 리스트의 모든 것은 현재 변수들, 변수들의 수치데이터 형식 및 변수들의 바이트형 사이즈들을 정의한다. 처리공간을 열기 위해 View 메뉴를 사용하여 처리공간을 선택하라. 다음과 같이 whos 함수를 이용하면 동일한 정보를 얻을 수 있다.

```
>> whos
  Name        Size              Bytes  Class
  a           1x1                   8  double array
  ans         1x1                   8  double array
  b           1x1                   8  double array
Grand total is 3 elements using 24 bytes
```

ans도 역시 변수이다. 이것은 마지막 계산의 결과를 저장하면 자동으로 MATLAB에서 만들어진다. 변수들의 이름만의 리스트는 who를 사용하면 아래와 같이 얻어진다.

```
>> who

Your variables are:

a    ans  b
```

MATLAB에서 사용하는 표준 수치의 형식은 8바이트 값의 2배의 정밀도(16바이트)이다. 다른 데이터 형식은 아래에서 논의한다.

A.4 >> 매트릭스의 취급

MATLAB은 매트릭스를 만들고 조정하기 위해 수많은 명령들을 가지고 있다. 그레이스 케일 영상이 매트릭스이므로 우리는 영상의 모양들을 조사하기 위해 몇 가지의 명령들을 사용할 수 있다.

우리는 스페이스와 콤마들을 이용하여, 각 행에 있는 원소들을 한계짓고, 그 행을 분리하기 위해 세미콜론(;)을 표시하여 1행씩 리스트화하는 작은 매트릭스를 입력할 수 있다. 예를 들면 아래에 주어진 매트릭스를 생각하자.

$$a = \begin{bmatrix} 4 & -2 & -4 & 7 \\ 1 & 5 & -3 & 2 \\ 6 & -8 & -5 & -6 \\ -7 & 3 & 0 & 1 \end{bmatrix}$$

이는 아래와 같이 입력할 수 있다.

```
>> a=[4 -2 -4 7;1 5 -3 2;6 -8 -5 -6;-7 3 0 1]
```

A.4.1 매트릭스 원소(element)

매트릭스 원소들은 표준 행과 열의 인덱싱 표를 이용하여 얻어질 수 있다. 위 영상 매트릭스에 대하여, 아래의 명령은 해당 매트릭스의 2행과 3열의 원소를 출력한다.

```
>> a(2,3)

ans =

    -3
```

MATLAB은 또한 단일 수치로서 매트릭스 원소들을 얻을 수도 있는데, 이 수치는 해당 매트릭스가 단 하나의 열로서 사용되는 위치를 나타낸다. 그러므로 위의 4×4 매트릭스에서 원소들의 순서가 아래와 같다면,

$$\begin{bmatrix} 1 & 5 & 9 & 13 \\ 2 & 6 & 10 & 14 \\ 3 & 7 & 11 & 15 \\ 4 & 8 & 12 & 16 \end{bmatrix}$$

해당 원소 a(2,3)은 a(10)으로 아래와 같이 얻어질 수 있다.

```
>> a(10)

ans =

     -3
```

일반적으로 r개의 행과 c개의 열을 가지는 매트릭스에 대해서 원소 $m(i,j)$는 $m(i + r(j - 1))$과 대응한다. 단일 인덱싱을 이용하면 하나의 매트릭스로부터 아래와 같이 여러 개의 값들을 추출할 수 있도록 해준다.

```
>> a([1 6 11 16])

ans =

     4     5     -5     1
```

하나의 행의 값들 혹은 하나의 블록의 값들을 얻기 위해 우리는 MATLAB의 콜론(:)을 이용한다. 이것은 하나의 벡터의 값들을 발생한다. 아래의 명령에서 a와 b는 정수이고, a로부터 b로 모든 정수들을 리스트한다.

```
>> a:b,
```

이 명령의 더욱 일반적인 형태는 아래와 같다.

```
i:b,
```

이 경우는 a로부터 i만큼씩 증가시켜서 b까지 모든 값들을 리스트한다. 예를 들면

```
>> 2:3:16
```

위 명령은 아래와 같은 리스트를 만든다.

```
ans =

    2  5  8  11  14
```

위 매트릭스 a에 이 명령을 적용하면 예를 들어 아래의 명령은 1열 및 3열을 포함하여 그 사이에 있는 2행의 모든 값들을 리스트한다.

```
>> a(2,1:3)

ans =

     6    -8     -5
```

이와 비슷하게, 다음의 명령은 2행과 4행을 포함하여 그 사이에 있는 3열의 모든 값들을 리스트한다.

```
>> a(2:4,3)

ans =

    -3
    -5
     0
```

그리고 아래와 같이 하나의 블록의 값들을 선택할 수 있다.

```
>> a(2:3,3:4)

ans =

    -3     2
    -5    -6
```

이것은 2행과 3행 사이 및 3열과 4열 사이에 있는 모든 값들을 리스트한다.

　　콜론연산자는 스스로 특정한 행과 열을 따라 모든 원소들을 리스트한다. 예를 들면 3행의 모든 값은 아래와 같이 얻을 수 있다.

```
>> a(3,:)

ans =

     6    -8    -5    -6
```

2열의 모든 값들은 아래와 같이 얻을 수 있다.

```
>> a(:,2)

ans =

    -2
     5
    -8
     3
```

마지막으로 콜론 그 자신은 아래와 같이 매트릭스의 모든 원소들을 리스트한다.

```
a(:)
```

이 경우는 16개의 값들을 모두 리스트하게 된다.

A.4.2 매트릭스 연산

모든 표준 연산기능이 지원된다. 더하기, 빼기. 곱하기, 역매트릭스 및 매트릭스의 급수 등이 가능하다. 예를 들면 위의 매트릭스 a에서 아래와 같이 정의되는 매트릭스 b를 얻을 수 있다.

```
>> b=[2  4  -7  -4;5  6  3  -2;1  -8  -5  -3;0  -6  7  -1]
```

또 하나의 예를 들면 아래와 같은 결과를 얻을 수 있다.

```
>> 2*a-3*b

ans =

     2    -16     13     26
   -13     -8    -15     10
     9      8      5     -3
   -14     24    -21      5
```

매트릭스의 급수에 대한 예는 아래와 같이 처리할 수 있다.

```
>> a^3*b^4

ans =

     103788      2039686      1466688       618345
     964142      2619886      2780222       345543
   -2058056     -2327582       721254      1444095
    1561358      3909734     -3643012     -1482253
```

역매트릭스는 inv 함수를 이용하여 다음과 같이 실행된다.

```
>> inv(a)

ans =

  -0.0125    0.0552   -0.0231   -0.1619
  -0.0651    0.1456   -0.0352   -0.0466
  -0.0406   -0.1060   -0.1039   -0.1274
   0.1082   -0.0505   -0.0562    0.0064
```

전치(transpose)행렬은 아래와 같이 '표를 이용하여 얻어진다.

```
>> a'

ans =

    4     1     6    -7
   -2     5    -8     3
   -4    -3    -5     0
    7     2    -6     1
```

이들 표준 연산기능과 마찬가지로 MATLAB은 매트릭스에서의 여러 가지 기하적 연산을 지원한다. 즉 flipud와 fliplr은 각각 아래와 같이 매트릭스를 반을 접어서 상하 방향 및 좌우 방향으로 위치를 바꾸는 기능이고, rot90은 매트릭스를 90° 회전시킨다.

```
>> flipud(a)
ans =
   -7     3     0     1
    6    -8    -5    -6
    1     5    -3     2
    4    -2    -4     7
>> fliplr(a)
ans =
    7    -4    -2     4
    2    -3     5     1
   -6    -5    -8     6
    1     0     3    -7
>> rot90(a)
ans =
    7     2    -6     1
   -4    -3    -5     0
   -2     5    -8     3
    4     1     6    -7
```

reshape 함수는 아래와 같이 주어진 매트릭스로부터 열 방향으로 원소들을 취하여 새로운 매트릭스를 만든다.

```
>> c=[1 2 3 4 5;6 7 8 9 10;11 12 13 14 15;16 17 18 19 20]

c =

     1     2     3     4     5
     6     7     8     9    10
    11    12    13    14    15
    16    17    18    19    20

>> reshape(c,2,10)

ans =

     1    11     2    12     3    13     4    14     5    15
     6    16     7    17     8    18     9    19    10    20

>> reshape(c,5,4)

ans =

     1     7    13    19
     6    12    18     5
    11    17     4    10
    16     3     9    15
     2     8    14    20
```

reshape는 2개의 값 곱이 해당 매트릭스의 원소들의 수가 같지 않으면 오차가 생긴다. 우리는 아래와 같이 처리하여 위와 같은 원래의 매트릭스를 만들 수 있다.

```
>> c=reshape([1:20],5,4)'
```

이들 모든 명령들은 벡터로 처리된다. 사실 MATLAB은 매트릭스와 벡터를 구별하지 않고, 하나의 벡터는 주로 행과 열의 수가 1과 같이 취급한다.

Dot(점) 연산자　MATLAB에서 한 가지 매우 특이한 연산자는 dot를 이용하는 것인데, 이는 원소 단위 형태로 연산한다. 예를 들면 명령

　　　a*b

는 a와 b의 일반적인 곱하기를 실행한다. 그러나 대응하는 점의 연산자

```
        a.*b
```

는 a와 b의 대응하는 원소들의 곱하기하는 매트릭스를 만든다. 즉,

```
        c=a.*b
```

이면 아래와 같이 $c(i,j) = a(i,j) \times b(i,j)$가 된다.

```
>> a.*b

ans =

     8     -8     28    -28
     5     30     -9     -4
     6     64     25     18
     0    -18      0     -1
```

그리고 점의 나누기와 점의 급수계산도 가능하다. 명령 a.^2는 아래와 같이 a의 대응 원소를 제곱하는 원소의 매트릭스를 만든다.

```
>> a.^2

ans =

    16      4     16     49
     1     25      9      4
    36     64     25     36
    49      9      0      1
```

이와 비슷하게, 1./a는 아래와 같이 역수에 대한 매트릭스를 만들 수 있다.

```
>> 1./a

ans =

    0.2500   -0.5000   -0.2500    0.1429
    1.0000    0.2000   -0.3333    0.5000
    0.1667   -0.1250   -0.2000   -0.1667
   -0.1429    0.3333       Inf    1.0000
```

Inf의 값은 MATLAB에서 무한대(∞)를 나타낸다. 이것은 연산에서 $1/0$로 return된다.

매트릭스의 연산자   MATLAB에서 많은 함수들이 매트릭스에 적용될 때, 해당 함수가 각 원소에 차례로 적용되어서 처리된다. 이러한 함수들은 삼각함수, 지수함수 및 로그함수들이다. 이러한 방법에서 사용하는 함수들은 MATLAB에서 많은 반복계산들이 루프를 이용하기보다 **벡터화**로 처리된다는 것을 의미한다. 다음에 이것을 공부할 예정이다.

A.4.3 매트릭스 구성하기

우리는 모든 원소들을 리스트하여 매트릭스를 구성할 수 있다는 것을 알았다. 그러나 이것은 매트릭스가 너무 크면 진부하게 느끼게 되어, 그 인덱스화의 함수로서 매트릭스를 만들 수 있다.

두 가지의 특수 매트릭스는 원소들이 모두 0으로 구성되는 것과 원소들이 모두 1로 구성되는 것이 있다. 이들은 각각 zeros와 ones의 함수들에 의해 만들어진다. 각 함수는 아래와 같이 여러 가지 다른 방법으로 사용될 수 있다.

zeros(n) :   n이 수치이면, $n \times n$ 사이즈의 모든 원소들이 0인 매트릭스를 만든다.

zeros(m,n) :   m, n이 수치이면, $m \times n$ 사이즈의 모든 원소들이 0인 매트릭스를 만든다.

zeros(m,n,p, . . .):   m,n,p... 등이 수치이면, 0으로 구성되는 $m \times n \times p \times$ ... 다차원 배열을 만든다.

zeros(a) :   a가 매트릭스이면, a와 같은 사이즈의 모든 원소가 0인 매트릭스를 만든다.

불규칙한 수치의 매트릭스들은 rand와 randn 함수를 이용하여 만들 수 있다. rand로서 만들어지는 수치들은 범위가 [0, 1]에서 균일분포를 만들고, randn은 평균이 0, 표준편차가 1인 정규분포를 만드는 것이 다르다. 매트릭스를 만들기 위해 각 문장은 위의 세 가지의 zeros의 선택과 같다. rand와 randn은 적당한 분포로부터 단일 수치들을 만든다.

우리는 rand 혹은 randn의 결과에 정수를 곱하고 그 결과의 정수부분을 취하기 위해 floor 함수를 아래와 같이 처리하여 랜덤 정수의 매트릭스를 구성할 수 있다.

```
>> floor(10*rand(3))

ans =

    8    4    6
    8    8    8
    5    8    6

>> floor(100*randn(3,5))
```

```
ans =

  -134     -70    -160     -40      71
    71      85    -145      68     129
   162     125      57      81      66
```

floor 함수는 매트릭스에서 모든 원소들에 자동으로 적용된다.

모든 원소가 인덱스들 중 하나의 함수인 매트릭스를 만든다고 가정하자. 예를 들면 10×10 매트릭스 A로서 $A_{ij} = i + j - 1$을 고려한다. 대부분의 프로그래밍 언어에서 이러한 처리는 삽입 루프를 이용하여 실행된다. MATLAB에서도 삽입 루프를 이용할 수 있다. 그러나 여기서는 점 연산자를 사용한다. 우리는 먼저 2개의 매트릭스를 구성한다. 아래와 같이 하나는 모든 행의 인덱스를 포함하고, 또 하나는 모든 열의 인덱스를 포함한다.

```
>> rows=(1:10)'*ones(1,10)

rows =

    1    1    1    1    1    1    1    1    1    1
    2    2    2    2    2    2    2    2    2    2
    3    3    3    3    3    3    3    3    3    3
    4    4    4    4    4    4    4    4    4    4
    5    5    5    5    5    5    5    5    5    5
    6    6    6    6    6    6    6    6    6    6
    7    7    7    7    7    7    7    7    7    7
    8    8    8    8    8    8    8    8    8    8
    9    9    9    9    9    9    9    9    9    9
   10   10   10   10   10   10   10   10   10   10

>> cols=ones(10,1)*(1:10)

cols =

    1    2    3    4    5    6    7    8    9   10
    1    2    3    4    5    6    7    8    9   10
    1    2    3    4    5    6    7    8    9   10
    1    2    3    4    5    6    7    8    9   10
    1    2    3    4    5    6    7    8    9   10
    1    2    3    4    5    6    7    8    9   10
    1    2    3    4    5    6    7    8    9   10
    1    2    3    4    5    6    7    8    9   10
    1    2    3    4    5    6    7    8    9   10
    1    2    3    4    5    6    7    8    9   10
```

여기서 우리는 다음과 같이 rows와 cols를 이용하여 매트릭스를 구성할 수 있다.

```
>> A=rows+cols-1

A =

     1     2     3     4     5     6     7     8     9    10
     2     3     4     5     6     7     8     9    10    11
     3     4     5     6     7     8     9    10    11    12
     4     5     6     7     8     9    10    11    12    13
     5     6     7     8     9    10    11    12    13    14
     6     7     8     9    10    11    12    13    14    15
     7     8     9    10    11    12    13    14    15    16
     8     9    10    11    12    13    14    15    16    17
     9    10    11    12    13    14    15    16    17    18
    10    11    12    13    14    15    16    17    18    19
```

rows와 cols의 구성은 아래와 같이 meshgrid 함수로서 자동적으로 처리할 수 있다.

$$[cols, rows]=meshgrid(1:10, 1:10)$$

이것은 위의 2개의 인덱스 매트릭스들을 만든다.

매트릭스 a의 사이즈는 아래와 같이 size 함수를 이용하여 얻을 수 있다.

```
>> size(a)

ans =

     4     4
```

이것은 a의 행들과 열들의 수를 출력한다.

A.4.4 벡터화

MATLAB에서 **벡터화**는 매트릭스 전체 혹은 벡터에 걸쳐서 연산을 실행하게 된다. 이미 위에서 10×10 매트릭스 A의 구성과 점 연산자의 이용에서 이것의 예를 보았다. 대부분의 프로그래밍 언어에서 리스트 혹은 배열의 원소들에 대한 연산의 적용은 루프 혹은 삽입 루프들의 이용을 요구한다. MATLAB에서 벡터화는 대부분 실제의 예에서 루프들로 분배하는 것을 허용하고, 그들에 대하여 매우 효과적인 치환을 할 수 있다.

예를 들면, 모든 정수의 라디안 값들을 1에서 1백만까지의 사인(sin) 값들을 계산한다고 가정하자. 우리는 for 루프를 사용하여 이를 다음과 같이 실행할 수 있다.

```
>> for i=1:10^6,sin(i);end
```

그리고 우리는 MATLAB의 tic, toc 타이머에서 연산처리의 시간을 측정할 수 있는데, tic는 시작하여 정지까지의 시간을 나타내고, toc는 이를 정지시키고 경과시간을 초단위로 프린트한다. 그러므로 컴퓨터에서 아래와 같이 처리된다.

```
>> tic,for i=1:10^6,sin(i);end,toc

elapsed_time =

   27.4969
```

우리는 같은 계산을 아래와 같이 실행할 수 있다.

```
>> i=1:10^6;sin(i);
```

그리고 아래와 같이 경과시간을 프린트하게 된다.

```
>> tic,i=1:10^6;sin(i);toc

elapsed_time =

    1.3522
```

두 번째 명령이 1:10^6까지의 모든 원소들을 사인함수에 적용하고, for 루프로서 사인함수는 차례로 해당 각 루프에만 적용된다.
또 하나의 예로서, 아래와 같이 1에서 10까지의 수에 대한 제곱의 결과를 쉽게 얻을 수 있다.

```
>> [1:10].^2

ans =

1 4 9 16 25 36 49 64 81 100
```

여기서, [1:10]은 1에서 10까지의 수로 구성되는 벡터를 만들고, 점 연산자 .^2는 차례로 각 원소의 제곱을 계산한다.

벡터화는 논리적인 연산으로 사용될 수도 있다. 아래와 같이 위의 매트릭스 a의 모든 양의 원소들을 얻을 수 있다.

```
>> a>0

ans =

     1     0     0     1
     1     1     0     1
     1     0     0     0
     0     1     0     1
```

이 결과는 원소들이 양의 값인 곳만이 1로 구성된 것이다.

MATLAB에서는 매우 빠르게 벡터화 명령들을 실행하도록 설계되었고, 그때마다 이러한 명령이 for 루프 대신에 사용될 수 있다.

A.5 >> Plots

MATLAB은 훌륭한 그래픽 능력을 가지고 있다. 그러나 여기서는 몇 가지 간단한 plot을 보기로 한다. 이 개념은 간단한데, 같은 사이즈의 두 벡터 x와 y를 만든다. 그리고 명령 plot(x,y)는 x에 대하여 y를 plot한다. 만일 y가 벡터화 함수 $f(x)$를 이용하여 x로부터 만들어지면, 이 plot은 $y = f(x)$를 나타낼 것이다. 이 간단한 예는 아래와 같다.

```
>> x=[0:0.1:2*pi];
>> plot(x,sin(x))
```

이 결과를 그림 A.2에 보였다. plot 함수는 여러 가지 다른 plot(그래프)을 만드는 데 사용될 수 있다. 예를 들면 2개의 함수들을 서로 다른 칼라로 동시에 그리기도 하고 심벌들을 그리기도 한다. 예를 들면 아래의 명령은 그림 A.3에 보인 그래프이다.

```
>> plot(x,sin(x),'.',x,cos(x),'o')
```

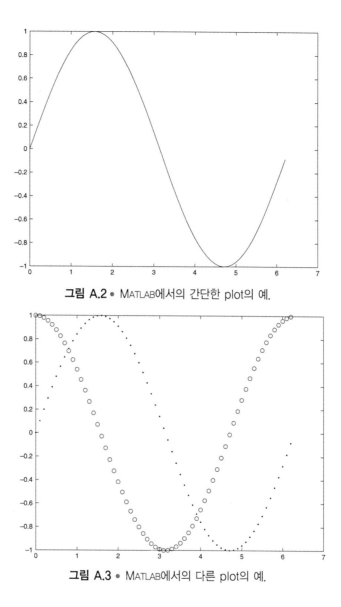

그림 A.2 ● MATLAB에서의 간단한 plot의 예.

그림 A.3 ● MATLAB에서의 다른 plot의 예.

A.6 >> MATLAB의 Help 기능

MATLAB은 광범위한 온라인 도움과 정보를 보유하고 있다. 실제로 매뉴얼이 없이 MATLAB을 사용하기 쉽게 되어 있다. 특정한 명령에서 정보를 얻기 위해 help를 사용할 수 있다. 예를 들면 다음과 같다.

```
>> help for

 FOR    Repeat statements a specific number of times.
    The general form of a FOR statement is:

        FOR variable = expr, statement, ..., statement END

    The columns of the expression are stored one at a time in
    the variable and then the following statements, up to the
    END, are executed. The expression is often of the form X:Y,
    in which case its columns are simply scalars. Some examples
    (assume N has already been assigned a value).

        FOR I = 1:N,
            FOR J = 1:N,
                A(I,J) = 1/(I+J-1);
            END
        END

FOR S = 1.0: -0.1: 0.0, END steps S with increments of -0.1
FOR E = EYE(N), ... END  sets E to the unit N-vectors.

Long loops are more memory efficient when the colon
expression appears in the FOR statement since
the index vector is never created.

The BREAK statement can be used to terminate
the loop prematurely.

See also IF, WHILE, SWITCH, BREAK, END.
```

만일 정보가 너무 많으면, 보기에 너무 빠르게 지나가 버린다. 이 경우에 아래와 같이
MATLAB 페이지 찾기를 이용할 수 있다.

```
>> more on
```

help 상에서 더 자세한 도움을 위해, 아래와 같이 입력한다.

```
>> help help
```

체계화된 도움은 아래와 같이 doc 함수로 얻을 수 있고, 이것은 HTML로 포맷팅된
도움파일로 서술된 도움 브라우저를 열게 된다.

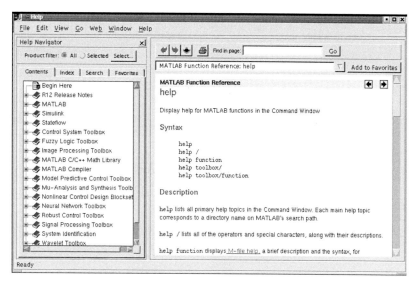

그림 A.4 • Matlab 도움 브라우저.

```
>> doc help
```

이 결과는 그림 A.4에 보였다.

우리는 아래의 명령들로서 doc 함수에 관하여 더 많은 것을 찾을 수 있다.

```
>> doc doc
>> help doc
```

만일 특정한 토픽에서 도움을 찾고자 하는데, 사용할 해당 함수를 모른다고 할 때 lookfor 함수가 큰 도움을 준다.

```
    lookfor topic
```

위 명령은 도움을 위한 본문의 첫 라인이 문자열 topic을 포함하는 모든 명령들을 리스트한다. 예를 들면 Matlab이 지수함수

$$e^x$$

를 지원할지 여부를 찾고자 한다면 다음과 같이 처리할 수 있다.

```
>> lookfor exponential
EXP     Exponential.
EXPINT  Exponential integral function.
EXPM    Matrix exponential.
EXPM1   Matrix exponential via Pade approximation.
EXPM2   Matrix exponential via Taylor series.
EXPM3   Matrix exponential via eigenvalues and eigenvectors.
BLKEXP  Defines a function that returns the exponential of the input.
```

우리는 이 함수가 exp를 이용하여 구현된다는 것을 안다. 따라서 아래와 같이 사용하고 이것은 더 많은 함수들을 return하게 될 것이다.

```
>> lookfor exp
```

MATLAB 집합체는 비록 해당 함수가 그 이하의 문자에서 의미를 가진다 할지라도 도움 텍스트에서 함수들의 앞부분의 문자를 사용할 수 있음을 알기 바란다.

A.7 >> MATLAB에서의 프로그래밍

MATLAB은 매우 풍부한 프로그래밍 언어이다. 단지 소수의 함수들만이 MATLAB에 실제로 구현되어 있고, 나머지는 MATLAB 자신의 프로그래밍 언어로 작성되어 있다. 우리는 프로그램을 스크립트 파일과 함수들로 구성되는 두 가지로 나누어 고려한다.

A.7.1 스크립트 파일

스크립트 파일은 실행되는 명령들의 리스트이다. 이것은 우리가 같은 명령들을 여러 번 연속으로 실행할 수 있고, 이 경우에 이들 명령들을 포함하는 하나의 파일을 출력하기에 더욱 효과적이다. 만일 해당 파일이 script.m을 불러내어 경로 상에 어디엔가 있으면, 프롬프트에서 script를 간단히 입력하면 이 상태에서 모든 명령들을 실행할 것이다. 물론, 스크립트 파일에 대하여 사용할 이름을 사용할 수 있다. 그러나 확장자 .m으로 MATLAB 파일을 종료하는 것은 일반적이다.

A.7.2 함수

소위 말하는 함수는 입력(하나 혹은 다수)을 취하고 하나 혹은 다수의 값들을 return하는 MATLAB의 명령이다. 간단한 예를 들어보자. 하나의 매트릭스의 양의 값들의 수를 return하는 함수를 출력한다. 이 함수는 입력으로서 하나의 매트릭스를 취하고 출력으로서 하나의 수를 출력할 것이다. 아래와 같이 처리하면 양의 원소들의 위치에서 1을 가지는 하나의 매트릭스를 만든다.

```
>> a>0
```

그러므로 이 새로운 매트릭스에서 모든 원소들의 합이 우리가 얻는 수이다. 우리는 sum 함수를 이용하여 매트릭스 원소들의 합을 얻을 수 있다. 만일 하나의 벡터를 적용한다면 sum은 그 원소들의 모든 합을 만든다. 그러나 만일 하나의 매트릭스를 적용한다면 sum은 아래와 같이 하나의 벡터의 원소들은 해당 매트릭스의 열들의 합이다.

```
>> sum(a)

ans =

     4    -2   -12     4

>> sum(a>0)

ans =

     3     2     0     3
```

우리는 여기서 두 가지의 선택을 할 수 있다. 아래와 같이 2중으로 sum을 사용할 수 있고,

```
>> sum(sum(a>0))

ans =

     8
```

혹은 양의 원소들을 구하기 전에 콜론(:) 연산자를 이용하여 다음과 같이 해당 매트릭스를 하나의 벡터로 변환할 수 있다.

```
function num=countpos(a)

% COUNTPOS finds the number of positive elements in a matrix.  The matrix can
% be of any data type.
%
% Usage:
%
%    n=countpos(a)

num=sum(a(:)>0);
```

그림 A.5 • 간단한 MATLAB 함수.

```
>> sum(a(:)>0)

ans =

    8
```

함수는 하나의 이름을 가져야 하는데, countpos를 불러내어 보자. 함수 파일은 워드 function으로 시작한다. 첫째 라인은 해당 함수의 이름을 정의한다. 몇 줄의 도움 텍스트가 나오고 난 후에 최종적으로 코드가 나온다. countpos 함수는 그림 A.5에 보였다.

이 파일이 경로 상의 어디엔가 countpos.m으로 저장되면 어떤 MATLAB 함수 혹은 함수를 사용하는 것과 같이 사용할 수 있다.

```
>> countpos(a)

>> help countpos

>> doc countpos
```

그리고 아래 명령은 countpos의 기준을 포함하게 된다.

```
>> lookfor count
```

마지막으로, 만일 더욱 상세하게 함수들의 조사를 원한다면 type를 사용할 수 있는데, 이것은 함수 혹은 명령에 대응하는 전체의 프로그램을 리스트한다. 따라서 새로운 함수의 리스팅을 보기 위해 아래와 같이 입력할 수 있다.

```
>> type countpos.m
```

연습문제

1. MATLAB에서 다음의 계산들을 실행하라.

$$132 + 45, \quad 235 \times 645, \quad 12.45/17.56. \quad \sin(\pi/6), \quad e^{0.5}, \quad \sqrt{2}$$

2. 여기서 format long을 입력하고, 위 계산들을 반복하라.

3. format에 대한 도움파일을 읽고 몇 가지의 다른 셋팅으로 실험하라.

4. 다음의 변수들을 입력하라.

$$a = 123456, b = 3^{1/4}, c = \cos(\pi/8)$$

그리고 아래의 계산을 실행하라.

$$(a + b)/c, \quad 2a - 3b, \quad c^2 - \sqrt{a - b}, \quad a/(3b + 4c), \quad \exp(a^{1/4} - b^{10})$$

5. 역삼각함수($\sin^{21}$, $\cos^{21}$, $\tan^{21}$)에 대한 MATLAB 함수들을 찾고, 아래를 계산하라.

$$\sin^{-1}(0.5), \quad \cos^{-1}(\sqrt{3}/2), \quad \tan^{-1}(2)$$

각각의 답을 라디안으로부터 각도로 변환하라.

6. 벡터화 및 콜론(:) 연산자를 이용하여 단일 명령으로 아래의 각 항을 구하라.
   a. 1~15까지의 3제곱
   b. $n = 1, \ldots 16$까지에 대한 $\sin(n\pi/16)$의 값들
   c. $n = 10, 11, \ldots, 20$까지의 $\sqrt{n}$의 값들

7. 다음의 매트릭스들을 입력하라.

$$A = \begin{bmatrix} 1 & 2 & 3 \\ 2 & 3 & 4 \\ 3 & 4 & 5 \end{bmatrix}, \quad B = \begin{bmatrix} -1 & 2 & -1 \\ -3 & -4 & 5 \\ 2 & 3 & -4 \end{bmatrix}, \quad C = \begin{bmatrix} 0 & -2 & 1 \\ -3 & 5 & 2 \\ 1 & 1 & -7 \end{bmatrix}$$

그리고 다음을 계산하라.

$$2A - 3B, \quad A^T, \quad AB - BA, \quad BC^{-1}, \quad (AB)^T, \quad B^T A^T, \quad A^2 + B^3$$

8. 문제 7에서 각 매트릭스의 행렬식(determinant)을 구하기 위해 det 함수를 이용하라. 역매트릭스를 구한다면 어떻게 되는가?

9. 작은 함수 issquare를 출력하라. 이것은 주어진 정수가 제곱한 수인지를 결정할 것이다.

```
>> issquare(9)

ans =

     1

>> issquare(9.000)

ans =

     1

>> issquare(9.001)

ans =

     0

>> issquare([1:10])

ans =

     1     0     0     1     0     0     0     0     1     0
```

10. 아래 명령을 입력하라. 무엇이 나타나는가?

```
>> imshow(issquare(reshape([1:65536],256,256)))
```

11. 다음의 명령으로 함수 *tan(x)*의 그래프(plot)를 그려라.

```
>> x=[0:0.1:10];
>> plot(x,tan(x))
>> figure,plot(x,tan(x)),axis([0,10,-10,10])
```

axis 함수가 하는 일은 무엇인가? 이를 알기 위해 도움파일을 읽어라. 위 명령에 대하여 axis에서 마지막 2개의 수들을 변화시켜서 실험하라.

부록 B 고속 푸리에 변환

우리는 7장에서 푸리에 변환과 그 이용에 관하여 논의하였다. 그러나 아다시피, 푸리에 변환을 계산하는 데 고속의 알고리즘이 존재함으로써 많은 장점을 가질 수 있다. 우리는 여기서 고속 푸리에 변환(FFT)의 한 면을 간단히 살펴보기로 한다.

이를 시작하기 위해 2개의 원소를 가지는 벡터에 대하여 간단한 이산 푸리에 변환(DFT)을 보기로 한다. 여기서 간단히 하기 위해 아래와 같이 척도계수(scale factor)는 생략한다.

$$\begin{bmatrix} X_0 \\ X_1 \end{bmatrix} = \begin{bmatrix} 1 & 1 \\ 1 & -1 \end{bmatrix} \begin{bmatrix} x_0 \\ x_1 \end{bmatrix}$$

$$= \begin{bmatrix} x_0 + x_1 \\ x_0 - x_1 \end{bmatrix}.$$

우리는 그림 B.1과 같이 나비선도로 이 결합을 표현한다. 물론 이 나비선도는 더 큰 길이의 벡터로 확장될 수 있다. 일반적으로 나비형 선도는 그림 B.1과 같이 결합되는 점으로 구성되고, 스케일 계수를 표시한 것은 그림 B.2와 같다. 이 그림에서 우리는 아래와 같이 표현할 수 있다.

$$A = a + xb,$$
$$B = a + yb.$$

만일 스케일 계수가 표시되지 않으면 그 계수는 1로 간주한다.

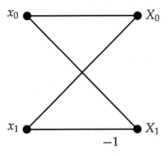

그림 B.1 ● 나비선도.

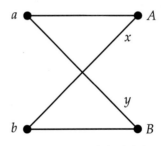

그림 B.2 ● 일반적인 나비선도.

이것을 4원소 벡터로 확장할 수 있고, 그 매트릭스의 정의를 아래와 같이 나타낼 수 있다.

$$
\begin{bmatrix} X_0 \\ X_1 \\ X_2 \\ X_3 \end{bmatrix} = \begin{bmatrix} 1 & 1 & 1 & 1 \\ 1 & -i & -1 & i \\ 1 & -1 & 1 & -1 \\ 1 & i & -1 & -i \end{bmatrix} \begin{bmatrix} x_0 \\ x_1 \\ x_2 \\ x_3 \end{bmatrix}
$$

$$
= \begin{bmatrix} x_0 + x_1 + x_2 + x_3 \\ x_0 - ix_1 - x_2 + ix_3 \\ x_0 - x_1 + x_2 - x_3 \\ x_0 + ix_1 - x_2 - ix_3 \end{bmatrix}
$$

$$
= \begin{bmatrix} (x_0 + x_2) + (x_1 + x_3) \\ (x_0 - x_2) - i(x_1 - x_3) \\ (x_0 + x_2) - (x_1 + x_3) \\ (x_0 - x_2) + i(x_1 - x_3) \end{bmatrix}
$$

$$
= \begin{bmatrix} x_0' + x_1' \\ x_2' - ix_3' \\ x_0' - x_1' \\ x_2' + ix_3' \end{bmatrix}
$$

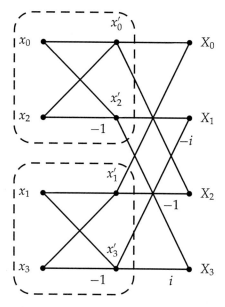

그림 B.3 • 4원소 FFT에 대한 나비형 선도.

이것은 2단계 처리에 의한 4원소 DFT를 얻을 수 있고, 우선 아래와 같이 중간값 x'_i를 만든다.

$$x'_0 = x_0 + x_2$$
$$x'_1 = x_1 + x_3$$
$$x'_2 = x_0 - x_2$$
$$x'_3 = x_1 - x_3$$

그리고 최종 값들을 계산하기 위해 아래와 같이 이들 새로운 값들을 사용한다.

$$X_0 = x'_0 + x'_1$$
$$X_1 = x'_2 - ix'_3$$
$$X_2 = x'_0 - x'_1$$
$$X_3 = x'_2 + ix'_3$$

이에 대한 나비형 선도를 그림 B.3에 보였다. 왼편에는 간단한 2개의 나비로 구성되고, 오른편에는 보다 나비형들이 서로 결합되어 있다.

원래의 원소 x_i의 순서가 변하게 되는데, 이는 다음에서 더 자세히 설명한다.

8원소의 벡터에 같은 개념을 적용하기 위해 아래와 같이 변환의 일반형을 고려해보자.

$$X_k = \omega^0 x_0 + \omega^k x_1 + \omega^{2k} x_2 + \omega^{3k} x_3 + \cdots + \omega^{7k} x_7 \quad \text{where } w = e^{-2\pi i/8}$$

$$= \underbrace{\omega^0 x_0 + \omega^{2k} x_2 + \omega^{4k} x_4 + \omega^{6k} x_6}_{\text{even values}} + \underbrace{\omega^k x_1 + \omega^{3k} x_3 + \omega^{5k} x_5 + \omega^{7k} x_7}_{\text{odd values}}$$

$$= \omega^0 x_0 + \omega^{2k} x_2 + \omega^{4k} x_4 + \omega^{6k} x_6 + \omega^k (x_1 + \omega^{2k} x_3 + \omega^{4k} x_5 + \omega^{6k} x_7).$$

여기서, $z = \omega^2 = e^{-2\pi i/4}$라고 하면,

$$X_k = (z^0 x_0 + z^k x_2 + z^{2k} x_4 + z^{3k} x_6) + \omega^k (z^0 x_1 + z^k x_3 + z^{2k} x_5 + z^{3k} x_7). \quad \text{(B.1)}$$

이 표현에서 괄호를 살펴보면 첫째 괄호는 (x_0, x_2, x_4, x_6)의 DFT의 k개 항이고, 두 번째 괄호는 (x_1, x_3, x_5, x_7)의 DFT의 k개 항이다. 따라서 아래와 같이 표현할 수 있다.

$$X_k = \text{DFT}(x_0, x_2, x_4, x_6)_k + \omega^k \text{DFT}(x_1, x_3, x_5, x_7)_k.$$

첨자를 쉽게 구별하기 위해 아래와 같이 표현할 수 있다.

$$(Y_0, Y_1, Y_2, Y_3) = \text{DFT}(x_0, x_2, x_4, x_6)$$
$$(Y_0', Y_1', Y_2', Y_3') = \text{DFT}(x_1, x_3, x_5, x_7).$$

따라서 이를 요약하여 아래와 같이 나타낼 수 있다.

$$X_k = Y_k + \omega^k Y_k'.$$

여기서 약간의 문제점이 있는데, 4원소의 벡터의 DFT는 단지 4개의 항들을 가지며, k는 0~3의 값들을 가지지만 우리는 0~7까지의 값들을 필요로 한다. 그러나 식 (B.1)로 돌아가서 k가 4~7까지 취하는 것을 볼 수 있는데, z의 급수는 회전성 주기를 가지며, $z^4 = 1$이다. 따라서 k의 값들은 아래와 같다.

$$X_k = Y_{k-4} + \omega^k Y_{k-4}'.$$

이것은 X_k에 대한 인덱스 값이 0과 7 사이의 모든 값을 취할 수 있다는 것을 의미한다. 그러나 Y_k와 Y'_k의 인덱스의 값은 0~3을 취한다.

우리는 이를 MATLAB에서 확인할 수 있다. 바른 결과를 얻기 위해 fft 함수는

column(열)벡터에 적용해야 한다는 것을 기억하라.

먼저 8개의 원소를 갖는 벡터를 만든다. 그리고 그 푸리에 변환을 아래와 같이 구한다.

```
>> x=2:9

x =

    2    3    4    5    6    7    8    9

>> fx=fft(x')

fx =

  44.0000
  -4.0000 + 9.6569i
  -4.0000 + 4.0000i
  -4.0000 + 1.6569i
  -4.0000
  -4.0000 - 1.6569i
  -4.0000 - 4.0000i
  -4.0000 - 9.6569i
```

여기서 우리는 이 벡터를 짝수 항과 홀수 항으로 분리하여, 아래와 같이 위의 공식을 이용하여 그 푸리에 변환들을 정리한다.

```
>> even=[2 4 6 8];odd=[3 5 7 9];
>> feven=fft(even');
>> fodd=fft(odd');
>> X=zeros(8,1);
>> omega=exp(-2*pi*sqrt(-1)/8);
>> for i=0:3,X(i+1)=feven(i+1)+omega^i*fodd(i+1);end
>> for i=4:7,X(i+1)=feven(i-3)+omega^i*fodd(i-3);end
>> X

X =

  44.0000
  -4.0000 + 9.6569i
  -4.0000 + 4.0000i
  -4.0000 + 1.6569i
  -4.0000
  -4.0000 - 1.6569i
  -4.0000 - 4.0000i
  -4.0000 - 9.6569i
```

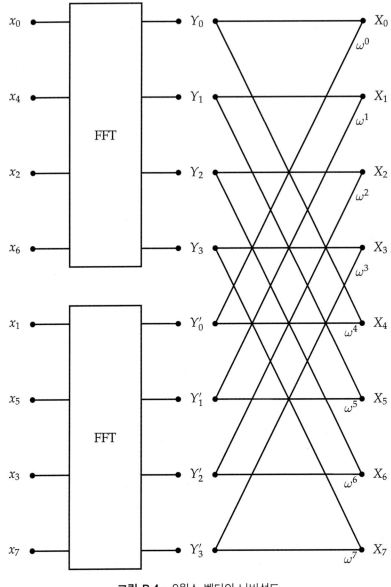

그림 B.4 • 8원소 벡터의 나비선도.

이 결과는 위에서 얻은 푸리에 변환과 일치한다. for 루프에서 우리는 $i + 1$과 $i - 3$의 인덱스를 사용하였다. 이론적으로 인덱스가 0에서 시작하지만, MATLAB에서는 1에서 시작하기 때문이다.

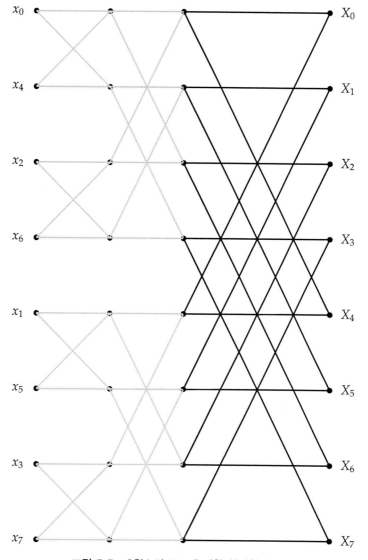

그림 B.5 • 8원소의 FFT에 대한 완전한 나비선도.

4원소의 벡터의 변환과 마찬가지로 나비선도를 이용하여 8원소의 벡터의 변환을 표현할 수 있다. 그림 B.4에 보인 사각형 부분은 4원소의 FFT를 취급하는 선도로서 그림 B.3의 내용과 같고, 여기서 원래의 요소들의 순서가 변화된다.

만일 그림 B.3의 4원소 나비선도로 그림 B.4의 사각형 부분의 FFT를 치환하면 그림 B.5와 같이 8원소의 완전한 나비선도를 얻을 수 있다. 선도의 구조를 나타내기 위해 곱셈계수들을 경로에 표시하고, 이것은 각 선도에 간단하게 이어진다.

나비선도에서 입력 값들은 그들의 교정된 순서로 주어진다는 것을 유의해야 한다. 요구되는 순서는 **2진수의 비트 역순(bit reversal)**으로 얻어질 수 있다. 우리는 입력 원소들 xi를 순차적으로 리스트한다고 가정하자. 그러나 아래와 같이 이들의 2진수 확장으로 인덱스들을 치환한다.

$$\begin{array}{cccccccc} x_0 & x_1 & x_2 & x_3 & x_4 & x_5 & x_6 & x_7 \\ = \quad x_{000} & x_{001} & x_{010} & x_{011} & x_{100} & x_{101} & x_{110} & x_{111} \end{array}$$

여기서 우리는 2진 비트의 역순으로 각 인데스를 치환하여 아래와 같이 10진수로 되돌린다.

$$\begin{array}{cccccccc} x_{000} & x_{100} & x_{010} & x_{110} & x_{001} & x_{101} & x_{011} & x_{111} \\ = \quad x_0 & x_4 & x_2 & x_6 & x_1 & x_5 & x_3 & x_7 \end{array}$$

여기서 우리는 입력에 대한 새로운 순서를 FFT 계수에 표기한다.

이렇게 처리되는 특별한 FFT의 형식은 시간솎음(decimation in time)으로 알려져 있고, 이를 2-radix FFT라고 한다. 우리는 이 일반적인 처리방법을 다음과 같이 설명할 수 있다.

1. 2진수의 비트 역순으로 초기의 2^n개의 벡터 원소들을 표시한다.
2. 스케일링 계수, 1과 -1을 이용하여 한 번에 2개의 원소들로 나비 형태화한다.
3. 스케일링 계수, 1, ω^1, ω^2, ω^3($\omega = \exp(2i\pi/4)$을 이용하여 한 번에 4개의 결과 원소들을 나비 형태화한다.
4. 스케일링 계수, 1, ω^1, ω^2, ... ω^7($\omega = \exp(2i\pi/8)$을 이용하여 한 번에 8개의 결과 원소들을 나비 형태화한다.
5. 스케일링 계수, ω^k($\omega = \exp(2i\pi/2^n)$을 이용하여 모든 원소들을 나비형태화할 때까지 계속한다.

실제로, FFT 프로그램은 나누고 정보하기(divide and conquer) 전략을 이용하는데, 초기의 벡터는 더 작은 벡터로 갈라지고, 이 알고리즘은 이들을 더욱 작은 벡터로 회귀적으로 적용되며, 그 결과는 모두 나비형태로 이루어진다.

이것 외에도 여러 가지의 다른 FFT 형식이 있지만, 그들도 해당 벡터를 더 작은 벡터로 분해하는 동일한 기본 원리에 의해 처리된다. 분명히 그 길이가 2의 지수승이 되는 벡터들에 대하여 빠른 처리속도를 얻을 수 있다. 그러나 길이가 다른 벡터에 대해서도 비슷한 구조를 적용할 수 있다.

참고문헌

1. Gregory A. Baxes. *Digital Image Processing: Principles and Applications*. John Wiley and Sons, 1994.
2. Wayne C. Brown and Barry J. Shepherd. *Graphics File Formats: Reference and Guide*. Manning Publications, 1995.
3. John F. Canny. A computational approach to edge detection. *IEEE Transactions on Pattern Analysis and Machine Intelligence*, 8(6):679–698, 1986.
4. Kenneth R. Castleman. *Digital Image Processing*. Prentice Hall, 1996.
5. Ashley R. Clark and Colin N. Eberhardt. *Microscopy Techniques for Materials Science*. CRC Press, 2002.
6. James D. Foley, Andries van Dam, Steven K. Feiner, John F. Hughes, and Richard L. Phillips. *Introduction to Computer Graphics*. Addison-Wesley, 1994.
7. Rafael Gonzalez and Richard E. Woods. *Digital Image Processing*. Addison-Wesley, second edition, 2002.
8. Richard W. Hall, T. Y. Kong and Azriel Rosenfeld, Shrinking Binary Images, in T. Y. Kong and Azriel Rosenfeld, eds, *Topological Algorithms for Digital Image Processing*, pp. 31–98, Elsevier North-Holland, 1996.
9. Richard W. Hall, Parallel Connectivity-Preserving Thinning Algorithms, in T. Y. Kong and Azriel Rosenfeld, eds, *Topological Algorithms for Digital Image Processing*, pp. 145–180, Elsevier North-Holland, 1996.
10. Duane Hanselman and Bruce R. Littlefield. *Mastering Matlab 6*. Prentice Hall, 2000.
11. Robert M. Haralick and Linda G. Shapiro. *Computer and Robot Vision*. Addison-Wesley, 1993.
12. Stephen Hawley. Ordered dithering. In Andrew S. Glassner, editor, *Graphics Gems*, pages 176–178. Academic Press, 1990.
13. M. D. Heath, S. Sarkar, T. Sanocki, and K. W. Bowyer. A robust visual method for assessing the relative performance of edge-detection algorithms. *IEEE Transactions on Pattern Analysis and Machine Intelligence*, 19(2):1338–1359, 1997.
14. Robert V. Hogg and Allen T. Craig. *Introduction to Mathematical Statistics*. Prentice-Hall, fifth edition, 1994.

15. Gerard J. Holzmann. *Beyond Photography: The Digital Darkroom*. Prentice Hall, 1988.
16. Adobe Systems Incorporated. *PostScript(R) Language Reference*. Addison-Wesley Publishing Co., third edition, 1999.
17. Anil K. Jain. *Fundamentals of Digital Image Processing*. Prentice Hall, 1989.
18. Glyn James and David Burley. *Advanced Modern Engineering Mathematics*. Addison-Wesley, second edition, 1999.
19. Arne Jensen and Anders la Cour-Harbo. *Ripples in Mathematics: The Discrete Wavelet Transform*. Springer-Verlag, 2001.
20. David C. Kay and John R. Levine. *Graphics File Formats*. Windcrest/McGraw-Hill, 1995.
21. V. F. Leavers. *Shape Detection in Computer Vision Using the Hough Transform*. Springer-Verlag, 1992.
22. Jae S. Lim. *Two-Dimensional Signal and Image Processing*. Prentice Hall, 1990.
23. William B. Pennebaker and Joan L. Mitchell. *JPEG Still Image Data Compression Standard*. Van Nostrand Reinhold, 1993.
24. James R. Parker. *Algorithms for Image Processing and Computer Vision*. John Wiley and Sons, 1997.
25. Maria Petrou and Panagiota Bosdogianni. *Image Processing: The Fundamentals*. John Wiley and Sons, 1999.
26. William K. Pratt. *Digital Image Processing*. John Wiley and Sons, second edition, 1991.
27. Majid Rabbani and Paul W. Jones. *Digital Image Compression Techniques*. SPIE Optical Engineering Press, 1991.
28. Greg Roelofs. *PNG: The Definitive Guide*. O'Reilly and Associates, 1999.
29. Steven Roman. *Introduction to Coding and Information Theory*. Springer-Verlag, 1997.
30. Azriel Rosenfeld and Avinash C. Kak. *Digital Picture Processing*. Academic Press, second edition, 1982.
31. John C. Russ. *The Image Processing Handbook*. CRC Press, second edition, 1995.
32. Dale A. Schumacher. A comparison of digital halftoning techniques. In James Arvo, editor, *Graphics Gems II*, pages 57–71. Academic Press, 1991.
33. Jean Paul Serra. *Image Analysis and Mathematical Morphology*. Academic Press, 1982.
34. Melvin P. Siedband. Medical imaging systems. In John G. Webster, editor, *Medical Instrumentation: Application and Design*, pages 518–576. John Wiley and Sons, 1998.
35. Milan Sonka, Vaclav Hlavac, and Roger Boyle. *Image Processing, Analysis and Machine Vision*. PWS Publishing, second edition, 1999.
36. David S. Taubman and Michael W. Marcellin. *Jpeg2000: Image Compression Fundamentals, Standards, and Practice*. Kluwer Academic Publishers, 2001.
37. Scott E. Umbaugh. *Computer Vision and Image Processing: A Practical Approach Using CVIPTools*. Prentice Hall, 1998.
38. James S. Walker. *Fast Fourier Transforms*. CRC Press, second edition, 1996.
39. Dominic Welsh. *Codes and Cryptography*. Oxford University Press, 1989.
40. CIE. (1932). *Commission Internationale de 1' Éclairage Proceedings, 1931*. Cambridge: Cambridge University Press.
41. Guild, J. (1931). The colorimetric properties of the spectrum. *Philosophical Transactions of the Royal Society of London, A230,* 149–187.
42. Wright, W. D. (1928–29). A re-determination of the trichromatic coefficients of the spectral colours. *Transactions of the Optical Society, 30,* 141–164.

찾아보기